# 固体废物鉴别典型案例

## （2013——2020）

**Typical Case of**
Solid Waste Identification

周炳炎　于泓锦　赵　彤　主编

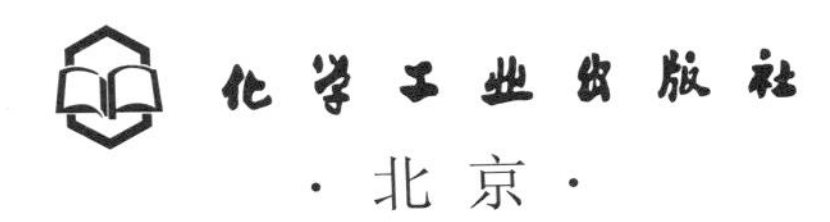


·北京·

## 内容简介

进入21世纪，海关加强了打击非法进口固体废物的深度、广度和力度，不断查处疑似固体废物的进口货物，通过专门鉴别证明很多属于我国禁止进口的固体废物。本书选取了中国环境科学研究院2013~2020年间完成的115个各类典型固体废物鉴别案例，包括废弃矿物、冶金废物、化工废物、放射性废物、废水处理污泥、废气处理尘泥、危险废物、电子废物、放射性废物、金属废料、废塑料、废纤维、废橡胶、高技术材料性废物、城市垃圾、废弃产品、动物毛皮废料、肥料性废物等。

本书具有较强的技术性和针对性，可供固体废物处理处置技术人员、固体废物鉴别人员和管理人员参考，也可供高等学校环境工程、化学工程及相关专业师生参阅。

**图书在版编目（CIP）数据**

固体废物鉴别典型案例：2013—2020 / 周炳炎，于泓锦，赵彤主编. —北京：化学工业出版社，2021.3

ISBN 978-7-122-38326-6

Ⅰ.①固…　Ⅱ.①周…　②于…　③赵…　Ⅲ.①固体废物-鉴别-案例-中国　Ⅳ.①X705

中国版本图书馆CIP数据核字（2021）第017481号

---

责任编辑：刘兴春　卢萌萌　　　　装帧设计：史利平
责任校对：宋　夏

---

出版发行：化学工业出版社（北京市东城区青年湖南街13号　邮政编码100011）
印　　装：北京瑞禾彩色印刷有限公司
787mm×1092mm　1/16　印张28¾　字数645千字　　2021年5月北京第1版第1次印刷

---

购书咨询：010-64518888　　　　售后服务：010-64518899
网　　址：http：//www.cip.com.cn
凡购买本书，如有缺损质量问题，本社销售中心负责调换。

---

定　　价：298.00元

因是以往固体废物进口管理实行分类目录管理制度，而且目录动态调整，所以可能会出现同类废物在不同时期有的可以进口、有的又不可以进口的现象。

大量固体废物鉴别案例反复证明，固体废物属性鉴别从来就不是一件容易的事，鉴别机构和鉴别人员会面临各方面的困难和压力，他们的工作需要具备正直之心、钻研精神和敏锐的判断力。希望本书有益于促进固体废物鉴别工作更加规范化，有益于从业人员和关心者获取相关知识；也希望通过各类固体废物鉴别案例的分析，促进由过去的进口固体废物原料向今后进口资源化产品方向发展。在此非常感谢生态环境部和海关系统各级领导长期以来给予我们的大力支持和指导！非常感谢许多专家学者给予的无私帮助！本书由周炳炎、于泓锦、赵彤担任主编；另外，杨玉飞、郝雅琼、岳波、孟棒棒、李颖辉、王宁、周依依等参与了部分编写工作；全书最后由周炳炎统稿并定稿。在此对各位图书参与编写者的辛苦付出和支持一并表示感谢！书中引用了大量的文献资料，在此对引用文献的作者表示感谢；也有一些参考文献没有标注出来，对其作者表示歉意和感谢！

限于编者专业知识、水平及编写时间，书中不足和疏漏之处在所难免，敬请读者批评指正。

编　者

2020 年 10 月

# 前　言

进入 21 世纪，我国在口岸进口物品管理环节，尤其是在打击固体废物非法进口方面不断出现固体废物鉴别需求，为加强进口废物环境管理，规范进口货物的固体废物属性鉴别工作，生态环境部、海关总署等部门逐步建立了固体废物属性鉴别技术体系，包括《国家危险废物名录》《进口固体废物管理目录》《固体废物鉴别导则》《固体废物鉴别标准　通则》《进口货物的固体废物属性鉴别程序》《进口可用作原料的固体废物环境保护控制标准》《进口可用作原料的废物检验检疫规程》等，以及新形势下相关部门发布的一些固体废物加工生产的再生原料产品标准，都有力地支撑了打击违法进口固体废物的活动。2017 年 7 月 18 日国务院办公厅印发《禁止洋垃圾入境推进固体废物进口管理制度改革实施方案》（国办发〔2017〕70 号），我国开启了禁止洋垃圾入境管理的更严厉模式；2018 年 6 月 16 日发布的《中共中央国务院关于全面加强生态环境保护坚决打好污染防治攻坚战的意见》明确提出力争 2020 年年底前基本实现固体废物零进口。2020 年 4 月 29 日全国人大常委会通过了新修订的《固体废物污染环境防治法》，其中第 14 条规定“国务院生态环境主管部门应当会同国务院有关部门根据国家环境质量标准和国家经济、技术条件，制定固体废物鉴别标准、鉴别程序和国家固体废物污染环境防治技术标准”；第 24 条规定“国家逐步实现固体废物零进口，由国务院生态环境主管部门会同国务院商务、发展改革、海关等主管部门组织实施”；第 25 条规定“海关发现进口货物疑似固体废物的，可以委托专业机构开展属性鉴别，并根据鉴别结论依法管理”。这些法律规定和政策要求均表明今后查处和打击违法进口固体废物仍是相关管理部门的一项重要任务，固体废物属性鉴别仍将发挥管理技术支撑作用。

固体废物鉴别是一项技术性和政策性非常强的活动。中国环境科学研究院固体废物污染控制技术研究所（以下简称中国环科院固体所）长期以来承担了我国口岸机构委托的固体废物属性鉴别工作，完成了 1000 多项各类物品的固体废物鉴别报告，每年约有 75%～80% 的案例判断为固体废物，但近两年该比例有下降趋势，主要原因是有争议的固体废物初级加工产物复检鉴别判断为非固体废物的案例比例有所增加。由于鉴别结果对货物能否进口具有直接影响，涉及当事人的经济利益以及是否违法犯罪，因而固体废物属性鉴别工作不但复杂而且责任很大，必须秉持科学客观、公平公正的精神。在长期的固体废物属性鉴别工作中，我们始终坚持辩证唯物主义思想和实事求是精神，摸索出固体废物产生来源分析的根本方法，从实践经验总结出鉴别原理和方法再指导实践，通过将鉴别经验和方法上升为国家标准和生态环境部的规范性文件促进我国固体废物鉴别工作有了遵循技术规范，通过出版专著和发表文章将我们的鉴别经验和方法总结出来供大家借鉴，为我国固体废物进口管理和打击洋垃圾入境贡献点滴力量。

继 2012 年海关总署开展打击固体废物非法进口的“国门之盾”行动后，2013 年海关总署开展了声势浩大的“绿篱”行动，之后各种行动接连不断，对非法进口固体废物保持高压打击态势而且常态化。2020 年是新修订并颁布实施《固体废物污染环境防治法》之年，也是我国基本实现固体废物零进口的目标之年，因而 2020 年在我国固体废物进口管理历程上具有特别意义。2013~2020 年是口岸海关查处和打击固体废物进口的重要时期，本书精选了这期间笔者及其团队完成的海关委托的 115 个判断为固体废物的典型案例，并汇编成书。本书具有以下特点：

① 本书是笔者 2012 年出版的《固体废物特性分析和属性鉴别案例精选》一书的延续，各鉴别案例尽量保持鉴别方法思想的连贯性，尽量保持案例形式的统一性，尽量体现鉴别工作的规范性；每个案例都包括鉴别简要背景、物质的特征特性分析、物质产生来源分析、固体废物属性分析四个方面的内容。

② 按废物类别将案例大致分为六篇，第一篇是鉴别为矿渣矿灰、残渣污泥的典型案例；第二篇是鉴别为石化行业化学废物的典型案例；第三篇是鉴别为废金属和电器电子废物的典型案例；第四篇是鉴别为废橡胶、废塑料、废纸的典型案例；第五篇是鉴别为城市垃圾和放射性废物的典型案例；第六篇是鉴别为其他废物的典型案例。这些案例中废物来源复杂多样，反映出我国禁止洋垃圾入境工作任重道远。

③ 固体废物属性鉴别都是基于被查扣货物进口当时我国相应的进口管理政策，主要原

# 目 录

## 第一篇 鉴别为矿渣矿灰、残渣污泥的典型案例 1

# 第一篇

# 鉴别为矿渣矿灰、残渣污泥的典型案例

# 1. 铜熔炼渣

## 1 背景

2017 年 6 月，中华人民共和国马尾海关缉私分局委托中国环科院固体所对其查扣的一票“铜精矿”货物样品进行固体废物属性鉴别，需要确定其是否属于国家禁止进口的固体废物。

## 2 样品特征及特性分析

（1）样品为灰黑色精细粉末，干燥，有结块但强度很低，可捏碎，有一定磁性。测定样品含水率为 2.45%，550℃灼烧后的烧失率为 1.89%，样品外观状态见图 1 和图 2。

图 1　样品外观

图 2　样品中的块粒

（2）采用 X 射线荧光光谱仪（XRF）对样品进行成分分析，主要含 Si、Fe、Ca、Al、Mg 等，结果见表 1。采用化学法分析样品中重金属元素含量，Pb 为 0.012%、As 为 0.0018%、Cu 为 0.94%。

表 1　样品主要成分及含量（元素均以氧化物表示）　　单位：%

| 成分 | $SiO_2$ | $Fe_2O_3$ | CaO | $Al_2O_3$ | MgO | $K_2O$ | CuO | $Co_3O_4$ |
|---|---|---|---|---|---|---|---|---|
| 含量 | 42.65 | 25.70 | 11.35 | 8.62 | 3.57 | 2.73 | 1.83 | 0.93 |
| 成分 | $SO_3$ | $TiO_2$ | $Cr_2O_3$ | $P_2O_5$ | $Na_2O$ | MnO | ZnO | PbO |
| 含量 | 0.91 | 0.55 | 0.36 | 0.30 | 0.26 | 0.13 | 0.06 | 0.04 |

（3）采用 X 射线衍射仪（XRD）对样品进行物相组成分析，主要为 $SiO_2$、$Fe_3O_4$、$(Mg_{0.992}Fe_{0.008})(Ca_{0.97}Fe_{0.029})(Si_2O_6)$、$Al_2O_3$。

（4）再采用多种技术方法综合分析样品的矿物相组成，主要为石英相（$SiO_2$）和钙铁辉石相［$Fe_{1.6}Ca_{0.4}(SiO_4)_3$］；其次为钾长石、钠长石和磁铁矿；另有少量的黄铜矿、斑铜矿、金属铁和炭质。X 射线衍射谱图分析结果见图 3，主要矿物相的产出特征见图 4～图 9。

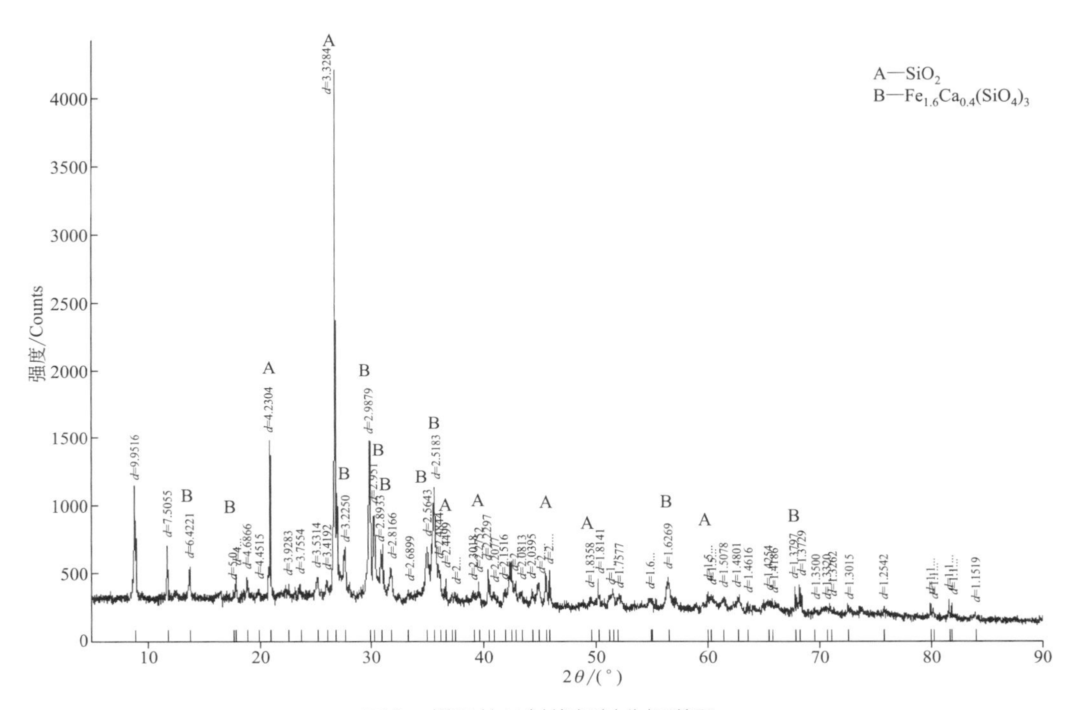


图3　样品的X射线衍射分析谱图

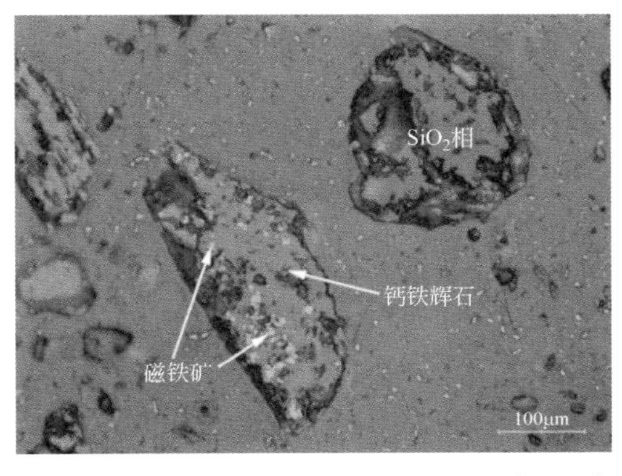


图4　样品中磁铁矿呈微细粒包裹于钙铁辉石中

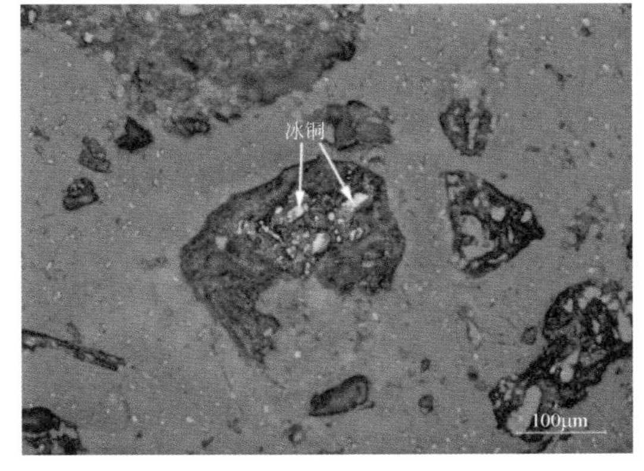


图5　样品中的冰铜

（5）测定样品中粉末的粒度分布，结果为 $D(10)$ 9.43μm；$D(50)$59.40μm；$D(90)$ 172.77μm，粒度分布见图 10；电子显微镜观察样品形貌特征，粉粒表面不规则也不光滑、棱角清晰，应为机械破碎后的产物，见图 11 和图 12。

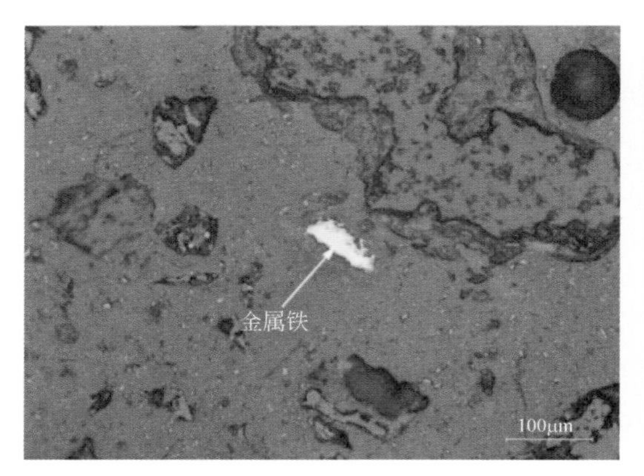


图6　样品中的金属铁

图7　样品中的单质碳

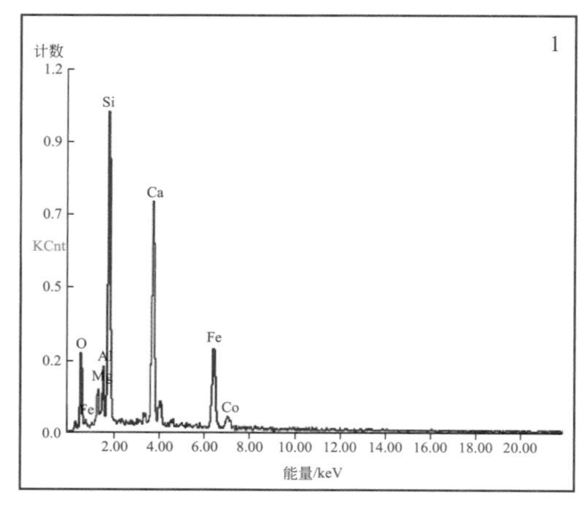


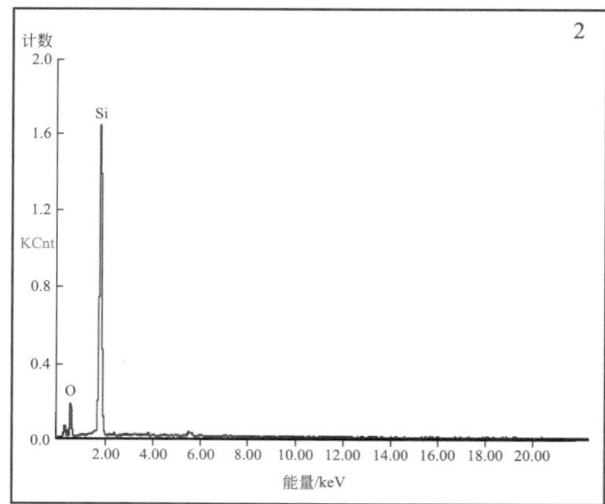

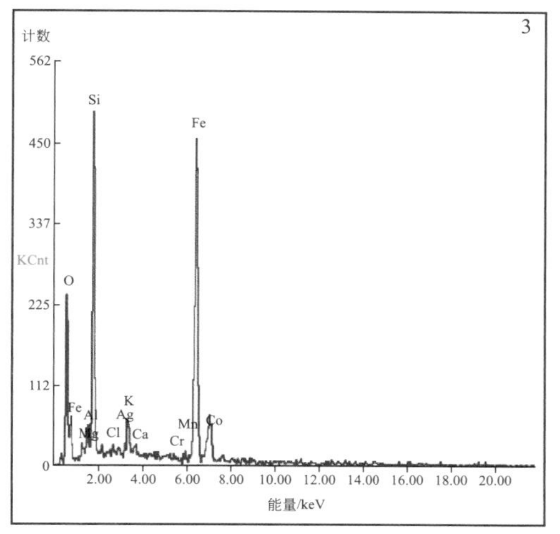


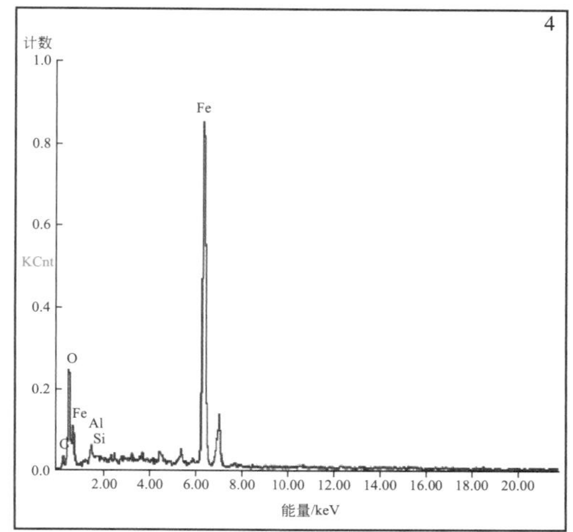


图8　背散射电子图—样品中的钙铁辉、石英、钾长石、磁铁相

（点1—钙铁辉石；点2—$SiO_2$相；点3—钾长石；点4—$Fe_3O_4$相）

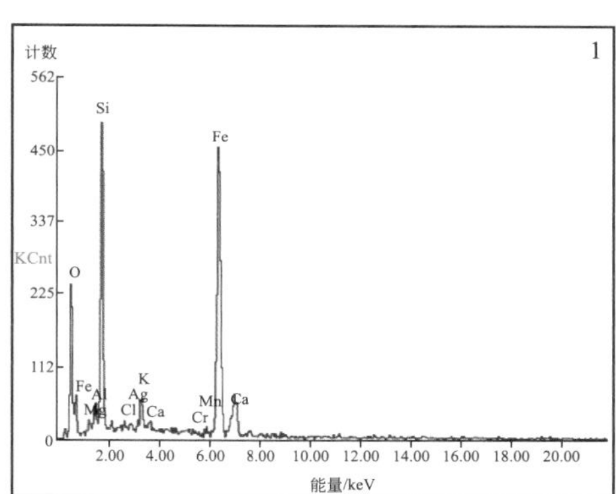


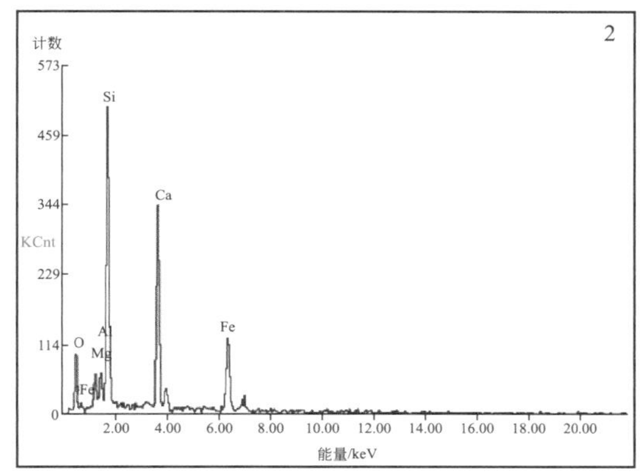


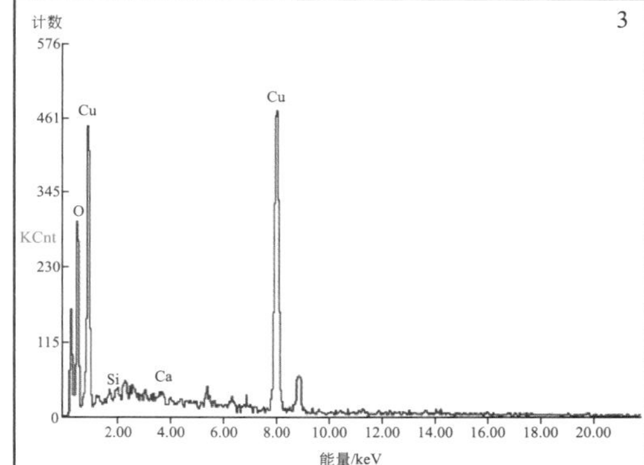


图9　背散射电子图—样品中的铁橄榄石、钙铁辉石、CuO相

（点1—铁橄榄石；点2—钙铁辉石；点3—CuO相）

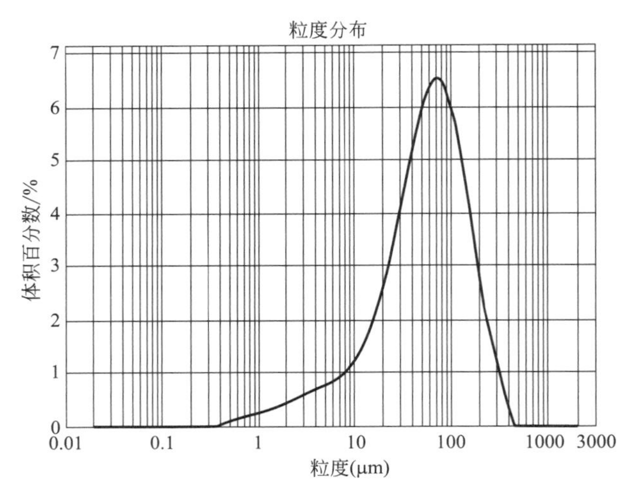


图10　样品中粉末的粒度分布曲线图

图11　显微镜下样品形貌特征（100倍）

图12　显微镜下样品形貌特征（400倍）

## 3 产生来源分析

铜矿常伴生有黄铁矿、闪锌矿、方铅矿、镍黄铁矿及含钴矿物，贵金属和稀散金属也是常见的伴生组分，砷主要以硫砷铜矿（$Cu_3AsS_4$）的形式存在[1,2]。铜矿石经选矿富集获得精矿，常见为褐色、灰色、黑褐色、黄绿色，成细粉粒状，金属矿物主要有辉铜矿、黄铜矿、铜蓝、蓝辉铜矿、斑铜矿、砷黝铜矿等[3]。我国《铜精矿》（YS/T 318—2007）中将铜精矿按化学成分分为一级品、二级品、三级品、四级品和五级品，化学成分应符合表2的规定。

表2　铜精矿的化学成分要求　　单位：%

| 品级 | Cu | 杂质含量 | | | |
|---|---|---|---|---|---|
| | | As | Pb+Zn | MgO | Bi+Sb |
| 一级品 | ≥32 | ≤0.10 | ≤2 | ≤1 | ≤0.10 |
| 二级品 | ≥25 | ≤0.20 | ≤5 | ≤2 | ≤0.30 |

续表

| 品级 | Cu | 杂质含量 | | | |
|---|---|---|---|---|---|
| | | As | Pb+Zn | MgO | Bi+Sb |
| 三级品 | ≥20 | ≤0.20 | ≤8 | ≤3 | ≤0.40 |
| 四级品 | ≥16 | ≤0.30 | ≤10 | ≤4 | ≤0.50 |
| 五级品 | ≥13 | ≤0.40 | ≤12 | ≤5 | ≤0.60 |

样品外观为灰黑色细粉粒，显微镜下形貌分析表明应是来自机械破碎（磨碎）后形成；样品中铜含量只有 1.52%，远低于表 2 我国《铜精矿》（YS/T 318—2007）中铜的含量要求；表 1 样品中硅（Si）、铁（Fe）、钙（Ca）、铝（Al）、镁（Mg）含量较高，这些元素都是冶金渣相的典型成分。矿物相综合分析表明，样品物相组成相对简单，含有大量的硅酸盐和少量冰铜、炭质、铁、黄铜等，不是天然矿物的组成，与火法炼铜的熔炼渣相符。综合判断样品不是铜精矿，是铜火法熔炼炉渣，经过了球磨粉碎处理。

## 4 固体废物属性分析

（1）样品是铜火法熔炼渣，该物料产生过程没有质量控制，不符合产品的质量规范或标准要求，是“生产过程中产生的残余物”，其利用属于“金属和金属化合物的再循环 / 回收”。因此，根据《固体废物鉴别导则（试行）》的原则，判断鉴别样品属于固体废物，是火法炼铜的熔炼渣。

（2）2014 年 12 月 30 日，环境保护部、商务部、发展改革委、海关总署、国家质检总局发布的第 80 号公告中的《禁止进口固体废物目录》中明确列出了“2620300000 主要含铜的矿渣、矿灰及残渣”“2620999020 其他铜冶炼渣”，建议将样品归于这两类废物中的一类，因而鉴别样品属于我国禁止进口的固体废物。

## 参考文献

[1] 任鸿九，王立川. 有色金属提取冶金手册 铜镍[M]. 北京：冶金工业出版社，2007.

[2] 蓝碧波. 铜精矿湿法除砷试验研究[J]. 湿法冶金，2014，31（2）：122-124.

[3] 于宏东，金延文. 秘鲁某斑岩型含砷铜钼矿工艺矿物学研究[J]. 矿冶，2012，21：91-94.

# 2. 黄杂铜冶炼产生的灰渣混合物

## 1 背景

2016 年 6 月，中华人民共和国拱北海关缉私局委托中国环科院固体所对其查扣的一票“铜矿砂”货物样品进行固体废物属性鉴别，需要确定是否属于国家禁止进口的固体废物。

## 2 样品特征及特性分析

（1）样品为灰黑色泥块，可见不均匀分布的土黄色物质，有石块等杂物。测定样品含水率为 31.8%，550℃灼烧后的烧失率为 5.4%，样品外观状态见图 1。

图 1　样品外观

（2）采用 X 射线荧光光谱仪（XRF）对样品进行成分分析，主要含 Si、Zn、Cu、Pb、Al、Na、Fe、Ca，少量 Mg、S、k、Ni、P 等成分，结果见表 1。

表 1　样品主要成分及含量（除 Cl 以外，其他元素均以氧化物表示）　单位：%

| 成分 | $SiO_2$ | ZnO | CuO | PbO | $Al_2O_3$ | $Na_2O$ | $Fe_2O_3$ | CaO | $SnO_2$ | MgO |
|---|---|---|---|---|---|---|---|---|---|---|
| 含量 | 29.00 | 24.45 | 9.22 | 7.88 | 7.79 | 7.21 | 4.72 | 3.54 | 1.58 | 1.04 |
| 成分 | $SO_3$ | $K_2O$ | NiO | $TiO_2$ | CdO | $P_2O_5$ | MnO | $Sb_2O_3$ | Cl | $As_2O_3$ |
| 含量 | 1.03 | 0.93 | 0.42 | 0.29 | 0.23 | 0.22 | 0.14 | 0.13 | 0.10 | 0.08 |

（3）采用X射线衍射分析仪（XRD）对样品进行物相组成分析，主要为氧化锌和石英，其次为铅白、方解石、氧化铜、硅酸钙、硅酸铁、硅酸铅。

（4）再采用X射线衍射仪（XRD）、光学显微镜观察、扫描电镜及X射线能谱分析等方法综合分析样品的物质组成，主要为ZnO相和石英；其次为铅白、方解石及非晶相，其中非晶相中含有少量的铜（Cu）、铅（Pb）、锌（Zn）等元素；此外，样品中还含有少量的钙铁辉石、钙铝榴石、$(Mg,Fe)(Cr,Al)_2O_4$ 相、钾长石、钠长石、磁铁矿、金属铜、铜锡合金相等。见图2～图6。

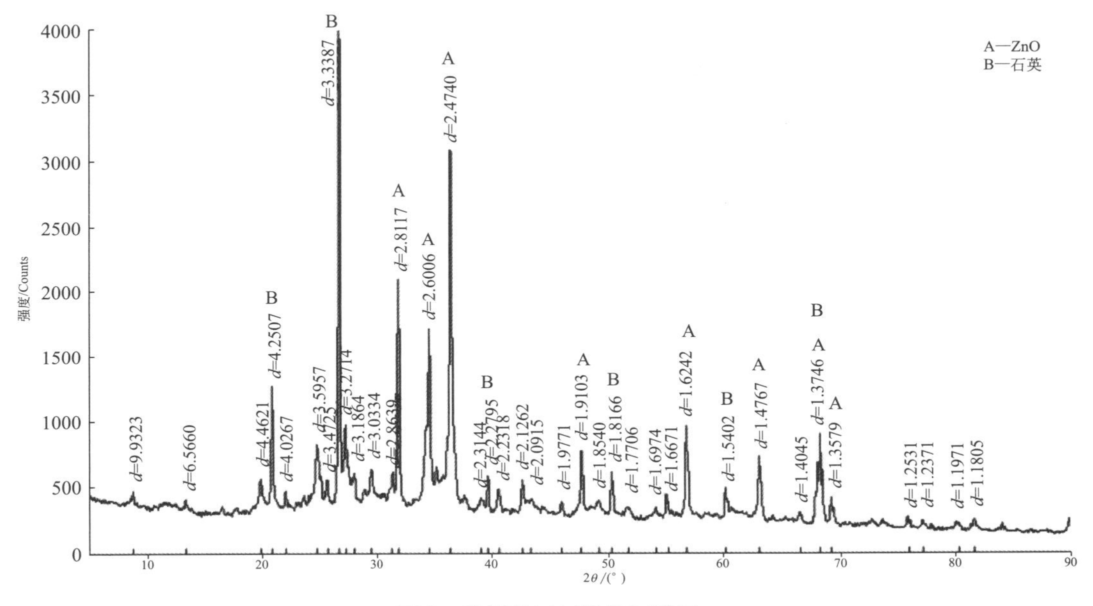


图2　样品的X射线衍射谱图

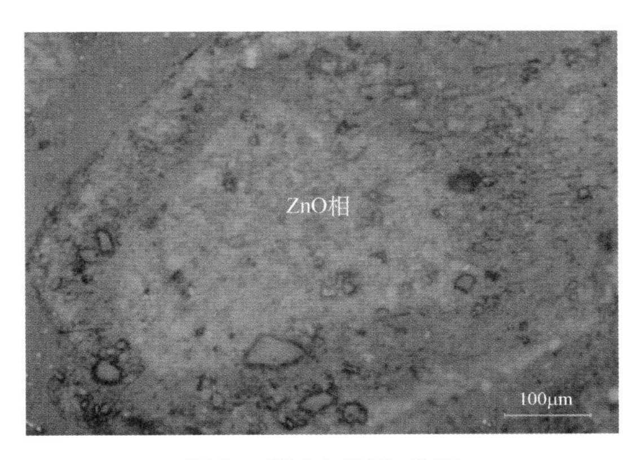


图3　样品中的ZnO相

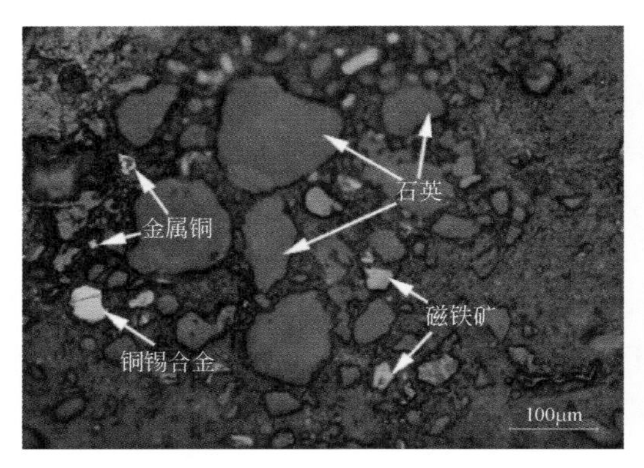


图4　金属铜、铜合金、石英、$Fe_3O_4$相

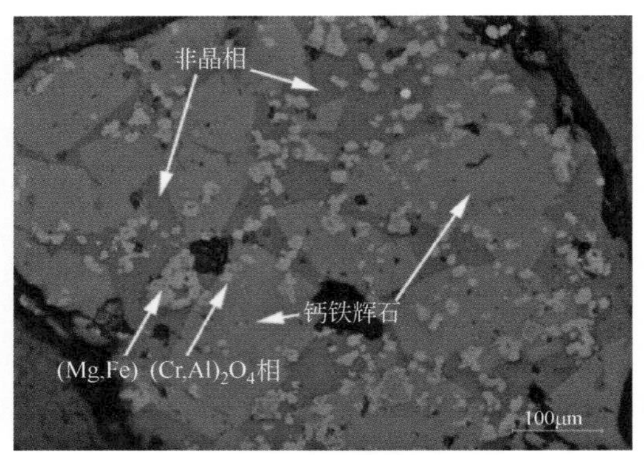


图5　非晶相、金属氧化物等

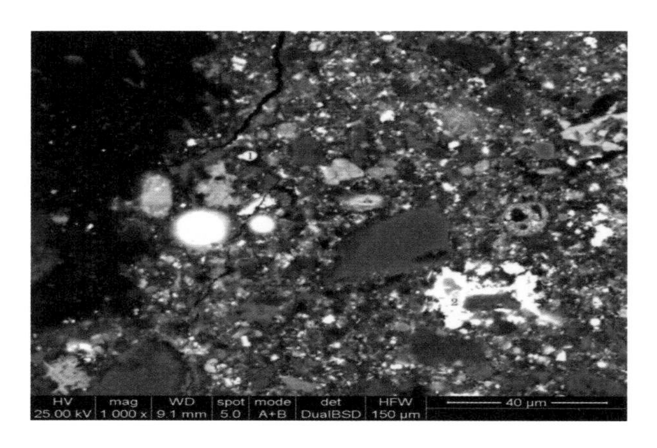

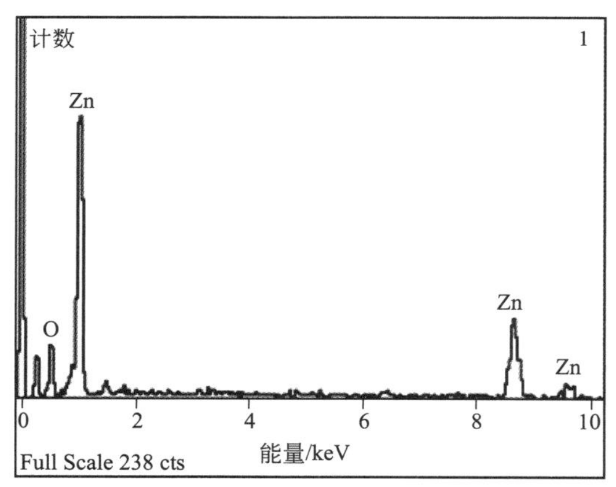


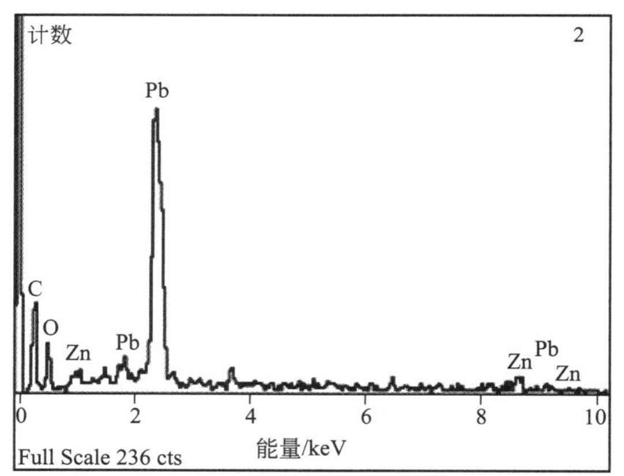


图6　背散射电子图-样品中各物质特征

（点1—ZnO相；点2—铅白）

## 3　产生来源分析

样品的主要物相组成为 ZnO 和 $SiO_2$（石英）并含有非晶相物质和金属铜相，与铜矿砂的物相组成不相符。因此，判断样品不是铜矿砂（石）。

黄铜是由铜和锌组成的合金，根据组成元素的不同可以将黄铜分为普通黄铜和特殊黄铜，其中普通黄铜是仅由铜（Cu）和锌（Zn）组成的合金，特殊黄铜是在普通黄铜中加入少量的 Sn、Al、Mn、Fe、Si、Ni、Pb 等元素所组成的多元合金。废杂铜成分复杂，含有多种金属元素（如 Fe、Pb、Zn、As、Sb、Bi、Ni 等），有的表面还夹杂 Hg、Cr、Cd 等金属元素，以及用于阻燃剂的卤族元素（如 F、Cl、Br 等）。

在铜冶炼的过程中会产生大量的冶炼渣，铜冶炼渣主要成分是 Fe、Si、Al、Cu、Mg、Ca，如铜冶炼的转炉渣成分为 FeO 48%～65%、$Fe_3O_4$ 12%～29%、$SiO_2$ 16%～28%、$Al_2O_3$ 5%～10%、Cu 1.1%～2.9%、MgO 0～2.0%、CaO 1.0%～2.0%[1]，主要物相为铁硅酸盐、磁性氧化铁、铁橄榄石、磁铁矿及一些脉石组成的无定形玻璃体，尽管铜熔炼方法不同，但所产生的铜冶炼渣中都含有大量的铁和少量铜[2]。废黄杂铜冶炼产生的冶炼渣也是铜冶炼渣的一种，它除了具有一般铜冶炼渣的性质外，由于原料的不同还具有自身独特的一些性质，如废黄杂铜冶炼渣的组成复杂，ZnO 所占比重较高等。某废黄杂铜冶炼渣成分和含量见表 2。有价金属的存在形态主要是硅酸盐、金属氧化物及少量的金属单质和金属合金[3]。

表2　废黄杂铜冶炼渣的主要成分和含量　　单位：%

| 成分 | Cu | Zn | Pb | Fe | $SiO_2$ | Ca | Ni | Cd | Mg | S | Sn |
|---|---|---|---|---|---|---|---|---|---|---|---|
| 含量[1] | 7.07 | 38.54 | 0.65 | 1.10 | 11.78 | 5.19 | 0.06 | 0.06 | 1.84 | 0.46 | 0.13 |

在火法炼铜过程中，易挥发金属元素如 Zn、Pb、Bi、As 等随少量铜（Cu）一起进入收尘系统，形成铜烟灰。由于受原料、工艺方法、工艺条件的影响，铜烟灰成分复杂（几种铜烟灰成分见表 3），物相组成波动较大，其中有价金属基本上是以金属氧化物和硫酸盐形态存在[4,5]。利用鼓风炉处理混合金属废料、合金废料、严重氧化的废料等含铜废料时得到的烟灰成分为 Cu 1%～2%、Sn 1%～3%、Pb 20%～30%、Zn 30%～45%[6]。

表3　铜烟灰的主要成分和含量　　单位：%

| 成分 | Cu | Zn | Pb | Fe | Bi | As | Cd | $SiO_2$ |
|---|---|---|---|---|---|---|---|---|
| 烟灰 1[5] | 7.20 | 10.83 | 23.07 | 4.02 | 4.12 | 6.07 | 1.55 | — |
| 烟灰 2[6] | 5.49 | 11.25 | 14.86 | — | 0.79 | — | 1.17 | 9.68 |
| 烟灰 3[7] | 8.85 | 10.8 | 15.4 | 4.87 | 2.03 | 4.52 | — | — |

冶炼黄铜产生的灰渣经过淘重机淘洗后分流沉积下来的一级泥渣，含黄铜 40%、ZnO 42%，二级泥渣含黄铜 8%、ZnO 72%、Fe 0.8%[8]。

样品主要成分为 Si、Zn、Cu、Pb、Al、Na、Fe、Ca、Sn，还含有少量的 Mg、S、K、Ni、Ti、Cd、P、Mn、Sb、Cl、As 等，既表明样品物质来源和组成较为复杂，也表明不是专门有意提取的产品。将样品的成分组成和上述文献资料中的废黄杂铜冶炼过程中的灰渣（如废黄杂铜冶炼渣、铜烟灰、二级泥渣）成分进行对比，两者较为相

似，但又不完全一致；样品中明显含有少量铜锡合金成分、金属铜和大量冶炼造渣成分，表明产生过程与黄铜冶炼相关，来自熔炼过程中产生的灰或泥渣；样品的主要物相组成与废黄杂铜冶炼渣的物相组成相似；样品中含有较多的锌和铅，主要以氧化态形式存在，表明样品中存在铜烟灰；样品中含有较高的硅（Si）、铝（Al）、钠（Na）、铁（Fe）和钙（Ca），主要是来自熔炼过程中的造渣熔剂，是渣相组成成分；样品中含有少量的锡（Sn），可能来自熔炼的铜合金原料和紫杂铜原料；样品为灰黑色泥块，可见不均匀分布的土黄色物质，有石块等杂物。

总之，综合判断样品是来自水池中长期沉积的回收物，是废黄杂铜为主的回收物料在熔炼铜过程中产生的灰、渣、泥的混合物。

## 4 固体废物属性分析

（1）样品是废黄杂铜为主的回收物料在熔炼铜过程中产生的灰、渣、泥的混合物物料，该产物属于“生产过程中产生的残余物”，也属于“污染控制设施产生的残余物、污泥”，回收利用其中的有价金属属于“金属和金属化合物的再循环”或“利用操作产生的残余物质”。根据《固体废物鉴别导则（试行）》的原则，判断鉴别样品属于固体废物。

（2）2014 年 12 月，环境保护部、商务部、发展改革委、海关总署等发布的第 80 号公告中的《禁止进口固体废物目录》包括“2620190000 含其他锌的矿渣、矿灰及残渣（冶炼钢铁所产生灰、渣的除外）”“2620300000 主要含铜的矿渣、矿灰及残渣（冶炼钢铁所产生灰、渣的除外）”，建议将样品归于这两类废物中的一类，因而鉴别样品属于我国禁止进口的固体废物。

## 参考文献


[1] 王巍. 废杂铜冶炼渣铜、锌回收研究[D]. 北京：北京有色金属研究总院，2012.

[2] 边瑞民，袁俊智，陈俊华. 铜熔炼渣贫化方法及技术经济分析[J]. 有色金属（冶炼部分），2012，3：14-17.

[3] 王巍，黄松涛，杨丽梅，等. 废杂铜冶炼渣性质与浸出试验结果分析研究[J]. 稀有金属，2013，37（6）：968-975.

[4] 吴玉林，徐志峰，郝士涛. 炼铜烟灰碱浸脱砷的热力学及动力学[J]. 有色金属（冶炼部分），2013（4）：3-7.

[5] 侯新刚，张琰，张霞. 从铜转炉烟灰中浸出铜、锌试验研究[J]. 湿法冶金，2011，30（1）：57-59.

[6] 邱定蕃，徐传华. 有色金属资源综合利用[M]. 北京：冶金工业出版社，2006，68-69.

[7] 王胜，张胜全. 铜冶炼烟灰碱浸渣氨浸工艺[J]. 有色金属科学与工程，2015，6（6）：20-23.

[8] 郭顺，范秋如. 钟表材料行业废料的综合利用[J]. 有色金属（冶炼部分），1991（2）：25-26.

# 3. 铜冶炼灰渣

## 1 背景

2017 年 5 月，中华人民共和国阿拉山口海关缉私分局委托中国环科院固体所对其查扣的一票“铜铳”货物样品进行固体废物属性鉴别，需要确定是否属于固体废物。

## 2 样品特征及特性分析

（1）样品为灰色粉末和不规则小块混合物，块状大部分有磁性，个别手感较轻且光滑发亮的熔体无磁性；粉末有明显磁性，颗粒和碎屑大小不一，明显有不规则质轻发黑发亮的细颗粒和碎屑；也有少量不规则熔融瘤状体；块状物中有可见绿色、红褐色、白色镶嵌物。测定样品含水率为 0.24%，550℃灼烧后的烧失率为 6.8%，筛分样品小于 1 目的占比 35.05%、大于 2 目的占比 59.16%。样品外观状态见图 1，从样品中挑出的块料见图 2。

图1　样品外观

图2　从样品中挑出的块料

（2）采用 X 射线荧光光谱仪（XRF）对样品中块状和粉末进行成分分析，块状和粉末成分分布明显不均匀，含有较高的 Si、Cu、S、Al、Fe，成分复杂，结果见表 1。

表1　干基样品主要成分及含量（除Cl以外，其他元素均以氧化物表示）　单位：%

| 成分 | $CuO$ | $SiO_2$ | $SiO_3$ | $Al_2O_3$ | $Fe_2O_3$ | $PbO$ | $Na_2O$ | $CaO$ | $MgO$ |
|---|---|---|---|---|---|---|---|---|---|
| 块状样 | 35.20 | 25.95 | 18.33 | 6.28 | 6.0 | 1.93 | 1.88 | 1.66 | 0.98 |
| 粉末样 | 16.07 | 42.40 | 9.01 | 12.28 | 7.06 | 1.38 | 1.42 | 5.42 | 1.97 |
| 成分 | $ZnO$ | $K_2O$ | $TiO_2$ | $P_2O_5$ | $Cl$ | $MnO$ | $Ag_2O$ | $Cr_2O_3$ | $Co_3O_4$ |
| 块状样 | 0.73 | 0.66 | 0.18 | 0.07 | 0.06 | 0.06 | 0.05 | — | 0.03 |
| 粉末样 | 0.61 | 1.44 | 0.46 | 0.23 | 0.06 | 0.07 | 0.02 | 0.09 | — |

（3）采用X射线衍射分析仪（XRD）对样品进行物相组成分析，物相组成复杂，含有多种氧化物和盐类物质，衍射分析物相结果见表2。

表2　样品物相组成

| 样品 | 物相 |
|---|---|
| 块状 | $SiO_2$、$Ca_4Al_8O_{13}\cdot 3H_2O$、$Fe_3O_4$、$Fe_2SiO_4$、$CaAl_2(SiAl)_2O_{10}(OH)_2$、$Fe_5CuO_8$、$Cu_2O$、$CuSiO_4$ |
| 粉末 | $SiO_2$、$CaSO_4\cdot 2H_2O$、$Ca_4Al_8O_{13}\cdot 3H_2O$、$Cu_4(SO_4)_2(OH)_6\cdot 3H_2O$、$Ca_8Cu_4(SO_4)_2(OH)_6\cdot 3H_2O$ |

（4）对样品中粉末进行电镜形貌观察，为形状不规则的团状或碎屑状物质，显然不完全是来自硬质物料破碎产物，见图3和图4。

图3　粉末样品放大500倍电镜形貌图

图4　粉末样品放大1000倍电镜形貌图

（5）采用X射线衍射分析、光学显微镜观察、扫描电镜及X射线能谱分析等方法综合分析样品主要物质组成，为$SiO_2$、$Fe_2SiO_4$、$Fe_3O_4$；其次为$Na(AlSi_3O_8)$、冰铜和金属铜，少量黄铜矿、铜蓝、褐铁矿、$CuCO_3$、$CuSO_4$、$PbS$、$ZnS$、$Fe_2O_3$、$CuFe_2O_4$、钾铝硅酸盐和钙铁硅酸盐非晶质，偶见黄铁矿、碳质、钙铜硫酸盐、钙铁硅酸盐、硅酸铅等，样品不是天然矿石，但有少量残余的天然矿。各主要物质的X射线能谱分析图和产出特征见图5～图13。

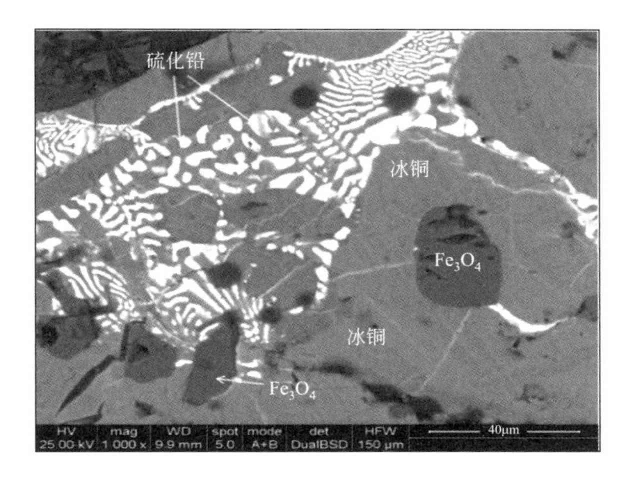


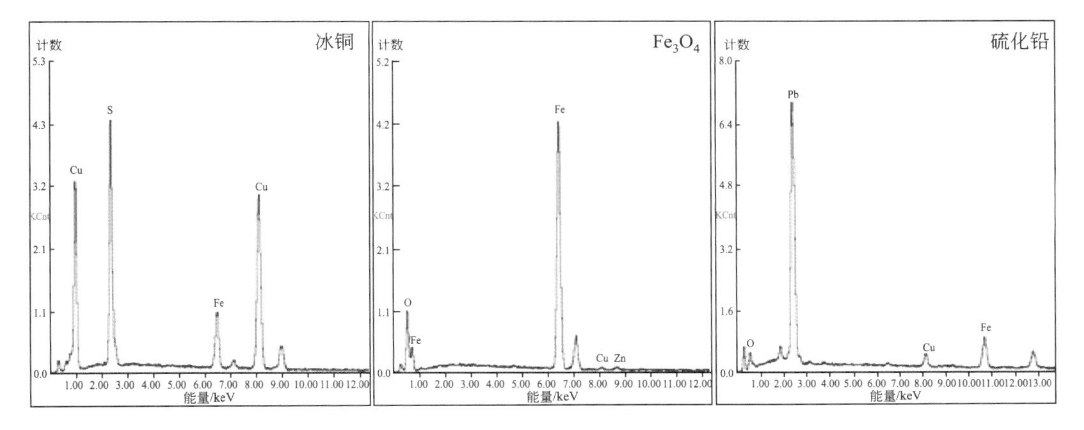


图5　样品背散射电子图及能谱图—磁铁矿相（$Fe_3O_4$）、冰铜、灰铅矿相（PbS）紧密嵌布在一起

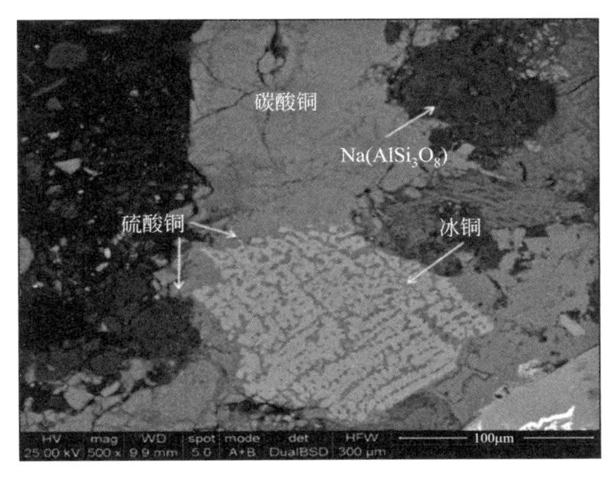


图6

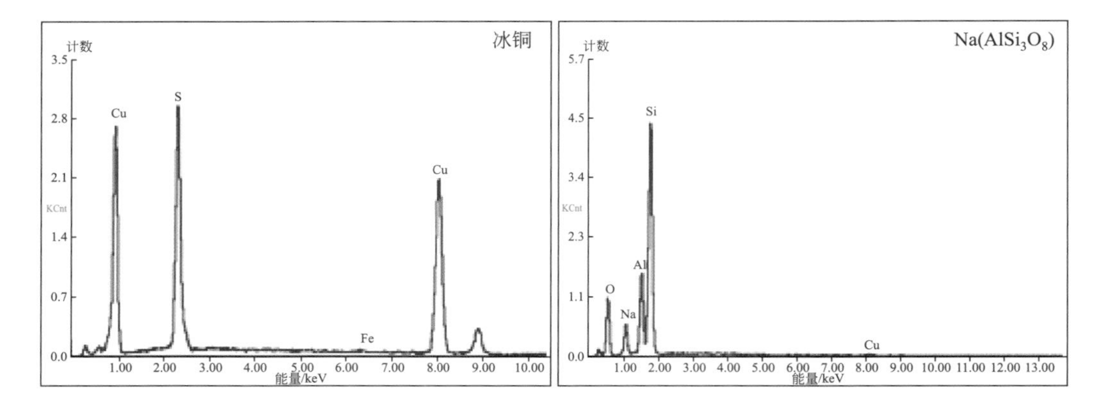


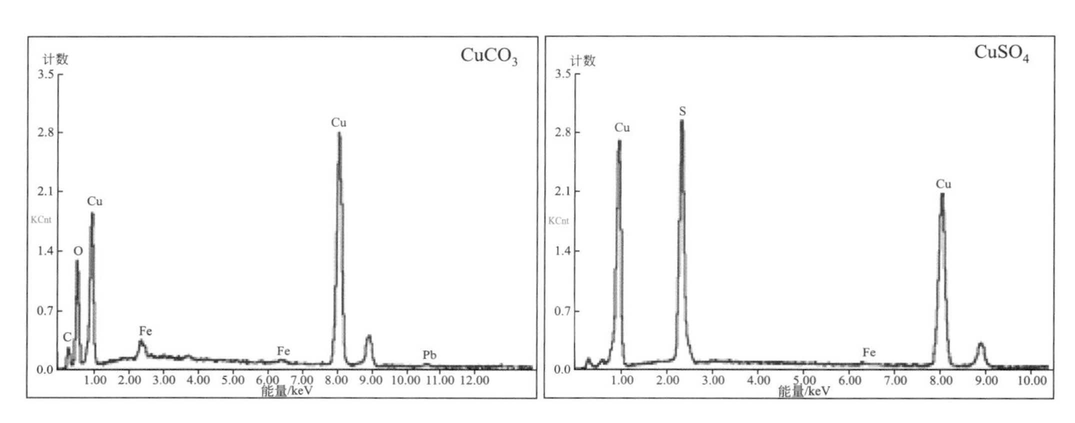


图6　样品背散射电子图及能谱图—冰铜、Na（AlSi$_3$O$_8$）、CuCO$_3$、CuSO$_4$的产出状态

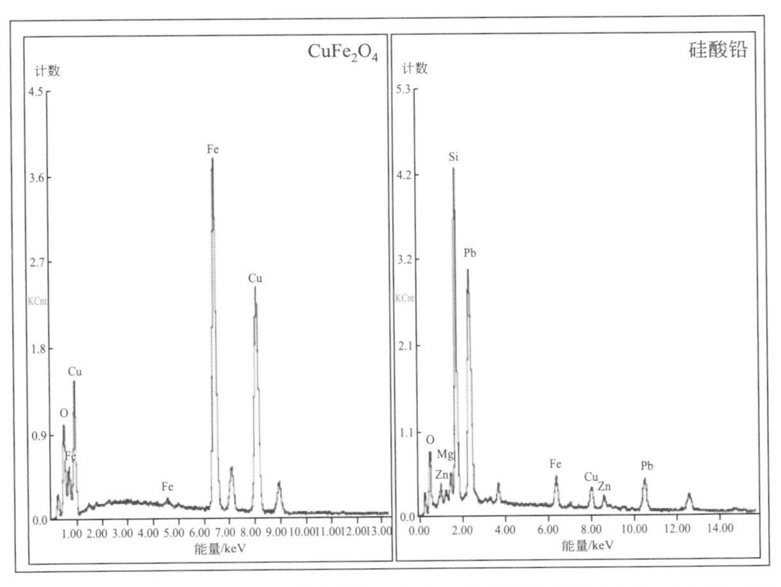


图7 样品背散射电子图及能谱图—$CuFe_2O_4$和$ZnSiO_4$紧密嵌布在一起

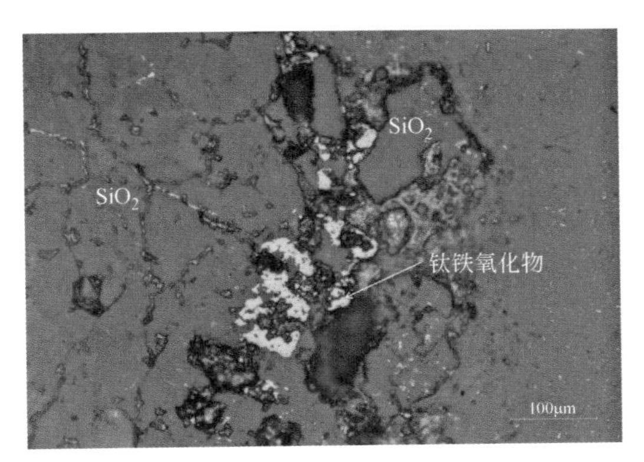


图8 $SiO_2$和钛铁氧化物和产出特征

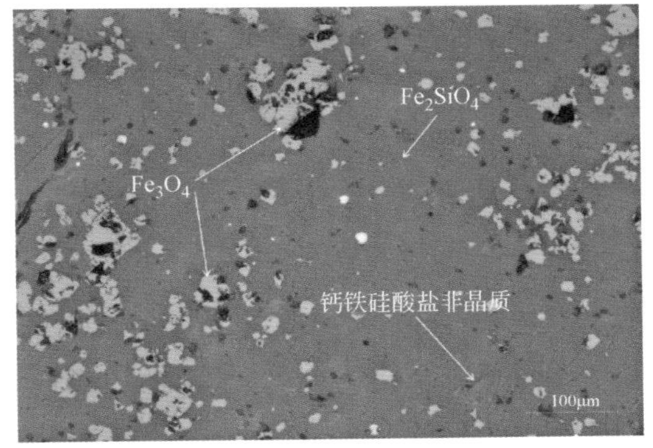


图9 $Fe_2SiO_4$、$Fe_3O_4$和钙铁硅酸盐非晶质的产出特征

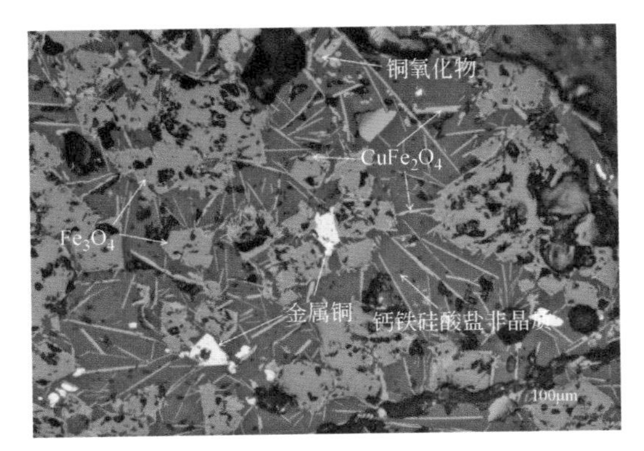


图10 $Fe_3O_4$、$CuFe_2O_4$、金属铜、铜氧化物和钙铁硅酸盐非晶质的产出特征

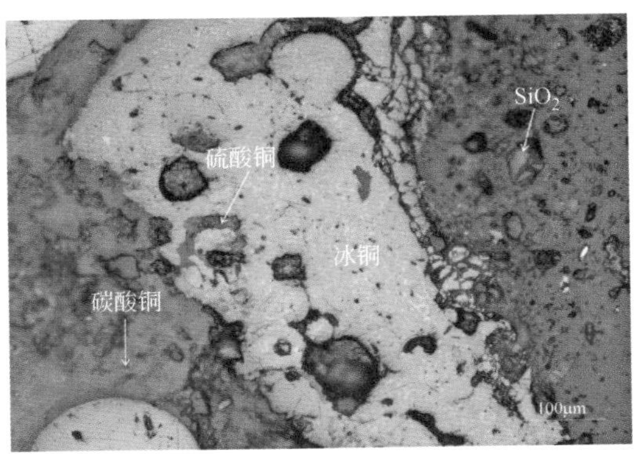


图11 冰铜、$CuCO_3$、$CuSO_4$和$SiO_2$的产出特征

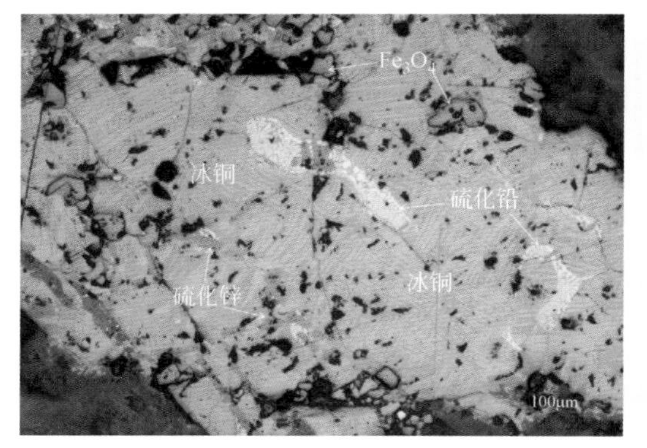


图12　冰铜、$Fe_3O_4$、ZnS和PbS的产出特征

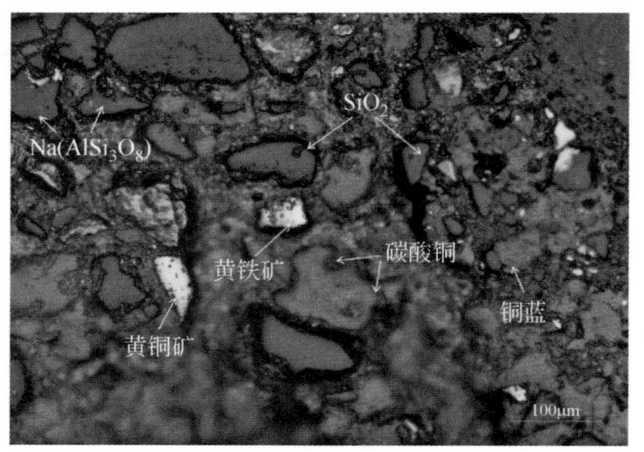


图13　黄铜矿、铜蓝、黄铁矿、$SiO_2$、$Na(AlSi_3O_8)$、$CuCO_3$的产出状态

## 3 产生来源分析

（1）样品申报名称为“铜锍”。铜锍又称为冰铜，是铜精矿火法熔炼粗铜的中间产物，是$Cu_2S$-FeS的共熔体。铜锍进一步冶炼（转炉）出粗铜，铜锍中铜的含量范围波动较大，由于是矿物经过了高温熔炼工艺处理，使铜锍中铜的品位得到提高[1,2]。

表1样品中硫的含量远低于铜锍中通常22%～26%的相应水平，铁的含量低于通常铜锍中20%～45%的相应水平，Cu+Fe+S总量没有达到铜锍中这三种元素之和在80%～90%的含量水平；样品物相组成非常复杂，既含有硫酸盐、碳酸盐、碱式硫酸盐，也含有铜锍中的金属或合金相，含有大量非晶物相，还残留少量天然矿物，既不符合铜锍的成分和物相组成特点，也不能作为铜锍直接炼粗铜目的来使用。因此，判断样品不是铜精矿正常熔炼工艺产出的铜锍。

（2）由于样品物相组成非常复杂，从样品电镜形貌上和物相上，明显含有大量非晶物相、大量盐类物质和少量炭质，显然，样品也不符合铜精矿物质特征，不是铜精矿。

（3）根据样品特征及特性分析结果，样品物质产生来源分析如下：

① 样品中含有较高的Si、Al、Fe、Ca、Mg成分，明显含有冶金硅酸盐渣相；

② 样品中铜具有商业价值，含有铜锍、金属铜、铁酸铜、硫酸铜、铜的氧化物，表明是来源于铜的火法和湿法冶金过程的混合物；

③ 样品中含有少量黄铜矿、铜蓝、黄铁矿，表明样品产生过程中混入了少量铜矿物质；

④ 样品中含有氢氧化物、硫酸盐、水合物、石膏相等，表明样品含铜冶炼废水处理产物；

⑤ 样品中含有很少量的银，不排除是来自铜冶量的阳极泥或矿粉代入；

⑥ 由于样品中含有一定量的Cu、$Fe_3O_4$、$FeSiO_4$、C，少量Pb和Zn，不排除样品中混有铜熔炼的炉结物料。

总之，判断样品是来自铜冶炼生产中回收的泥、渣为主的混合物料。

## 4 固体废物属性分析

（1）样品是来自铜冶炼生产中回收的泥渣为主的混合物料，该物料产生过程并没有质量控制，不符合产品的质量规范或标准的要求，是“生产过程中的废弃物质”，是“污染控制设施产生的垃圾、残余物、污泥”，其利用属于“金属和金属化合物的再循环/回收”。因此，根据《固体废物鉴别导则（试行）》的原则，判断鉴别样品属于固体废物，是含铜泥渣为主的混合废物。

（2）2014年12月30日，环境保护部、商务部、发展改革委、海关总署、国家质检总局发布的第80号公告中的《限制进口类可用作原料的固体废物目录》和《自动许可进口类可用作原料的固体废物目录》（2015年11月调整为《非限制进口类可用作原料的固体废物目录》）中均没有列出样品废物类别，而在《禁止进口固体废物目录》中明确列出了“2620300000主要含铜的矿渣、矿灰及残渣”“2620999020其他铜冶炼渣”，建议将鉴别样品归于这两类废物中的一类，因而鉴别样品属于我国禁止进口的固体废物。

## 参考文献

[1] 任鸿九，王立川. 有色金属提取手册——铜镍[M]. 北京：冶金工业出版社，2007，27-28.
[2] 许并社，李明照. 铜冶炼工艺[M]. 北京：化学工业出版社，2008，6-7.

# 4. 铜锌有色金属混合灰渣

## 1 背景

2016 年 2 月，中华人民共和国洋山海关缉私分局委托中国环科院固体所对其查扣的一票“铜矿砂”的货物样品进行固体废物属性鉴别，需要确定是否属于国家禁止进口的固体废物。

## 2 样品特征及特性分析

（1）样品为灰黑色粉末，明显含有大小不同的颗粒和块状，可见很少量的纤维、塑料、枝叶杂物。测定样品含水率为 5.6%，550℃灼烧后的烧失率为 4.7%。样品外观状态见图 1。

图 1　样品外观

（2）采用 X 射线荧光光谱仪（XRF）对样品进行成分分析，主要含 Si、Al、Zn、Fe、Cu、Ca、Na，少量 Mg、Pb、K、P 等成分，结果见表 1。

表1　样品主要成分及含量（除Cl、Br、I以外，其他元素均以氧化物表示）　单位：%

| 成分 | $SiO_2$ | $Al_2O_3$ | ZnO | $Fe_2O_3$ | CuO | CaO | $Na_2O$ | MgO | PbO | $K_2O$ |
|---|---|---|---|---|---|---|---|---|---|---|
| 含量 | 44.69 | 15.89 | 13.87 | 5.85 | 5.48 | 4.79 | 4.25 | 1.27 | 0.82 | 0.80 |
| 成分 | $TiO_2$ | $P_2O_5$ | MnO | $SnO_2$ | $Cr_2O_3$ | NiO | Cl | Br | I | — |
| 含量 | 0.54 | 0.47 | 0.31 | 0.31 | 0.29 | 0.21 | 0.14 | 0.01 | 0.01 | — |

（3）采用X射线衍射分析、光学显微镜观察、扫描电镜及X射线能谱分析等方法综合分析样品的物质组成，主要组成为氧化锌和石英、正长石、奥长石；其次为高岭石、钙铁辉石；另有少量的方解石、镁铝铬铁氧化物、磁铁矿、褐铁矿、金属铜、氧化铜、氧化锡、炭质等，物料不是天然矿。样品的X射线衍射分析谱图结果见图2，主要物质特征见图3～图5。

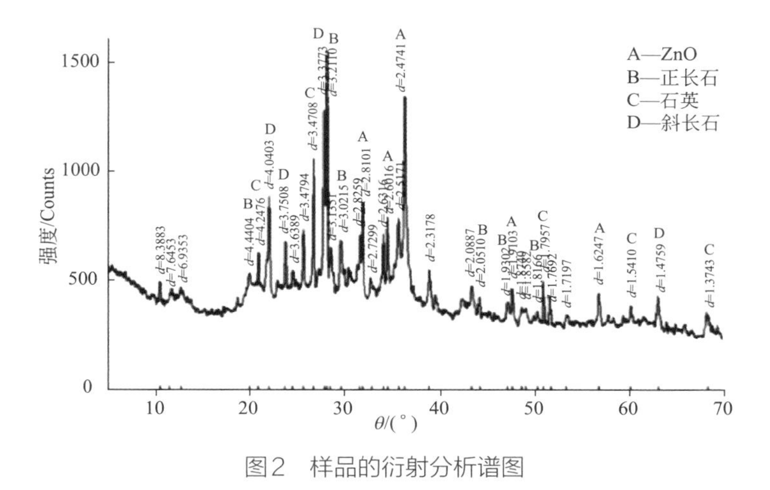


图2　样品的衍射分析谱图

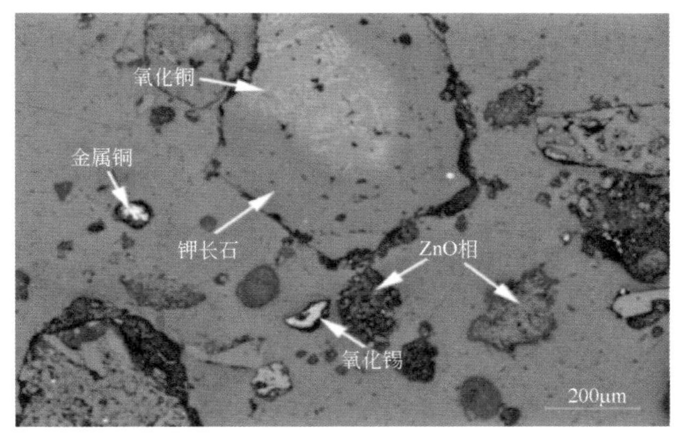


图3　金属铜、氧化铜、氧化锡的产出特征

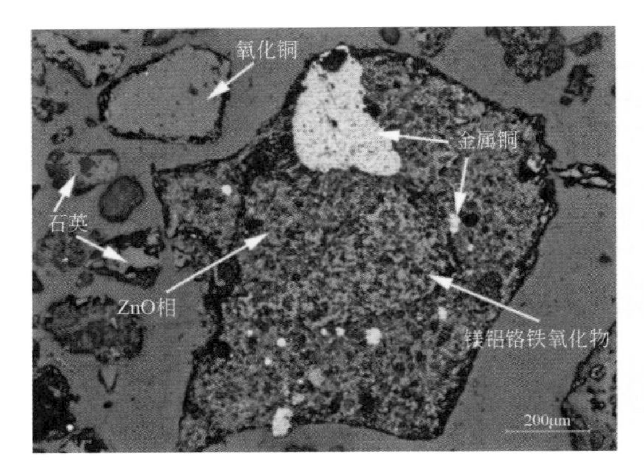

图4　金属铜嵌布于ZnO相中

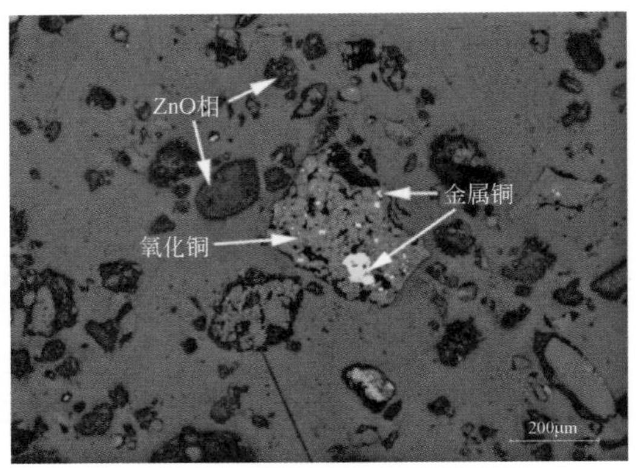


图5　金属铜包裹于CuO中

## 3 产生来源分析

样品为不均匀粉、粒混合物，含有金属铜及其合金相，锌和铜等金属的氧化物，含有少量铅、铬、镍等有害重金属，其他主要为冶金渣相成分；样品不是天然矿物组成，其中锌和铜的含量也没有达到相应精矿的含量要求。因此，判断样品不是铜精矿、锌精矿。

样品产生来源分析如下：

① 明显含有多种有色重金属元素，包括Zn、Cu、Pb、Sn、Cr、Ni等，其氧化物的总量达到20%以上，表明是来自含铜、锌的有色金属物料的处理过程；

② 样品中含有较高的Si、Al、Fe、Ca成分，为硅酸盐渣，是经高温处理后的产物；

③ 样品中还含少量P、Cl、Br、I等非金属成分，表明样品来源于电子产品行业或有色金属表面处理过程的物料；

④ 样品物相分析表明含有$MgSi_2H_2O_6$、FeO(OH)、AlO(OH)，干基样品有烧失率4.7%，表明样品来源于含水污泥高温处理后的产物，并含有很少量的有机组分；

⑤ 样品中含有金属铜、CuO、ZnO等，应是处理含金属铜、铜锌合金物料代入，如黄铜灰渣泥；

⑥ 样品中含有少量炭质，样品外观与高温处理后的灰渣特征相符。

总之，判断样品是有色金属混合污泥（渣）经高温焙烧处理后的回收物料。

## 4 固体废物属性分析

（1）样品是铜锌有色金属混合污泥（渣）经高温焙烧处理后的回收物料，该物料产生过程没有质量控制，不符合产品的质量规范或标准的要求，是“污染控制设施产生的垃圾、残余物、污泥”，其利用属于“金属和金属化合物的再循环/回收”。因此，根据《固体废物鉴别导则（试行）》的原则，判断鉴别样品属于固体废物。

（2）2014 年 12 月 30 日，环境保护部等部门发布的第 80 号公告中的《限制进口类可用作原料的固体废物目录》和《自动许可进口类可用作原料的固体废物目录》（2015 年 11 月修改为非限制进口类固体废物目录）中均没有列出样品废物类别，而在《禁止进口固体废物目录》中明确列出了“2620190000 含其他锌的矿渣、矿灰及残渣”“2620300000 主要含铜的矿渣、矿灰及残渣”“2620999020 其他铜冶炼渣”，建议将样品归于这几类废物中的一类，因而鉴别样品属我国禁止进口的固体废物。

# 5. 铜锌冶炼烟灰和石膏泥混合物

## 1 背景

2016 年 1 月，中华人民共和国上海浦江海关委托中国环科院固体所对其查扣的一票“铜矿砂”货物样品进行固体废物属性鉴别，需要确定是否属于国家禁止进口的固体废物。

## 2 样品特征及特性分析

（1）样品特征描述、含水率、550°C 下灼烧后的烧失率见表 1，样品外观状况见图 1～图 3。

表1　样品外观特征、105°C下样品含水率、550°C下灼烧后的烧失率　　单位：%

| 样品 | 外观特征描述 | 含水率 | 烧失率 |
|---|---|---|---|
| 1 号 | 灰黑色和灰白色不均匀细粉末，似面粉，有少量结团，有微量粗颗粒 | 3.75 | 7.55 |
| 2 号 | 墨绿色和灰黑色不均匀粉末，少量结团，有坚硬颗粒，偶见羽毛和木屑 | 20.98 | 4.66 |
| 3 号 | 墨绿色、深蓝色、灰黑色不均匀粉末，其中有较多的粗颗粒和坚硬块，很多深蓝色碎细屑 | 24.83 | 29.0 |

图1　1号样品外观

图2　2号样品外观（大块为结团粉）

图3　3号样品外观

（2）采用X射线荧光光谱仪（XRF）对样品进行成分分析，主要含Fe、Si、Ca、Al、Cu、P等，结果见表2。

表2 样品主要成分及含量（除Cl、F、Br以外，其他元素均以氧化物表示） 单位：%

| 成分 | ZnO | Cl | CuO | $Al_2O_3$ | $SiO_2$ | MnO | $SO_3$ | $K_2O$ | NiO | MgO |
|---|---|---|---|---|---|---|---|---|---|---|
| 1号样 | 94.6 | 2.29 | 1.15 | 0.56 | 0.33 | 0.28 | 0.15 | 0.13 | 0.13 | 0.11 |
| 2号样 | 51.35 | 1.06 | 14.41 | 3.32 | 3.90 | 0.26 | 9.85 | 0.17 | 0.11 | 0.69 |
| 3号样 | 0.20 | 0.13 | 33.89 | 5.14 | 2.71 | 0.72 | 33.22 | 0.07 | 0.35 | 1.46 |
| 成分 | F | CaO | PbO | $Fe_2O_3$ | $SnO_2$ | $P_2O_5$ | $TiO_2$ | BaO | $Cr_2O_3$ | $Na_2O$ |
| 1号样 | 0.10 | 0.08 | 0.04 | 0.04 | — | — | — | — | — | — |
| 2号样 | 0.40 | 6.28 | 0.31 | 1.55 | 3.28 | 2.72 | 0.08 | 0.12 | — | Br 0.12 |
| 3号样 | — | 27.99 | 0.02 | 2.21 | 0.12 | 0.86 | 0.06 | 0.42 | 0.02 | 0.43 |

（3）采用X射线衍射分析仪（XRD）对样品进行物相组成分析，3个样品物相组成差异明显，1号样品主要为ZnO、$Zn_5(OH)_8Cl_2 \cdot H_2O$；2号样品主要为ZnO、$CaSO_4 \cdot 2H_2O$、$Cu_{0.64}Zn_{0.36}$、$SiO_2$、$Zn(OH)_2$；3号样品主要为$CaSO_4 \cdot 2H_2O$、$Cu_{0.64}Zn_{0.36}$、$SiO_2$。

（4）再采用X射线衍射分析仪、光学显微镜观察、扫描电镜及X射线能谱分析等方法综合分析样品矿物相组成，结果如下：

① 1号样品主要组成物质为ZnO相，另有微量铜锌合金相，ZnO相的产出电子图像和能谱特征见图4；

② 2号样品主要组成物质为ZnO相，另有微量辉石、磁铁矿、石英、方解石、斜长石和铜锌合金等，ZnO相的产出电子图像和能谱特征见图5；

③ 3号样品主要组成物质为CuO相和CaO相的混杂物，另有微量磁铁矿、赤铁矿、褐铁矿、石英和方解石、斜长石等，主要组成相的产出特征见图6。

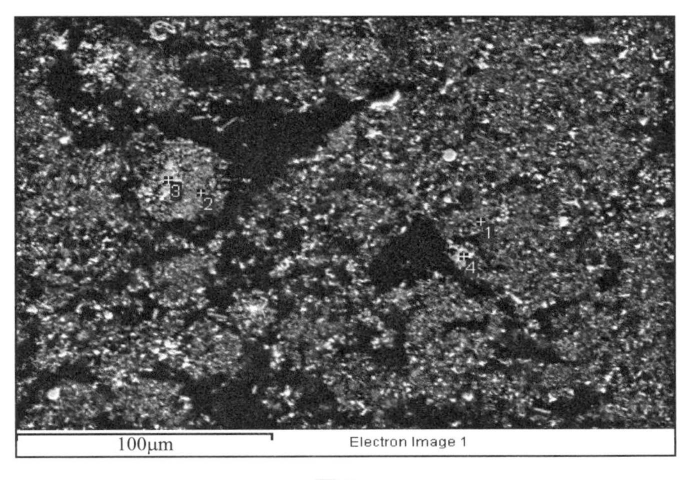


图4

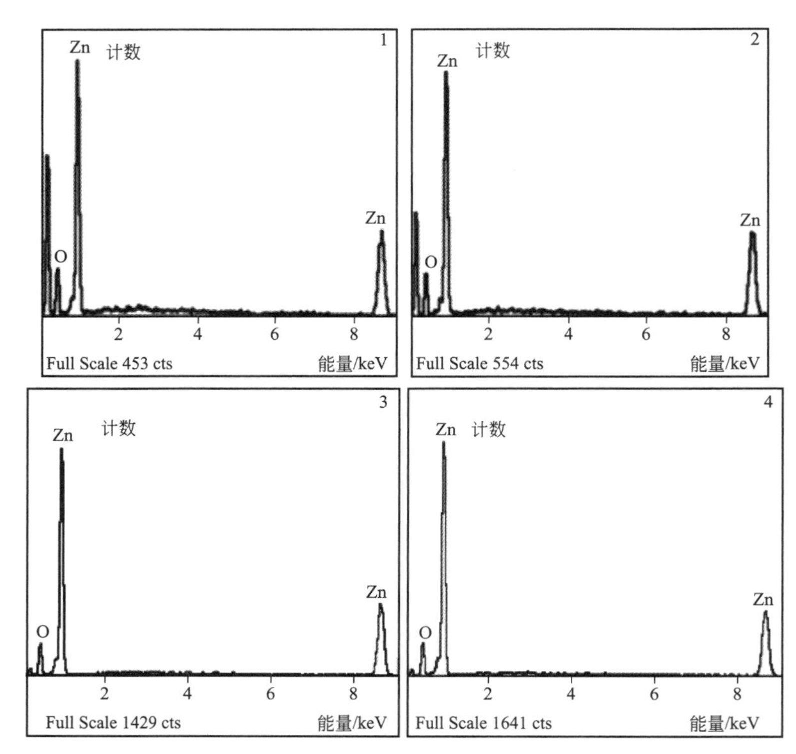


图4　1号样品背散射电子图

（点1～4—ZnO相）

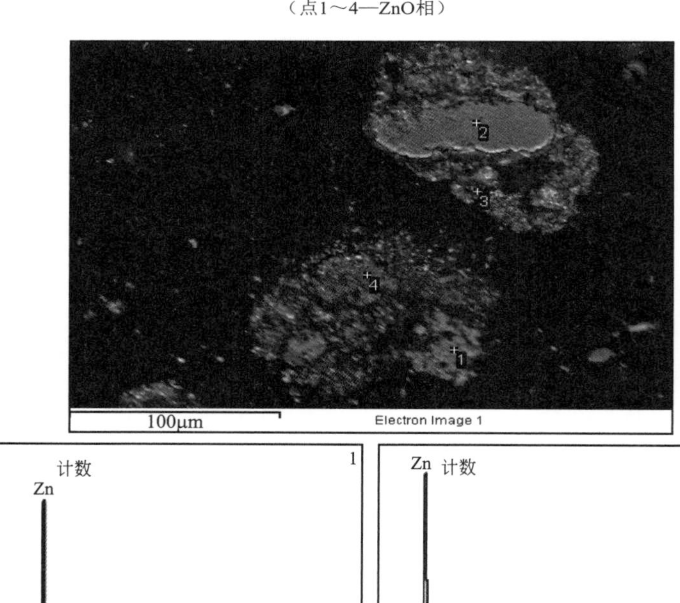

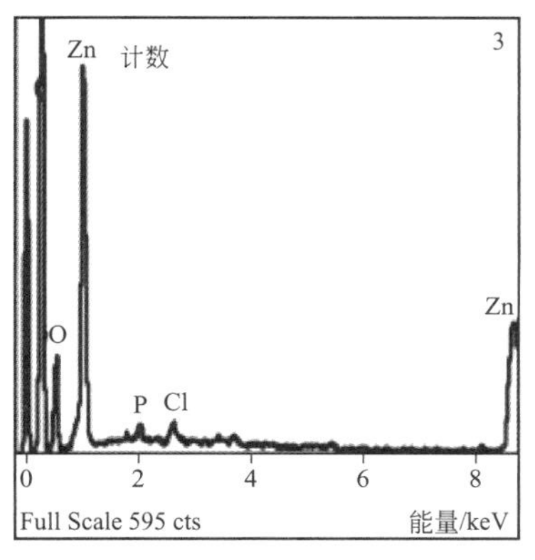


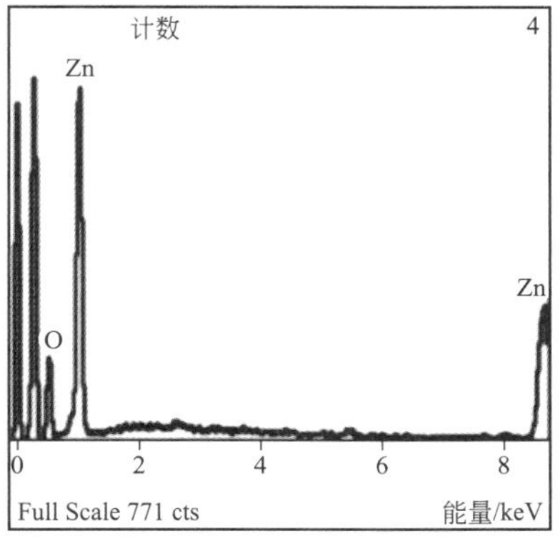


图5　2号样品背散射电子图

（点1～4—ZnO相）

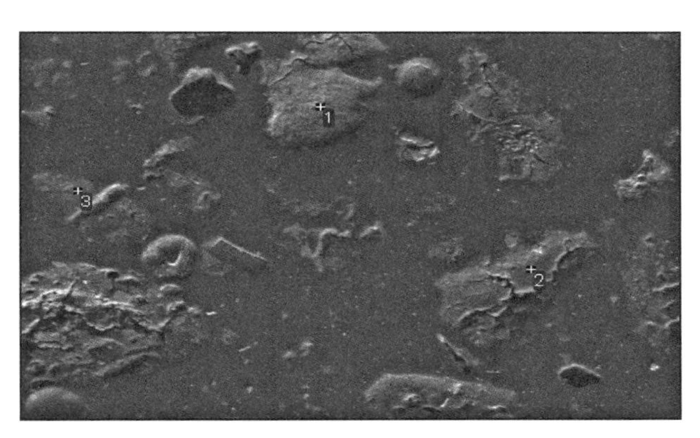


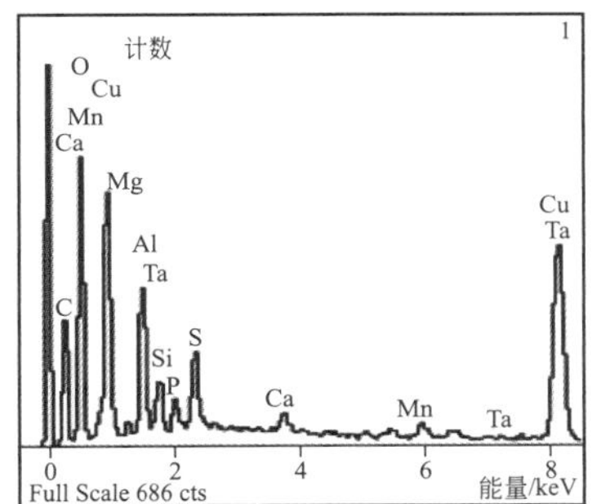


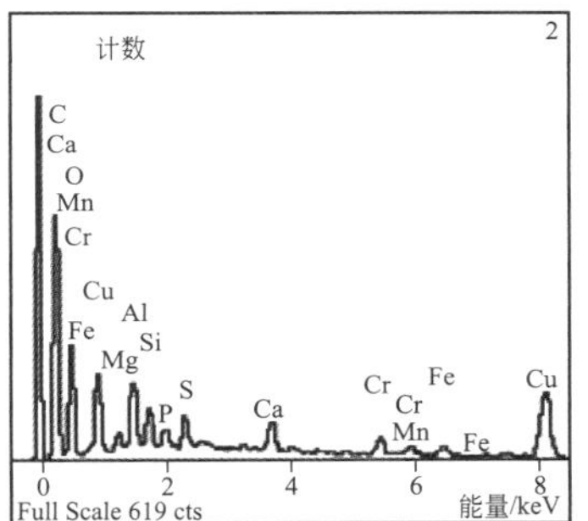


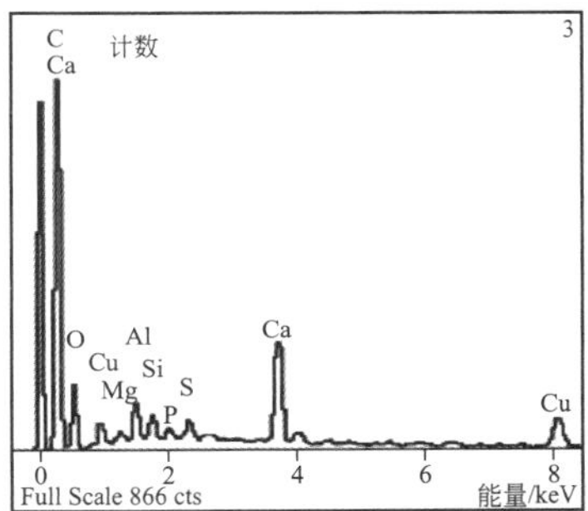


图6　3号样品背散射电子图

（点1～3—CuO、CaO的混合相）

（5）利用激光粒度仪测定两个样品的粒度分布，主要为微米级的细粉，结果见表3。

表3　样品粒度分布结果

| 项目 | *D*(10)/μm | *D*(50)/μm | *D*(90)/μm | ≤0.5μm/% | ≤1.0μm/% | ≤2.0μm/% | ≤10.0μm/% | ≤30.0μm/% | ≤80.0μm/% |
|---|---|---|---|---|---|---|---|---|---|
| 1号样 | 0.61 | 3.42 | 9.03 | 6.87 | 17.33 | 28.33 | 91.89 | 99.18 | 99.99 |
| 2号样 | 0.65 | 3.71 | 19.28 | 6.48 | 19.69 | 32.94 | 76.22 | 96.74 | 100 |

## 3 产生来源分析

样品报关名称为“铜矿砂”。1 号样品粒度非常细，*D*（90）为 9.03μm，91% 以上颗粒粒径小于 10μm，远小于选矿后铜精矿正常约 74μm 的粒度，样品主要物质成分和物相为氧化锌（ZnO），不是天然硫化铜矿和氧化铜矿的物相组成，所以，1 号样品不是铜矿砂；2 号样品粒度也很细，76% 以上颗粒粒径小于 10μm，90% 以上颗粒粒径小于 30μm，以氧化锌、铜锌合金物相为主，并明显含有石膏（$CaSO_4 \cdot 2H_2O$），显然 2 号样品也不是铜矿砂；3 号样品以石膏（$CaSO_4 \cdot 2H_2O$）成分为主，含有铜锌合金相和氧化物相，粉、粒、块都有，形态上非常不均匀，可排除为铜矿砂；从委托方提供的货物图片看，为各种形态的物质，颜色较杂，有的明显为压滤之后的块状。总之，无论样品还是整批货物，均不是铜矿砂。

从表 1 看出，3 个样品含水率、烧失率、外观特征有非常明显的差异，可以判断不是来自同一工艺过程的稳定均匀产品；从 1 号样品的粒度和物相成分可判断，主要是含锌物料经高温还原挥发收集的 ZnO 细粉；2 号样品与 1 号样品相比，从粒度和成分组成上有相似的地方，但粒度直径分布范围要比 1 号样品稍宽，ZnO 含量比 1 号样品稍低，同时还含有明显的铜的氧化物相和合金相，含有较高的石膏物相（$CaSO_4 \cdot 2H_2O$）和少量其他渣相成分，样品中含有少量锡，是铜合金组分，据此判断主要是黄铜灰的混合物，不排除含有锌灰；3 号样品锌含量很低，而铜含量则明显比 1 号和 2 号两个样品高，并含有大量的石膏组分和少量硅、铝、铁等冶炼渣相成分，3 号样品形态不均匀，据此判断样品主要是含铜酸性废水经石灰中和处理的产物；货物形态、颜色、成分和物相均存在明显差异；样品粒度分布曲线不是正态分布，出现几个明显的峰，说明非单一收集来源过程。总之，综合判断样品是来自国外铜锌冶炼过程中烟气处理、脱硫处理、废水处理过程中的回收物料，是回收的混合物。

## 4 固体废物属性分析

（1）3 个样品是来自国外铜锌冶炼过程中烟气处理、脱硫处理、废水处理过程中的回收物料，是混合物；物质形态和成分组成复杂，不符合相关产品标准要求，是属于生产过程中的废弃物质、残余物，也属于其他污染控制设施产生的垃圾、残余渣、污泥，其回收利用属于金属和金属化合物的再循环 / 再生，根据《固体废物鉴别导则（试行）》的原则，判断鉴别样品属于固体废物。

（2）2014 年 12 月 30 日，环境保护部、商务部、发展改革委、海关总署、国家质检总局发布的第 80 号公告中《禁止进口固体废物目录》列出“2620190000 含其他锌的矿渣、矿灰及残渣（冶炼钢铁所产生灰、渣的除外）”以及“2620300000 主要含铜的矿渣、矿灰及残渣（冶炼钢铁所产生灰、渣的除外）”，建议将鉴别样品归于这两类废物中的一类，因而鉴别样品属于我国禁止进口的固体废物。

# 6. 铜镉渣为主的混合残渣

## 1 背景

2013 年 3 月，中华人民共和国上海海关缉私局委托中国环科院固体所对其查扣的一票“锌矿粉”货物样品进行固体废物属性鉴别，需要确定是否属于固体废物。

## 2 样品特征及特性分析

（1）样品为固体硬块，有些呈较规则的块状，表面压滤后较规则的凹凸波纹，断面呈黑灰色；有些表面有灰褐色被膜，新鲜断面呈深黑色，中间还可能出现灰褐色薄层，有些则呈灰绿色。挑出 3 块样品：1 号样为类似球形，颜色较浅，内部可见白色物质；2 号样品为砖块状，表面为规则的凹凸波纹，断面较整齐；3 号样品表面凹凸不平，不规则。

样品外观状态见图 1 和图 2。

图1　样品外观

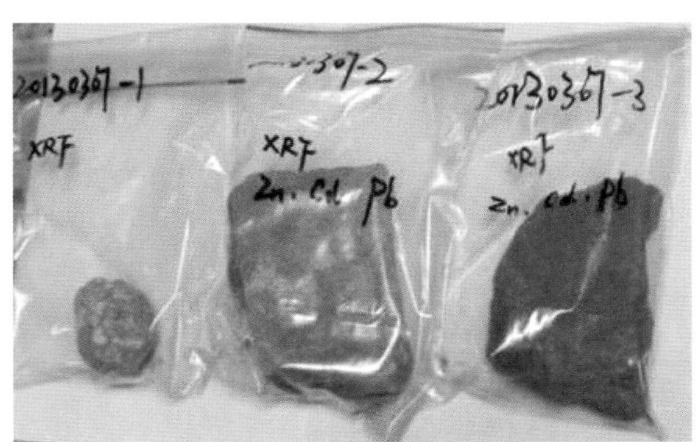


图2　挑出的3块样品

（2）采用 X 射线荧光光谱仪（XRF）对样品进行成分分析，主要含 Zn、Ni、Cd、S 等成分，结果见表 1。再采用化学法测定 2 号和 3 号样品中的 Pb、Zn、Cd 的含量，结果见表 2。

表1　样品成分及含量（除Cl以外，其他元素均以氧化物表示）　单位：%

| 成分 | ZnO | NiO | CdO | $SO_3$ | CaO | PbO | $SiO_2$ | $Al_2O_3$ | $K_2O$ |
|---|---|---|---|---|---|---|---|---|---|
| 1号样 | 42.13 | 3.12 | 35.64 | 10.68 | 2.67 | 1.36 | 0.47 | 1.10 | — |
| 2号样 | 49.29 | 10.34 | 11.82 | 11.95 | 3.83 | 2.41 | 2.23 | 3.93 | 2.23 |
| 3号样 | 39.25 | 19.33 | 16.24 | 10.60 | 2.88 | 2.96 | 1.11 | 2.15 | 2.42 |
| 成分 | $Fe_2O_3$ | MnO | MgO | CuO | Cl | $P_2O_5$ | $As_2O_3$ | $Na_2O$ | SrO |
| 1号样 | 0.72 | 0.55 | 0.31 | 0.08 | 0.08 | — | 0.01 | — | 1.08 |
| 2号样 | 1.04 | 0.20 | 0.27 | 0.19 | 0.06 | 0.02 | 0.01 | 0.13 | 0.07 $TiO_2$ |
| 3号样 | 0.93 | 0.63 | 0.54 | 0.42 | 0.21 | 0.02 | 0.01 | 0.21 | 0.09 |

表2　样品主要元素化学分析结果　单位：%

| 成分 | Pb | Zn | Cd |
|---|---|---|---|
| 2号样 | 1.39 | 39.75 | 9.28 |
| 3号样 | 1.59 | 33.46 | 11.22 |

（3）对2号和3号样品进行X射线衍射实验物相分析，2号样品为ZnO、ZnS、$Cd_2SiO_4$、CdS、$CaSO_4$、$SiO_2$、$(Cd_{0.55}Pb_{0.45})_3SiO_5$、$Pb_2O_3$、$Ni(HCO_3)_2$、$3Ni(OH)_2 \cdot 2H_2O$、$NiCO_3$、$NiS_2$；3号样品为ZnO、ZnS、$Cd_2SiO_4$、CdS、$CaSO_4$、$SiO_2$、$(Cd_{0.55}Pb_{0.45})_3SiO_5$、$Pb_2O_3$、$Ni(HCO_3)_2$、$3Ni(OH)_2 \cdot 2H_2O$、$NiCO_3$、$NiS_2$、$NiSO_3 \cdot 2H_2O$、$CdCO_3$、$Pb_{10}(CO_3)_6(OH)_6O$。

（4）对样品中不同颜色部位取样进行能谱分析，结果表明：

① 各部分不同程度上都含有Zn、Cd、Ni、Ca及S；

② 深色部分一般更富含Zn、Ni、Cd、S；

③ 浅色部分为较单一的富含Ca-S，或Cd-S。

矿物显微镜下可以看到样品中有明显石膏结晶体，间有不透明夹杂物质，应是硫化物一类的沉淀。对样品磨制的抛光片进行观察，可以看到沉淀呈团粒状，绝大部分无明显的轮廓，是团粒状的集合体，见有细小合金裹夹于其中。见图3～图6。

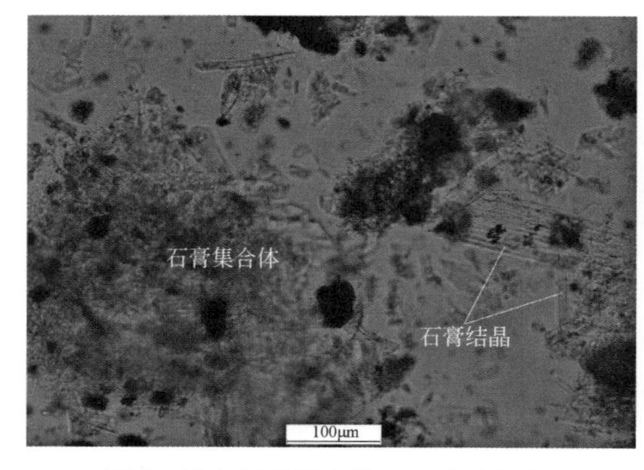


图3　浅色部分透光镜下照片（有许多石膏结晶集合体，为水溶液中沉淀产物）

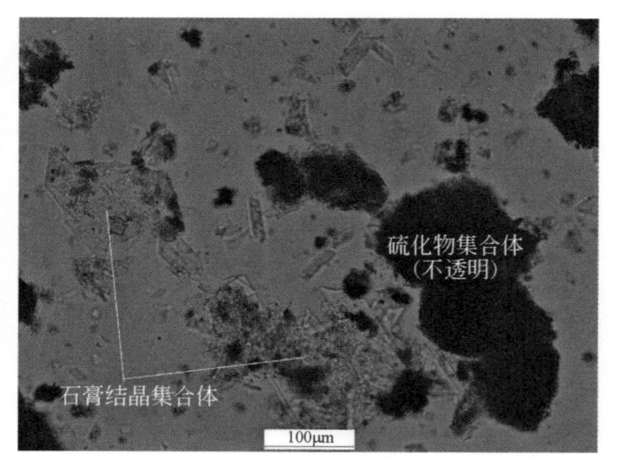


图4　深色部分透光镜下照片（除石膏结晶外还有不透明硫化物，为水溶液沉淀产物）

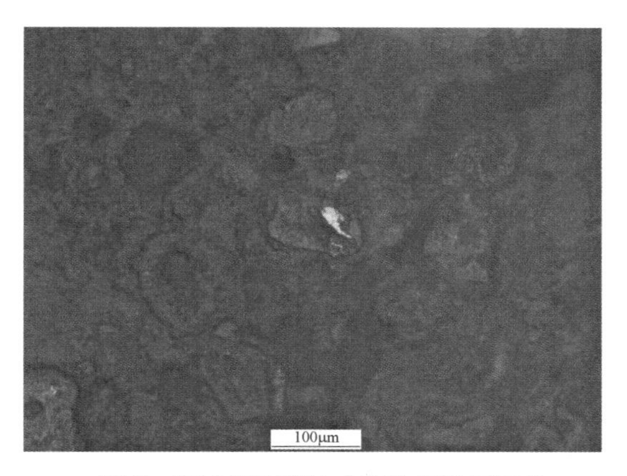


图5 反光镜下照片［有许多结晶不佳的团粒，内有一些合金相（亮色）］

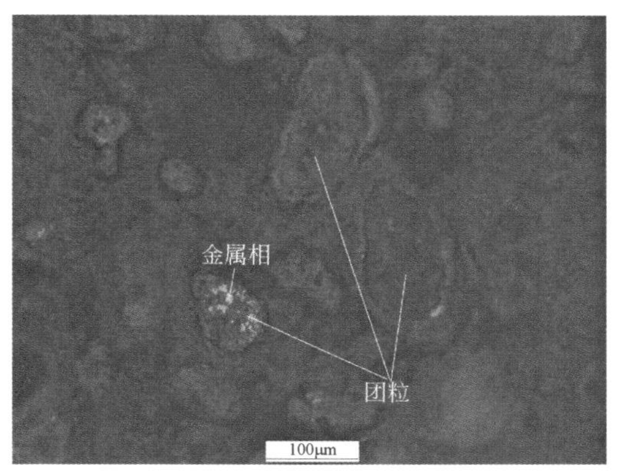


图6 反光镜下照片（为结晶不佳的沉淀团粒）

## 3 产生来源分析

（1）锌矿砂及其精矿

硫化锌精矿中锌主要以闪锌矿（ZnS）的形态存在，硫化锌精矿中的铁主要以黄铁矿（$FeS_2$）的形式存在。硫化锌精矿除了闪锌矿与黄铁矿之外，还伴生有许多其他矿物，如方铅矿（PbS）、黄铜矿（$CuFeS_2$）、辉镉矿（CdS）、辰砂（HgS）、毒砂（FeAsS）、雄砂（$As_2S_3$）、辉锑矿（$Sb_2S_3$）以及脉石矿物如方解石（$CaCO_3$）、石英和少量贵金属银和稀有元素铟、锗、镓等。原矿一般含锌 2%～12%，经过破碎、磨细和浮选富集后的锌矿精矿，锌含量可达到 50%～60%；无论火法炼锌还是湿法炼锌，硫化锌精矿的焙烧或烧结都是采用氧化焙烧，将 ZnS 氧化为 ZnO。锌的氧化矿原料在自然界中不多见，氧化矿主要有菱锌矿（$ZnCO_3$）、硅锌矿（$Zn_2SiO_4$）和异极矿（$Zn_2SiO_4 \cdot H_2O$），且含有一定量的锗（Ge）、氯（Cl）、氟（F），选后可得含锌 20%～40% 的冶炼原料[1]。

表 3 为《锌精矿》（YS/T 320—2007）标准中锌精矿化学成分要求，同时规定镉含量不大于 0.3%。

表3 锌精矿化学成分及含量要求　　单位：%

| 品级 | Zn | 杂质含量 | | | | |
|---|---|---|---|---|---|---|
| | | Cu | Pb | Fe | As | $SiO_2$ |
| 一级品 | ≥55 | ≤0.8 | ≤1.0 | ≤6 | ≤0.2 | ≤4.0 |
| 二级品 | ≥50 | ≤1.0 | ≤1.5 | ≤8 | ≤0.4 | ≤5.0 |
| 三级品 | ≥45 | ≤1.0 | ≤2.0 | ≤12 | ≤0.5 | ≤5.5 |
| 四级品 | ≥40 | ≤1.5 | ≤2.5 | ≤14 | ≤0.5 | ≤6.0 |

样品成分非常复杂，锌含量低于通常锌精矿中的含量要求。样品中含有较高的镉

和镍，鉴别时没有查找到含镉量如样品这么高的天然矿物，也没有查找到同时含锌（Zn）、镉（Cd）和镍（Ni）如样品这么高且组合在一起的天然矿物，可以判定该样品不是天然矿物。样品物相组成复杂，有硫化物、氧化物、硫酸盐、碳酸氢盐、硅酸盐、氢氧化物等，矿物显微镜下还发现金属相或合金相，表明样品不符合锌矿砂及其精矿物质组成特征。总之，判断样品不是锌矿砂及其精矿，即不是报关的“锌矿粉”。

（2）样品是回收的混合物料

从实验分析看出，块状样品成分组成及其含量不均，有较高含量的 Zn、Cd、Ni 和 S 四种成分，物相组成非常复杂，无论从单一元素含量看还是从元素组合看均不满足矿产品或化工产品的要求，目前为止笔者没有查找到类似样品产品的有力证据。推测样品是来自湿法冶金工艺提取 Zn、Cd、Ni 之后的残渣混合物，分析如下：

① 显微镜观察样品，含有石膏以及硫化物沉淀团粒；样品 X 射线衍射分析谱线较为弥散，表明物质结晶程度不佳；样品外观具有从溶液中沉淀物压滤块特征，是化学处理溶液中形成的沉淀物质。样品外观形状和颜色不均匀，成分含量上有差异，表明沉淀物形成过程本身不均匀，是来自不同时间收集的沉淀残渣。

② 样品不是来自单一镍的矿物原料湿法提取之后的产物，不排除含有湿法提取镍之后的残渣，无论原料是含镍矿物还是含镍废料。

③ 镉镍电池使用很普遍，湿法工艺一般包括电池预处理、酸浸或碱浸取、分离浸出液中镉离子和镍离子，常用分离方法有化学沉淀、电化学沉积、有机溶剂萃取、置换等。Nogueria 等使用 DEHPA（磷酸二异辛酯，$P_{204}$）分离出的镉含量达 99.7%[2]。样品中含有一定量镉、镍成分，且物相组成多样复杂，不排除来自镉镍电池生产中的废料或镉镍废料湿法工艺提取有价金属后的残渣。

④ 镉的自然矿物是辉镉矿，在自然界没有单独的矿床，常与铅锌矿共生。约 95% 的镉是从生产锌过程中回收的，所以镉是锌铅生产的副产物。铜镉渣是湿法炼锌中产生的富集镉的副产物，也是生产镉的重要原料，铜镉渣的成分一般波动范围为 Cd 2.5%～12%、Zn 35%～60%、Cu 4%～17%、Fe 0.05%～2.0%，还有少量的 As、Sb、$SiO_2$、Co、Ni 等杂质。株洲冶炼厂从铜镉渣生产镉的冶炼过程中：浸出工序加石灰乳或 ZnO 调节 pH 值；置换工序用 $H_2SO_4$ 调节 pH 值，加入锌粉进行置换反应；通过净化、电积和熔铸生产出镉的一级品 [3]。样品中锌和镉的含量显著，因此，样品可能含有来自湿法炼锌的铜镉渣或铜镉渣进一步提取镉产品之后的残渣。

## 4 固体废物属性分析

（1）样品混合物属于“生产过程中产生的残余物”，也属于“污染控制设施产生的残余物、污泥”，回收利用其中的有价金属属于“金属和金属化合物的再循环”或“利用操作产生的残余物质”。根据《固体废物鉴别导则（试行）》的原则，判断鉴别样品属于固体废物。

（2）2009 年 8 月，环境保护部、商务部、发展改革委、海关总署、国家质检总局发布的第 36 号公告中的《禁止进口固体废物目录》中包括“2620190090 含其他锌的矿灰及残渣”“2620910000 含锑、铍、镉、铬及混合物的矿渣、矿灰及残渣”“3825900090 其他商品编号未列明化工副产品及废物”，建议将鉴别样品归于这几类废物中的一类，因而鉴别样品属于我国禁止进口的固体废物。

## 参考文献

[1] 陈国发. 重金属冶金学[M]. 北京：冶金工业出版社，1992.
[2] 韩东梅，南俊民. 废旧电池的回收利用[J]. 电源技术，2005，29（2）：128-130.
[3] 彭容秋. 有色金属提取冶金手册——锌镉铅铋[M]. 北京：冶金工业出版社，1992.

# 7. 矿物和铜渣的混合物

## 1 背景

2018 年 4 月，中华人民共和国阿拉山口海关委托中国环科院固体所对其查扣的一票进口“铜矿砂”货物样品进行固体废物属性鉴别，需要确定是否属于国家禁止进口的固体废物。

## 2 样品特征及特性分析

（1）样品为潮湿的黄绿色粉末，偶见木屑。测定样品含水率为 14.04%，样品 550°C 灼烧后的烧失率反而增重 1.40%。样品外观状况见图 1。

图1 样品外观

（2）采用 X 射线荧光光谱仪（XRF）对样品进行成分分析，主要含 Si、S、Ca、Al、Fe、Cu 等成分，结果见表 1。

表1　样品主要成分及含量（除Cl以外，其他元素均以氧化物表示）　　单位：%

| 成分 | $SiO_2$ | $SO_3$ | CaO | $Al_2O_3$ | $Fe_2O_3$ | CuO | PbO | MgO | $K_2O$ |
|---|---|---|---|---|---|---|---|---|---|
| 含量 | 29.73 | 23.55 | 16.20 | 8.05 | 7.45 | 7.04 | 2.65 | 1.32 | 0.99 |
| 成分 | $Na_2O$ | $TiO_2$ | ZnO | $As_2O_3$ | MnO | $P_2O_5$ | Cl | NiO | $Cr_2O_3$ |
| 含量 | 0.96 | 0.52 | 0.51 | 0.29 | 0.28 | 0.19 | 0.17 | 0.08 | 0.02 |

（3）采用X射线衍射分析、光学显微镜观察、扫描电镜及X射线能谱分析等方法分析样品主要矿物相组成，主要有石英（$SiO_2$）、石膏（$CaSO_4·2H_2O$）、$PbSO_4$、$Pb_3SiO_5$、方解石和白云石；其次为褐铁矿、斜长石和钾长石；另有少量黄铜矿、铜蓝、类斑铜矿、辉铜矿、黄铁矿、金属铜、灰铅矿、氧化铅及硅铁合金相等。X射线衍射分析谱图见图2，物质产出特征见图3～图5。

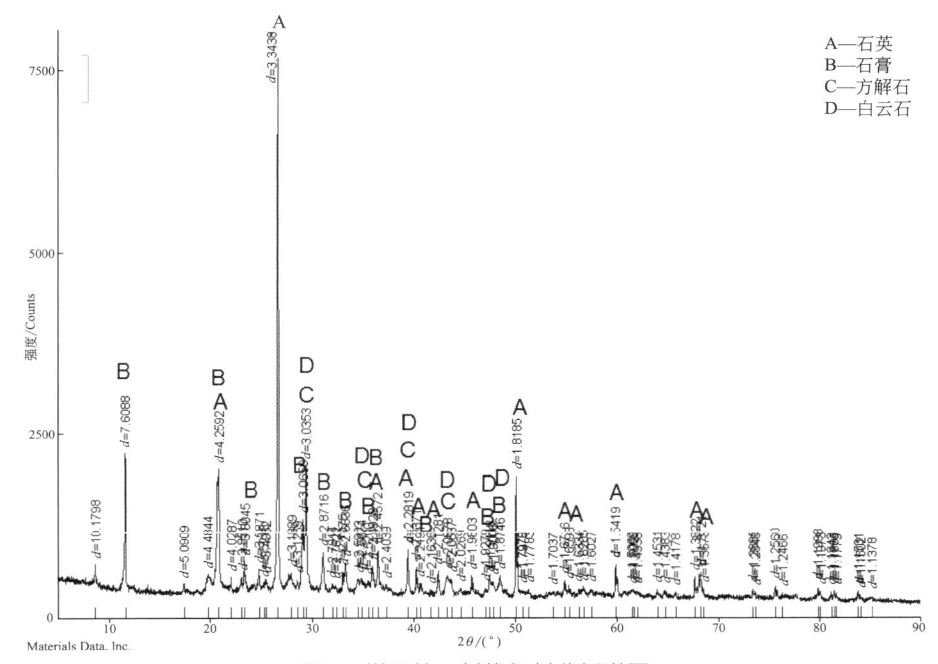


图2　样品的X射线衍射分析谱图

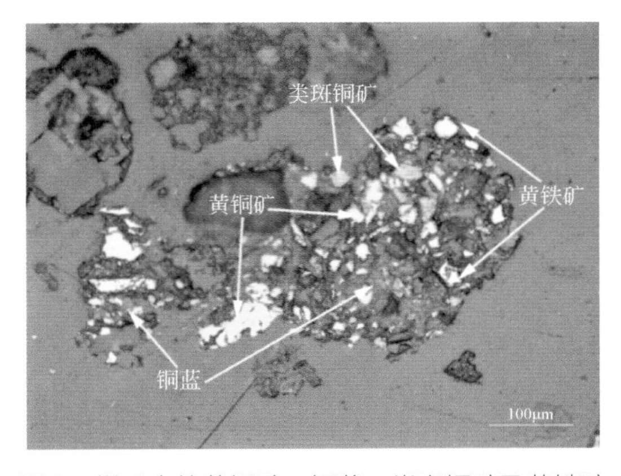


图3　样品中的黄铜矿、铜蓝、类斑铜矿及黄铁矿

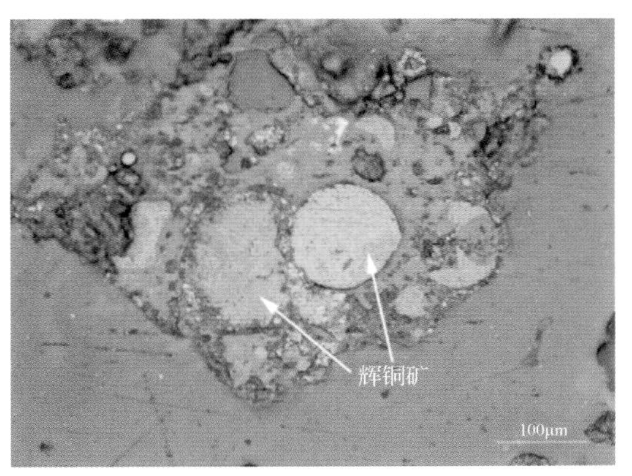


图4　样品中辉铜矿呈混圆粒状产出

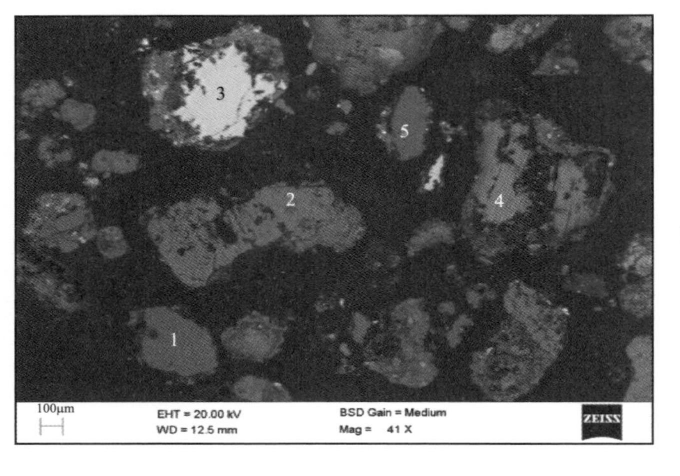


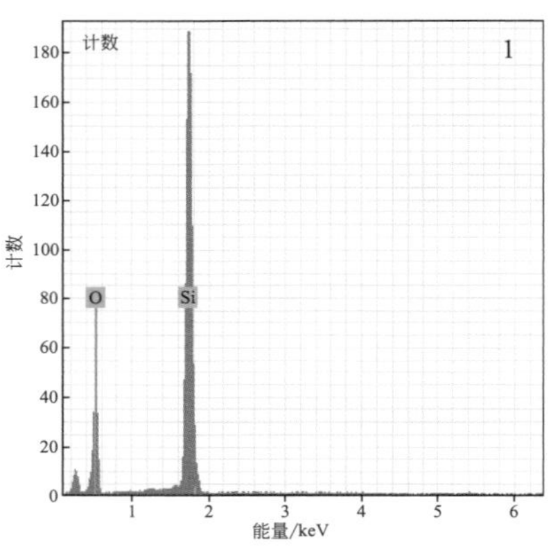


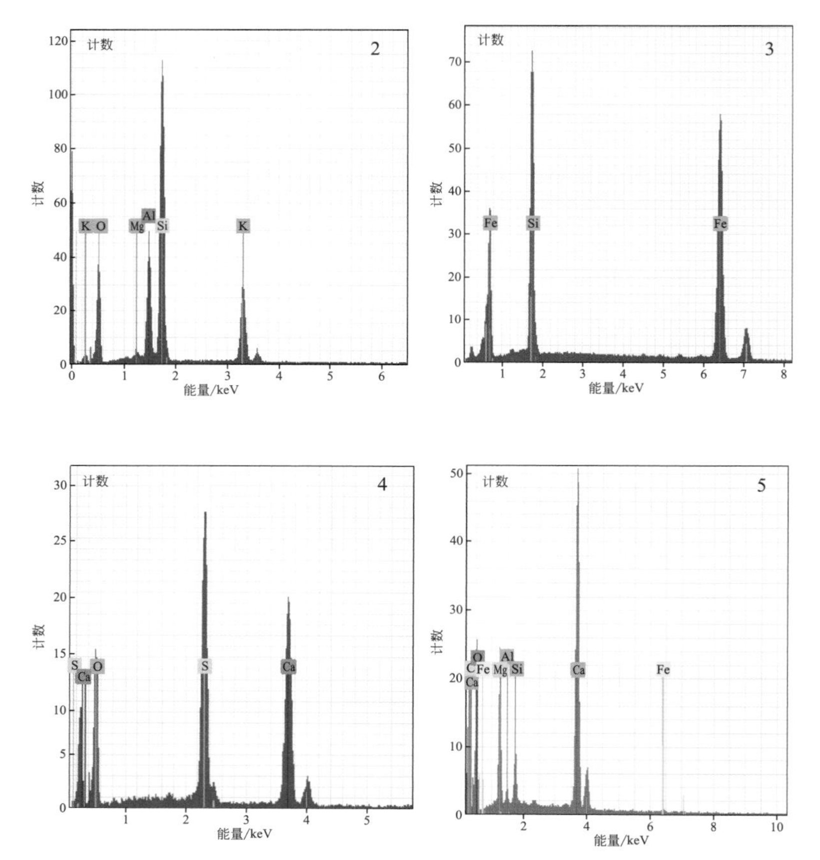


图5　背散射电子图—样品中石英、钾长石、硅铁合金、石膏及白云石的产出特征

（点1—石英；点2—钾长石；点3—硅铁（SiFe）合金；点4—石膏；点5—白云石）

（4）显微镜下观察样品形貌特征，显示有的样品表面不光滑似细粒结合体，有的棱角分明似机械破碎后的产物，也有针柱状结晶体（石膏），显微镜照片见图6、图7。

图6　样品放大1000倍扫描电镜图

图7　样品放大2000倍扫描电镜图

## 3 产生来源分析

样品外观为黄绿色粉末，灼烧实验表明样品为无机物；样品成分非常复杂，主要含有 Si、S、Ca、Al、Fe、Cu、Pb、Mg，以及少量的 K、Na、Ti、Zn、As、Mn 等，表 1 样品中铜含量明显低于《铜精矿》（YS/T 318—2017）中最低一级五级品铜含量应达到 13% 的要求；实验表明，样品成分和物相组成非常复杂，不仅含有黄铜矿、铜蓝、类斑铜矿等天然矿物，还有 $CaSO_4 \cdot 2H_2O$、$PbSO_4$ 等湿法冶炼处理的产物，以及金属铜、硅铁合金、硅酸盐、氧化物等火法冶炼产物。依据以往含铜废物的鉴别知识和经验，综合判断样品是天然矿物与多种冶炼产物组成的混合物。

## 4 固体废物属性分析

（1）样品是天然矿物与多种冶炼产物的混合物，且铜含量低，不满足《铜精矿》（YS/T 318—2017）中最低一级五级品铜含量 13% 的要求，样品成分复杂，含有铅、锌、砷等多种有害重金属成分。根据《固体废物鉴别标准　通则》（GB 34330—2017）中的准则，判断样品属于固体废物，为含铜混合废物。

（2）2017 年 8 月，环境保护部、商务部、发展改革委、海关总署、国家质检总局发布第 39 号公告的《限制进口类可用作原料的固体废物目录》《非限制进口类可用作原料的固体废物目录》中均没有明确列名“含铜混合废物”类废物，而在《禁止进口固体废物目录》中列有“2620999020 其他铜冶炼渣”“其他未列名固体废物”，建议将样品归于这两类废物之一，因而鉴别样品属于我国禁止进口的固体废物。

# 8. 再生铝熔炼的铝灰渣

## 1 背景

2018 年 11 月，中华人民共和国鲅鱼圈海关缉私分局委托中国环科院固体所对其查扣的一票“铝渣”货物样品进行固体废物属性鉴别，需要确定是否属于固体废物。

## 2 样品特征及特性分析

（1）样品为灰色块状、粉粒的混合物，有硬结块，有刺鼻氨味，测定样品含水率为 0.13%，干基样品 550℃灼烧后增重 0.12%。样品外观状态见图 1。

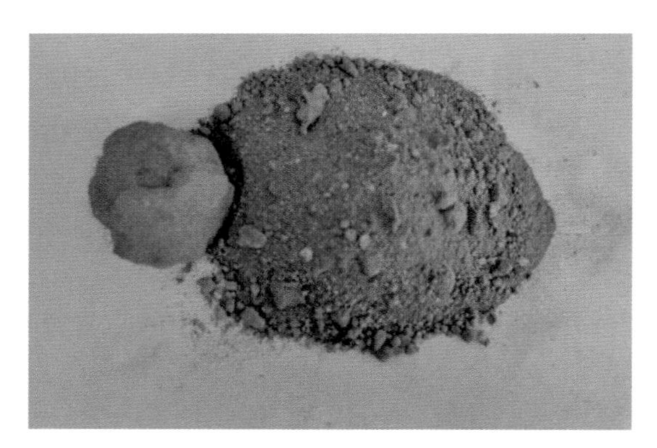

图1 样品外观

（2）采用 X 射线荧光光谱仪（XRF）对样品进行成分分析，主要含 Na、Sn、Fe、Pb、Cu、Cl 等，结果见表 1。

表1 样品主要成分及含量（除F 、Cl以外，其他元素均以氧化物表示） 单位：%

| 成分 | $Al_2O_3$ | F | $Na_2O$ | CaO | MgO | $SiO_2$ | Cl | $Fe_2O_3$ | $K_2O$ | $SO_3$ |
|---|---|---|---|---|---|---|---|---|---|---|
| 含量 | 68.02 | 12.12 | 6.55 | 2.85 | 3.01 | 2.60 | 1.38 | 1.12 | 0.60 | 0.42 |
| 成分 | $TiO_2$ | $V_2O_5$ | BaO | MnO | CuO | ZnO | $P_2O_5$ | $Cr_2O_3$ | NiO | SrO |
| 含量 | 0.43 | 0.11 | 0.19 | 0.26 | 0.14 | 0.10 | 0.04 | 0.04 | 0.02 | 0.02 |

（3）采用 X 射线衍射仪（XRD）对样品进行物相组成分析，为 $Al_2O_3$、Al、$Na_3AlF_6$、$Ca_2SiO_4$、Si、$(Mg，Fe)_2SiO_4$、AlN（氮化铝）。对样品进行电镜形貌观察，样品形状不规则，有明显的盐类结晶物。见图 2、图 3。

图2　粉末样品放大500倍

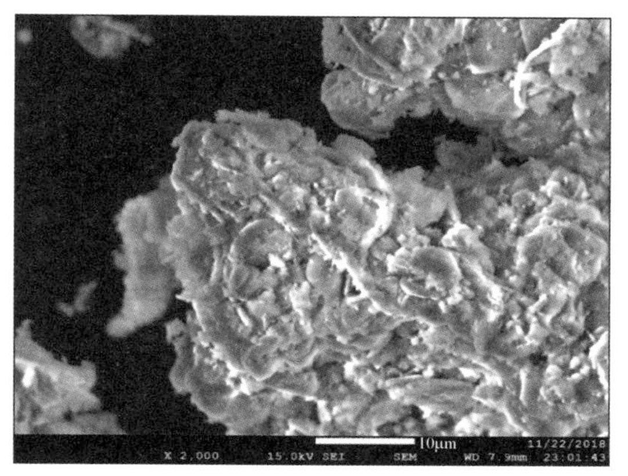


图3　粉末样品放大2000倍

## 3 产生来源分析

铝灰是熔炼再生铝合金过程中的必然产物[1]，虽然是一种浮渣，主要来源于熔炼过程中漂浮于铝熔体表面的不溶夹杂物、添加剂以及与添加剂进行物理化学反应产生的物质，因其与其他金属熔炼产生的炉渣不同，呈松散的灰渣状，因此被称为铝灰。铝灰的化学成分为 10%～30% 的金属铝，20%～40% 的氧化铝（$Al_2O_3$），7%～15% 的硅、镁、铁的氧化物，15%～30% 的钾、钠、钙、镁的氯化物，还有镁硅酸盐（$Mg_2SiO_4$）等[2,3]。铝灰外观似粉煤灰，是一种产量大、污染严重的工业废渣，主要来源于电解铝厂、铝型材厂、铸造铝合金厂等铝冶炼企业[4]。

铝渣的主要成分有以下 3 种[5]：

① 白色铝渣，是金属含量在 15%～80% 之间的铝氧化物和铝金属的混合物。它是在铝的炉床内熔化时在炉子或坩埚之间运输期间产生的。铝渣中除金属铝和氧化铝外，还可能根据炉内的条件处理金属材料和合金而产生少量的其他化合物。

② 黑色铝渣，由含盐化合物的混合物、氧化物和金属组成。黑色铝渣中金属含量变化范围 7%～35%，特殊情况下高达 50%。

③ 含盐化合物的沉积物，利用旋转炉熔炼废料和用含盐熔剂捕集熔渣，形成的副产物中含盐化合物熔剂所含氧化物比率不同。在湿法回收中，加入足够的含盐化合物熔剂以形成一个流动性很好的、熔化的、含盐化合物液体的熔池。在干法回收中，加入较少的熔剂，含盐化合物沉积物流动性不好，其中的铝含量通常比黑色铝渣含量要低，铝渣是金属铝熔化的时不可避免的副产物。

样品为灰色块状和粉末颗粒物的混合物，以粉末颗粒物为主，颗粒粗细不均，符合铝灰渣外观特征；样品成分混杂，主要成分为铝，并明显具有铝冶金过程中的 F、Na、Si、Mg、Ca 等杂质成分；样品中铝的物相组成有金属铝、氧化铝、氮化铝（AlN），与回收废铝再熔炼过程中铝的物质组成相符，其中 AlN 是在熔炼中通入氮气后形成；样品中的氯来自再生铝熔炼生产中添加的 NaCl、KCl 的熔剂，氟来自熔剂冰晶石（$Na_3AlF_6$）；样品中的镁来自回收废铝熔炼过程中的含镁造渣熔剂，脱除的含镁杂质。总之，样品符合铝废碎料回收熔炼产生的灰渣特征，判断样品是再生铝厂冶炼出炉未经提取部分铝的熔炼灰渣，即一次铝灰。

## 4 固体废物属性分析

（1）样品是再生铝厂冶炼刚出炉未经提取部分铝的熔炼灰渣（一次铝灰），由于铝灰（渣）已明确列入《固体废物鉴别标准 通则》（GB 34330—2017）中的废物列举来源之一，属于再生铝合金生产过程中的副产物，因此判断鉴别样品属于固体废物。

（2）2017 年 12 月 31 日起执行新的《禁止进口固体废物目录》（环境保护部、商务部、发展改革委、海关总署、国家质检总局公告 2017 年第 39 号）中列出了“2620400000 主要含铝的矿渣、矿灰及残渣（冶炼钢铁所产生的灰、渣除外），包括来自铝冶炼、废铝熔炼中产生的扒渣、铝灰”，建议将样品归于此类废物，因而鉴别样品属于我国禁止进口的固体废物。

## 参考文献

[1] 蔡艳秀. 铝灰的回收利用现状及发展趋势[J]. 资源再生，2007，27-29.

[2] 李菲，郑磊，冀树军，等. 铝灰中铝资源回收工艺现状与展望[J]. 轻金属，2009（12）：3-8.

[3] 侯蕊红，王皓，陈津，等. 高温煅烧铝及铝合金溶渣制备氧化铝[J]. 化工进展，2016，35（8）：2523-2527.

[4] 徐晓虹，等. 废铝灰制备陶瓷清水砖的研究[J]. 武汉理工大学学报，2006，28（5）：15-16.

[5] 党步军. 铝渣处理的研究（上）[J]. 有色金属再生与利用，2006，4：36-38.

# 9. 铝灰和锌灰的混合物

## 1 背景

2017 年 4 月，中华人民共和国柳州海关缉私分局委托中国环科院固体所对其查扣的一票进口“氧化锌粉”货物样品进行固体废物属性鉴别，需要确定是否属于固体废物。

## 2 样品特征及特性分析

（1）样品为灰黑色粉末，干燥，有氨气味或尿素气味，手捻摸后有明显的砂粒感、颗粒大小不均匀、手指上沾染不易冲洗的黑色粉末；测定样品含水率为 4.2%，550℃灼烧后的烧失率为 6.1%。样品外观状态见图 1。

图 1　样品外观

（2）采用 X 射线荧光光谱仪（XRF）对样品进行成分分析，主要含 Al、Zn、Mg、Si、Cl 等，结果见表 1。

表 1　样品主要成分及含量（除 Cl、Br、I 和 F 以外，其他元素均以氧化物表示）　单位：%

| 成分 | $Al_2O_3$ | ZnO | MgO | $SiO_2$ | Cl | CaO | $Fe_2O_3$ | $TiO_2$ | BaO | $SO_3$ | $Ga_2O_3$ |
|---|---|---|---|---|---|---|---|---|---|---|---|
| 含量 | 40.86 | 27.06 | 6.27 | 5.45 | 5.36 | 4.30 | 3.02 | 1.56 | 1.24 | 1.13 | 1.11 |

续表

| 成分 | $K_2O$ | PbO | CuO | F | MnO | $SnO_2$ | $P_2O_5$ | CdO | I | Br | NiO |
|---|---|---|---|---|---|---|---|---|---|---|---|
| 含量 | 0.66 | 0.63 | 0.38 | 0.25 | 0.15 | 0.14 | 0.14 | 0.11 | 0.07 | 0.06 | 0.04 |

（3）采用 X 射线衍射仪（XRD）对样品进行物相组成分析，主要为 ZnO、$Al_2O_3$、Al、AlN、$Zn_5(OH)_8Cl_2 \cdot H_2O$、$Zn_2SiO_4$、$Ca_8Al_4(OH)_{24}(CO_3)Cl_2(H_2O)_{1.6}(H_2O)_8$、$Al_2MgO_4$ 等。

（4）再采用 X 射线衍射分析仪、光学显微镜观察、扫描电镜及 X 射线能谱分析等方法综合分析样品物质组成，主要为金属铝和 $Al_2O_3$；其次为 Si、ZnO、$ZnFe_2O_4$、$Zn_5(OH)_8Cl_2 \cdot H_2O$，有少量钙铁硅酸盐、碳质、铁铝硅酸盐、PbOHCl、方解石，偶见硫化铁、金属铁、铁铝合金、钾长石、石英等。X 射线衍射分析结果见图 2，样品各主要物质的产出特征见图 3～图 7。

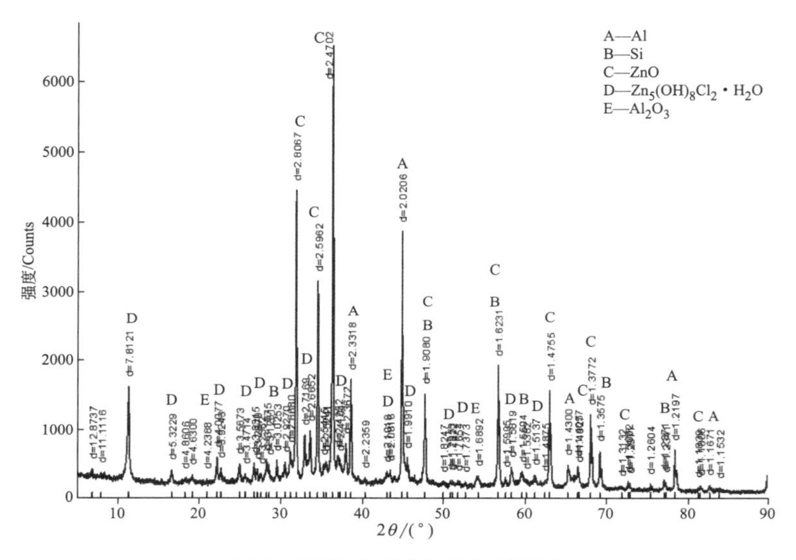


图2　样品X射线衍射分析谱图

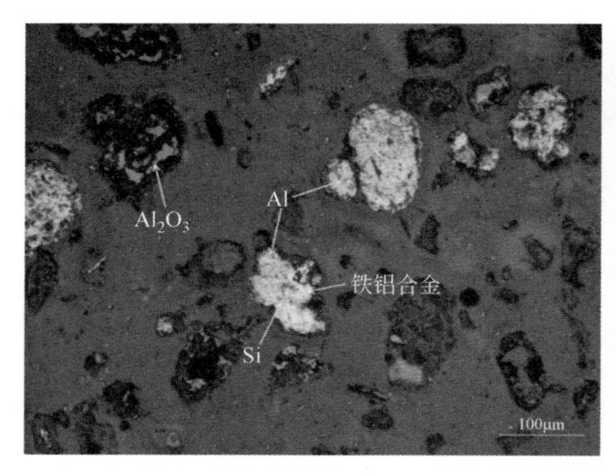


图3　光学显微镜（反光）下$Al_2O_3$、Al、Si、铝铁合金（AlFe）

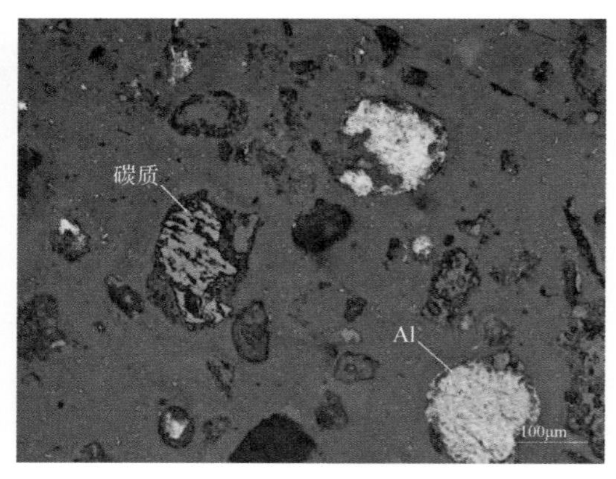


图4　光学显微镜（反光）下碳质产出特征

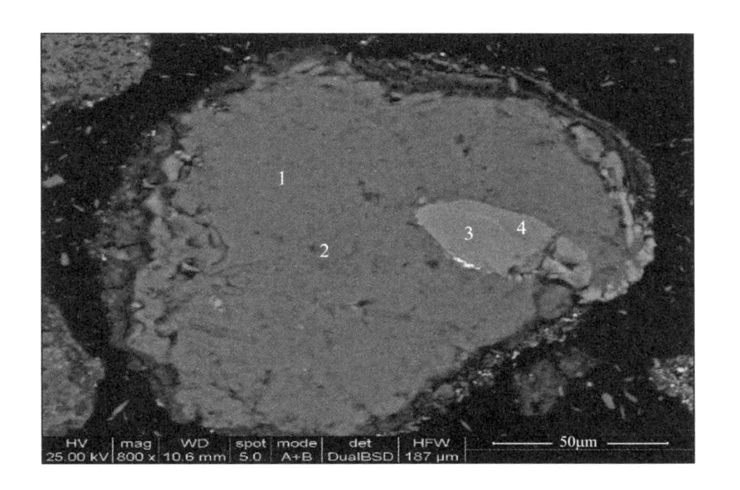


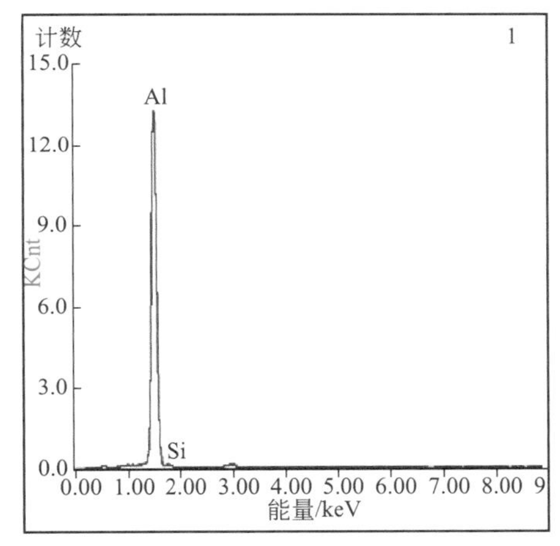


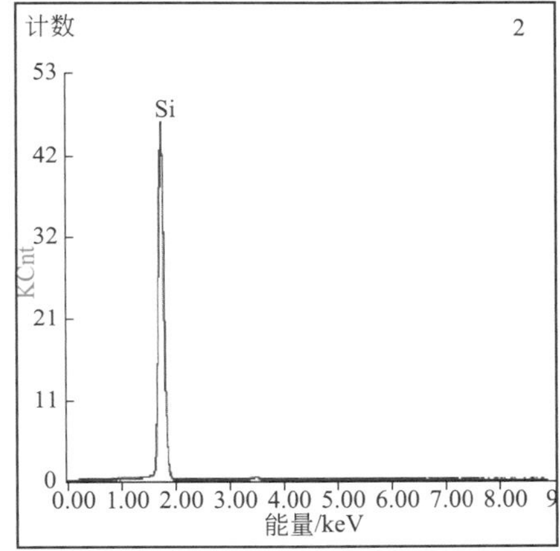


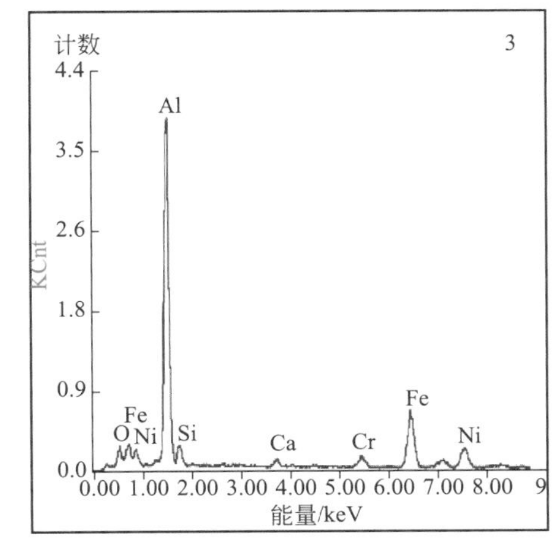


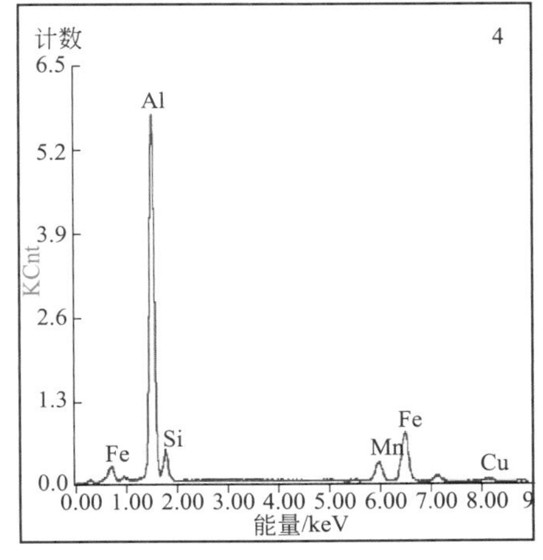


图5　背散射电子图像—各物相紧密嵌布在一起

（点1—金属铝相；点2—单质硅相；点3、4—铁铝合金相）

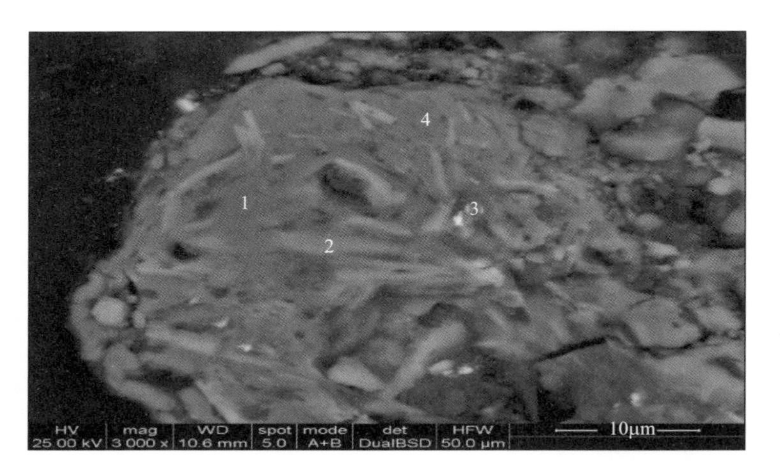


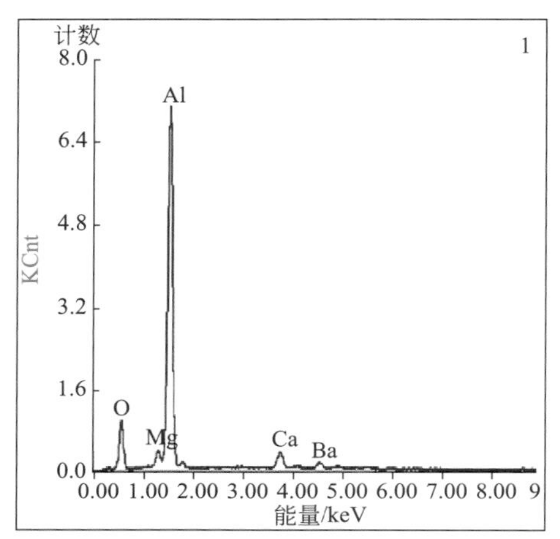


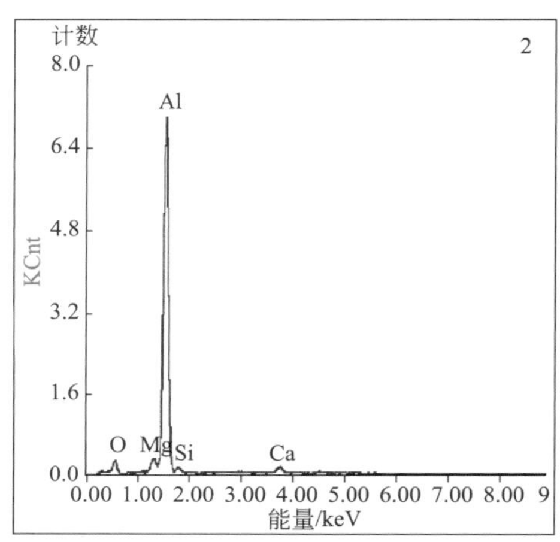


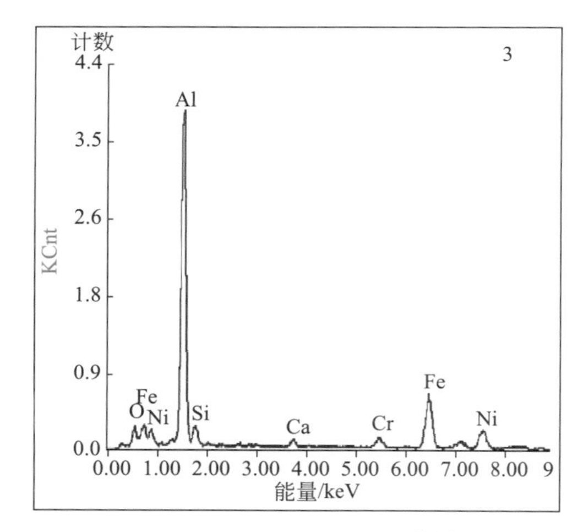


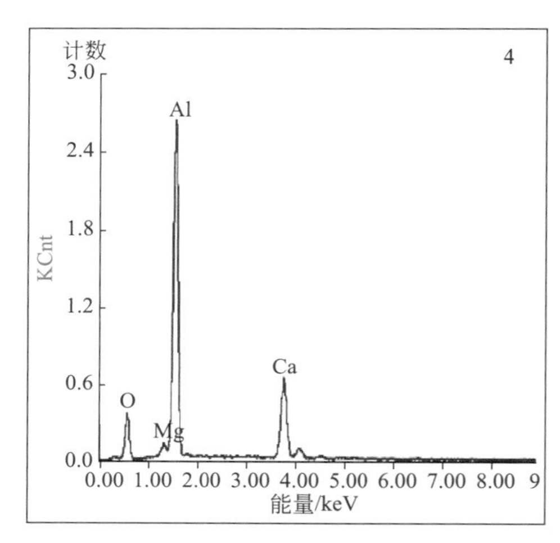


图6 背散射电子图像—各物质相紧密嵌布

（点1、4—氧化铝相；点2—金属铝相；点3—铁铝合金相）

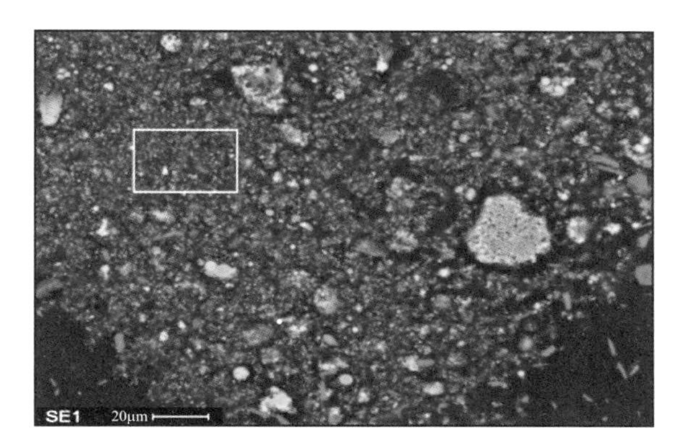


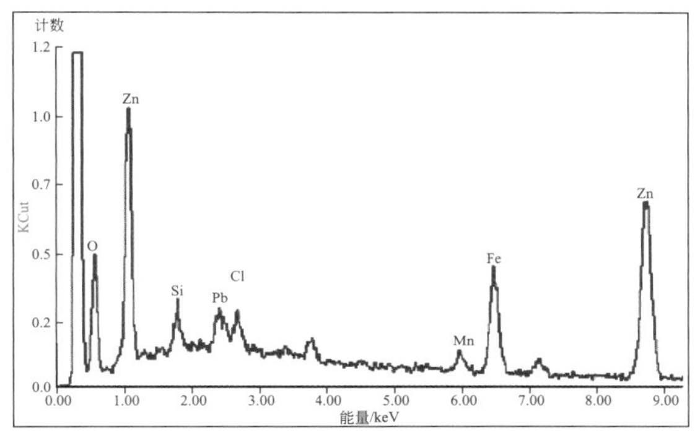


图7　背散射电子图像［$ZnO$、$ZnFe_2O_4$、$Zn_5(OH)_8Cl_2 \cdot H_2O$、$PbOHCl$呈微粒产出］

（5）利用激光粒度仪测定样品的粒度分布，结果见表2，粒度分布见图8。

表2　样品的粒度分布结果

| 粒度 | D（10）/μm | D（50）/μm | D（90）/μm | ≤10.0μm /% | ≤40.0μm /% | ≤80.0μm /% | ≤500.0μm /% |
|---|---|---|---|---|---|---|---|
| 结果 | 1.94 | 35.53 | 255.49 | 32.23 | 52.29 | 67.37 | 97.57 |

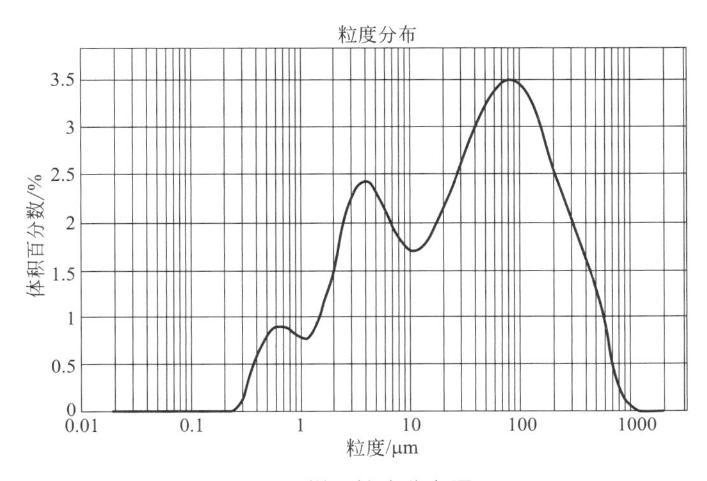


图8　样品粒度分布图

（6）利用扫描电镜对样品进行形貌分析，有一些不规则的块状粉末，微米级的超细粉有柱状、片状、球状等多种形状，见图9和图10。

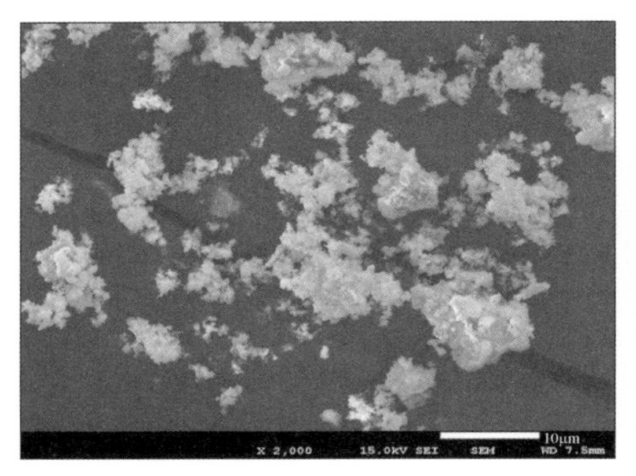

图9　放大2000倍的样品扫描电镜图

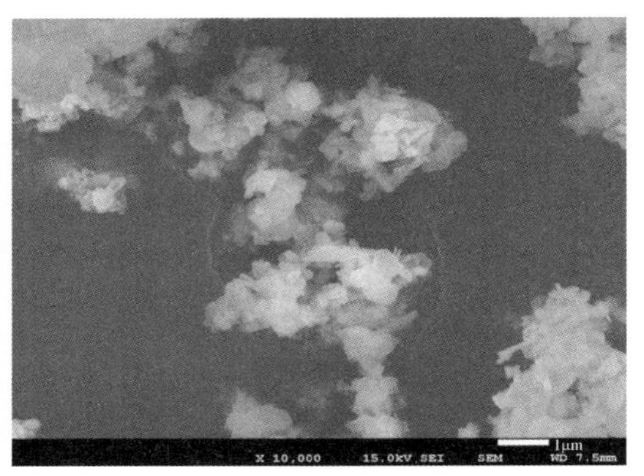


图10　放大10000倍的样品扫描电镜图

## 3 产生来源分析

（1）样品不是锌精矿和铝土矿

样品中锌的含量明显低于《锌精矿》（YS/T 320—2007）标准中最低品级40%的含量要求；样品中锌的物相为氧化锌、铁酸锌、碱式氯化锌，与锌精矿的物相组成不同；样品中还含有较高的铝含量，为氧化铝、金属铝、氮化铝、铁铝合金相等，样品中含有少量单质碳、微量金属铁等，这些均不符合锌矿的物质组成特征特点。因此，判断样品不是锌精矿。

主要含铝矿物可分为三水铝石型、一水软铝石型和一水硬铝石型。国外铝土矿主要是三水铝石型，其次为一水软铝石型，而一水硬铝石型铝土矿极为少见。我国主要是一水硬铝石型铝土矿。铝土矿的化学成分主要为$Al_2O_3$、$SiO_2$、$Fe_2O_3$、$TiO_2$、$H_2O^+$，五者含量占总量的95%以上，一般大于98%；次要成分有S、CaO、MgO、$K_2O$、$Na_2O$、$CO_2$、$MnO_2$、有机质等。显然，从化学成分组成、物相组成和主要成分含量上看，该样品均不符合铝土矿特征，判断样品不是铝土矿。

（2）样品是回收铝灰和锌灰（泥）的混合物

样品成分及物相组成非常复杂，样品产生来源复杂，不是单一产生过程，分析如下：

1）铝灰　铝灰产生于所有铝发生熔融的生产工序，其主要成分是金属铝、氧化铝和其他盐的化合物，铝含量为10%～80%，某厂铝灰中主要元素为Al、K、Na、Si、Mg、Cl、F，另含少量V、Ti、Ca、Mn、Fe、Zn、S、P等，主要物相为Al、$Al_2O_3$、AlN、Si、$SiO_2$、NaCl、KCl、$MgAl_2O_4$等[1]。几种铝灰的化学成分及其含量见表3。

表3　几种铝灰的化学成分及含量　单位：%

| 铝灰 | $Al_2O_3$ | Al | $SiO_2$ | CaO+MgO | $Fe_2O_3$ | $TiO_2$ | $Na_2O$ | 其他 |
|---|---|---|---|---|---|---|---|---|
| 1号 | 67.31 | 5.06 | 11.67 | 7.03 | 0.99 | 0.31 | 1.61 | 6.0 |
| 2号 | 53.97 | 15.83 | 10.96 | 6.59 | 1.51 | 0.49 | 0.96 | 9.7 |
| 3号 | 72.39 | — | 9.11 | 7.13 | 1.45 | 0.36 | 2.88 | 6.68 |

样品为灰黑色粉末，有亮色晶粒并且手摸有颗粒感，外观与铝灰类似；样品物相组成上有 Al、$Al_2O_3$、AlN、Si、$SiO_2$、$MgAl_2O_4$、氯化物等，符合铝灰的物质组成特征；样品化学元素组成上都包含了铝灰的化学成分，各成分含量上也与铝灰具有可比性。因此判断样品中混有回收铝冶炼过程中的铝灰或类似物质。

2）锌灰　在电弧炉炼钢时，向炉中加入各种钢铁废料，容易挥发的金属（如 Zn、Pb、Cd、碱金属等）以及卤素、S 等在冶炼过程中将被还原挥发，进入烟气处理系统，金属和化合物在烟道中燃烧氧化、冷却和冷凝，又转化成固态氧化物等，即为电弧炉烟尘[2,3]。电弧炉烟尘主要含 ZnO、$ZnFe_2O_4$ 以及其他金属氧化物等，其成分的变化主要取决于所使用的废钢种类、生产的特种钢产品、石灰石的加入方式、炉子的操作、烟气的处理等。表 4 列出了美国、德国和日本钢厂电弧炉烟尘的典型主要成分含量[4]。

表4　各钢厂的电弧炉烟尘主要成分的平均含量　单位：%

| 国家 | Zn | Pb | Fe | K | Na | Ca | Mg | Cd | F | Cl | C | Si |
|---|---|---|---|---|---|---|---|---|---|---|---|---|
| 美国 | 30.3 | 3.1 | 21.7 | 1.3 | 1.6 | 4.4 | 2.2 | 0.06 | — | — | — | — |
| 德国 | 18～35 | 2～7 | 15.6～29.6 | 0.8～1.2 | 1.1～1.5 | 4.3～6.4 | — | 0.03～0.1 | 0.2～0.5 | 1～4 | 1～5 | 1.9～3.2 |
| 日本 | 22.5 | 2.2 | 32.0 | 0.5 | 1.0 | 2.6 | 1.15 | 0.02 | 0.25 | 3.1 | 3.6 | 1.6 |

在电弧炉炼钢烟尘中，锌主要以 ZnO、$ZnFe_2O_4$ 存在，有时还有 $ZnCl_2$，其中 ZnO 约占 70%、$ZnFe_2O_4$ 约占 30%，$ZnCl_2$ 最多不超过百分之几；铁主要以 $Fe_3O_4$、$ZnFe_2O_4$ 和尖晶石存在；镁主要以尖晶石和 MgO 存在；氯主要以 KCl、NaCl、$ZnCl_2$ 存在。电弧炉炼钢烟尘一般呈棕褐色，含有一些呈圆形或不规则形状的金属颗粒，还含有呈圆形或不规则形状的氧化物颗粒以及大量细小的微粒，其平均粒径从几微米到几十微米[5]。

当然，除了来自电弧炉炼钢产生的锌灰之外，还有来自低品位含锌物料经二次挥发处理产生的含锌较高品位的锌灰（如回转窑烟灰）、锌铸锭过程的锌灰等，其物相组成中都可能含有 ZnO、$ZnFe_2O_4$、$Fe_3O_4$ 等。

样品成分中含有 Zn、Fe、Ca、Si、Cl 等，其物相组成上含有 ZnO、$ZnFe_2O_4$、$Fe_3O_4$、KCl，还含有炭质，符合上述锌灰的物质来源和物相组成特点；粒度和形貌上，含有大量微米级的细粉集合体，也有球珠体。因此，判断样品中掺混了含锌烟灰。

样品粒度分布范围较宽，分布曲线呈现几个不同峰的特征，证明样品是来自不同过程的混合物。总之，判断样品是回收铝灰和锌灰（泥）的混合物。

## 4 固体废物属性分析

（1）样品是回收铝灰和锌灰的混合物，该混合物不是有意生产的物质，也不符合任何产品标准或产品规范；回收的这类物质是“污染控制设施产生的残余物”，属于“用于消除污染的物质的回收”，也是属于“利用操作产生的残余物质的使用”。因此，根据《固体废物鉴别导则（试行）》的原则，判断鉴别样品属于固体废物。

（2）2014 年 12 月 30 日，环境保护部、商务部、发展改革委、海关总署、国家质检总局发布的第 80 号公告的《禁止进口固体废物目录》中列出了“2619000090 冶炼钢铁所产生的其他熔渣、浮渣及其他废料（冶炼钢铁产生的粒状熔渣除外），包括冶炼钢铁产生的除尘灰、除尘泥、污泥等”“2620190000 含其他锌的矿渣、矿灰及残渣”“2620400000 主要含铝的矿渣、矿灰及残渣”以及“2621900090 其他矿渣及矿灰（包括含上述灰的混合物）”。建议将样品归于“2621900090 其他矿渣及矿灰（包括含上述灰的混合物）”这类废物，因而鉴别样品属于我国禁止进口的固体废物。

## 参考文献

[1] 李菲，郭学益，田庆华. 二次铝灰制备α-$Al_2O_3$工艺[J]. 北京科技大学学报，2012，34（4）：384-385.
[2] 万太林，张海宝，朱丽华. 一种高效节能环保型的废钢熔炼技术[J]. 黑龙江省环境报，1999，23（1）：55-57.
[3] 马国军，倪红卫，薛正良. 不锈钢厂电弧炉烟尘处理技术[J]. 特殊钢，2006，27（6）：37-40.
[4] 邱定蕃，徐传华. 有色金属资源循环利用[M]. 北京：冶金工业出版社，2006.
[5] 邓遵安. 利用电炉炼钢烟尘生产高品位氧化铁红[J]. 辽宁化工，2005，34（8）：329-331.

# 10. 铅氧化矿剥离弃矿

## 1 背景

2013 年 5 月，中华人民共和国莱州海关委托中国环科院固体所对其查扣的一票进口“铅矿”货物样品进行固体废物属性鉴别，需要确定是否属于固体废物。

## 2 样品特征及特性分析

（1）样品为黄褐色固体粉末，潮湿，偶见植物杂物，并明显含有大小不一的坚硬石块，块状物含量约 16%，似土石混合物。测定粉末含水率为 14.4%，550℃灼烧后的烧失率为 5.8%。样品外观状况见图 1，从样品中分拣出的块状外观见图 2。

图1 样品外观

图2 从样品中分拣出的石块

（2）采用 X 射线荧光光谱仪（XRF）对样品中粉末和石块进行成分分析，结果见表 1；采用化学法单独测定样品中 Pb、As、Ag、Au、Ge 的含量，结果见表 2。

表1 样品干基的主要成分及含量（除Cl以外，其他元素均以氧化物表示） 单位：%

| 成分 | $SiO_2$ | $Fe_2O_3$ | $Al_2O_3$ | CaO | $K_2O$ | PbO | ZnO | MgO |
|---|---|---|---|---|---|---|---|---|
| 粉末含量 | 42.69 | 21.57 | 17.8 | 4.36 | 4.36 | 2.80 | 2.12 | 2.03 |
| 块状含量 | 24.94 | 41.40 | 6.18 | 13.54 | 1.28 | 8.26 | 2.86 | 0.78 |

续表

| 成分 | $TiO_2$ | $SO_3$ | MnO | Cl | $P_2O_5$ | $Na_2O$ | $As_2O_3$ | CuO |
|---|---|---|---|---|---|---|---|---|
| 粉末含量 | 0.76 | 0.33 | 0.32 | 0.20 | 0.20 | 0.17 | 0.16 | 0.11 |
| 块状含量 | 0.18 | 0.19 | 0.13 | 0.10 | 0.06 | 0.01 | — | 0.07 |

表2　样品成分及含量

| 成分 | Pb/% | As/% | Ag/（g/t） | Au/（g/t） | Ge/% |
|---|---|---|---|---|---|
| 粉末含量 | 3.15 | 0.08 | ＜60 | 0.067 | 0.001 |
| 块状含量 | 1.14 | 0.03 | ＜5 | — | — |

（3）采用X射线衍射仪（XRD）对样品进行物相组成分析，其中粉末样品主要物相为$SiO_2$、$KFeSi_3O_8$、FeO(OH)（针铁矿）、$Fe_3O_4$、PbO、PbS、$Al(OH)_3$（三水铝矿）、$PbFe_8O_{13}$；其中石块状样品主要物相组成为$SiO_2$、$KFeSi_3O_8$、FeO(OH)、$Fe_3O_4$、PbO、PbS、$Al(OH)_3$、$PbFe_8O_{13}$、$Fe_3(Si_2O_5)(OH)_4$（绿锥石）。

（4）对样品中粉末和块状分别取样进行X射线能谱分析，潮湿粉末样品综合样能谱，显示铅、锌含量均不高，而多孔氧化块矿粉末能谱，显示富含锌，而铅含量不高。见图3、图4。

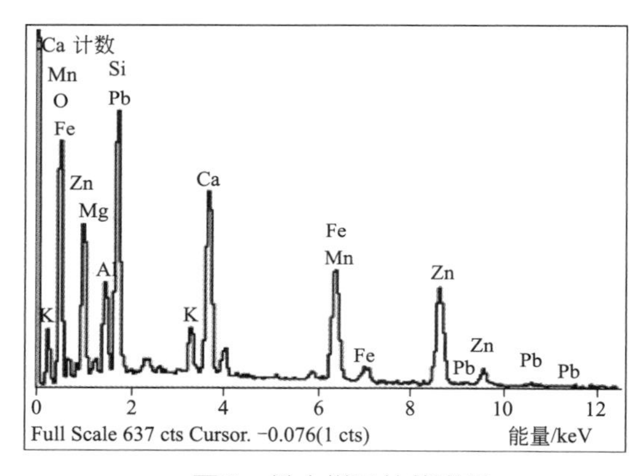


图3　粉末样品的能谱图

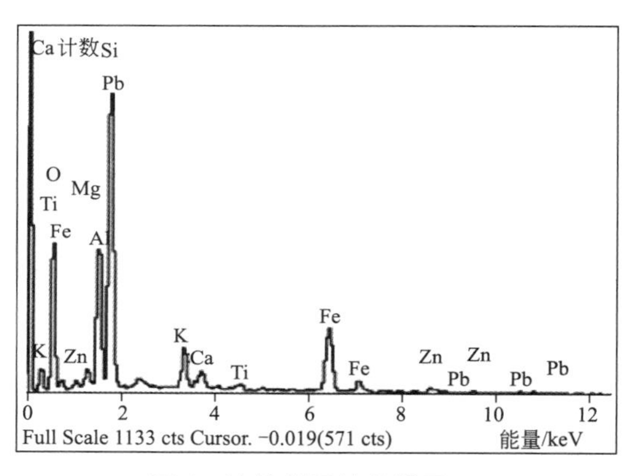


图4　块状样品的能谱图

对硬块磨制了抛光片，镜下观察可见到原生方铅矿及黄铁矿（见图5），氧化块中则有褐铁矿（见图6）。粉末散样的透光镜下观察则主要见石英、长石一类的碎屑颗粒和结晶不佳的针铁矿。样品的块状部分的确是铅矿石，但铅含量不高，经风化后的富集部分见锌的富集，但在潮湿粉末矿中锌和铅的含量也不高。

## 3 产生来源分析

铅矿石分为硫化矿和氧化矿两大类。分布最广的是硫化矿，属原生矿，也是炼铅的主要矿石，多与辉银矿（$Ag_2S$）、闪锌矿（ZnS）共生。此外，共生矿物还有黄铁矿（$FeS_2$）、黄铜矿（$CuFeS_2$）、辉铋矿（$Bi_2S_3$）和其他硫化矿物。脉石成分有石灰

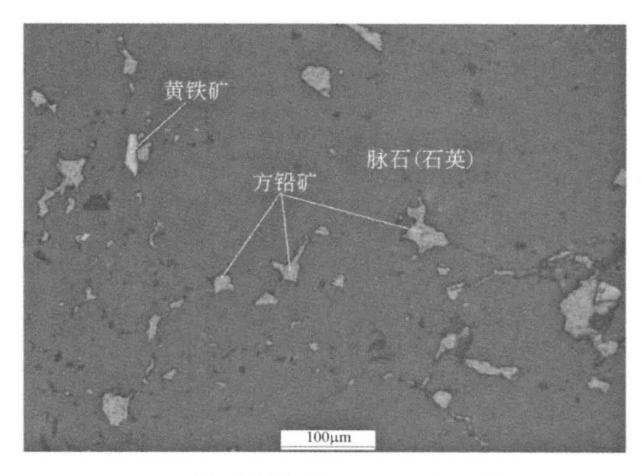


图5　块矿抛光镜下显示脉石粒间有方铅矿及少量黄铁矿嵌布

图6　矿块抛光镜下显示褐铁矿中有不少脉石碎屑

石、石英石、重晶石等。矿石中还含有 Sb、Cd、Au 及少量 In、Te 等元素。氧化铅矿主要由白铅矿（$PbCO_3$）和铅钒（$PbSO_4$）组成，属于次生矿，常出现在铅矿床的上层，或与硫化矿共存而形成复合矿。矿石中一般含铅（Pb）量一般为 3%～9%，最低为 0.4%～1.5%，必须进行选矿富集，得到合适冶炼要求的铅精矿，铅精矿中铅的品位常在 40%～75% 范围，铅精矿的粒度约有 90% 小于 0.1mm。我国《铅精矿》（YS/T 319—2007）的等级标准见表 3。

表3　铅精矿化学成分及含量要求

| 品级 | Pb/% | 杂质含量/% | | | | |
|---|---|---|---|---|---|---|
| | | Cu | Zn | As | MgO | $Al_2O_3$ |
| 一级品 | ≥65 | ≤1.2 | ≤4.0 | ≤0.3 | ≤1.0 | ≤2.0 |
| 二级品 | ≥60 | ≤1.5 | ≤5.0 | ≤0.4 | ≤1.0 | ≤2.5 |
| 三级品 | ≥55 | ≤2.0 | ≤6.0 | ≤0.5 | ≤1.5 | ≤3.0 |
| 四级品 | ≥45 | ≤2.5 | ≤7.0 | ≤0.7 | ≤2.0 | ≤4.0 |

虽然样品外观具有天然土石的特征，但样品中铅含量很低，大小差异悬殊，显然不是铅精矿。样品中含有一定量的块状固体，粉末和块状成分组成上基本一致，但含量上有差别，尤其是 Pb、Zn 含量较低，并有微量的 Au、Ag、Ge；物相组成分析表明，样品中粉末和块状物相组成基本一致，是天然氧化矿物组分（含少量氧化不完全的硫化矿）；样品中含有微量金、银贵金属以及矿物相分析结果证明为矿物基本物相，样品是铅锌氧化矿物。但样品中有价元素 Pb、Zn、Ag、Au、Ge 等的含量较低，资料表明低品位氧化铅锌矿成分复杂，氧化率高、含泥多，导致选矿难度大、选矿回收率低，难以实现工业化提取[1]。样品中有价元素含量太低，基本没有提取利用价值，判断样品是来自铅锌矿开采过程中剥离出的上层低品位氧化矿弃矿。

## 4 固体废物属性分析

（1）样品是来自铅锌矿开采过程中剥离出的上层低品氧化矿弃矿，样品属于“生产过程中的废弃物质”，不满足《铅精矿》（YS/T 319—1997）行业标准的要求，属于不再好用的物质，根据《固体废物鉴别导则（试行）》的原则，判断鉴别样品属于固体废物。

（2）2009 年 8 月 1 日，环境保护部、商务部、发展改革委、海关总署、国家质检总局发布的第 36 号公告的《禁止进口固体废物目录》中列出了“其他未列名固体废物”，建议将样品归于这类废物，因而鉴别样品属于我国禁止进口的固体废物。

## 参考文献

[1] 鱼鹏涛，梁结，陈颖，等. 贵州某低品位氧化铅锌矿矿物相分析[J]. 冶金分析，2010，30（12）：14-21.

# 11. 铅冶炼炉渣

## 1 背景

2016 年 5 月，中华人民共和国泰州海关委托中国环科院固体所对一票进口“铁矿”货物样品进行固体废物属性鉴别，需要确定是否属于固体废物。

## 2 样品特征及特性分析

（1）样品为大小不同、形状不规则的黑色块状物料，多数物料表面有大小不一的气孔，部分位置有弱磁性，有的表面可见金属光泽。测定样品含水率为 0.12%，550℃灼烧后的烧失率为 2.61%。样品外观状况见图 1。

图 1　样品外观

（2）采用 X 射线荧光光谱仪（XRF）对样品进行成分分析，结果见表 1。

表 1　样品主要成分及含量（除 Cl 以外，其他元素均以氧化物表示）　单位：%

| 成分 | $Fe_2O_3$ | $SiO_2$ | CaO | $Al_2O_3$ | ZnO | $SO_3$ | PbO | $K_2O$ | MgO | $Na_2O$ | $P_2O_5$ |
|---|---|---|---|---|---|---|---|---|---|---|---|
| 含量 | 44.96 | 25.81 | 11.07 | 5.63 | 3.06 | 3.00 | 1.66 | 1.31 | 0.85 | 0.67 | 0.54 |

续表

| 成分 | $TiO_2$ | MnO | CuO | $WO_3$ | BaO | $Co_3O_4$ | $As_2O_3$ | Cl | NiO | $Sb_2O_3$ | — |
|---|---|---|---|---|---|---|---|---|---|---|---|
| 含量 | 0.43 | 0.27 | 0.25 | 0.15 | 0.11 | 0.06 | 0.06 | 0.05 | 0.04 | 0.02 | — |

（3）采用 X 射线衍射仪（XRD）对样品进行物相组成分析，主要为 $Fe_2SiO_4$（铁橄榄石）、$Fe_3O_4$、PbS、Ca(Fe,Mg)$Si_2O_8$（辉石）、$NaCa_2Fe_3$(Al，Fe)$_2Si_5O_3O_{22}(OH)_2$（定永钛闪石）、PbO、（Mg，Fe）$_2SiO_4$（橄榄石）、$FeS_2$、Pb。样品中铁橄榄石衍射分析结果见图 2。

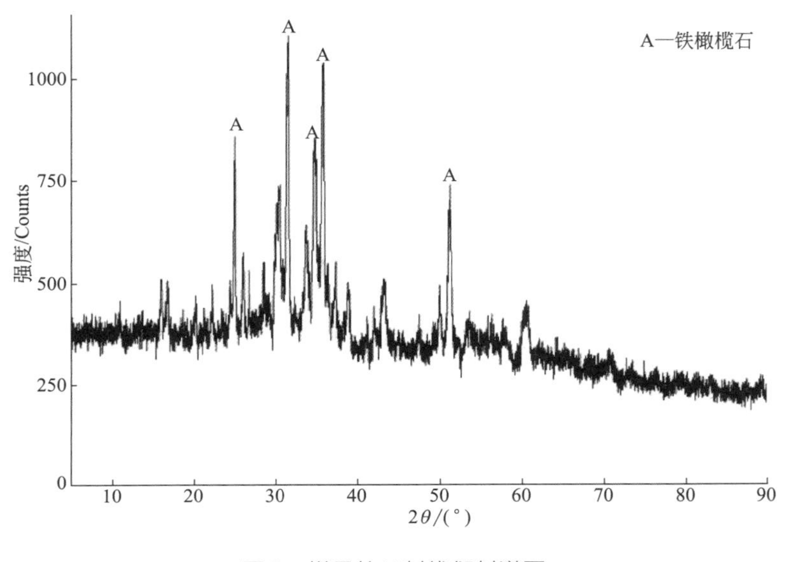


图2　样品的X射线衍射谱图

（4）显微镜下观察样品，主要由硅酸盐（铁橄榄石、镁橄榄石）和非晶相物质组成，另有少量磁黄铁矿、铁闪锌矿和微量方铅矿呈微细粒嵌布其中，见图 3、图 4。

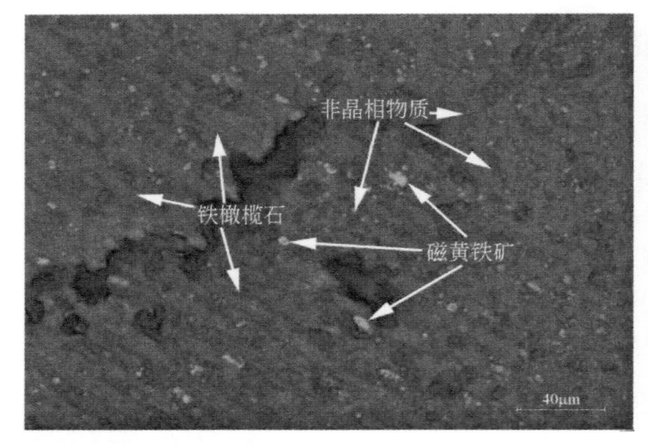


图3　铁橄榄石及非晶相物质中包裹的微细粒磁黄铁矿

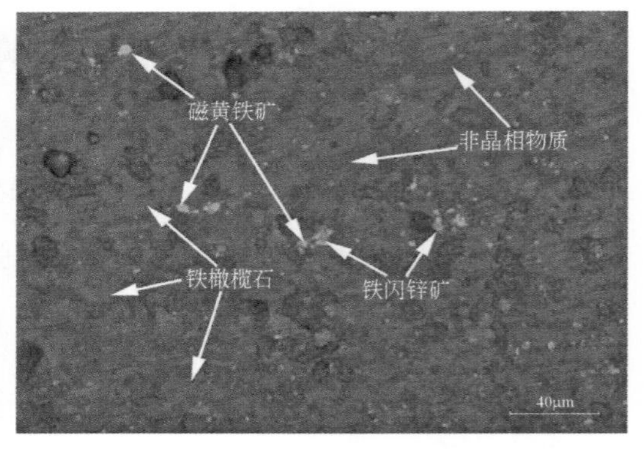


图4　磁黄铁矿和铁闪锌矿构成连晶呈微细粒嵌布于铁橄榄石及非晶相物质中

磨制抛光片进行扫描电镜能谱分析，结果见图5。

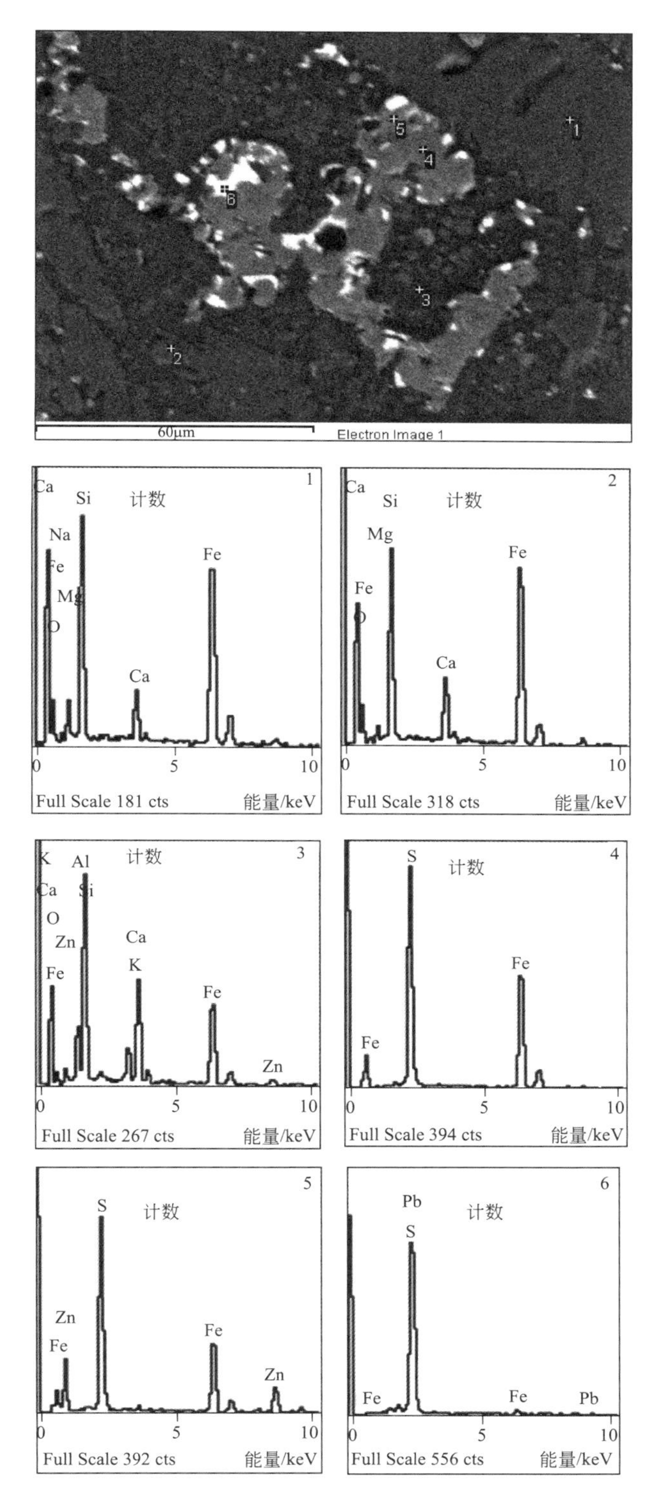


图5　样品背散射电子图（磁黄铁矿、铁闪锌矿、方铅矿嵌布于铁橄榄石和非晶相物质）

（点1、2—铁橄榄石；点3—非晶相；点4—磁黄铁矿；点5—铁闪锌矿；点6—方铅矿）

## 3 产生来源分析

（1）样品不是铁矿　铁矿石主要用于钢铁工业。铁矿石种类繁多，目前已经发现的铁矿石和含铁矿石约300余种。具有工业利用价值的主要是磁铁矿石、赤铁矿石、磁赤铁矿石、褐铁矿石、菱铁矿石、铁的硅酸盐矿、硫化铁矿等，这些铁矿的主要特点见表2。

表2　多种铁矿石的主要特点

| 矿 | 磁铁矿 | 赤铁矿 | 褐铁矿 | 菱铁矿 | 铁的硅酸盐矿 | 硫化铁矿 |
|---|---|---|---|---|---|---|
| 主要成分 | $Fe_3O_4$ | $Fe_2O_3$ | $m Fe_2O_3 \cdot n H_2O$ | $FeCO_3$ | 复合盐 | $FeS_2$ |
| 相对密度 | 4.9～5.2 | 5.26 | 3.6～4.0 | 3.8 | 3.8 | 4.95～5.10 |
| 元素含量/% | Fe 72.4，O 27.6 | Fe 70，O 30 | Fe 62，O 27，$H_2O$ 11 | — | — | Fe 46.6，S 53.4 |
| 颜色 | 黑灰色 | 暗红色 | 土黄或棕色 | 青灰色 | 深绿色 | 灰黄色 |
| 其他 | 具有强磁性，氧化后可变成赤铁矿石，仍保持原来晶形 | 包括赤色赤铁矿、镜铁矿、云母铁矿、黏土质赤铁 | 针铁矿和鳞铁矿的统称。多半是附存在其他铁矿石中 | 多半含有相当多数量的钙盐和镁盐 | 成分变化大，含铁成分很低，是一种较差铁矿石 | 含大量硫，常用来提制硫黄，铁成为副产品 |

样品为大小不同的黑色块状物料，表面有明显冶炼气孔，具有微弱磁性且位置分布不均匀，与铁矿外观特征不符；样品主要含有Fe、Si，以及少量的Ca、Al、Zn、S、Pb等元素，成分较为复杂，与铁矿元素组成特点不一致；衍射分析谱线中20°～40°之间有微弱的馒头峰出现[1]，表明样品中有少量的非晶态物质存在，可能含有水淬渣；物相分析和显微镜观察证明样品中主要含有硅酸盐炉渣相（$Fe_2SiO_4$），说明样品来自高温处理过程。总之，样品的外观、元素组成、物相组成与天然矿物不符，也不符合铁矿的特点，样品不是铁矿。

（2）铅冶炼渣　炼铅厂使用的矿物原料多为硫化矿物，其中铅以方铅矿（PbS）的形态存在，常采用的炼铅方法是烧结焙烧—鼓风炉熔炼法，约占世界铅矿产量的85%。铅烧结焙烧—鼓风炉熔炼生产的主要过程是对硫化铅精矿进行配料、制粒，然后进行烧结焙烧，将得到的焙烧块送入鼓风炉进行熔炼，得到含锌炉渣、粗铅和含尘烟气，其中含锌炉渣进行烟化处理得到弃渣和粗ZnO；铅炉渣中主要组分含量波动范围为ZnO 4%～30%、$SiO_2$ 8%～30%、FeO 17%～41%、CaO 3%～25%；含Pb 0.5%～3.8%、Cu 0.5%～1.5%，往往还含有$Al_2O_3$ 2%～3%、MgO 2%等，炉渣中铅（Pb）的主要形态有硫化物、氧化物和金属态，某些炼铅厂炉渣的成分见表3。工业化生产中通常会采用烟化处理的方法回收铅炉渣中的锌，经电炉烟化后的弃渣成分为Zn 3%～8%、Pb 0.2%、Cu 0.2%、S 1.2%、Bi 0.01%、Fe 28.0%、$SiO_2$ 23.1%、CaO 16.3%[2]。

表3　工业铅炉渣的成分及含量　　单位：%

| 编号 | Pb | Cu | ZnO | $SiO_2$ | CaO | FeO | $Al_2O_3$ | MgO | S |
|---|---|---|---|---|---|---|---|---|---|
| 1 | 1.52 | — | 11.3 | 26.7 | 12.4 | 34.6 | 4.69 | 3.22 | 1.5 |
| 2 | 1.06 | — | 10.6 | 28.1 | 14.8 | 30.4 | 4.10 | 6.50 | 1.3 |

续表

| 编号 | Pb | Cu | ZnO | $SiO_2$ | CaO | FeO | $Al_2O_3$ | MgO | S |
|---|---|---|---|---|---|---|---|---|---|
| 3 | 1.80 | 0.50 | 15.8 | 22.0 | 16.24 | 31.80 | — | — | — |
| 4 | 1.96 | 0.27 | 13.7 | 21.76 | 18.05 | 30.80 | — | — | — |
| 5 | 1.5 | 0.5 | 12～15 | 26 | 17 | 28.6 | — | — | — |
| 6 | 2.1 | 0.9 | 15.3 | 18～20 | 7.5 | 39.4 | — | — | — |
| 7 | 2.5 | 0.15 | 21.2 | 20.8 | 10.3 | 33.0 | — | — | — |
| QSL 法渣① | 1.8 | 0.01 | 11.2 | 36.4 | 11.0 | 29.5 | 5.0 | 1.5 | — |
| 基夫塞特法渣 | 1.8 | — | 3.73 | 30 | 20 | 30 | — | — | — |
| 铜鼓风炉渣 | — | 0.3 | — | 35～40 | 8.5～10 | 36～41.1 | — | — | — |

① QSL 指的是氧气底吹直接炼铅法。
注："—"表示资料中未提及相关数据。

样品表面积不规则，具有明显的冶炼气孔；主要含有铁元素，约 31%，以硅酸铁、磁铁矿（$Fe_3O_4$）和黄铁矿（$FeS_2$）形式存在；铅含量约 1.5%，以 PbO 和 PbS 为主，还含有少量金属铅；锌含量约 2.4%；此外还含有一定量的 Si、Ca、Al、S；衍射分析谱线中有微弱的馒头峰出现，表明样品中可能含有少量非晶态水淬渣。以上这些特征与有色金属火法冶炼渣相近。物相分析和显微镜下观察到样品中主要含有的物质是硅酸盐炉渣相（$Fe_2SiO_4$），说明样品来自高温处理过程，将样品的主要成分含量组成与铅炉渣的主要组分含量波动范围进行比较，发现样品主要成分的含量组成基本在铅炉渣主要组分含量波动范围内，表明样品与铅冶炼炉渣有关；样品中氧化锌的（ZnO）含量明显低于表 3 所列大部分工业铅炉渣中相应的含量，铅含量又高于经电炉烟化处理后弃渣中相应含量，但样品中的 Pb、ZnO、$SiO_2$、CaO、Fe 的含量与基夫塞特法工艺得到的铅炉渣具有较好的可比性，表明样品是经过某些特定冶炼工艺产生的炉渣。

综上所述，判断样品是来自特定工艺条件下火法炼铅产生的炉渣。

## 4 固体废物属性分析

（1）样品是铅冶炼炉渣，是生产过程中的废弃物质或残余物，根据《固体废物鉴别导则（试行）》的原则，判断鉴别样品属于固体废物。

（2）2014 年 12 月 30 日，环境保护部、商务部、发展改革委、海关总署、国家质检总局发布的第 80 号公告中《禁止进口固体废物目录》列出"2620190000 含其他锌的矿渣、矿灰及残渣（冶炼钢铁多产生灰、渣的除外）""2620290000 其他主要含铅的矿渣、矿灰及残渣（冶炼钢铁多产生灰、渣的除外）"，建议将鉴别样品归于这两类废物中的一类，因而鉴别样品属于我国禁止进口的固体废物。

## 参考文献

[1] 赵凯，宫晓然，李杰，等. 急冷铜渣矿物学及其综合利用[J]. 中国矿业，2015，24（9）：102-106.
[2] 彭容秋. 有色金属提取冶金手册——锌镉铅铋[M]. 北京：冶金工业出版社，1992.

# 12. 矿粉、铅冶炼渣的混合物

## 1 背景

2013 年 3 月，中华人民共和国上海海关缉私局委托中国环科院固体所对其查扣的一票进口“铅矿”货物样品进行固体废物属性鉴别，需要确定是否属于固体废物。

## 2 样品特征及特性分析

（1）样品外观呈棕红色，发潮，多数呈粉末状，手捏即碎，但有部分为硬块，颜色不均，有的硬块明显呈深黑色的炉渣状，粒径大于 4.75mm 的颗粒约占 23%。样品外观状况见图 1。

图 1　样品外观

（2）采用 X 荧光光谱仪（XRF）分析样品的成分组成，结果见表 1；再采用化学法分析样品中铅（Pb）含量为 29.06%，银（Ag）含量小于 10g/t。

表 1　样品主要成分及含量（除 Cl 以外，其他元素均以氧化物表示）　单位：%

| 成分 | PbO | $SO_3$ | $Fe_2O_3$ | $Na_2O$ | $SiO_2$ | CaO | Cl | $Al_2O_3$ | $Sb_2O_3$ | MgO | $K_2O$ |
|---|---|---|---|---|---|---|---|---|---|---|---|
| 含量 | 30.75 | 17.90 | 14.48 | 11.57 | 7.81 | 6.28 | 3.25 | 2.36 | 2.04 | 0.89 | 0.59 |
| 成分 | CuO | BaO | $SnO_2$ | $TiO_2$ | ZnO | MnO | $As_2O_3$ | $P_2O_5$ | NiO | $Cr_2O_3$ | — |
| 含量 | 0.45 | 0.39 | 0.29 | 0.22 | 0.17 | 0.16 | 0.15 | 0.11 | 0.08 | 0.08 | — |

（3）采用X射线衍射仪（XRD）对样品进行物相组成分析，主要物相组成为 $PbS$、$Al_2Si_2O_5(OH)_4$、$CaAl_2(Si_2Al_2)O_{10}(OH)_2$、$Na_2Ca_3Si_6O_{16}$、$SiO_2$、$FeCl_2\cdot 2H_2O$、$Al_2(SiO_4)O$、$Pb(OH)Cl$、$PbSO_3$、$FeSO_4\cdot 4H_2O$、$Na_2SiO_3\cdot 6H_2O$。X射线衍射分析结果见图2。

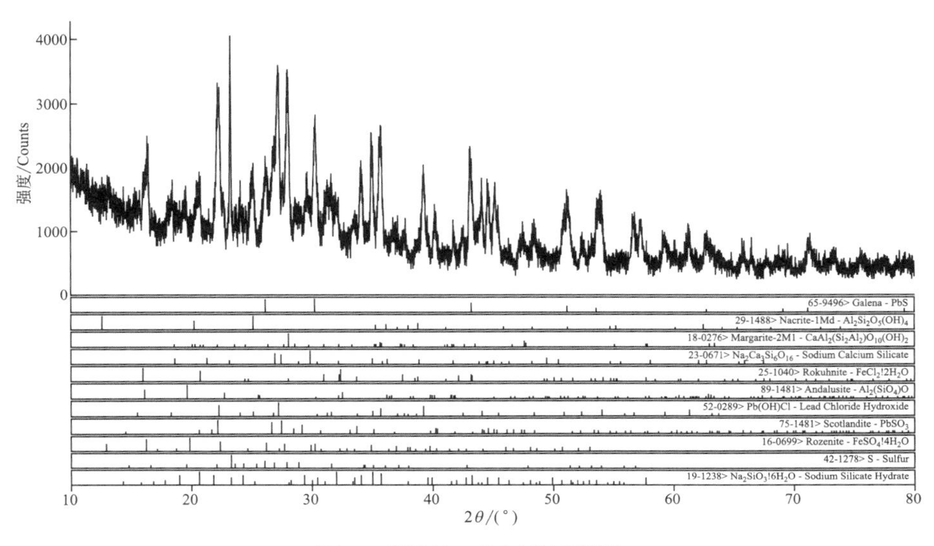


图2　样品的X衍射分析谱图

磨细样品的能谱见图3，显示主含Pb、Fe、Na、Ca、Si、S。对样品中颜色深浅不同的部分进行油浸镜下观察，可见铅矾（$PbSO_4$）和石膏相，见图4、图5。

磨制抛光片进行了显微镜观察，发现硬块碎屑中有铅冶炼的炉渣，其中有硅酸盐渣相、铁酸盐相，以及少量包括金属铅在内的金属相，是冶炼产物；另见石灰岩岩屑、焦炭颗粒，以及少量方铅矿。见图6～图11。

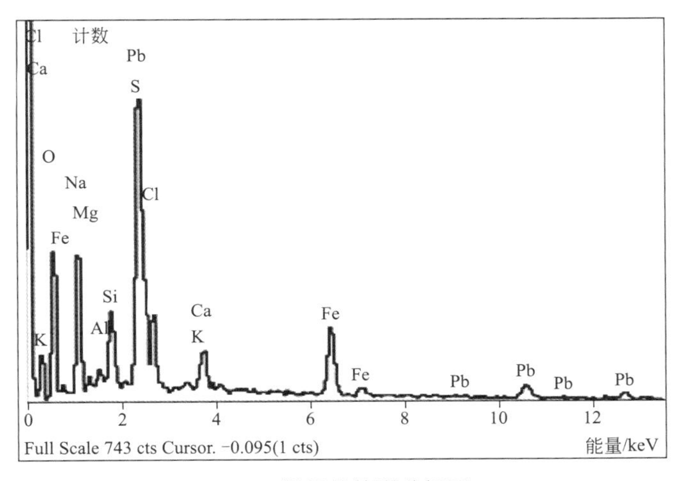


图3　样品的能谱分析图

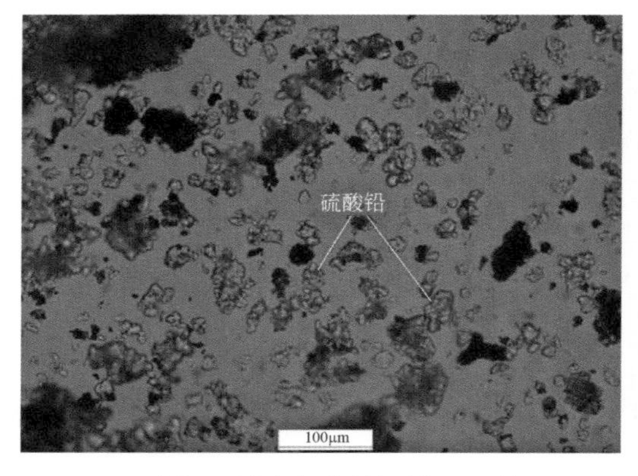


图4　浅色部分油浸镜下照片
（见高突起铅矾）

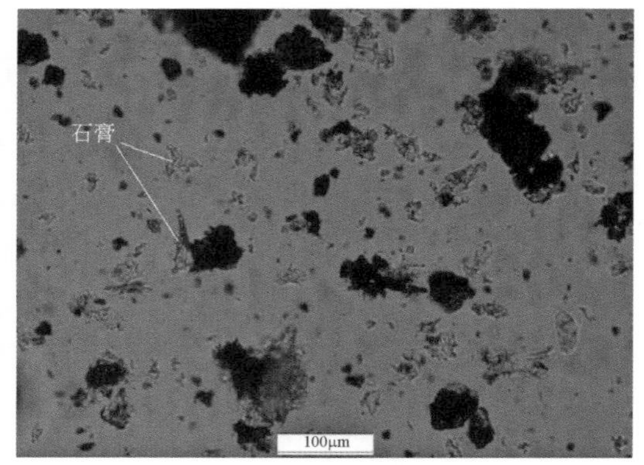


图5　粉末油浸介质中透光镜下照片
（石膏的针状集合体）

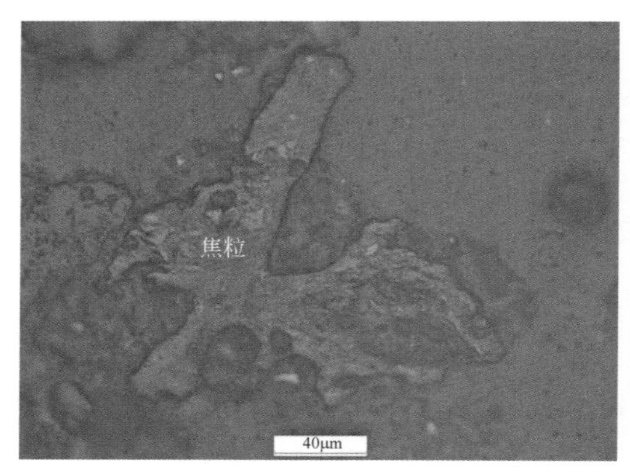


图6　粉末抛光面中所见的焦粒

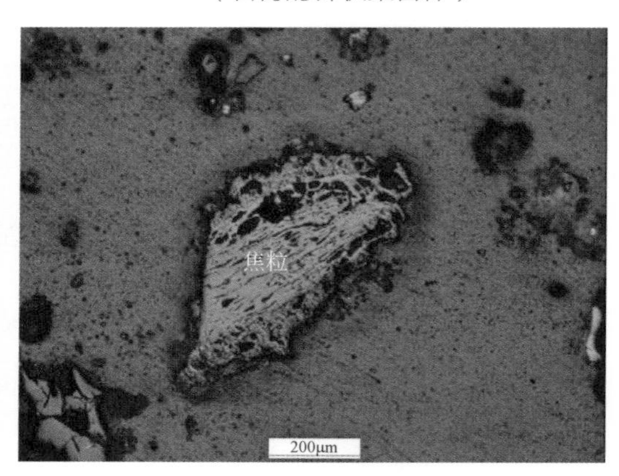


图7　粉末抛光面中所见的焦粒

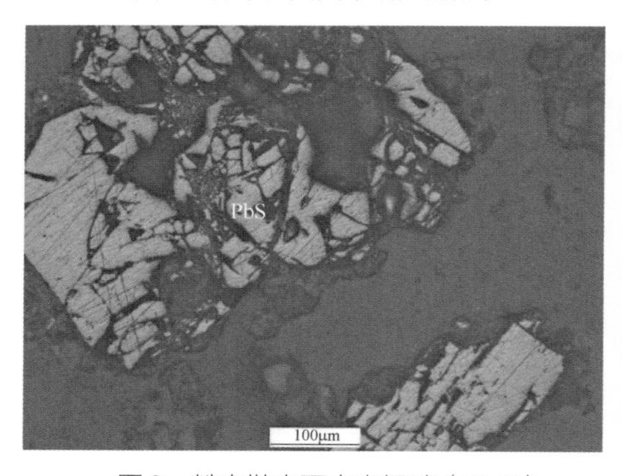


图8　粉末抛光面中方铅矿（PbS）

图9　硬块中的冶炼渣相

## 3　产生来源分析

样品中铅含量为29.06%，明显低于正常铅精矿中的含量要求；样品的颜色为棕红色，不是通常硫化精矿的灰黑色，既表明样品中含有大量的铁氧化物，也表明样品不

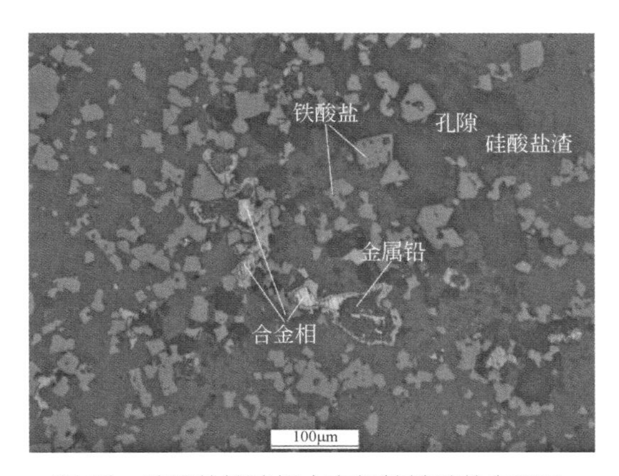


图10　硅酸盐炉渣相中有细粒铁酸盐自形晶，少量金属铅，其周围有硫化铅及合金相

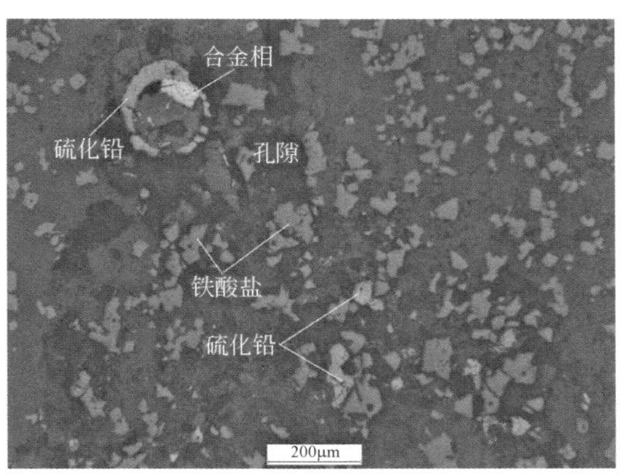


图11　孔隙中见珠滴状'锍粒'，是典型的炉渣相结构构造

是以硫化铅精矿为主，根据X衍射分析样品中PbS含量大约为15%～20%；样品中硫、铁及其他成分的含量均与正常铅精矿的含量有明显差异；样品也不是以$PbCO_3$为主的氧化矿；通过物相组成分析和显微镜观察，其中铅的形态有PbS、Pb、$PbSO_4$（铅矾），证明样品中的铅除了有来自矿物的铅外，还有来自冶炼的铅渣和湿法处理的铅盐；样品中明显含有火法冶炼产生的硅酸盐渣、焦炭颗粒、铁酸盐，表明样品中含有火法冶金残渣；样品中还明显含有湿法冶金产生的石膏物相、氯盐、铁盐、氢氧化物等，表明样品中含有湿法冶金残渣。

综合判断样品不是单纯的铅精矿或铅矿砂，而是矿粉、火法冶炼渣、湿法冶金渣、烧结返粉（不能排除）的混合物。

## 4 固体废物属性分析

（1）样品中含有大量的冶金渣，外观、成分及其含量上不满足《铅精矿》（YS/T 319—2007）行业标准的要求，该混合物是"不符合质量标准或规范的产品"，使用前还需要进行处理（如破碎），并不能单独作为铅精矿原料进入烧结工序，只能掺加到高品位铅精矿原料中，其利用作业属于"利用操作产生的残余物"。因此，根据《固体废物鉴别导则（试行）》的原则，判断样品属于固体废物。

（2）2009年8月，环境保护部、商务部、发展改革委、海关总署、国家质检总局发布的第36号公告中的《禁止进口固体废物目录》中包括"2620290000其他主要含铅的矿渣、矿灰及残渣"，建议将鉴别样品归于此类废物，因而鉴别样品属于我国禁止进口的固体废物。

# 13. 富铅渣

## 1 背景

2018 年 3 月，中华人民共和国锦州海关缉私分局委托中国环科院固体所对一票进口“铅精矿”货物样品进行固体废物属性鉴别，需要确定是否属于固体废物。

## 2 样品特征及特性分析

（1）样品为灰黑色细砂粒状，有弱磁性，手感均匀，无可见杂物。测定样品含水率为 0.98%，550℃灼烧后的烧失率反而增重 0.84%。样品外观状况见图 1。

图1 样品外观

（2）采用 X 射线荧光光谱仪（XRF）对样品进行成分分析，主要成分为 Pb 和 Fe，还有少量 Zn、Si、S、Ca、Sb、Cu、Sn、Al、As、Mg、Ba 等。结果见表 1。

表1 样品主要成分及含量（除Cl以外，其他元素均以氧化物表示） 单位：%

| 成分 | PbO | $Fe_2O_3$ | ZnO | $SiO_2$ | $SO_3$ | CaO | $Sb_2O_3$ | CuO | $SnO_2$ |
|---|---|---|---|---|---|---|---|---|---|
| 含量 | 62.85 | 12.12 | 7.56 | 4.96 | 3.06 | 2.69 | 2.24 | 1.36 | 0.71 |
| 成分 | $Al_2O_3$ | $As_2O_3$ | MgO | BaO | MnO | $K_2O$ | $ZrO_2$ | Cl | NiO |
| 含量 | 0.62 | 0.42 | 0.35 | 0.28 | 0.24 | 0.21 | 0.17 | 0.09 | 0.05 |

（3）采用X射线衍射仪（XRD）对样品进行物相组成分析，主要为$Pb_2O$、PbS、$Fe_3O_4$、$ZnFe_2O_4$、PbO、$SiO_2$。

（4）再采用X射线衍射分析、光学显微镜观察、扫描电镜及X射线能谱分析等方法综合分析样品物质组成，主要为PbO；其次为$Fe_3O_4$，另有少量Pb、$ZnFe_2O_4$、PbS等。样品的X射线衍射分析结果见图2，各主要物质的产出特征见图3～图5。

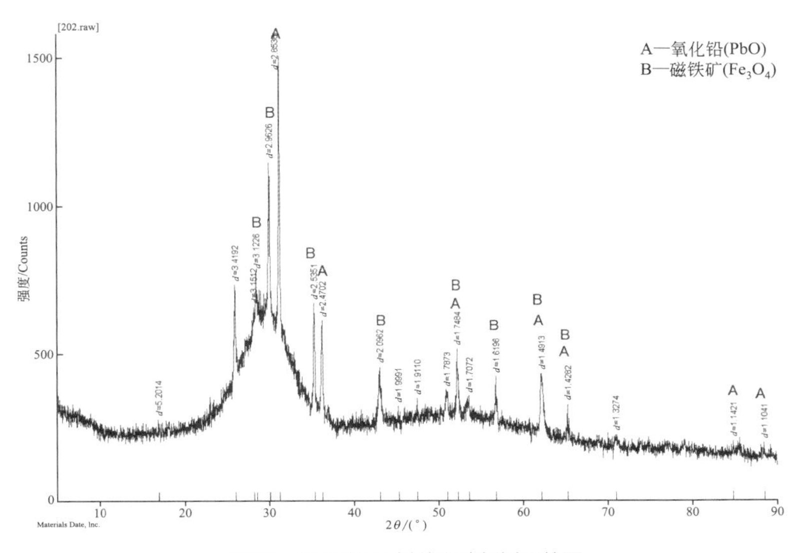


图2 样品的X射线衍射分析谱图

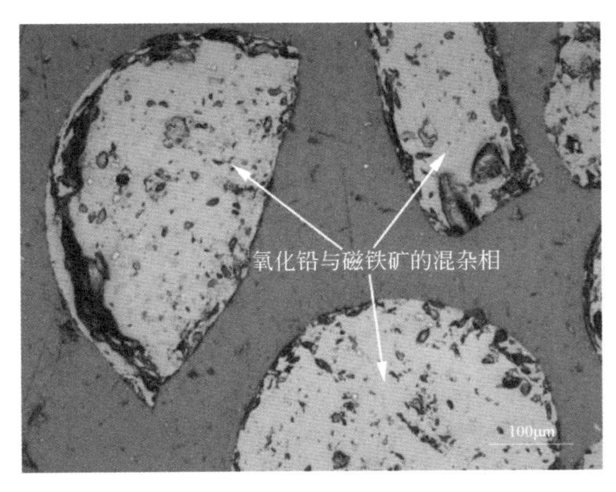

图3 反光镜下样品特征（PbO与$Fe_3O_4$的混杂相）

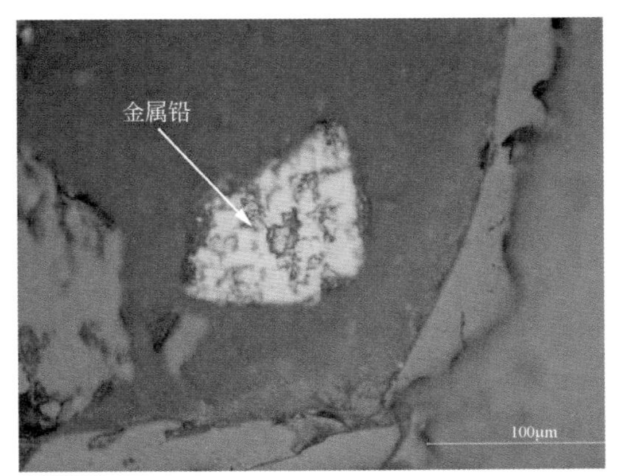


图4 反光镜下样品特征（金属铅）

（5）利用激光粒度仪测定样品的粒度分布结果见表2，粒度分布见图6。

（6）扫描电镜观察样品，为形状不规则的碎屑，是理破碎后的产物，见图7和图8。

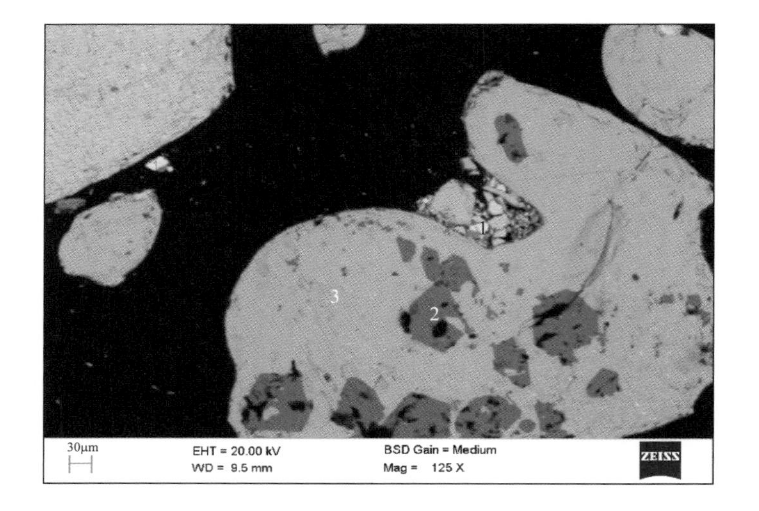


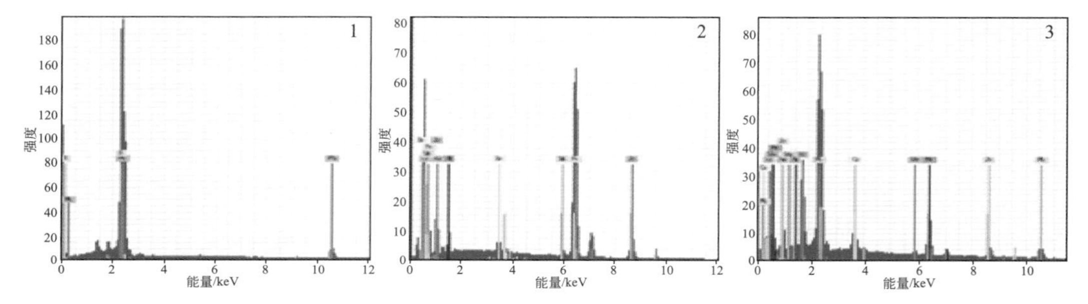


图5　样品背散射电子图像及X射线能谱图一（PbS、$ZnFe_2O_4$、Pb和$Fe_3O_4$的嵌布特征）

（点1—PbS；点2—$ZnFe_2O_4$；点3—Pb和$Fe_2O_4$的嵌布）

表2　样品的粒度分析结果

| *D*(10)/μm | *D*(50)/μm | *D*(90)/μm | ≤100μm/% | ≤300μm/% | ≤630μm/% | ≤1000μm/% | ≤1900μm/% |
|---|---|---|---|---|---|---|---|
| 254.529 | 573.466 | 1181.364 | 4.87 | 14.37 | 56.51 | 83.35 | 99.67 |

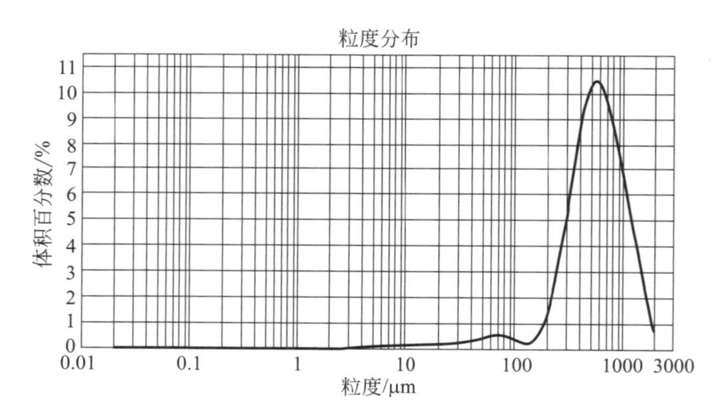


图6　样品的粒度分布曲线图

图7　样品放大500倍

图8　样品放大1000倍

## 3 产生来源分析

铅精矿不经过焙烧熔炼直接生产出金属的冶炼方法称为直接熔炼，它采用工业氧气或富氧空气，通过闪速炉熔炼或熔池熔炼的强化冶金过程，产出粗铅和富铅渣（或高铅渣）。文献资料中富铅渣（或高铅渣）成分见表3[1]。硫化铅精矿直接熔炼生产工艺流程示意见图9。

表3　高铅渣块主要成分及含量　　单位：%

| 成分 | Pb | Sb | Cu | As | Zn | S | $SiO_2$ | CaO | FeO | MgO | $Al_2O_3$ |
|---|---|---|---|---|---|---|---|---|---|---|---|
| 含量 | 56 | 1.5 | 0.50 | 0.4 | 8.91 | 0.78 | 6.0 | 3.8 | 9.2 | 0.92 | 0.46 |

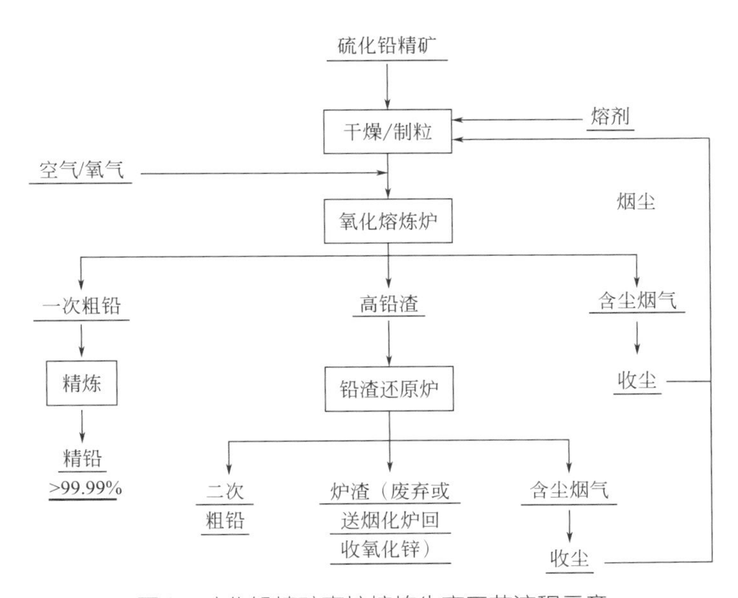


图9　硫化铅精矿直接熔炼生产工艺流程示意

我国粗铅冶炼厂广泛采用底吹炉氧化熔炼—鼓风炉还原（SKS）和顶吹氧化熔炼—鼓风炉还原熔炼两种工艺。这两种工艺对提升我国粗铅冶炼水平起了很大的作用，但共同缺点是氧化熔炼产生富铅渣，富铅渣需要再送入鼓风炉进行还原熔炼，富铅渣中铅的品位在40%～45%，化学成分见表4[2]。艾萨熔炼炉产出粗铅和富铅渣，富铅渣再进入鼓风炉进行还原炼铅。艾萨渣结构致密，与粒度细小的鼓风炉渣相比，比表面积大大降低，含铅量也大大超过鼓风炉渣，艾萨渣中的硅酸铅占总铅量的70%以上，游离的氧化铅和铁酸铅也完全溶解于铅渣中[3]。

表4　富铅渣的化学成分及含量　　单位：%

| 样品 | Pb | Zn | Fe | S | $SiO_2$ | CaO | MgO | $Al_2O_3$ |
|---|---|---|---|---|---|---|---|---|
| 1 | 34.38 | 14.14 | 14.19 | 0.21 | 14.35 | 4.81 | 1.57 | 1.94 |
| 2 | 30.95 | 15.83 | 12.21 | 0.02 | 13.71 | 4.59 | 2.55 | 2.07 |
| 3 | 50.25 | 0.97 | 11.31 | 0.45 | 8.14 | 3.74 | 2.25 | 1.06 |

样品物相组成复杂，主要有PbO、$Fe_3O_4$，并有少量Pb、Zn-Fe-O、PbS、$SiO_2$等，表明是来自火法冶金过程的产物；对比样品主要成分与富铅渣的成分，两者具有较好的相符性；样品形貌是碎屑或细粒状，不是熔融块状，含有一定的水分，而且衍射分析谱图可见弥散峰，表明样品结晶并不好，有大量的非晶相物质，可能是产出过程水淬急冷形成，但不排除是机械破碎形成。综合判断样品是来自火法炼铅中产生的富铅渣，并经过了破碎处理。

## 4 固体废物属性分析

（1）样品是来自火法炼铅中产生的富铅渣，富铅渣是产生于以炼粗铅为目标产物的过程，是伴随目标产物产生的物质，没有质量控制，属于炼粗铅过程中的副产物；样品是国外生产过程中产生的废弃物质或残余物；样品中含有较多的有害重金属组分。因此，依据《固体废物鉴别标准 通则》（GB 34330—2017）的准则，判断样品属于固体废物。

（2）2014年12月环境保护部、商务部、发展改革委、海关总署、国家质检总局发布第80号公告中的《禁止进口固体废物目录》中包括“其他主要含铅的矿渣、矿灰及残渣”，2017年12月31日起执行新的《禁止进口固体废物目录》（环境保护部、商务部、发展改革委、海关总署、国家质检总局公告2017年第39号）中仍列出了此类废物，建议将鉴别样品归于此类废物，因而鉴别样品属于我国禁止进口的固体废物。

## 参考文献

[1]　《铅锌冶金学》编委会. 铅锌冶金学[M]. 北京：科学出版社，2003.
[2]　皮国民，贾著红. 粗铅冶炼富铅渣热态还原研究[J]. 有色金属（冶炼部分），2009，6：17-18.
[3]　翟琳娜，周朝贞，罗凌艳. 富铅渣熔融还原加料工艺研究[J]. 云南冶金，2014，43（6）：33-34.

# 14. 含镍的混合废料

## 1 背景

2017 年 11 月，中华人民共和国天津东疆保税港区海关缉私分局委托中国环科院固体所对其查扣的一票“氧化镍为主的混合物”货物样品进行固体废物属性鉴别，需要确定是否属于国家禁止进口的固体废物。

## 2 样品特征及特性分析

（1）将 6 个样品分别编为 1～6 号，其中 1 号样品为黄绿色固体，有结块，块状颜色不均匀；2 号、4 号、6 号样品为黑色颗粒状固体，颗粒颜色不均匀，可见蓝色、绿色物质；3 号样品为灰绿色细颗粒样品；5 号样品为黑灰色固体，有结块且块状样品颜色不均匀。测定样品含水率、550℃灼烧后的烧失率，结果见表 1，样品外观状态见图 1～图 6。

表 1　样品的含水率和烧失率　　单位：%

| 样品 | 1 号 | 2 号 | 3 号 | 4 号 | 5 号 | 6 号 |
|---|---|---|---|---|---|---|
| 含水率 | 9.91 | 10.21 | 11.47 | 9.56 | 9.65 | 11.21 |
| 烧失率 | 14.36 | 23.41 | 15.74 | 22.58 | 16.15 | 23.55 |

图1　1号样品

图2　2号样品

图3　3号样品

图4　4号样品

图5　5号样品

图6　6号样品

（2）采用X射线荧光光谱仪（XRF）对样品进行成分分析，6个样品中均有较高含量的镍和硫，其他元素含量明显有差异，其中1号样品中钴和铝含量明显高于其他样品，2号、4号、6号样品中磷含量明显高于其他样品，3号样品中铬、钙、钠含量明显高于其他样品，5号样品中铜含量明显高于其他样品，而钠含量则明显低于其他样品。结果见表2。

表2　样品主要成分及含量（除Cl以外，其他元素均以氧化物表示）　　单位：%

| 样品 | NiO | $SO_3$ | $Co_3O_4$ | $Na_2O$ | $Al_2O_3$ | CuO | $Fe_2O_3$ | MnO | $P_2O_5$ | $SiO_2$ |
|---|---|---|---|---|---|---|---|---|---|---|
| 1号 | 41.79 | 31.73 | 6.74 | 5.70 | 5.62 | 3.38 | 1.65 | 0.93 | 0.82 | 0.63 |
| 2号 | 42.86 | 43.09 | 0.22 | 7.81 | 0.10 | 0.25 | 0.12 | 0.02 | 5.06 | 0.08 |
| 3号 | 31.27 | 19.15 | — | 9.59 | 0.15 | 1.00 | 3.78 | — | 2.74 | 6.44 |
| 4号 | 42.47 | 43.16 | 0.30 | 9.37 | — | 0.24 | 0.10 | — | 4.13 | 0.08 |
| 5号 | 49.43 | 32.70 | 1.71 | 0.52 | 0.38 | 10.08 | 3.70 | — | 0.11 | 1.00 |
| 6号 | 42.78 | 42.41 | 0.04 | 7.87 | — | 0.95 | 0.12 | — | 4.23 | 0.27 |

续表

| 样品 | CaO | Cl | PbO | ZnO | MgO | $K_2O$ | CdO | $SnO_2$ | $Cr_2O_3$ | $As_2O_3$ |
|---|---|---|---|---|---|---|---|---|---|---|
| 1号 | 0.48 | 0.15 | 0.13 | 0.13 | 0.10 | 0.02 | — | — | — | — |
| 2号 | — | — | 0.10 | 0.04 | — | 0.13 | 0.08 | 0.04 | — | — |
| 3号 | 3.63 | 0.63 | 0.04 | 0.15 | 1.02 | 0.05 | — | — | 20.35 | — |
| 4号 | — | — | 0.04 | — | — | 0.07 | 0.05 | — | — | — |
| 5号 | 0.03 | — | — | — | — | — | — | — | 0.04 | 0.29 |
| 6号 | 0.02 | — | — | 1.03 | — | 0.25 | 0.02 | — | — | — |

（3）采用 X 射线衍射仪（XRD）对样品进行物相组成分析，1 号、2 号、4 号、5 号、6 号样品中镍的主要物相为 $NiSO_4·6H_2O$，3 号样品中镍（Ni）的主要物相为 $NiCr_2O_4$，结果见表 3。衍射分析谱峰多为弥散峰（X 射线衍射谱图略），表明样品结晶度不好。

表3　样品衍射分析结果

| 样品 | 物相组成 |
|---|---|
| 1号 | $NiSO_4·6H_2O$、$Ni(SO_4)(H_2O)_7$ |
| 2号 | $NiSO_4·6H_2O$、$Na_2Ni(SO_4)_2·4H_2O$、$Na_5NiO_4$、$NiSO_4·H_2O$ |
| 3号 | $NiCr_2O_4$、$Na_2SO_3$、$Na_4CrO_4$ |
| 4号 | $NiSO_4·6H_2O$、$Na_5NiO_4$、$Na_2HPO_3·6H_2O$、NiS、$Na_2HPO_4·2H_2O$ |
| 5号 | $NiSO_4·6H_2O$、$Na_5NiO_4$、$Na_2HPO_3·5H_2O$、NiS、$Na_2HPO_4·2H_2O$ |
| 6号 | $NiSO_4·6H_2O$、$Na_2Ni(SO_4)_2·4H_2O$ |

（4）选取 2 号、3 号、6 号三个样品，采用光学显微镜观察、扫描电镜及 X 射线能谱分析等方法综合分析 3 个样品的矿物相组成，其中 2 号样品主要物相为 $NiSO_4·6H_2O$ 相，其次为 $NiCl_2(H_2O)_4$ 相；3 号样品主要物相为 $NiCr_2O_4$ 相，另见微量 $Fe_2O_3$ 相；6 号样品中主要物相为 $NiSO_4·6H_2O$ 相，另见少量的 $Ni_{0.52}C_{r0.37}O_{0.11}S$ 相和 NiS 相。结果见图 7～图 12。

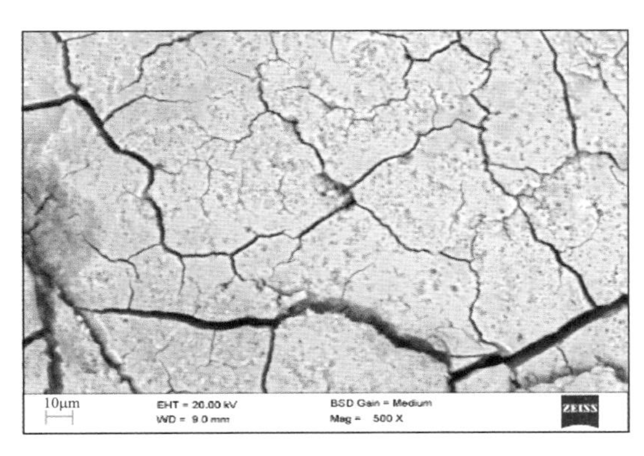


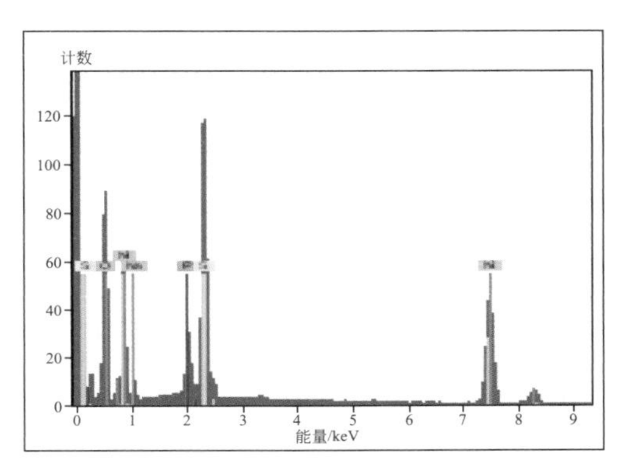


图7　2号样品背散射电子图-$NiSO_4·6H_2O$ 相产出特征

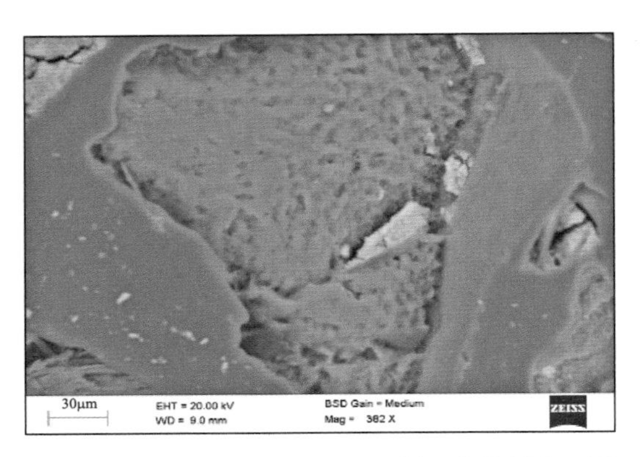


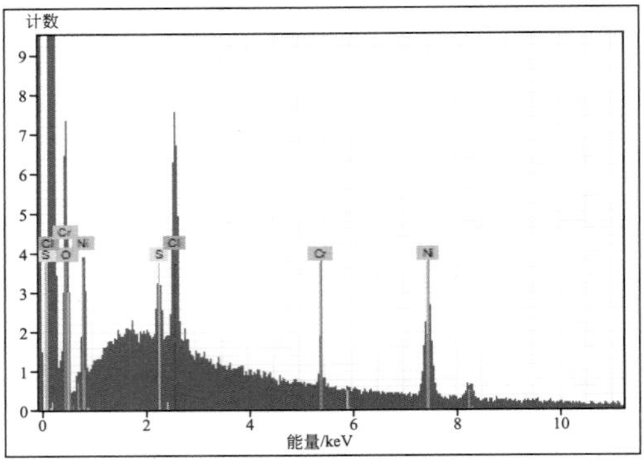


图8　2号样品背散射电子图-$NiCl_2(H_2O)_4$相的产出特征

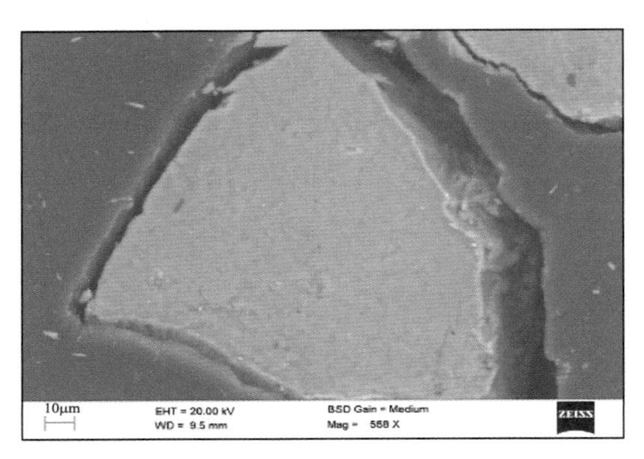


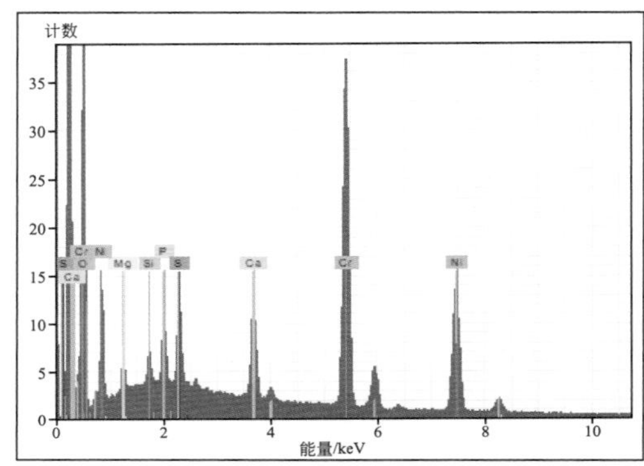


图9　3号样品背散射电子图-$NiCr_2O_4$相的产出特征

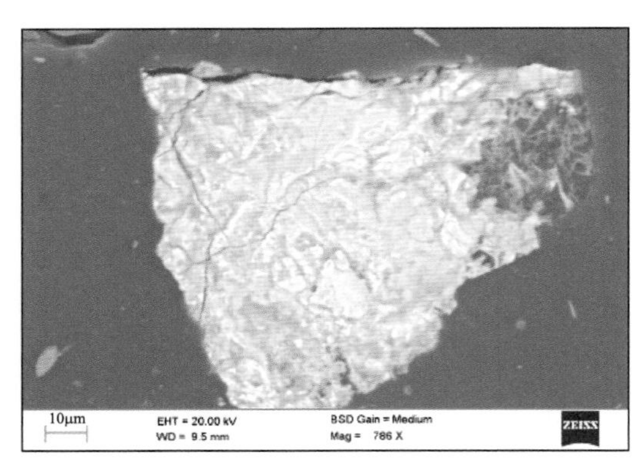


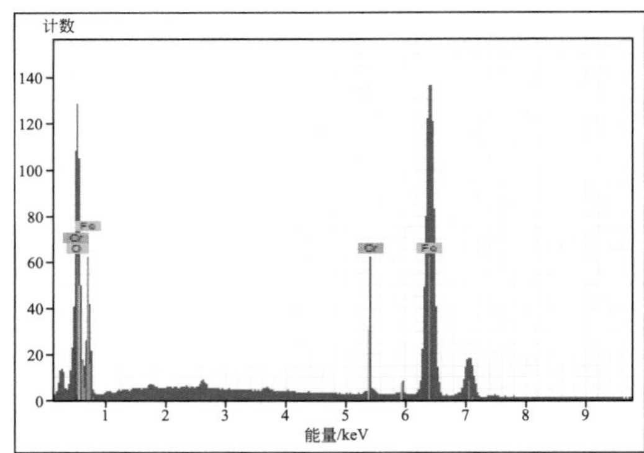


图10　3号样品背散射电子图-$Fe_2O_3$相的产出特征

## 3 产生来源分析

（1）样品不是金属镍、羰基镍、硫化镍矿、红土镍矿、含镍废催化剂、电池废料、镍合金及其废料、粗制氢氧化镍（钴）。

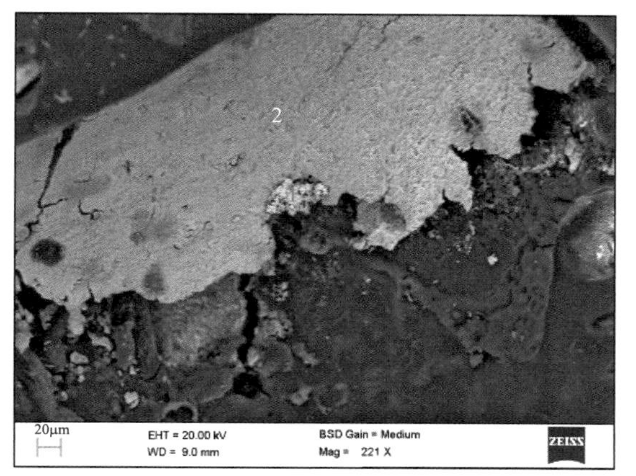


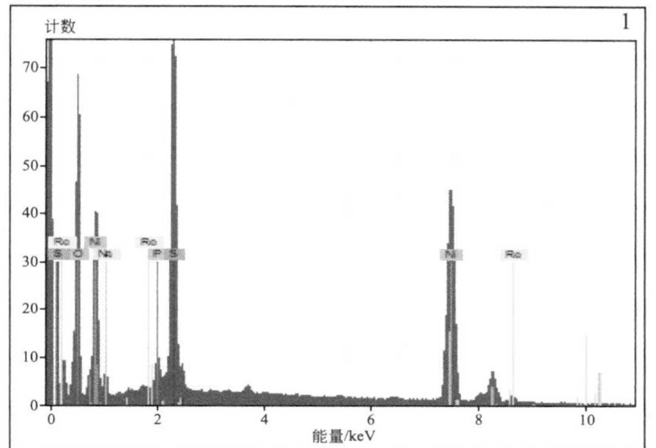


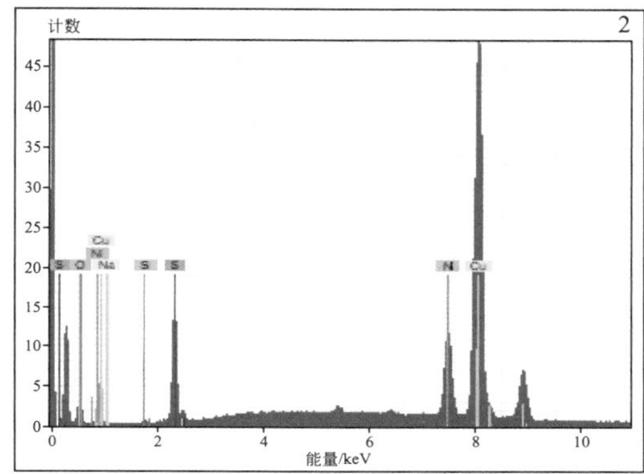


图11　6号样品背散射电子图-NiS相（点1）与$NiSO_4\cdot6H_2O$相嵌布在一起（点2）

（点1—NiS相；点2—$NiSO_4\cdot6H_2O$相）

① 金属镍为银白色，具有磁性和良好的可塑性；羰基镍分子式为$Ni(CO)_4$，分子量为170.7，主要用于制备高纯镍粉，也用于电子工业及制造塑料中间体等。

② 镍的原生矿物主要有硫化镍矿和氧化镍矿[1]。硫化镍矿主要有镍黄铁矿、针镍矿；氧化镍矿床是含镍橄榄岩在热带或亚热带地区经过大规模的长期的风化淋滤变质而成的，是由Fe、Al、Si等含水氧化物组成的疏松的粘土状矿石。由于铁的氧化，矿石呈红色，所以被称为红土镍矿。

③ 含镍废催化剂。这类废催化剂中镍的含量在1.2%～22%之间，波动较大[1,2]，其在废催化剂中的存在形态也很比较复杂，有Ni、NiO、NiS或$NiAl_2O_4$等多种形态，除催化剂载体（大多数为$SiO_2$、$Al_2O_3$惰性组分）外，还含有Cu、Fe、Mo、V等金属或化合物。

④ 电池废料。含镍电池主要有镍铁电池、镍镉电池、镍氢电池和锂离子电池。废镍镉电池中含有Cd 46.76%、Ni 40.34%、Co 2.38%、Fe 1.60%[3]。废镍氢电池中含有多种元素，有Ni、Co、La、Ce、Mn、Zr、Ti等，将废镍氢电池机械破碎、洗涤、干燥、分选后，投入电炉中熔炼，可得Ni 50%～55%、Fe 30%～35%的NiFe合金[4]。

⑤ 镍合金及其废料。含镍合金是以镍基加入其他合金元素组成的重有色金属材料，添加的合金元素有两大类：一类是能与镍形成固溶体的固溶强化元素，如Cu、Co、

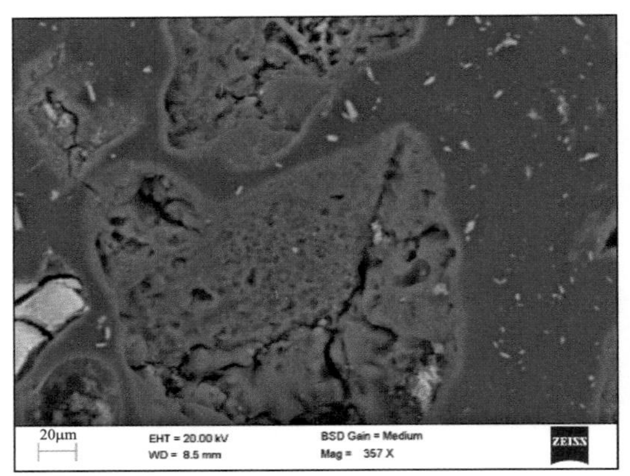


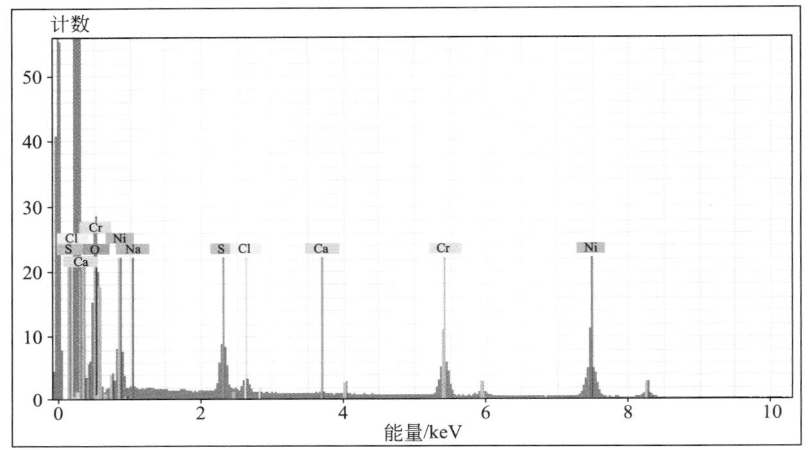


图12　6号样品背散射电子图-$Ni_{0.52}Cr_{0.37}O_{0.11}S$相的产出特征

Fe、Cr、Mo、W、Mn等；另一类是与镍形成中间化合物强化相的元素，如Al、Si、Be、Ti、Zr、Hf、V、Nb、Ta等。镍合金具有耐高温、耐腐蚀、耐磨等性能，这些性能决定了废镍合金湿法回收的难度。

⑥ 在含镍、钴物料或含镍钴合金物料回收过程中，经常会将镍钴以氢氧化物沉淀的形式进行富集回收并实现初步分离其他金属杂质。

根据实验分析结果，样品中均含有较高含量的镍（Ni）和硫（S）；1号、2号、4号、5号、6号样品的主要物相组成为$NiSO_4 \cdot 6H_2O$，且镍（氧化物表示）的含量在30%以上；3号样品则含有显著的铬；6个样品中其他元素含量有明显差异。从成分组成、物相组成上可直接排除样品是金属镍、羰基镍、硫化镍矿、红土镍矿、含镍废催化剂、电池废料、镍合金及其废料、粗制氢氧化镍（钴）。

（2）样品是不同含镍物料经湿法化学处理得到的不同产物

含镍物料除了上述（1）的来源外，还经常来自含镍电镀污泥、金属表面处理产生的酸洗污泥、电解液结晶沉淀物，如国内某电镀污泥的主要成分为Ni 12.74%、Cu 6.90%、Cr 14.51%、Fe 0.23%、Ca 3.34%和Mg 1.23%[5]；如常用$H_2SO_4$和混合酸对不锈钢件表面在加工前进行清洗，除掉表面附着的氧化物，如NiO、$Fe_2O_3$、$Cr_2O_3$等，

这些酸洗废水经处理后得到酸洗污泥，污泥主要成分可能含有 $Fe(OH)_3$、$Cr(OH)_3$、$Ni(OH)_2$、$CaSO_4$、$CaF_2$；如某铜电解液结晶分离物（$NiSO_4·6H_2O$），其主要成分为 Ni 19.58%，还含有大量杂质如 Cu 0.59%、Zn 0.26%、Fe 0.23%、As 0.18%、Pb 0.12%、Ca 0.12%、Mg0.08%、Sb 0.02%、Co 0.02%、Bi 0.01%[6]。

含镍物料可作为生产 $NiSO_4$ 的原料，生产工艺多数为湿法浸提技术：以金属镍 / 羰基镍为原料的可采用氧化溶解工艺（$HNO_3$+$H_2SO_4$ 酸溶）；以高铜镍锍（如含 Ni 62 %、Cu 9%、Co 1%、Fe 3%、S 20%）为原料的使用选择性浸出工艺、以红土镍矿为原料的采用还原焙烧—氨浸—萃取—硫酸反萃取工艺；以铜电解副产物、电镀污泥、电池废料、废催化剂为原料的需经过酸溶—水解除杂—萃取—反萃取工艺；以低铜镍锍为原料的使用加压浸出工艺[4]。

样品外观差异明显，每个样品的颜色都不均匀，块状物内外颜色不同；根据表 1、表 2 的结果，1 号、5 号样品的元素组成相似，都含有 Ni、Cu、Co、Fe、S 等元素，主要物相组成均为 $NiSO_4$，可能是以含有铜、含镍催化剂等物料通过选择性浸出工艺得到的产物；2 号、4 号、6 号样品的元素组成相似，都含有 Ni、S、P、Na、Co、Cd、Fe 等，应是来自不同电镀污泥，也不排除是来自废旧镍镉电池处理过程中分离镉之后的未经除杂的母液蒸发产物。

3 号样品主含元素 Ni、Cr、S、Na、Si、Fe、P、Cu 等，判断样品是来自某种含 P、Ni、Cr、Cu、Fe 等的溶液处理后的沉淀产物，样品的主要金属元素为 Ni、Cr、Cu、Zn、Ca、Al、Fe，与电镀污泥中通常含有的金属元素相符。从样品复杂的化学组成及其含量、颜色明显不均匀、形态差异明显来看，显然不符合任何产品的质量要求，不属于有意识生产的产品。判断 3 号样品很可能是来自电镀废液处理产生的污泥，是混合电镀污泥。

总之，6 个鉴别样品成分复杂，含有较多的有害组分，且外观和组分均具有明显的差异，是来自各类含镍物料（如废料）在含硫酸（$H_2SO_4$）溶液中的回收产物，并经过了干燥处理。

## 4 固体废物属性分析

（1）样品产生来源过程非常复杂，是不同含镍物料经 $H_2SO_4$ 湿法处理得到的产物，或者是回收的电镀污泥等；从样品复杂的化学组成及其含量、颜色明显不均匀、形态差异明显等方面看，样品不符合相关产品的质量要求，不属于有意识生产的产品。根据《固体废物鉴别标准 通则》的原则，判断鉴别样品均属于固体废物。

（2）根据 2017 年 12 月环境保护部、商务部、发展改革委、海关总署、国家质检总局发布第 39 号公告，以及 2018 年 4 月生态环境部、商务部、发展改革委、海关总署发布了新调整的《进口废物管理目录》（2018 年第 6 号公告），《禁止进口固体废物目录》中列出“含镍的矿渣、矿灰、残渣”“3825200000 下水道淤泥（包括污水处理厂等污染治理设施产生的污泥、除尘泥等）”，建议将鉴别样品归于这两类废物之一，因而鉴别样品属于我国禁止进口的固体废物。

## 参考文献

[1] 王亚秦，付海阔. 工业硫酸镍生产技术进展[J]. 化工进展，2015，34（8）：3085-3092.
[2] 蒋毅民，陈小兰. 用含镍废料制取硫酸镍[J]. 广西化工，1992，21（2）：50-51.
[3] 田彦文，徐承坤，张丽君，等. 废镉镍电池中镉的选择性进出[J]. 化工冶金，1999，20（3）：296-297.
[4] 李丽，吴锋，陈实，等. 金属氢化物——镍电池的回收与循环再利用[J]. 现代化工，2003，23（7）：47-50.
[5] 郭学益，石文堂，李栋，等. 从电镀污泥中回收镍、铜和铬的工艺研究[J]. 北京科技大学学报，2011，33（3）：328-333.
[6] 吴晓莉. 粗硫酸镍的提纯工艺研究[J]. 铜业工程，2018（5）：52-56.

# 15. 废催化剂提钒之后的镍渣

## 1 背景

2017 年 2 月，中华人民共和国钦州保税港海关委托中国环科院固体所对其查扣的一票“镍的湿法冶炼中间品”货物样品进行固体废物属性鉴别，需要确定是否属于国家禁止进口的固体废物。

## 2 样品特征及特性分析

（1）样品为蓝绿色粉末，有结块，测定样品含水率为 12.72%，550℃灼烧后的烧失率为 1.96%。样品外观状态见图 1。

图1　样品外观

（2）采用 X 射线荧光光谱仪（XRF）对样品进行成分分析，主要含铝、钠、镍、硅、磷、钒等。结果见表 1。

表1　样品主要成分及含量（除Cl以外，其他元素均以氧化物表示）　　单位：%

| 成分 | $Al_2O_3$ | $Na_2O$ | NiO | $SiO_2$ | $P_2O_5$ | $V_2O_5$ | $Fe_2O_3$ | $SO_3$ | $Co_3O_4$ | CaO |
|---|---|---|---|---|---|---|---|---|---|---|
| 含量 | 72.78 | 8.20 | 6.17 | 4.14 | 2.91 | 1.99 | 1.89 | 0.50 | 0.35 | 0.32 |

续表

| 成分 | $Cr_2O_3$ | MgO | Cl | $K_2O$ | $TiO_2$ | ZnO | CuO | MnO | PbO | $Ga_2O_3$ |
|---|---|---|---|---|---|---|---|---|---|---|
| 含量 | 0.20 | 0.20 | 0.11 | 0.10 | 0.05 | 0.04 | 0.02 | 0.02 | 0.01 | 0.01 |

（3）采用 X 射线衍射仪（XRD）对样品进行物相组成分析，主要物相组成有 $Al_2O_3$、$NaAl_7O_{11}$、$Na_6(AlSiO_4)_6$、$Na_2O-Al_2O_3-SiO_2-H_2O$、$Na_2SiO_3 \cdot 5H_2O$、$Na_3PO_4$、AlO(OH)等。

（4）对样品进行电镜形貌观察，主要为微米级的细颗粒，许多呈鳞片状，见图 2 和图 3。

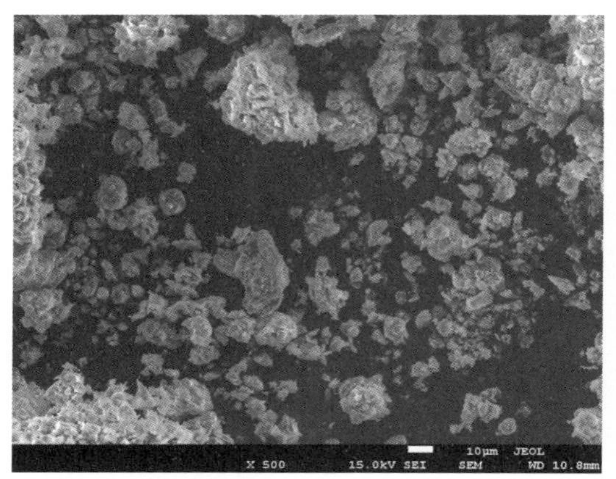

图2 样品的扫描电镜图（500倍）

图3 样品的扫描电镜图（2000倍）

（5）对样品磨制的抛光片进行矿物相观察，样品组成物质中大部分为 $Al_2O_3$ 相，另有少量 $NaAlO_2$ 相、$Ni_9S_8$ 相和硅铝酸钠相等。$Al_2O_3$ 相以片状集合体形式产出，其中含有 Fe、V、Na、Ni、P、Cr 等杂质元素，抛光片显微镜照片见图 4 和图 5。

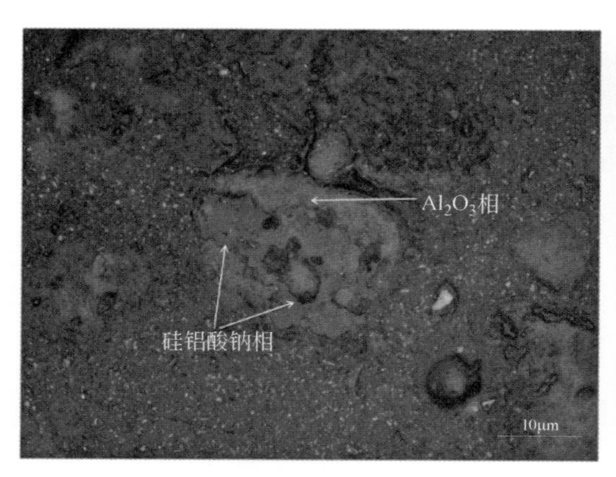


图4 片状 $Al_2O_3$ 相集合体与硅铝酸钠相嵌布在一起

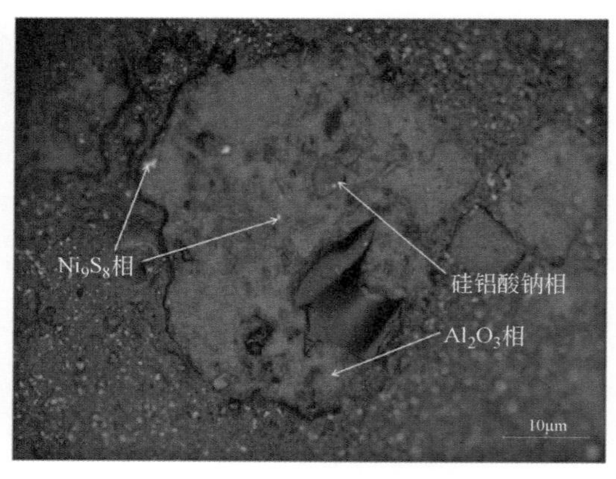


图5 片状 $Al_2O_3$ 相、微细粒 $Ni_9S_8$ 相与硅铝酸钠相嵌布在一起

## 3 产生来源分析

（1）样品不是镍精矿

镍矿床主要分为硫化镍矿和氧化镍矿，硫化镍矿的典型矿物是铁镍硫化物［$(Fe,Ni)_9S_8$］，氧化镍矿的主要矿物类型为硅酸镁镍矿［$(Mg,Fe,Ni,Co)_6Si_4O_{10}(OH)_8$］、镍蛇纹石红土矿［$(Mg,Fe,Ni,Co)_3Si_{12}O_9$］。氧化镍矿尚不能用物理方法选矿，目前有50%～60%的金属镍来自硫化镍矿，必须经选矿分离富集后才能冶炼。国内外主要镍冶炼厂精矿成分见表2[1]。

表2　镍精矿的成分及含量　　单位：%

| 工厂 | Ni | Cu | Co | Fe | S | $SiO_2$ | MgO | CaO |
|---|---|---|---|---|---|---|---|---|
| 金川（中国） | 5～6 | 2.5～3 | 0.12 | 31～33 | 25 | 12 | 8 | 1.5 |
| | 3.5～4 | 1.5～2 | 0.1 | 19 | 10 | 21 | 21 | 1.5 |
| 红旗岭（中国） | 4～5 | 1.8 | — | 24 | — | 24.5 | 12 | 2.5 |
| 北镍（俄罗斯） | 5～6 | 3.3 | 0.15 | 30 | 19 | 20 | 11 | 1.0 |
| 奥托昆普（芬兰） | 6.0 | 0.8 | — | 44.0 | 31.0 | 9.0 | — | — |
| | 5.2 | 2.2 | — | 31.2 | 19.0 | 19.5 | — | — |
| | 3.7 | 1.3 | — | 32.0 | 22.0 | 13.0 | — | — |
| 卡里古利（澳大利亚） | 14.5 | 0.45 | 0.34 | 33.4 | 32.3 | 7.6 | 5.0 | 0.81 |
| | 10.36 | 0.8 | 0.31 | 33.3 | 21.34 | 13.94 | 3.86 | 0.66 |
| 汤普逊（加拿大） | 7.5 | 0.5 | 0.15 | 40 | 28 | 12 | 2 | — |
| 舍里特高尔顿（加拿大） | 10.0 | 2.0 | 0.50 | 38.0 | 31.0 | — | ～14 | — |

《镍精矿》（YS/T 340—2005）中将镍精矿按化学成分分为五个品级，化学成分和含量应符合表3规定，并且明确要求精矿中水分不大于14%，粒径＜74μm部分不低于80%，不得混入不同颜色、不同形状的矿物和非矿物等外来夹杂物。

表3　镍精矿的化学成分　　单位：%

| 镍精矿等级 | 一级品 | 二级品 | 三级品 | 四级品 | 五级品 |
|---|---|---|---|---|---|
| Ni | ≥9.5 | ≥8.5 | ≥7.5 | ≥6.5 | ≥5.5 |
| MgO | ≤6.0 | ≤6.8 | ≤8.0 | ≤9.0 | ≤12.0 |

样品的粒度、水分明显不符合标准的要求；表1成分分析（XRF）结果显示，样品主要成分为铝，含量约为38%，含有少量的Fe、S、$SiO_2$、MgO，含量分别约为1.32%、0.20%、4.14%、0.20%，与表2中镍精矿的成分含量差异明显，样品中镍含量约为4.85%，比《镍精矿》（YS/T 340—2005）中五级品的镍含量还要低；样品的主要物相组成为氧化铝（$Al_2O_3$），与镍矿物组成不同。因此，判断样品不是镍矿，更不是镍精矿。

（2）镍渣

国内外有很多公司从石油精炼废催化剂中提取钒（V）和钼（Mo）等物质，如美国 CRI-MET 金属回收公司采用加压浸取工艺[2]提取废催化剂中的 V、Mo、Ni、Co、$Al(OH)_3$，工艺第一步是在碱性条件下加压氧化浸出，使 V、Mo 进入溶液相中再分步分离提取，其他物质进入固相中也可再分步提取有用物质。我国有不少厂家采用钠化焙烧和浸取分步沉钒和沉钼工艺提取 V 和 Mo，催化剂中的其他组分进入渣相中，然后从渣相中进一步提取镍和铝等物质。

根据我们以往对国内石油废催化剂提取 V、Mo 之后残余镍渣的调研和实验分析，某公司镍渣化学成分见表 4，镍渣外观状态见图 6 和图 7。

表4 某公司利用石油废催化剂提取V、Mo之后残余镍渣成分及含量　　单位：%

| 成分 | $Al_2O_3$ | $SiO_2$ | $Na_2O$ | NiO | $P_2O_5$ | $V_2O_5$ | $Fe_2O_3$ | $Co_2O_3$ | MgO | CaO |
|---|---|---|---|---|---|---|---|---|---|---|
| 含量 | 64.34 | 8.29 | 11.62 | 4.88 | 1.00 | 1.41 | 4.35 | 0.19 | 0.47 | 1.22 |
| 成分 | $MoO_3$ | $SO_3$ | $TiO_2$ | Cl | $K_2O$ | $Cr_2O_3$ | CuO | MnO | $Ga_2O_3$ | $As_2O_3$ |
| 含量 | 0.25 | 0.65 | 0.22 | 0.04 | 0.44 | 0.19 | 0.18 | 0.03 | 0.02 | — |

图6 堆场存放的镍渣

图7 镍渣样品

将样品与利用石油废催化剂提取钒之后残余的镍渣进行比对，两者外观特征非常相似，样品成分含量与镍渣具有高度可比性，其中的铝和硅主要是来自催化剂本身的载体物质，其中的钒主要是催化剂使用过程中吸收炼油中的钒杂质，钠是催化剂原料钠化焙烧时加入的碱所致。因此，综合判断样品是石油精炼废催化剂提取钒之后的残余镍渣。

## 4 固体废物属性分析

（1）样品是石油精炼废催化剂提取钒之后的残余镍渣，镍渣是“生产过程中产生的残余物”；是“丧失原有功能的产品”；回收利用石油精炼镍渣属于“金属和金属化合物的再循环 / 回收”。因此，依据《固体废物鉴别导则（试行）》的原则，判断鉴别样品属于固体废物。

（2）2014 年 12 月 30 日，环境保护部、商务部、发展改革委、海关总署、国家质检总局发布的第 80 号公告的《禁止进口固体废物目录》中列出了“含镍的矿渣、矿灰、残渣（包括含镍废催化剂及其提取钒、钼之后的镍渣）”，建议将鉴别样品归于此类废物，因而鉴别样品属于我国禁止进口的固体废物。

## 参考文献

[1] 任鸿九，王立川. 有色金属提取冶金手册 铜镍[M]. 北京：冶金工业出版社，2007，508-512.

[2] 王海增，郭鲁钢，于红. 含钼废催化剂的大规模资源化工艺路线[J]. 中国资源综合利用，2002，9：7-9.

# 16. 镍、铬为主的混合电镀污泥

## 1 背景

2015 年 5 月，中华人民共和国大榭海关缉私分局委托中国环科院固体所对两票进口“氧化镍”货物样品进行固体废物属性鉴别，需要确定是否属于国家禁止进口的固体废物。

## 2 样品特征及特性分析

（1）两个样品，其中 1 号样品为不均匀、不规则的墨绿色固体粉末状物料，颜色不均匀，个别颗粒具有磁性；2 号样品为不均匀、不规则的黑绿色固体粉末状物料，明显可见蓝绿色、土黄色泥块状物质，磁性颗粒比 1 号样品多。测定样品 550°C 灼烧后的烧失率分别为 43.1% 和 36.3%。样品外观状态见图 1 和图 2。

图1　1号样品外观

图2　2号样品外观

（2）采用 X 射线荧光光谱仪（XRF）对样品进行成分分析，主要含 Ni、Cr 等，结果见表 1。

表1　样品主要成分及含量（除Cl、Br、I以外，其他元素均以氧化物表示）　　单位：%

| 成分 | NiO | $Cr_2O_3$ | $Fe_2O_3$ | CaO | CuO | $SiO_2$ | $Al_2O_3$ | $SO_3$ | $Na_2O$ | MgO |
|---|---|---|---|---|---|---|---|---|---|---|
| 1号样 | 23.70 | 21.12 | 9.95 | 8.37 | 8.34 | 5.90 | 5.02 | 4.61 | 3.62 | 2.99 |
| 2号样 | 21.60 | 40.16 | 1.90 | 1.07 | 21.64 | 2.26 | 1.71 | 4.06 | 1.92 | 0.14 |
| 成分 | $P_2O_5$ | ZnO | $SnO_2$ | Cl | BaO | PbO | $TiO_2$ | $K_2O$ | Br | I |
| 1号样 | 2.67 | 1.79 | 0.67 | 0.56 | 0.28 | 0.17 | 0.12 | 0.11 | 0.01 | — |
| 2号样 | 1.17 | 0.09 | 1.05 | 0.05 | — | 0.16 | — | 0.09 | 0.16 | 0.80 |

（3）采用X射线衍射仪对样品进行物相组成分析，物质结晶不好，1号样物相可能为CrO、$HCrO_2$、$CrO_3$，2号样物相可能为$Cr_2NiO_4$、$CaCO_3$、$SiO_2$，衍射分析谱图见图3和图4。

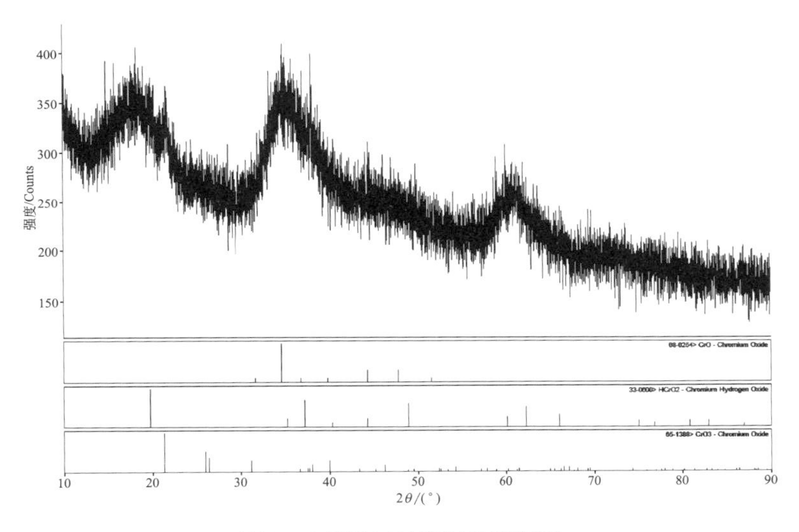


图3　1号样品的衍射分析谱图

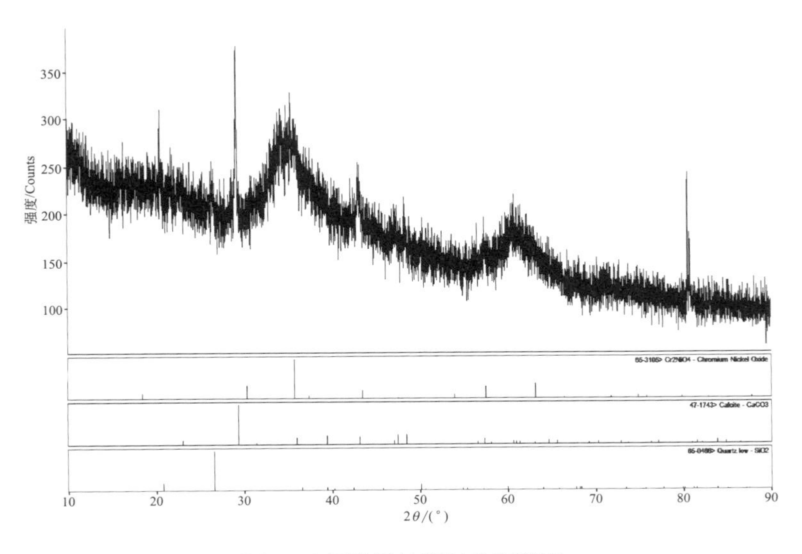


图4　2号样品的衍射分析谱图

（4）X 射线能谱分析显示，1 号样品主要由 Cr、Ni、Cu、S、Si、Al、O、P 组成，见图 5；2 号样品主要由 Cr、Ni、Cu、Ca、S、Si、Al、O、P 等组成，见图 6。1 号样品在油浸镜下可见其主要由非晶态的物质组成（图 7），夹杂一些不透明物质；集合体的颜色不同，蓝绿色只是其中的一部分；没有天然矿物碎屑存在；2 号样品用环氧树脂 - 乙二胺固化法制片难于固化，可能是由于其中有盐类物质所致，在油浸镜下可见其特征和 1 号样品相类似，主要由非晶态的物质组成（见图 8），可见到很少的结晶碎屑存在。

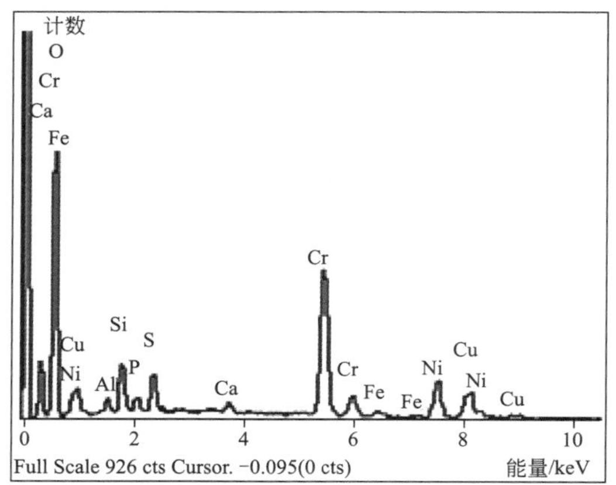


图5　1号样品的能谱图

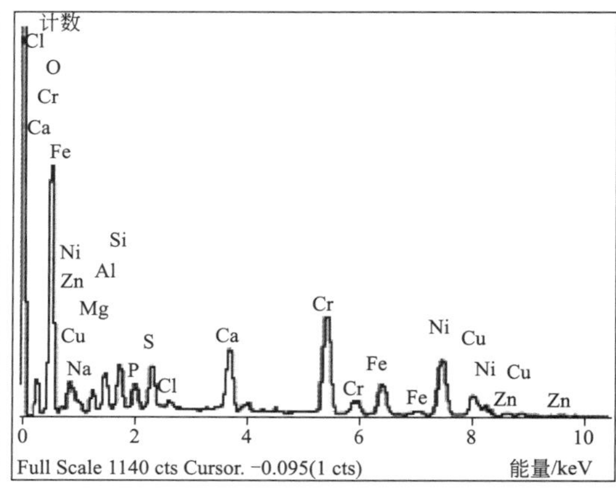


图6　2号样品的能谱图

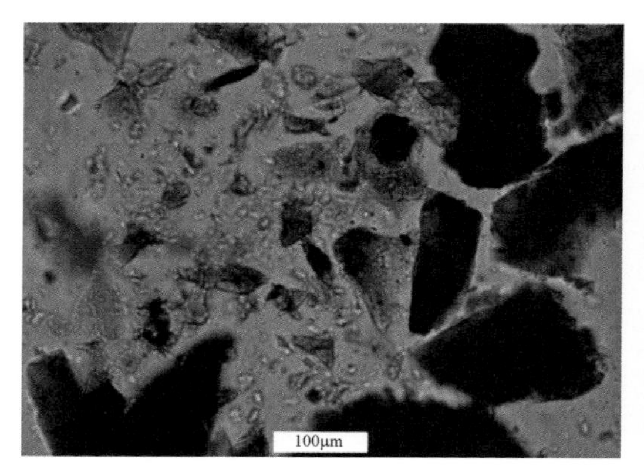


图7　1号样品的油浸透光镜照片

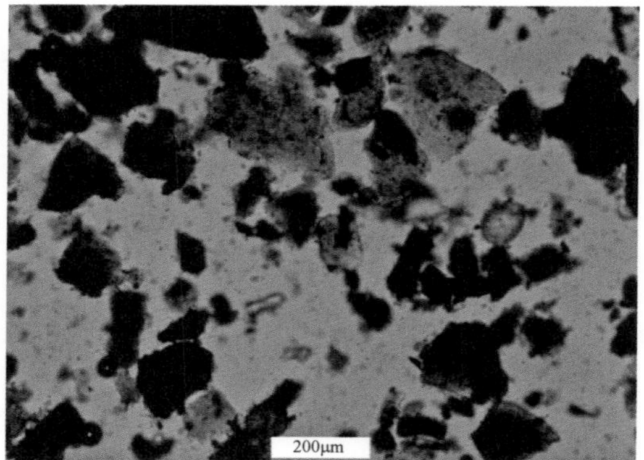


图8　2号样品的油浸透光镜照片

（5）对样品进行红外光谱有机组分定性分析，1 号样品含少量有机物（＜1%），2 号样品未显现有机物。

## 3 产生来源分析

（1）X 荧光半定量分析和 X 射线能谱主要成分含量以及红外光谱定性分析样品主要组成均与镍（Ni）的原生矿物不同，X 射线衍射分析谱图和油浸显微镜观察均表明样品结晶程度很差，判断样品不是天然镍矿及镍精矿；两个样品外观颜色不均匀、颗粒大小不均匀、成分组成不均匀、成分含量也不均匀，非结晶态物质表明是来自成分复杂的化学溶液沉淀产物，不符合镍或铬稳定产品特征，判断不是镍产品、铬产品。

（2）在电镀废水处理过程中产生的电镀污泥成分十分复杂，属于结晶度低的复杂混合体系，含有大量 Cu、Ni、Cr、Zn 等重金属成分[1,2]。通常采用过量的碱性试剂中和处理含有 Cu、Cr、Ni 等金属的电镀废水，使金属离子形成氢氧化物沉淀进入电镀污泥中。在生产实际中，大多数电镀企业是将不同种类的电镀废水混合在一起进行处理，从而形成混合电镀污泥，通常含有 Cr、Cu、Ni、Zn、Al、Fe 等金属元素[3]；国内某电镀污泥的主要成分为 Ni 12.74%、Cu 6.90%、Cr 14.51%、Fe 0.23%、Ca 3.34% 和 Mg 1.23%[4]；某混合电镀污泥的外观呈灰绿色[5]。

2 个样品的主要金属元素为 Cr、Ni、Cu、Fe、Ca、Al，含量差异明显，与电镀污泥的复杂来源的金属元素组成相符；样品中的钙应是来自石灰水（CaO）中和反应带入；样品中均含有少量的磷，是电镀废水中特征物质；样品整体颜色较深，颜色不均匀，与混合电镀污泥的外观颜色相符；样品物质结晶度低，明显是来自溶液沉淀产物，符合电镀污泥产生来源特点。从样品复杂化学组成、含量不均、颜色不均、形态差异明显等方面判断，不符合化学产品的质量要求，不是有意识生产的产品。

因此，综合判断 2 个样品主要是含铬、镍、铜的混合电镀废液沉淀污泥。

## 4 固体废物属性分析

（1）鉴别样品是来自电镀废水处理产生的污泥，是混合电镀污泥，污泥的产生主要为了防止电镀废水直接排放造成严重的环境污染，并且可以从污泥中回收有价金属，是“污染控制设施产生的垃圾、残余物、污泥”，其回收利用属于“金属和金属化合物的再循环 / 回收”，其产生过程没有质量控制，不符合任何产品的质量规范或标准的要求，不属于有意识生产的产品。因此，根据《固体废物鉴别导则（试行）》的原则，判断鉴别样品属于固体废物。

（2）2014 年 12 月 30 日，环境保护部、商务部、发展改革委、海关总署、国家质检总局发布的第 80 号公告中的《限制进口类可用作原料的固体废物目录》和《自动许可进口类可用作原料的固体废物目录》中均没有列出主要含铬、镍、铜等金属元素的混合电镀污泥，而在《禁止进口固体废物目录》中明确列出了“3825200000 下水道淤泥（包括污水处理厂等污染治理设施产生的污泥、除尘泥等）”，建议将鉴别样品归于此类废物，因而鉴别样品属于我国禁止进口的固体废物。

## 参考文献

[1] 陈永松，周少奇. 电镀污泥的基本理化特性研究[J]. 中国资源综合利用，2007（25）：2-6.

[2] 杨加定. 电镀污泥中铜、镍、铬、锌的回收利用研究[J]. 化学工程与装备，2008（6）：138-142.

[3] 杨振宁. 电镀污泥中铜镍回收工艺的研究[D]. 南宁：广西大学，2008.

[4] 郭学益，石文堂，李栋，等. 从电镀污泥中回收镍、铜和铬的工艺研究[J]. 北京科技大学学报，2011，33（3）：328-333.

[5] 陈凡植，陈庆邦，颜幼平，等. 电镀污泥的资源化与无害化处理[J]. 污染防治技术，2001，14（4）：32-34.

# 17. 锌铁烟尘和球团混合废物

## 1 背景

2018 年 6 月，中华人民共和国满洲里海关委托中国环科院固体所对其查扣的一票“铁球团”货物样品进行固体废物属性鉴别，需要确定是否属于国家禁止进口的固体废物。

## 2 样品特征及特性分析

（1）3 个样品外观均为大小不等的红褐色球状与粉末的混合物，测定样品含水率、550°C 灼烧后的烧失率、使用 18 目方孔筛筛分样品比例等情况见表 1，样品外观状态见图 1～图 3。

表 1　样品的含水率、烧失率、筛上物和筛下物的比例　　单位：%

| 样品 | 含水率 | 烧失率 | 筛上物比例 | 筛下物比例 |
|---|---|---|---|---|
| 1 号 | 5.00 | 4.66 | 86.09 | 13.91 |
| 2 号 | 4.20 | 4.62 | 42.05 | 57.95 |
| 3 号 | 5.08 | 4.63 | 76.24 | 23.76 |

图 1　1 号样品外观

图 2　2 号样品外观

图 3　3 号样品外观

（2）采用 X 射线荧光光谱仪（XRF）对样品筛上物和筛下物进行成分分析，成分

复杂，主要含 Na、Fe、Zn、Cl、Ca、Si 等，结果见表 2。

表2　样品主要成分及含量（除Cl、Br以外，其他元素均以氧化物表示）　　单位：%

| 样品 | | $Na_2O$ | $Fe_2O_3$ | ZnO | Cl | CaO | $SiO_2$ | $K_2O$ | MnO | $SO_3$ | PbO |
|---|---|---|---|---|---|---|---|---|---|---|---|
| 1号 | 筛上物 | 31.10 | 23.25 | 15.07 | 13.07 | 4.26 | 3.66 | 3.14 | 2.32 | 1.34 | 0.75 |
| | 筛下物 | 21.40 | 27.51 | 16.76 | 10.37 | 6.20 | 5.36 | 3.52 | 2.87 | 1.59 | 0.95 |
| 2号 | 筛上物 | 24.51 | 27.63 | 16.66 | 9.69 | 5.47 | 5.15 | 2.78 | 2.86 | 1.53 | 0.93 |
| | 筛下物 | 17.69 | 30.64 | 18.44 | 7.81 | 6.93 | 6.21 | 3.08 | 3.11 | 1.64 | 1.01 |
| 3号 | 筛上物 | 35.50 | 21.79 | 12.36 | 15.11 | 3.86 | 2.88 | 3.02 | 2.21 | 1.03 | 0.72 |
| | 筛下物 | 30.46 | 24.43 | 13.52 | 13.51 | 4.84 | 3.85 | 2.81 | 2.54 | 1.17 | 0.81 |
| 样品 | | MgO | $Cr_2O_3$ | $Al_2O_3$ | $P_2O_5$ | CuO | $TiO_2$ | $SnO_2$ | Br | CdO | NiO |
| 1号 | 筛上物 | 0.72 | 0.39 | 0.24 | 0.22 | 0.14 | 0.04 | 0.03 | 0.03 | — | — |
| | 筛下物 | 1.38 | 0.50 | 0.66 | 0.30 | 0.19 | 0.06 | 0.03 | 0.07 | 0.25 | 0.03 |
| 2号 | 筛上物 | 1.20 | 0.49 | 0.47 | 0.24 | 0.17 | 0.04 | 0.03 | 0.07 | 0.06 | — |
| | 筛下物 | 1.46 | 0.59 | 0.71 | 0.32 | 0.21 | 0.05 | — | 0.07 | — | — |
| 3号 | 筛上物 | 0.53 | 0.37 | 0.23 | 0.17 | 0.12 | 0.03 | 0.02 | 0.04 | — | 0.03 |
| | 筛下物 | 0.80 | 0.49 | 0.29 | 0.18 | 0.17 | 0.05 | 0.03 | 0.03 | — | — |

（3）采用 X 射线衍射分析仪（XRD）对样品的筛上物和筛下物进行物相组成分析，结果显示 3 个样品筛上物和筛下物的物相组成基本一致，主要有氧化锌（ZnO）、铁酸盐（$Zn_2FeO_4$、$Zn_{0.9}Mn_{0.1}Fe_2O_4$、$Ca_{0.15}Fe_{2.85}O_4$）、$Fe_3O_4$、$SiO_2$、氯盐（$Cl^-$）、$Na_2CO_3$ 等，结果见表 3。

表3　样品的物相组成

| 样品 | | 物相组成 |
|---|---|---|
| 1 号 | 筛上物 | $Zn_2FeO_4$、$Fe_3O_4$、$Zn_{0.9}Mn_{0.1}Fe_2O_4$、$Ca_{0.15}Fe_{2.85}O_4$、ZnO、$SiO_2$、KCl、NaCl、$CaSi_2O_5$、$Na_2CO_3$ |
| | 筛下物 | $Zn_2FeO_4$、$Fe_3O_4$、$Zn_{0.9}Mn_{0.1}Fe_2O_4$、$Ca_{0.15}Fe_{2.85}O_4$、ZnO、$SiO_2$、KCl、NaCl、$Na_2CO_3$ |
| 2 号 | 筛上物 | $Zn_2FeO_4$、$Fe_3O_4$、$Zn_{0.9}Mn_{0.1}Fe_2O_4$、$Ca_{0.15}Fe_{2.85}O_4$、ZnO、$SiO_2$、KCl、NaCl、$CaSi_2O_5$、$Na_2CO_3$ |
| | 筛下物 | $Zn_2FeO_4$、$Fe_3O_4$、$Zn_{0.9}Mn_{0.1}Fe_2O_4$、$Ca_{0.15}Fe_{2.85}O_4$、ZnO、$SiO_2$、KCl、NaCl、$Na_2CO_3$ |
| 3 号 | 筛上物 | $Zn_2FeO_4$、$Fe_3O_4$、$Zn_{0.9}Mn_{0.1}Fe_2O_4$、$Ca_{0.15}Fe_{2.85}O_4$、ZnO、$SiO_2$、KCl、NaCl、$CaSi_2O_5$、$Na_2CO_3$ |
| | 筛下物 | $Zn_2FeO_4$、$Fe_3O_4$、$Zn_{0.9}Mn_{0.1}Fe_2O_4$、$Ca_{0.15}Fe_{2.85}O_4$、ZnO、$SiO_2$、KCl、NaCl、$Na_2CO_3$ |

（4）对 3 个样品的筛下粉末进行电镜形貌观察，主要为微米级的细粉集合体，呈球珠状，见图 4～图 9。

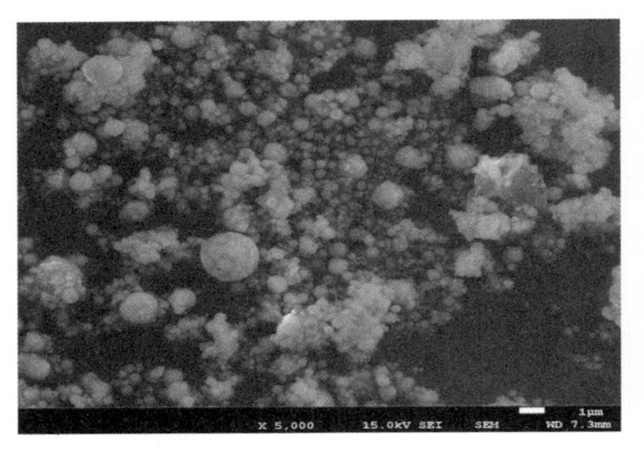


图4　1号样筛下物放大5000倍扫描电镜图

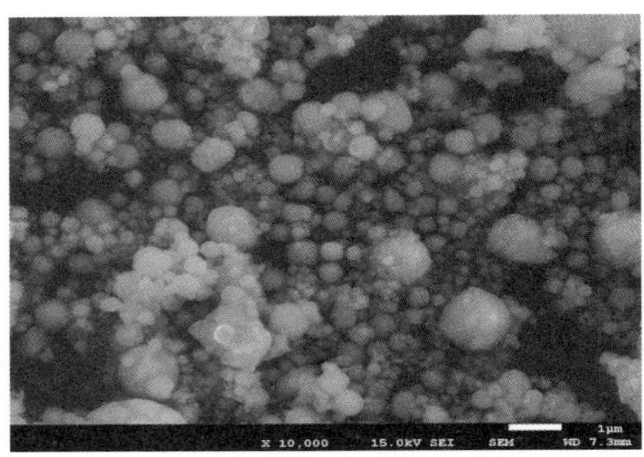


图5　1号样筛下物放大10000倍扫描电镜图

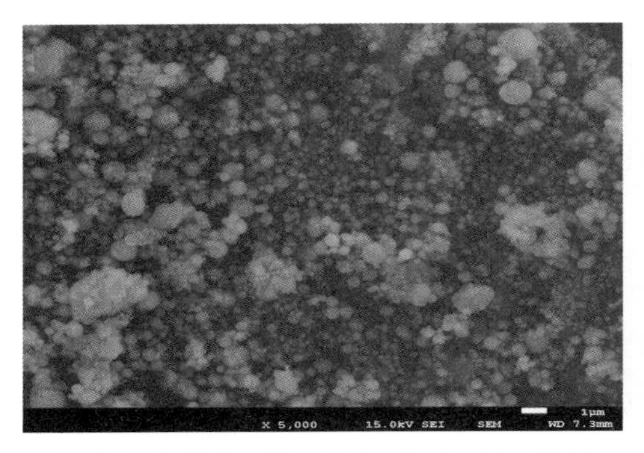


图6　2号样筛下物放大5000倍扫描电镜图

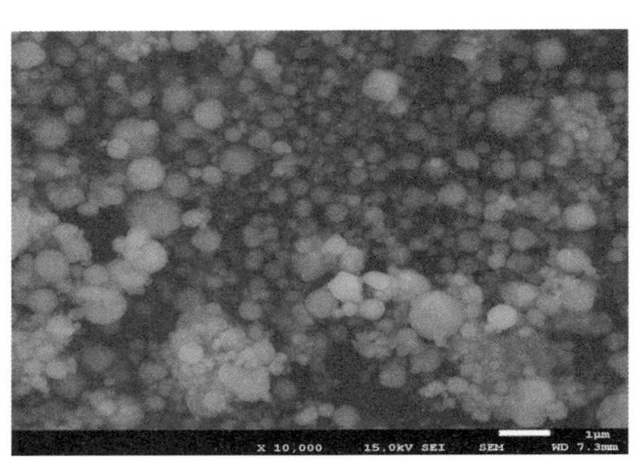


图7　2号样筛下物放大10000倍扫描电镜图

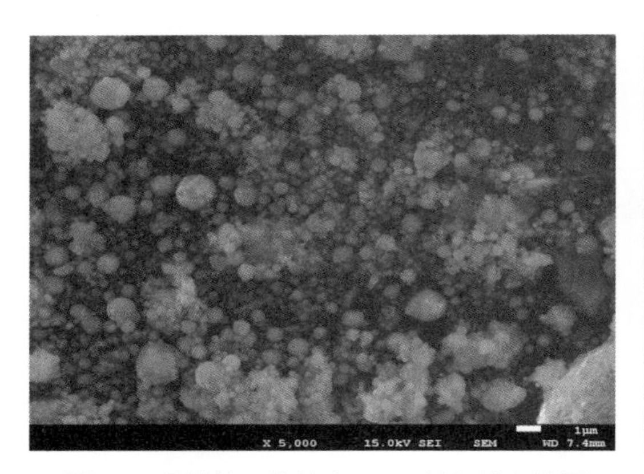


图8　3号样筛下物放大5000倍扫描电镜图

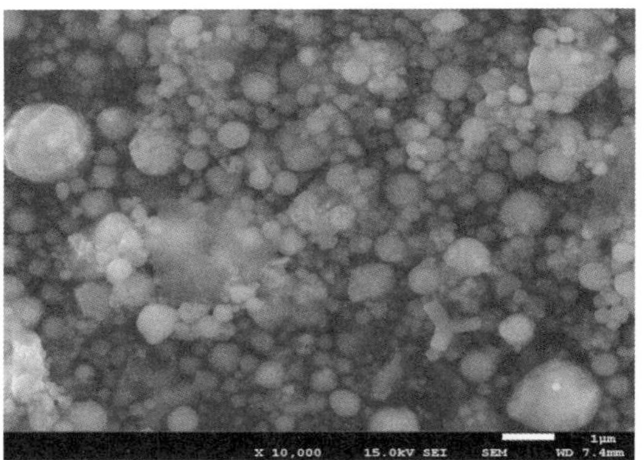


图9　3号样筛下物放大10000倍扫描电镜图

## 3 产生来源分析

从3个样品的外观特征、组成成分、物相组成、筛下物的粒度分布范围、显微镜下观察结果等方面均具有很高的相似性，判断是同一产生来源的物质，因此以下统称为“样品”。

（1）球团矿

铁矿粉造块有两种方式，即烧结和球团。对于高品位细磨铁精粉，其粒度从小于0.074mm减少到小于0.044mm，由于过细精矿透气性不好，影响烧结矿产量和质量的提高，因此多采用生产球团矿的工艺进行造块。球团粒度6～12mm较为理想，球团生产包括生球形成和焙烧固结两个主要作业过程，生球焙烧过程是复杂的物理化学过程，会形成$Fe_2O_3$外壳，$Fe_2O_3$和$Fe_3O_4$晶粒长大、再结晶而形成晶桥固结[1]。生产合格的球团矿主要成分为铁，作为投炉炼铁原料，对有害元素含量都有严格要求，其中Zn≤0.2%、Pb≤0.1%；碱金属有害元素如K、Na易挥发，在炉内循环累积，造成结瘤，降低焦炭及矿石的强度。

样品含有大小不同的球状物，差异较大，不符合铁球团矿要求；且样品中含有大量的Zn、Pb、Na等有害元素，不能作为炼铁原料使用，因而判断样品不是球团矿。

（2）含锌废料简单加工的球团物料

有的钢铁废料含有锌或其他金属，大多数钢铁废料涂有防腐涂料，而且在炼钢生产时通常会同时回收废塑料和轮胎，防腐涂料以及废塑料和轮胎中富含氯、氟元素[1]。在电弧炉炼钢时，向炉中加入各种钢铁废料，容易挥发的金属（如Zn、Pb、Cd、碱金属等）以及卤素和硫等[2,3]在冶炼过程中将被还原挥发，进入烟气处理系统，金属和化合物在烟道中燃烧氧化、冷却和冷凝，又转化成固态氧化物等，即为电弧炉烟尘（注：该类烟尘物质组成特点可参考案例9）。

火法处理含锌废料是指将含锌废料烧结或造球后在炉内循环使用，由于锌的沸点较低，高温还原含锌氧化物产生锌蒸气，随烟气进入烟道又被再次氧化，经烟气系统收集得到氧化锌粉尘（ZnO）。常用的方法有威尔兹回转窑法、转底炉法。应用转底炉法处理钢厂粉尘，可同时回收金属铁和锌。典型工艺是将含锌废料与破碎后的还原剂混合制成球团，干燥后进入转底炉，在1300～1350℃高温下快速还原，得到热直接还原铁和含部分有色金属的烟气，从而得到含锌量在40%～70%的粗氧化锌[4]。

样品筛下物的元素组成及含量、物相组成与对应的筛上物基本一致，据此判推样品筛下粉末为筛上物球团破碎或撞击后形成，来源一致。样品主要含有Na、Fe、Zn、Cl、Ca、Si、K、Mn、S等，除Na、Cl含量显著偏高外，其余元素组成及其含量与电弧炉炼废钢烟尘相似；样品物相组成以ZnO、$ZnFe_2O_4$、氯盐为主，与Zn、Fe、Cl在电弧炉炼废钢烟尘中的主要存在形态相符，由于$ZnFe_2O_4$需在800～1300°C的氧化气氛中产出[5]，因此表明样品来源于高温处理过程；扫描电镜观察样品主要为微米级的细粉集合体，且含有大量球珠状物质，与电弧炉炼废钢烟尘含有一些圆形的金属或氧化物颗粒以及大量的细小微粒现象相符；样品的颜色为棕红褐色与电弧炉炼废钢烟尘中含三价铁氧化物较高的特征相符；样品中含有少量的锰，很可能来自锰铁合金原料熔炼挥发产物。样品以球团为主，球团具有一定硬度，需用锤子敲碎，推断应为加工造球而成，结合查阅文献资料，样品应为含锌烟尘加工而成的球团，样品中钠含量较高，应是来自在造球过程中添加的大量纯碱（$Na_2CO_3$）。

综上所述，判断样品是含锌烟尘加工而成的球团混合物料。

## 4 固体废物属性分析

（1）电弧炉熔炼废钢烟尘是“污染控制设施产生的残余物”；收集的这种粉尘成分复杂，不符合产品标准或产品规范；利用这种回收粉尘属于“用于消除污染的物质的回收”，也是属于“利用操作产生的残余物质的使用”。根据《固体废物鉴别标准 通则》（GB 34330—2017）4.3a）条的准则，判断电弧炉熔炼废钢烟尘属于固体废物。样品这种经过加工成球团状固体物质，并没有改变其基本化学组成和物相结构以及主要成分的含量，也没有消除其潜在危害，主要是外观形态上的改变，因此样品仍然属于固体废物。

（2）2017 年 7 月，环境保护部、商务部、发展改革委、海关总署、国家质检总局发布的第 39 号公告的《禁止进口固体废物目录》中列出了“2619000090 冶炼钢铁所产生的其他熔渣、浮渣及其他废料（冶炼钢铁产生的粒状熔渣除外），包括冶炼钢铁产生的除尘灰、除尘泥、污泥等”，建议将鉴别样品归于此类废物，因而鉴别样品属于我国禁止进口的固体废物。

## 参考文献


[1] 郭天立，未立清，周洪杰，等. 废钢材回收中含锌烟尘的产出现状分析[J]. 有色矿冶，2010，26（5）：45-47.

[2] 万太林，张海宝，朱丽华. 一种高效节能环保型的废钢熔炼技术[J]. 黑龙江省环境报，1999，23（1）：55-57.

[3] 马国军，倪红卫，薛正良. 不锈钢厂电弧炉烟尘处理技术[J]. 特殊钢，2006，27（6）：37-40.

[4] 宋梅，扈玫珑，白晨光，等. 含锌废料处理工艺研究进展[J]. 资源再生，2012，7：62-65.

[5] 罗伟，徐政，张寒霜，等. 电弧炉烟尘湿法提锌研究[J]. 金属矿山，2011，2：153-156.

# 18. 轧钢污泥

## 1 背景

2017 年 3 月，中华人民共和国唐山海关委托中国环科院固体所对其查扣的一票“铁的氧化物”货物样品进行固体废物属性鉴别，需要确定是否属于固体废物。

## 2 样品特征及特性分析

（1）样品为灰黑色细粉粒，具有磁性，有结块但用手可捏碎，手摸后明显有黑色粉末粘手，用水难以冲洗掉；样品有刺鼻的废油异味，偶见金属片；样品中还有黑色的软状物，似炭黑和有机物的混合物，可漂浮于水面，可捏碎。测定样品的含水率为 4.87%，550°C 灼烧后的烧失率为 8.81%。样品外观状态见图 1，委托单位提供的货物外观照片见图 2。

图1　样品外观

图2　委托单位提供的货物照片

（2）采用 X 射线荧光光谱仪（XRF）对样品筛上物和筛下物进行成分分析，主要含 Fe、Si、Al 等，结果见表 1。单独测定样品中 Fe、C、S 的含量分别为 57.0%、11.6%、0.24%。

表1　样品主要成分及含量（除Cl以外，其他元素均以氧化物表示）　　单位：%

| 成分 | $Fe_2O_3$ | $SiO_2$ | $Al_2O_3$ | $Cr_2O_3$ | $SO_3$ | CaO | NiO | MgO | ZnO |
|---|---|---|---|---|---|---|---|---|---|
| 含量 | 86.59 | 4.73 | 3.18 | 1.19 | 0.92 | 0.74 | 0.42 | 0.39 | 0.36 |
| 成分 | $TiO_2$ | CuO | $Na_2O$ | $P_2O_5$ | $K_2O$ | $MoO_3$ | Cl | PbO | — |
| 含量 | 0.35 | 0.34 | 0.30 | 0.28 | 0.07 | 0.07 | 0.05 | 0.03 | — |

（3）采用X射线衍射仪（XRD）对样品进行物相组成分析，主要物相组成为$Fe_3O_4$、$Fe_2O_3$、Fe、$SiO_2$、$Al_2O_3$、$Al_2SiO_5$等。

（4）利用扫描电镜对样品进行形貌分析，主要为形状不规则、不光滑的粉粒，见图3和图4。

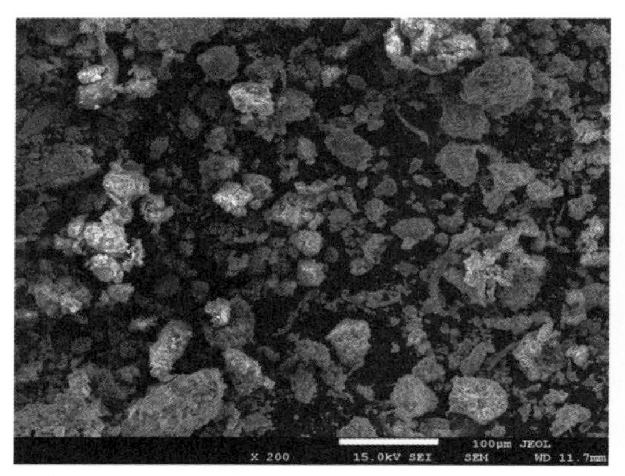


图3　样品的扫描电镜图（200倍）

图4　样品的扫描电镜图（2000倍）

（5）对样品进行矿物相观察，主要有$Fe_3O_4$相，其次为$Fe_2O_3$相、金属铁相、铁橄榄石、碳质等，抛光片显微镜（反光）照片见图5～图8；对样品进行扫描电镜及X射线能谱分析，样品背散射电子图像见图9和图10。

图5　$Fe_3O_4$相与$Fe_2O_3$的产出特征

图6　圆粒状金属铁相边缘分布$Fe_3O_4$相

图7　$Fe_3O_4$相与铁橄榄石嵌布在一起

图8　碳质相的产出特征

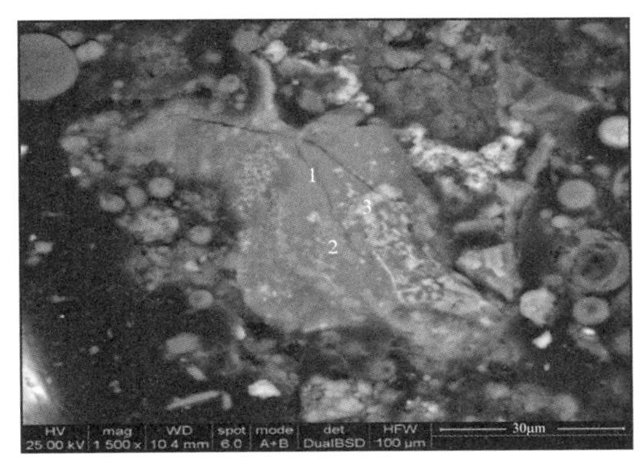


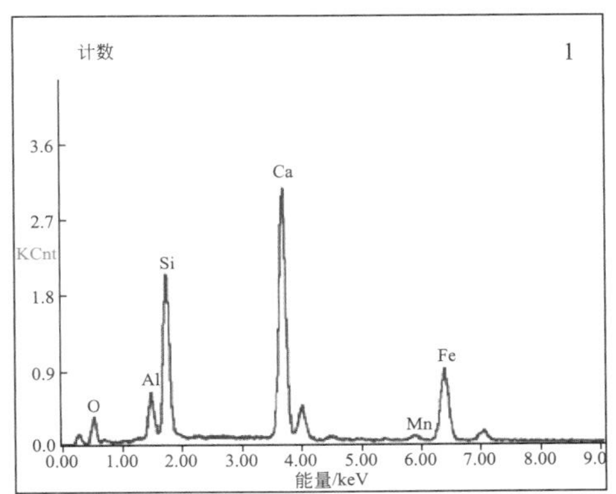


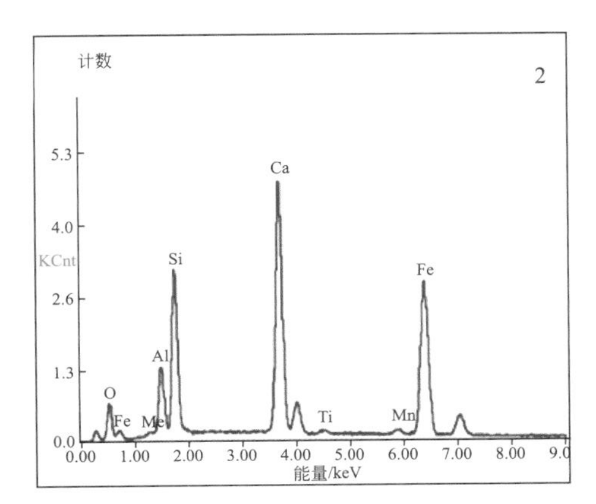


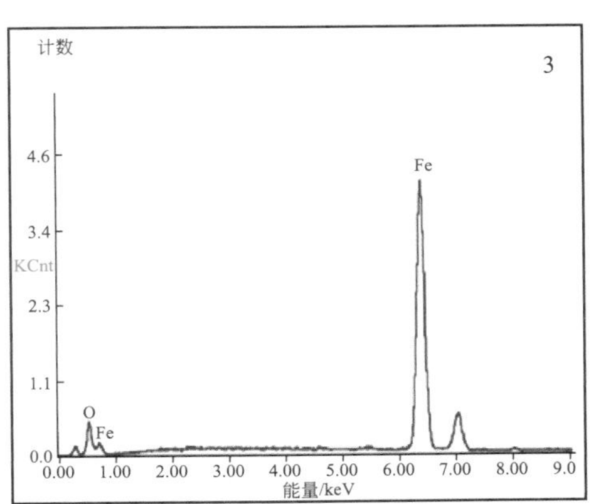


图9　样品背散射电子图像—$Fe_3O_4$相与钙铁硅酸盐相紧密嵌布在一起

（点1和点2—钙铁硅酸盐；点3—$Fe_3O_4$相）

（6）样品表层附着油污组成分析

由于样品散发较浓的混合油异味，将样品用二氯甲烷和甲醇（体积比 95∶5）连续抽提 24h 进行前处理，然后采用气相色谱 - 质谱联用仪（GC-MS）对抽提的有机组分进行定性分析，样品中含有明显的正构烷烃组分，也含有异构烷烃组分（略），具有柴油组分的特征，见表 2。

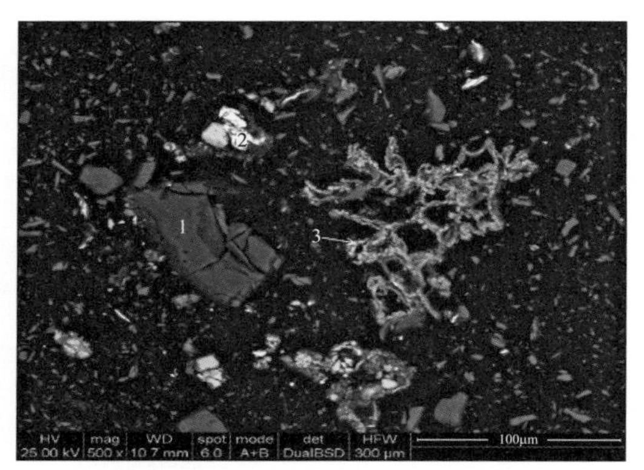


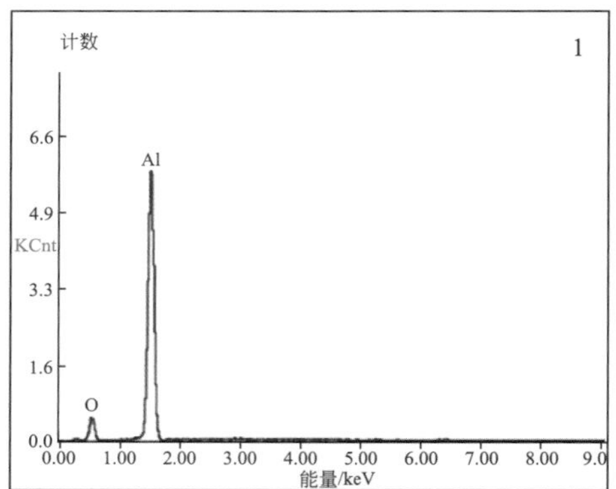


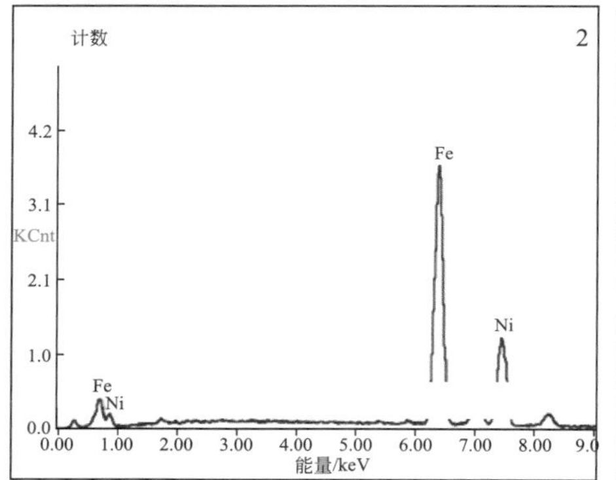


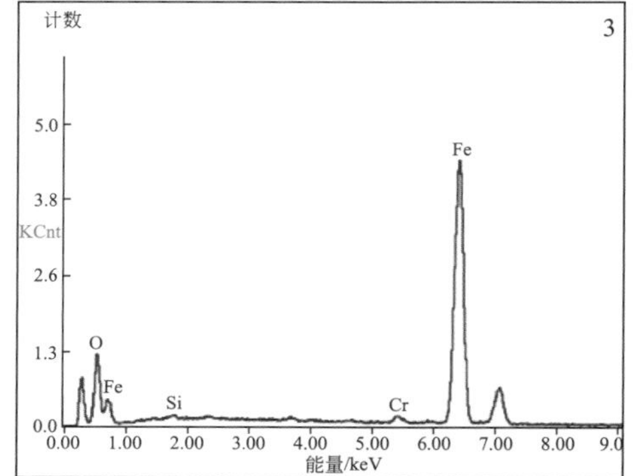


图10　样品背散射电子图像—$Al_2O_3$相、铁镍合金相及$Fe_3O_4$相的产出特征

（点1—$Al_2O_3$相；点2—镍铁合金相；点3—$Fe_3O_4$相）

表2　样品有机组分定性分析结果

| 序号 | 保留时间/min | 名称 | 峰面积百分比/% | 序号 | 保留时间/min | 名称 | 峰面积百分比/% |
|---|---|---|---|---|---|---|---|
| 1 | 10.70 | 正癸烷 | 0.02 | 10 | 34.02 | 正十八烷 | 2.65 |
| 2 | 14.39 | 正十一烷 | 0.12 | 11 | 34.18 | 植烷 | 1.47 |
| 3 | 18.00 | 正十二烷 | 0.49 | 12 | 35.49 | 正十九烷 | 2.36 |
| 4 | 21.46 | 正十三烷 | 1.38 | 13 | 36.83 | 正二十烷 | 1.71 |
| 5 | 24.75 | 正十四烷 | 4.56 | 14 | 38.06 | 正二十一烷 | 1.19 |
| 6 | 27.84 | 正十五烷 | 5.32 | 15 | 39.21 | 正二十二烷 | 0.69 |
| 7 | 30.39 | 正十六烷 | 5.02 | 16 | 40.31 | 正二十三烷 | 0.35 |
| 8 | 32.36 | 正十七烷 | 3.15 | 17 | 41.35 | 正二十四烷 | 0.16 |
| 9 | 32.46 | 姥鲛烷 | 1.89 | 18 | 42.35 | 正二十五烷 | 0.08 |
| 合计 | | | | | | | 32.61 |

## 3 产生来源分析

样品名称为“28211000.00 铁的氧化物”，海关商品对此的注释为：“氧化铁（$Fe_2O_3$），用脱水的硫酸亚铁或天然氧化铁制得。精细粉末，通常为红色，但有时为紫

色、淡黄色或黑色（紫、黄或黑色氧化物)。用作颜料（赭土、高级胭脂料或铁丹)，可为纯态（归入本品目)，也可混有粘土、硫酸钙（威尼斯红）等（归入第三十二章)。用于制普通涂料或防锈涂料、金属或玻璃抛光剂以及在制玻璃瓶工业中用作使块料易熔的玻璃化制剂，也用于制铝热剂（与铝粉混合）及纯化煤气等”[1]。由于样品主要以磁铁矿（$Fe_3O_4$）物相形式存在，含有金属铁、赤铁矿（$Fe_2O_3$），并含有明显的炭质、油等有机物杂质，从委托单位提供的货物外观状态照片看还明显有大块的铸铁或渣铁等杂物，这些均表明样品及其货物的来源、成分和用途都不符合上述海关商品注释中对“铁的氧化物”描述，因此，判断样品不属于“2821100000 铁的氧化物”。

鉴别货物具有如下特征：

① 外观颜色、大小、颗粒粗细不均匀，散发混合油污气味；

② 样品以无机物为主，主要是 $Fe_3O_4$，也明显有金属铁、$Fe_2O_3$ 和其他渣相成分，很有可能来自轧钢过程回收的氧化铁粉；

③ 样品中有机组分成分较为复杂，含有明显的正构烷烃组分以及其他异构烷烃组分，符合柴油组分特征，不排除货物收集产生过程为来自回收的含铁油污泥；

④ 样品中明显含有碳质软绵状物质，表明其产生过程中经过了一定温度下不完全燃烧或干燥处理；

⑤ 样品中有少量铬、镍组分，而且铁以磁铁物相为主，表明样品的产生过程可能是来自轧钢过程的污泥；

⑥ 样品的形貌分析表明，样品颗粒表面不光滑、棱角不清晰，不是直接来自矿物机械破碎所致，应是溶液中长期浸泡并沾染化学沉淀物所致。

目前为止我们没有查找到与样品特征完全吻合的直接来源证据，结合样品这些特征和特性，综合判断样品及其货物主要为回收轧钢过程中的污泥，并含有混合油污。

## 4 固体废物属性分析

（1）样品及其货物主要为回收轧钢过程中的污泥，并含有混合油污，是“污染控制设施产生的残余物”；样品形态和成分较为复杂，不是有意生产的物质，也不符合产品标准或产品规范；利用这种回收粉末属于“利用操作产生的残余物质的使用”。因此，根据《固体废物鉴别导则（试行）》的原则，判断鉴别样品属于固体废物。

（2）2014 年 12 月 30 日，环境保护部、商务部、发展改革委、海关总署、国家质检总局发布的第 80 号公告的《禁止进口固体废物目录》中列出了“2618009000 其他的冶炼钢铁产生的粒状熔渣（包括熔渣砂）”“2619000090 冶炼钢铁所产生的其他熔渣、浮渣及其他废料（冶炼钢铁产生的粒状熔渣除外），包括冶炼钢铁产生的除尘灰、除尘泥、污泥等”，建议将鉴别样品归于该两类废物中的一类，因而鉴别样品属于我国禁止进口的固体废物。

## 参考文献

[1] 海关总署关税征管司. 进出口税则商品及品目注释（2012年版）（上册）[M]. 北京：中国海关出版社，2012，222-223.

# 19. 钢铁冶炼除尘灰

## 1 背景

2014 年 3 月，中华人民共和国镇江海关缉私分局委托中国环科院固体所对一票进口“铁矿粉”货物样品进行固体废物属性鉴别，需要确定是否属于国家禁止进口的固体废物。

## 2 样品特征及特性分析

（1）样品为灰褐色细粉末与块状混合物，块状物易碎，干燥，具有较强磁性；测定样品含水率为 0.8%，550°C 灼烧后的烧失率为 1.1%。样品外观状态见图 1。

图 1　样品外观

（2）采用 X 射线荧光光谱仪（XRF）对样品进行成分分析，成分复杂，结果见表 1。进一步测定干基样品中金属铁含量为 5.53%、FeO 为 50.19%。

表 1　样品主要成分及含量（除 Cl 以外，其他元素均以氧化物表示）　　单位：%

| 成分 | $Fe_2O_3$ | ZnO | CaO | MgO | MnO | $SiO_2$ | $Al_2O_3$ | $K_2O$ |
|---|---|---|---|---|---|---|---|---|
| 含量 | 77.82 | 10.95 | 7.02 | 1.38 | 1.02 | 0.87 | 0.25 | 0.20 |
| 成分 | PbO | $SO_3$ | $P_2O_5$ | Cl | $Cr_2O_3$ | $TiO_2$ | $Na_2O$ | — |
| 含量 | 0.18 | 0.10 | 0.09 | 0.04 | 0.04 | 0.02 | 0.01 | — |

（3）采用X射线衍射仪分析样品物相组成，主要为FeO、$ZnFe_2O_4$、$Zn_{0.8}Mn_{0.2}Fe_2O_4$、Fe、$SiO_2$、$CaCO_3$、$CaFeSi_2O_6$等。样品X射线能谱分析显示主含Fe、Ca和显著量的Zn，能谱图见图2。

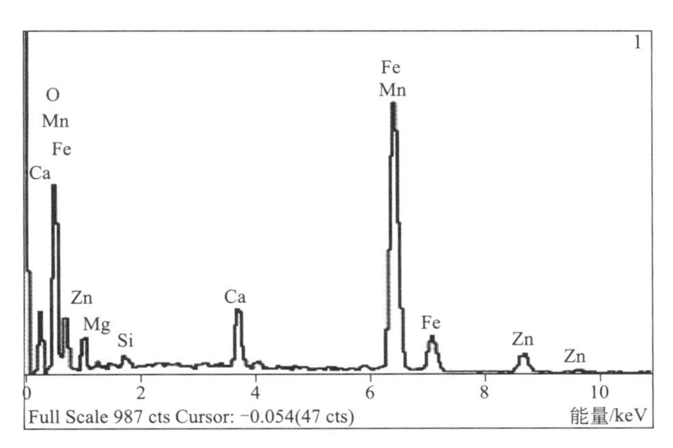


图2　样品能谱图

抛光面显微镜下观察样品，可以看到其主要由微尘集合体及夹带的粒度大小不等的金属铁-氧化铁组成，还有焦粒或石墨鳞片，镜下照片见图3～图6。

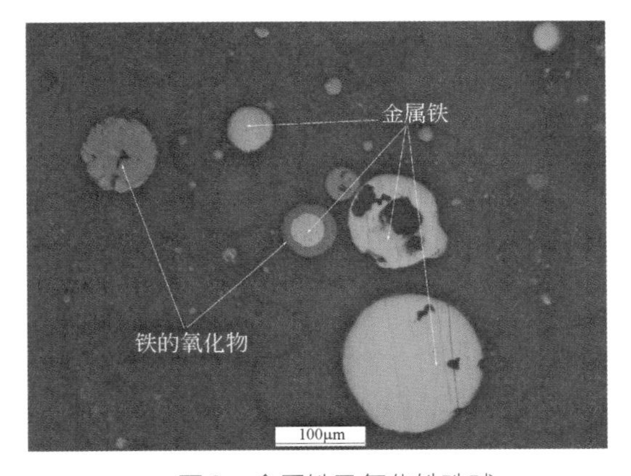


图3　金属铁及氧化铁珠球

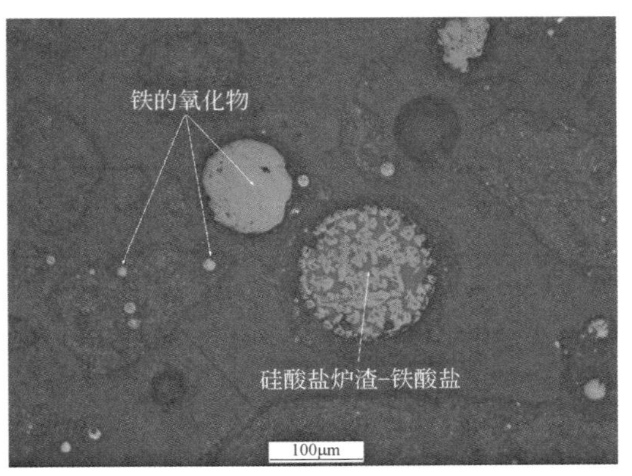


图4　硅酸盐炉渣和铁酸盐组成的珠球

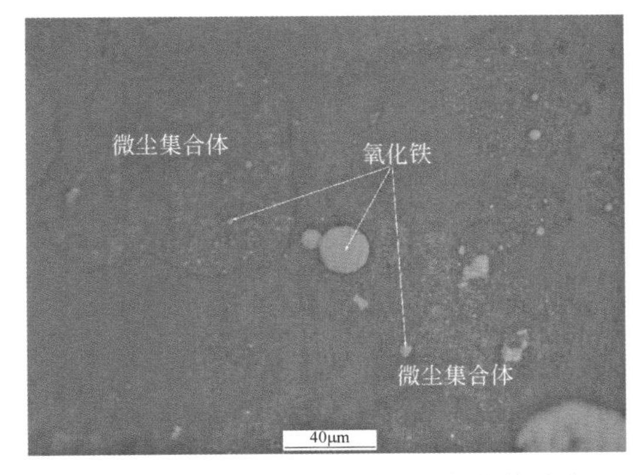


图5　微尘集合体中见许多微粒氧化铁珠球

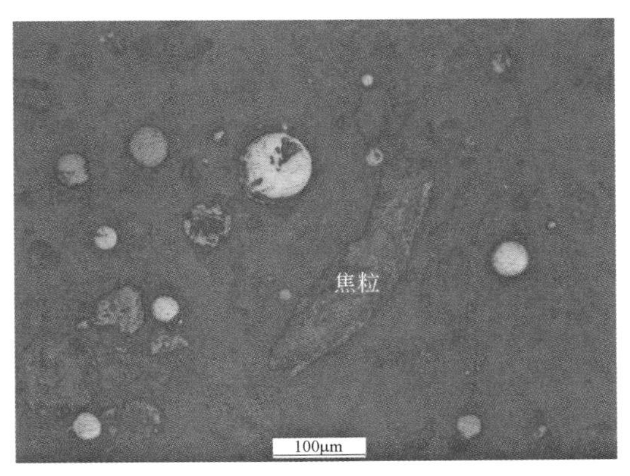


图6　少量石墨鳞片及焦粒

## 3 产生来源分析

样品主要含铁，显著量的 Ca、Zn，少量 C、Si、Mn、Mg、Al、Cl 等成分，成分与炼钢烟尘相似；铁的物相主要为 FeO、Fe、$ZnFe_2O_4$ 等，表明是来自含铁物料的还原冶炼过程；显微镜观察样品明显含有铁熔珠和残炭颗粒，物料粒度较细，微尘粒径$<10\mu m$，符合冶炼烟尘特征；样品含有较高的钙和锌，其中钙应是来自物料冶炼中作为熔剂的 CaO 或 $CaCO_3$，锌是来自含物料中锌的还原挥发产物，在挥发过程中与铁氧化物形成铁酸锌（$ZnFe_2O_4$）。根据这些特点，判断样品不是天然铁矿粉（砂），是来自含铁物料炼钢（电炉炼钢）产生的回收烟尘。

## 4 固体废物属性分析

（1）样品是来自含钢铁冶炼过程中产生的回收烟尘，收集除尘灰是“污染控制设施产生的残余物”，不是有意生产的物质，不符合相关产品标准或规范。因此，根据《固体废物鉴别导则（试行）》的原则，判断鉴别样品属于固体废物。

（2）2009 年 8 月 1 日，环境保护部、商务部、发展改革委、海关总署、国家质检总局发布的第 36 号公告的《禁止进口固体废物目录》中列出了“2619000090 冶炼钢铁所产生的其他熔渣、浮渣及其他废料，包括冶炼钢铁产生的除尘灰、除尘泥、污泥等”，建议将鉴别样品归于此类废物，因而鉴别样品属于我国禁止进口的固体废物。

# 20. 含重金属的硫铁矿制酸烧渣

## 1 背景

2015 年 9 月，中华人民共和国日照海关缉私分局委托中国环科院固体所对其查扣的一票进口“铁矿粉”货物样品进行固体废物属性鉴别，需要确定是否属于国家禁止进口的固体废物。

## 2 样品特征及特性分析

（1）样品为红褐色细粉末，有结团现象但易于碾碎至粉末状，具有磁性。测定样品的含水率为 16.8%，550°C 灼烧后的烧失率为 1.46%。样品外观状态见图 1。

图1 样品外观

（2）采用 X 射线荧光光谱仪（XRF）对样品进行成分分析，主要含 Fe、S、Si 等，结果见表 1。

表1 样品主要成分及含量（除Cl以外，其他元素均以氧化物表示） 单位：%

| 成分 | $Fe_2O_3$ | $SO_3$ | $SiO_2$ | ZnO | PbO | CuO | $Al_2O_3$ | $As_2O_3$ | CaO | $Co_3O_4$ |
|---|---|---|---|---|---|---|---|---|---|---|
| 含量 | 85.40 | 3.02 | 2.99 | 2.44 | 2.17 | 1.13 | 0.91 | 0.61 | 0.41 | 0.19 |

续表

| 成分 | BaO | MnO | $K_2O$ | $Na_2O$ | $Sb_2O_3$ | Cl | $SnO_2$ | $TiO_2$ | $P_2O_5$ | $CeO_2$ |
|---|---|---|---|---|---|---|---|---|---|---|
| 含量 | 0.14 | 0.13 | 0.12 | 0.07 | 0.06 | 0.06 | 0.05 | 0.04 | 0.03 | 0.03 |

（3）采用 X 射线衍射分析仪（XRD）对样品进行物相组成分析，主要为 $Fe_2O_3$、$Fe_3O_4$、$ZnFe_2O_4$、$Pb_3SiO_5$、$SiO_2$、$Ca_2SiO_4$、$CaSO_4 \cdot 2H_2O$ 等。

（4）样品 X 射线能谱分析显示主含铁，有少量脉石组分硅、铝、钙及有色金属铜和锌，还有少量硫。能谱图见图 2。

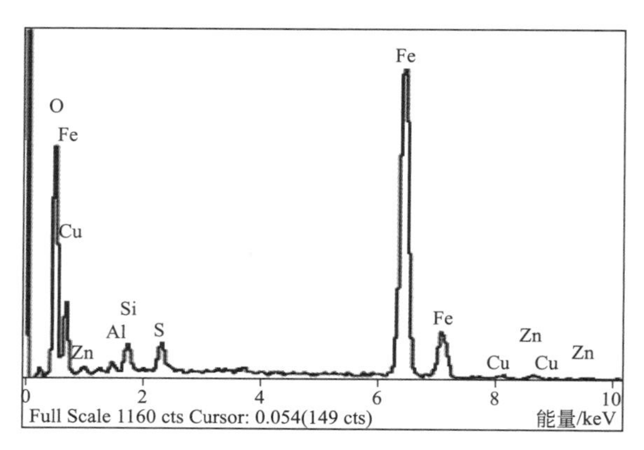


图2　样品的能谱分析图

显微镜下观察样品，含铁的氧化物相和经水化后形成的无定形水合氧化物；透光镜下可以看到一些珠状颗粒，但比一般的钢铁冶炼中形成的烟尘中要少得多；颗粒的粒度极不均匀，存在不少粗颗粒；样品中含少量的硫和钙，硫高钙低意味着可能有硫化物或其他形态的硫酸盐。显微镜下物质状态见图 3～图 6。

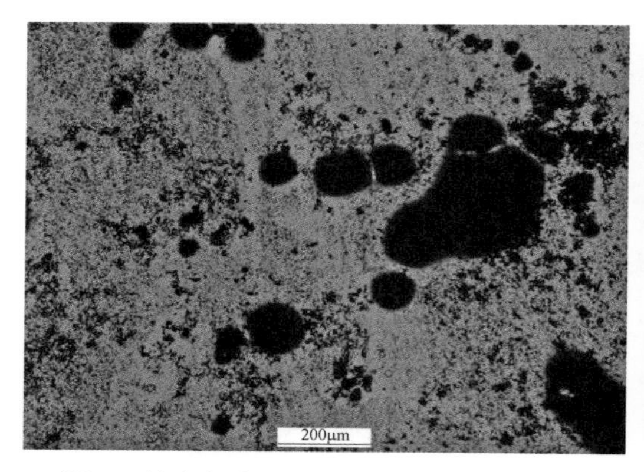


图3　粉末在油浸透光镜下照片，显示细粉很多，粗粒不规则状，少量结团呈球状

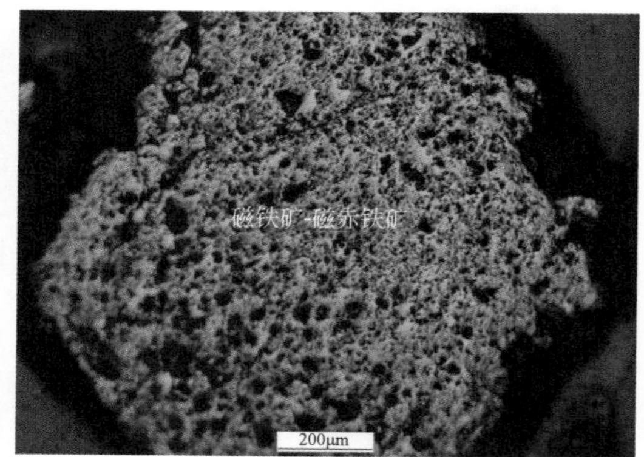


图4　抛光片显微镜下照片，显示为多孔的磁铁矿－磁赤铁矿

（5）利用扫描电镜对样品进行形貌分析，显示颗粒多不规则，有结团现象，极细粒部分出现一些球粒，见图 7～图 9。

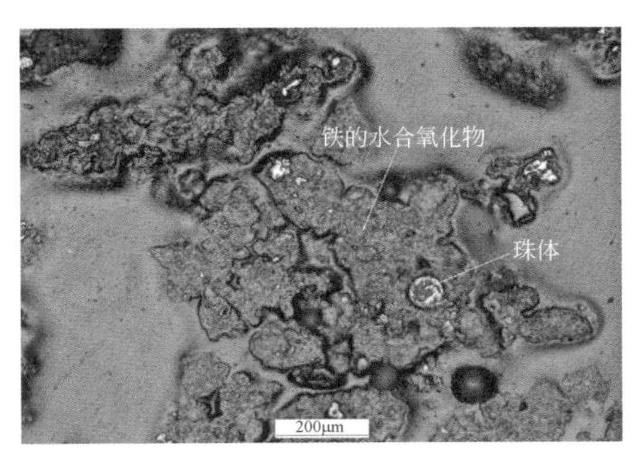


图5　抛光面显微镜下照片，结团明显夹带一些珠球状氧化铁颗粒

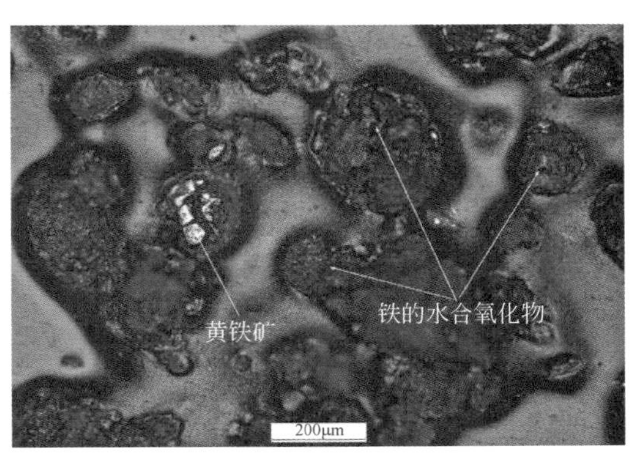


图6　铁的水合氧化物结团现象、黄铁矿

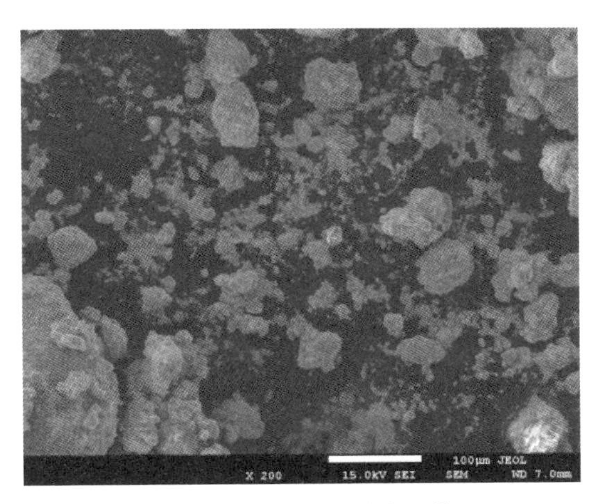

图7　200倍下的粉末形貌

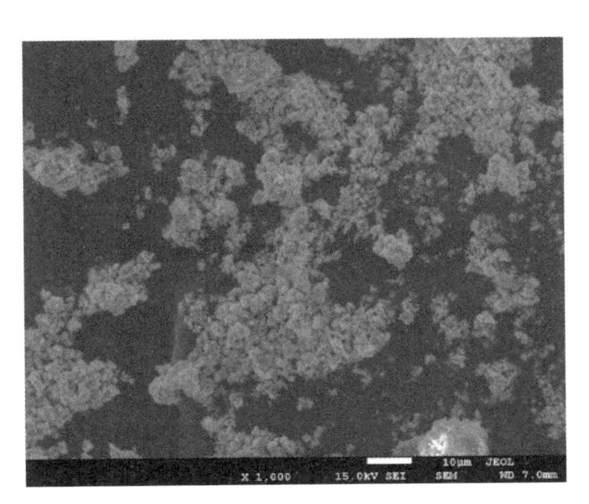

图8　1000倍下的粉末形貌

图9　5000倍下的粉末形貌

## 3 产生来源分析

（1）样品不符合正常的铁矿粉、焙烧矿的质量要求

从海关商品编码第 26 章中“矿粉”属于矿物范畴，除选矿产物外，还可包括烧结、焙烧后的产物，成分上没有显著改变，形态上为粉状。铁矿石种类繁多，具有工业利用价值的主要是磁铁矿石、赤铁矿石、磁赤铁矿石、褐铁矿石、菱铁矿石等[1]。一般情况下，开采出的铁矿石很难完全直接入炉进行炼铁，必须经过必要的预处理，如破碎筛分、细磨、精选、焙烧等工序，尽可能降低其中的有害成分，如 S、P、As、Cu 进入生铁后，对铁及其后的钢和钢材的性能有害；K、Na 等碱金属和 Zn、Pb、F 等易于破坏炉衬，或挥发后在炉内循环富积造成结瘤事故或污染环境有害人体健康[2]。

样品为红褐色，主要成分为铁（Fe），还含有一定量的 S、Si、Zn、Pb、Cu；物相分析显示样品中铁主要以 $Fe_2O_3$、$Fe_3O_4$ 的形式存在，同时还有 $ZnFe_2O_4$、硅酸盐等渣相物质；电子显微镜下形貌观察结果表明样品中细粉较多，粗粒为不规则形状，少量结团呈球状；抛光片显微镜下照片显示样品中夹带有珠球状的氧化铁颗粒，以及多孔的磁铁矿 - 磁赤铁矿，它是粗粒硫铁矿的氧化产物，脱硫导致多孔；样品中含有较多的 Zn、Pb、Cu、As 等有害重金属成分，超出了铁精矿粉入炉的一般含量要求，如锌（Zn）的质量分数应小于 0.1%、铅（Pb）小于 0.1%、铜（Cu）不超过 0.2%、砷（As）小于 0.07%[3]。总之，样品不符合天然铁矿的物质组成特征，不符合入炉铁精矿粉的通用要求，判断样品不是正常的铁矿粉、焙烧矿。

（2）样品是硫精矿制酸后所得烧渣

我国 $H_2SO_4$ 生产主要是以硫铁矿为原料，同时也有以有色冶金工业的工业冶炼烟气或石膏等为原料生产 $H_2SO_4$[4]。制酸过程会产出大量烧渣，烧渣中铁及其他元素的含量与入炉原料的成分有关。我国硫铁矿品位不高，硫铁矿烧渣铁含量较低，杂质含量较高，不能直接作为炼铁原料，主要用作水泥添加剂、生产铁红等[5]。国外硫铁矿品位较高，焙烧后的烧渣中一般含 Fe＞60%，因此国外硫铁矿烧渣的利用主要是有价金属的回收，并根据烧渣中 Cu、Pb、Zn、Co 等有价金属及 S、As 等有害杂质含量情况选择不同的回收技术。根据硫铁矿来源不同，硫铁矿烧渣中主要是 $Fe_2O_3$、$Fe_3O_4$，少量 $SiO_2$、$Al_2O_3$、MgO、CaO、P、As、Cu、Pb、Zn 等，有的还有 Au、Ag 等贵金属。国内外部分企业硫铁矿烧渣组成见表 2[6]。国内某厂采用铅锌选矿厂尾矿浮选出的硫铁矿为原料生产 $H_2SO_4$，硫酸烧渣成分分析结果见表 3[7]。《硫铁矿烧渣》（GB/T 29502—2013）标准中对将产品分为三级，对化学成分进行了规定，具体要求见表 4。

表2　国内外部分企业硫铁矿烧渣组分及含量　　单位：%

| 序号 | Fe | FeO | $SiO_2$ | $Al_2O_3$ | CaO | MgO | Zn | Cu | Pb | Au/(g/t) | Ag/(g/t) | P | S |
|---|---|---|---|---|---|---|---|---|---|---|---|---|---|
| 1 | 64.23 | 0.61 | 4.86 | 0.91 | 0.61 | 0.27 | 0.042 | — | 0.11 | — | — | 0.005 | 0.45 |
| 2 | 61.27 | — | 6.67 | 0.95 | 0.34 | 0.13 | 0.15 | 0.005 | 0.13 | — | 38.25 | — | 0.40 |

续表

| 序号 | Fe | FeO | $SiO_2$ | $Al_2O_3$ | CaO | MgO | Zn | Cu | Pb | Au/(g/t) | Ag/(g/t) | P | S |
|---|---|---|---|---|---|---|---|---|---|---|---|---|---|
| 3 | 59.81 | 7.57 | 8.96 | 1.53 | 1.00 | 0.44 | 0.28 | 0.30 | 0.054 | — | — | 0.033 | 0.27 |
| 4 | 53.40 | 11.31 | — | — | — | 0.44 | 0.36 | — | 0.08 | 32.69 | — | 1.08 | — |
| 5 | 49.74 | 16.77 | 1.89 | 1.84 | 1.18 | 1.22 | 0.26 | 0.05 | 0.05 | — | 0.05 | 1.10 | — |
| 6① | 61.60 | — | — | — | — | — | 0.61 | 0.50 | 0.55 | 0.98 | 35 | — | 0.6 |

① 日本光和精矿公司户烟工厂烧渣数据。

表3　国内某硫酸厂硫酸烧渣的成分及含量　　单位：%

| 成分 | $Fe_2O_3$ | $SO_3$ | CaO | $SiO_2$ | ZnO | PbO | MnO | $Al_2O_3$ |
|---|---|---|---|---|---|---|---|---|
| 含量 | 81.9 | 6.54 | 3.32 | 2.24 | 1.87 | 1.67 | 1.09 | 0.43 |
| 成分 | MgO | $As_2O_3$ | $K_2O$ | $Bi_2O_3$ | $P_2O_5$ | $TiO_2$ | CuO | Cl |
| 含量 | 0.38 | 0.25 | 0.12 | 0.06 | 0.05 | 0.05 | 0.03 | 0.01 |

表4　硫铁矿烧渣标准的化学成分及含量要求

| 产品分级 | TFe | $SiO_2$ | S | P | As | Cu | Pb+Zn |
|---|---|---|---|---|---|---|---|
| | ≥ | ≤ | | | | | |
| 一级品 | 60.0 | 6.0 | 1.0 | 0.05 | 0.05 | 0.2 | 0.3 |
| 二级品 | 58.0 | 10.0 | 1.5 | 0.08 | 0.08 | 0.3 | 0.5 |
| 三级品 | 54.0 | 12.0 | 2.5 | 0.12 | 0.12 | 0.4 | 1.0 |

注：各组分含量均以干基计。

样品成分中主要为铁元素，含量约为59.8%，还有S、Si、Zn、Pb、Cu、As等其他杂质，其中Zn、Pb、Cu、As等重金属含量明显高于表2中所列烧渣中的含量，与表3中有色金属矿尾矿选矿的硫铁矿烧渣成分类似，说明样品原料不是单一硫铁矿原矿，不排除为有色金属矿尾矿选矿后的硫铁矿；样品中Zn、Pb、Cu、As这些有害元素的含量均高于《硫铁矿烧渣》(GB/T 29502—2013)标准中规定的三级品的最高限值，不满足标准要求；样品主要物相组成是$Fe_2O_3$、$Fe_3O_4$；样品在550°C的烧失率为1.46%，烧失率低，说明样品是经高温处理后的物料；样品含水率为16.8%，可能是在堆存过程中吸收了水分。样品成分及物相组成与硫铁矿为主的硫精矿经制酸后所得烧渣相似，通过咨询专家，样品有害组分含量较高，可作为铁料掺配使用。综合判断样品是有色金属含量较高的硫精矿经制酸后所得烧渣。

## 4 固体废物属性分析

（1）样品是有色金属含量较高的硫精矿经制酸后所得烧渣，其综合利用属于“金属和金属化合物的再循环/回收”；有害元素含量超出《硫铁矿烧渣》(GB/T 29502—2013)标准的规定，其产生过程没有质量控制，不符合产品的质量规范或标准的要求，不属于有意识生产的产品，是制酸过程中产生的废弃残渣。因此，根据《固体废物鉴别导则（试行）》的原则，判断鉴别样品属于固体废物。

（2）货物进口申报日期为2014年4月30日。2009年8月1日，环境保护部、商务部、发展改革委、海关总署、国家质检总局发布的第36号公告《限制进口类可用作原料的固体废物目录》《自动许可进口类可用作原料的固体废物目录》中均没有列出“制酸烧渣”“硫酸烧渣”及与之类似的废物名称；该公告《禁止进口固体废物目录》中包括“矿渣、浮渣及类似的工业残渣”，建议将鉴别样品归于此类废物，因而鉴别样品属于我国禁止进口的固体废物。

## 参考文献

[1] 李风贵，张西春. 铁矿石检验技术[M]. 北京：中国标准出版社，2005.
[2] 包燕平，冯捷. 钢铁冶金学教程[M]. 北京：冶金工业出版社，2008，23-24.
[3] 林万明，宋秀安. 高炉炼铁生产工艺[M]. 北京：化学工业出版社，2010，14.
[4] 张振全，张曼曼. 硫酸生产工艺的发展状况[J]. 广东化工，2012，39（16）：97-98.
[5] 蒋伟锋. 硫酸烧渣综合利用及新途径探析[J]. 中国资源综合利用，2005，5：23-25.
[6] 纪罗军. 硫铁矿烧渣资源的综合利用[J]. 硫酸工业，2009（1）：1-8.
[7] 马涌，路殿坤，金哲男，等. 硫酸烧渣的综合利用研究[J]. 有色矿冶，2010，26（1）：24-27.

# 21. 废镁铝碳砖

## 1 背景

2018 年 5 月，中华人民共和国大窑湾海关缉私分局委托中国环科院固体所对其查扣的一票进口“再生镁碳砖（recycled mgo c brick）”货物样品进行固体废物属性鉴别，需要确定是否属于固体废物。

## 2 样品特征及特性分析

（1）样品均为不规则灰黑色块状，表面凹凸不平，有少量碎渣，散发氨味，手摸块状有炭黑细粉粘手。样品的含水率和 550℃灼烧后的烧失率见表 1，样品外观状态见图 1～图 3。

表 1　样品含水率、烧失率　　单位：%

| 样品 | 1 号 | 2 号 | 3 号 |
|---|---|---|---|
| 含水率 | 0.58 | 1.28 | 0.65 |
| 烧失率 | 1.02 | 2.25 | 1.85 |

图 1　1 号样品外观

图 2　2 号样品外观

图 3　3 号样品外观

（2）采用 X 射线衍射分析仪（XRD）对样品进行物相组成分析，主要为 MgO（方镁石）、$MgAl_2O_4$（镁铝尖晶石）、C（碳）、$MgCaSiO_4$（硅酸盐）、$(Mg,Al)_6(Si,Al)_4O_{10}(OH)_8$（镁钙硅的氧化物）衍射分析谱图见图4～图6。

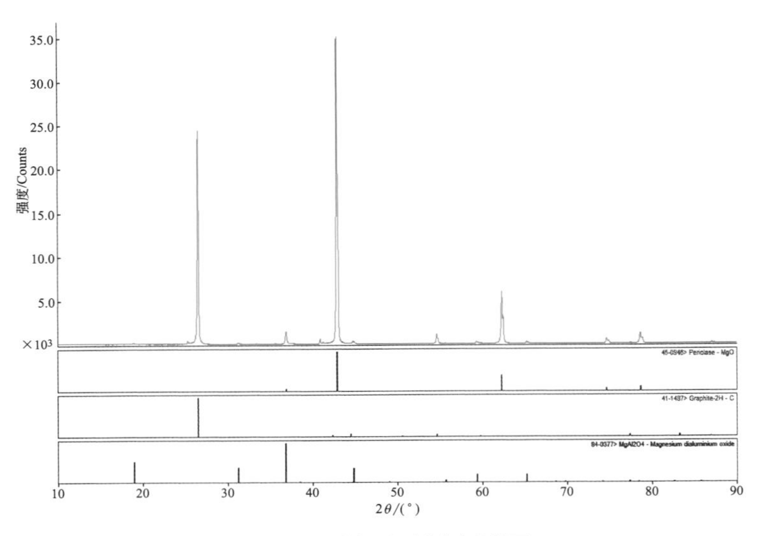


图4　1号样品衍射分析谱图

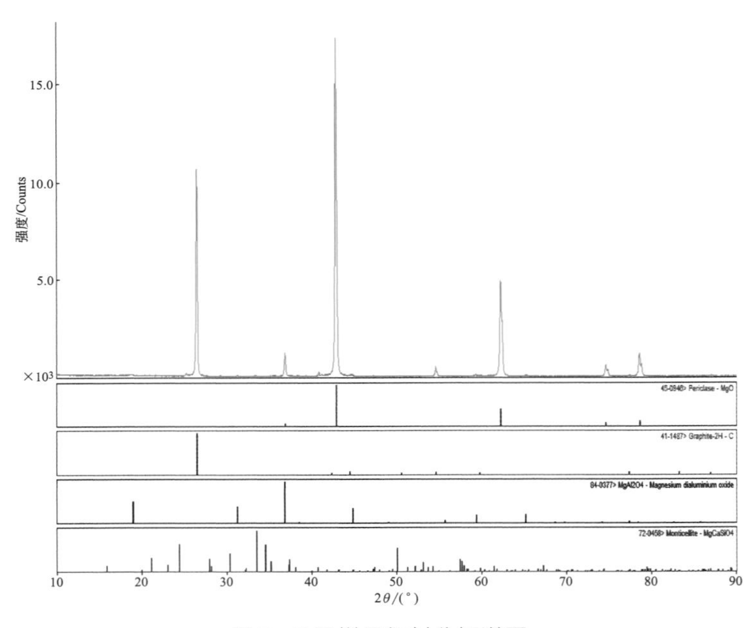


图5　2号样品衍射分析谱图

（3）采用X射线荧光光谱仪（XRF）对样品进行成分分析，主要含Mg、Al、Si、Ca以及其他成分，结果见表2。

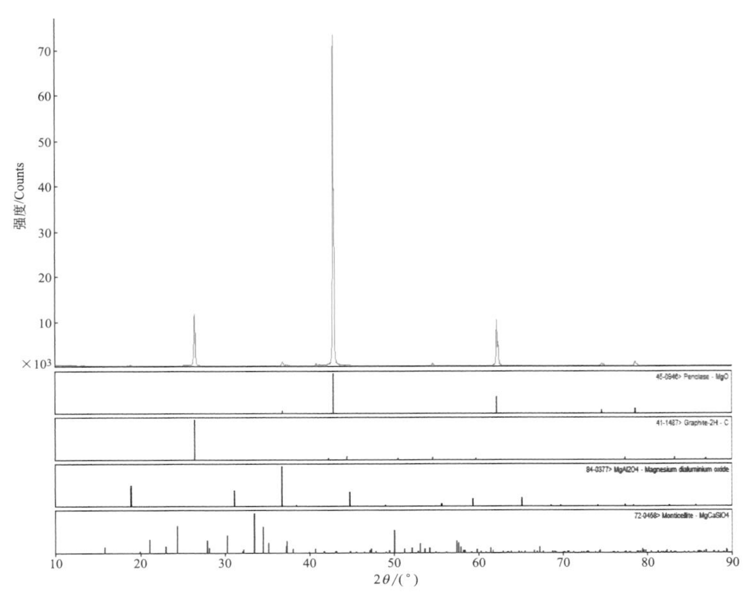


图6 3号样品衍射分析谱图

表2 样品主要成分及含量（除C、Cl以外，其他元素以氧化物表示） 单位：%

| 样品 | MgO | $Al_2O_3$ | C | $SiO_2$ | CaO | $Fe_2O_3$ | $SO_3$ | $Na_2O$ | $P_2O_5$ |
|---|---|---|---|---|---|---|---|---|---|
| 1号 | 60.67 | 24.08 | 7.34 | 3.35 | 2.78 | 0.97 | 0.25 | 0.19 | 0.13 |
| 2号 | 51.26 | 22.04 | 14.10 | 4.37 | 4.66 | 2.27 | 0.35 | 0.26 | 0.24 |
| 3号 | 56.23 | 19.04 | 18.70 | 2.49 | 2.16 | 0.87 | 0.21 | 0.00 | 0.11 |
| 样品 | MnO | Cl | $K_2O$ | ZnO | NiO | $Cr_2O_3$ | $V_2O_5$ | $TiO_2$ | — |
| 1号 | 0.07 | 0.07 | 0.07 | 0.02 | 0.01 | 0.00 | 0.00 | 0.00 | — |
| 2号 | 0.12 | 0.00 | 0.16 | 0.02 | 0.01 | 0.07 | 0.02 | 0.05 | — |
| 3号 | 0.07 | 0.00 | 0.06 | 0.01 | 0.00 | 0.04 | 0.00 | 0.00 | — |

注：表中C元素含量是采用高频燃烧红外吸收法测定。

## 3 产生来源分析

镁砖（magnesite brick）为氧化镁含量在90%以上、以方镁石为主晶相的碱性耐火材料。镁砖一般可分为烧结镁砖（又称烧成镁砖）和化学结合镁砖（又称不烧镁砖）两大类。纯度和烧成温度高的镁砖，由于方镁石晶粒直接接触，称为直接结合镁砖；用电熔镁砂为原料制成的砖称为电熔再结合镁砖。镁砖有较高的耐火度，很好的耐碱性渣性能，荷重软化开始温度高，但抗热震性能差。烧结镁砖以制砖镁砖为原料，经粉碎、配料、混练、成型后，在1550～1600℃的高温下烧成，高纯制品的烧成温度在1750℃以上。化学结合镁砖是在镁砂中加入适当的化学结合剂，经混炼、成型、干燥而制成。

镁碳砖作为冶炼炉用的耐衬材料，使炼钢电炉、转炉的炉衬寿命大幅度提高，某厂

研制了以 $Al_2O_3$ 为基质的铝镁碳砖和铝碳砖，以优质高铝矾土熟料为主，加入适量电熔制砖镁砂、鳞片状石墨及结合剂经机压成型，低温焙烧而制成；加入镁砂是为了提高砖的抗渣性，增加砖的高温塑性；少量石墨的作用在于提高砖的抗渣浸润性，减少粘渣的可能性；铝镁在高温下可以生成耐火度较高的镁铝尖晶石，使砖的高温稳定性大大提高；铝镁碳砖的矿物组成主要是镁铝尖晶石、刚玉、莫来石、碳素与玻璃相等，这种砖比高铝砖具有良好的热震稳定性与抗渣性，不仅强度高、耐渣蚀，且具有不收缩、不崩裂、不剥落、耐冲刷、不粘渣、不污染钢液等优点，是一种优质的包衬用耐火材料[1]。

铁合金电炉炉衬在冶炼过程中不仅承受强烈的高温作用，而且还承受着炉料、高温炉气、熔融铁水和高温炉渣的化学侵蚀与机械冲刷作用，特别是电弧光的高温作用，对炉衬的浸蚀更为严重。因此，对炉衬材质的选择必须合理，某厂生产的镁碳砖化学成分为氧化镁（MgO）不小于 75%，碳（C）含量不小于 14%，实践证明，比原来的碳砖具有无法比拟的优越性[2]。

镁碳砖是用镁砂加石墨的一种碳结合高温无机复合材料，优质镁砂原料应该做到 $SiO_2<1\%$、$CaO/SiO_2$ 比应在 1.8～2.8 范围内；沥青碳可石墨化，对砖的结构有好处，酚醛树脂只能产生非石墨化碳；石墨要求采用磷片状结晶石墨，其抗氧化性能较好；结合剂采用沥青或酚醛。镁碳砖按含碳量分类分为 5%、10%、15%、20%、25%、30%，一般含量在 5%～20% 之间，含碳量高其抗氧化和抗浸蚀性能越好，这就是碳在镁碳砖中最重要的作用，碳含量增加到 25%～30%，强度降低，耐磨性较差。结合剂的选择是采用甲阶酚醛树脂的乙醇溶液，按干基量计算为 6%，还加入碳素添加剂高温沥青粉 3%，外加酚醛树脂固化剂六次甲基四胺 0.3%；干燥温度为 250～300℃[3]。

钢包是炼钢工业中不可缺少的重要设备，曾经应用镁铝质盛钢桶内衬材质，这种内衬整体性好，显著提高了使用寿命，但存在烘烤钢包时间长，有较严重的掉渣现象。为了弥补这方面的不足，继而成功地应用铝镁不烧砖。铝镁碳不烧砖具有的主要优点是：没有砖缝熔损，具有较好的抗渣能力和抗热振性，克服了钢水和渣的渗透引起的结构剥落现象，使用寿命明显提高等。

总之，镁砖、镁碳砖、铝镁碳砖及镁铝碳砖虽然名称和成分上有些差异，但均属于钢包或炉子用的耐火材料。

样品主要为灰黑色块状，伴有少量碎屑渣状，大小不规则，坚硬，表面凹凸不平，手摸块状有炭黑细粉粘手，符合镁铝碳砖破碎料外观特征；表 1 样品成分中以镁、铝、炭为主，与镁铝碳耐火砖的成分相似；样品物相分析证明有石墨碳、镁铝尖晶石、方镁石等，符合镁铝碳砖的物相组成；样品带有氨气味，根据前述文献资料，可能是碳砖中添加剂析出或分解出的氨所致，或者是碳砖使用过程中受污染所致，如原料中大量添加再生熔炼的含氮化铝（AlN）的铝灰。根据样品这些特征，判断鉴别样品是回收镁铝碳砖的破碎料。

## 4 固体废物属性分析

（1）样品是回收镁铝碳砖的破碎料，是国外镁铝碳砖生产中的回收物料，该物料属于生产过程中产生的不合格品、残次品、废品，或者属于产品加工和制造过程中产生的残余物料。根据《固体废物鉴别标准 通则》（GB 34330—2017），判断鉴别样品及其货物属于固体废物。

（2）2014 年 12 月 30 日，环境保护部、商务部、发展改革委、海关总署、国家质检总局发布的第 80 号公告《禁止进口固体废物目录》《限制进口类可用作原料的固体废物目录》《自动许可类可用作原料的固体废物目录》中均未列出“废镁铝碳砖”“镁铝碳砖废碎料”等废物类别，在《禁止进口固体废物目录》中列出了“其他未列名固体废物”；2017 年 8 月 10 日，环境保护部等部门修订发布的第 39 号公告公布的三个目录中仍未明确该类废物，在《禁止进口固体废物目录》中亦列出了“其他未列名固体废物”，建议将该样品归于该类废物，因而鉴别样品属于我国禁止进口的固体废物。

## 参考文献

[1] 李遂方. 铝镁碳砖及其应用[J]. 江苏冶金，1989，6：34-35.
[2] 齐辅卿，王彦福，林文国. 镁碳砖在镁砖炉衬上的应用[J]. 铁合金，1993，1：25-26.
[3] 张道琨. 镁碳砖及其应用[J]. 炼钢，1987，2：35-39.

# 22. 电解铝阳极炭块残极

## 1 背景

2017 年 4 月，中华人民共和国温州海关委托中国环科院固体所对其查扣的一票“人造石墨材”货物进行固体废物属性鉴别，需要确定是否属于国家禁止进口的固体废物。

## 2 样品特征及特性分析

（1）现场鉴别时，将 42 个集装箱全部打开，货物均直接散装堆放在箱内并未装满；货物外观为大小不一、形状不规则的灰黑色块状物，有的集装箱底部可见少量粉末颗粒；大部分货物表面明显可见不完整的圆形凹槽，还有一部分明显可见完整的圆形凹槽，少数的凹槽内还留有未取出的铁块料；凹槽内壁均残留有红褐色的锈斑；有的货物表面有少量的黑色粉末颗粒、有的货物表面还发现残留有白色物质，有的集装箱内可见少量块状、外表面为黑色而内部为白色的物质，与货物表面残留的白色物质相似。部分货物状态见图 1～图 6。

图1　集装箱内货物

图2　带锈斑不完整炭碗

（2）从集装箱中取出内部为白色的块状样品，采用 X 射线荧光光谱仪（XRF）对样品进行成分分析，结果见表 1。采用 X 射线衍射仪（XRD）对样品进行物相组成分析，主要物相组成有 $Na_3AlF_6$（冰晶石）、$Al_2O_3$、$Na_5Al_3F_{14}$。

图3　不完整的炭碗

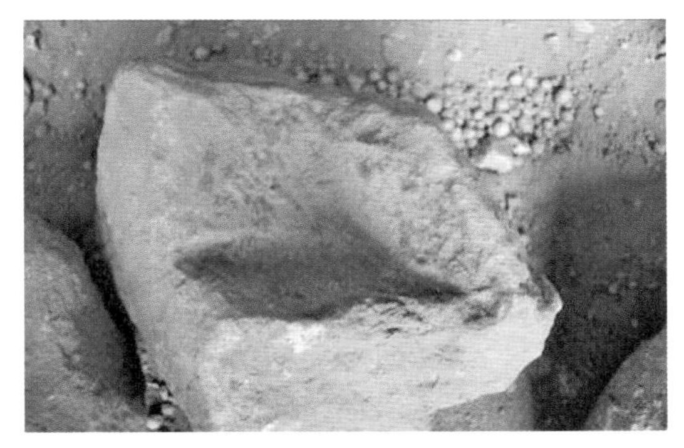

图4　带锈斑不完整的炭碗

图5　炭碗和沾染的白色结晶物

图6　破损的铸铁

表1　样品的主要成分及含量（除F、Cl以外，其他元素均以氧化物形式表示）　单位：%

| 成分 | $Al_2O_3$ | F | $Na_2O$ | $SO_3$ | CaO | Cl | $K_2O$ | MgO |
|---|---|---|---|---|---|---|---|---|
| 含量 | 40.93 | 23.44 | 22.91 | 7.31 | 3.35 | 0.65 | 0.56 | 0.30 |
| 成分 | $SiO_2$ | $Fe_2O_3$ | NiO | $P_2O_5$ | $V_2O_5$ | ZnO | CuO | PbO |
| 含量 | 0.28 | 0.16 | 0.04 | 0.03 | 0.02 | 0.01 | 0.01 | 0.01 |

## 3 产生来源分析

电解铝用阳极炭块简称阳极炭块，是电解铝生产过程中的主要消耗材料之一，当阳极炭块使用到厚度还剩 13～18cm 时，需将其从电解槽吊出来，取出的这些残余炭块称为阳极炭块残极 [1]。阳极炭块残极主体是炭块，由于长期与电解质接触，含有较高的电解质成分，如 Al、Na、Ca、Mg、F 等。阳极炭块残极经过清理、破碎、筛分，分成不同的粒度，在阳极炭块或阳极糊生产配料时，以 10%～20% 的比例作为一种骨料加入，其数量、硬度和清洁度直接影响阳极炭块的机械强度、羟基反应性、空气渗透率等物理性能；也可用作冶炼燃料。国内某电解铝用预焙阳极炭制品见图 7，电解铝生产企业产生的阳极炭块残极外观见图 8。由于电解铝用预焙阳极产品不需要经过石墨化工艺处理，所以鉴别货物不属于石墨炭素制品。

图7　国内企业生产的电解铝用阳极产品

图8　国内某电解铝厂阳极炭块残极

将鉴别货物（图 1～图 6）与图 8 进行对比，两者外观特征非常相似，并且都有残缺的带有锈迹的炭碗。实验结果证明，样品中明显有较高含量的氟和钠，为冰晶石物质，为剥离的电解质，黑色块状物料表面残留的少量白色物质，也是残留的电解质。综合判断鉴别货物是电解铝用预焙阳极产品使用之后回收的阳极炭块残极（即残阳极）。

## 4 固体废物属性分析

（1）货物是阳极炭块残极，在海关总署公告 2010 年第 2 号和《炭素材料分类》（GB/T 1426—2008）中，均表明阳极炭块残极是铝电解槽阳极炭块使用之后的残留部分，不能再作炭电极原用途来使用；货物为大小不同无规则形状的灰黑色块状，不具有正常产品外观规整的特征；货物虽然经过了破碎，但是这种破碎是在阳极炭块残极与导杆分离过程中进行的，目的是将阳极炭块残极与导杆分离，进而分别回收电解质和炭块，货物不是有意生产的产品；一般情况下，炭阳极制品企业一般不随意掺加回收其他企业的残极做电极骨料的通常外卖作为燃料。因此，鉴别货物属于“生产过程中产生的残余物”，是“生产过程中丧失了原有利用价值的物品”，其利用方式是“不再好用的物质”用于“能量回收”，依据《固体废物鉴别导则（试行）》的原则，判断鉴别货物属于固体废物。

依据《清洁生产标准 电解铝业》（HJ/T 187—2006）和《铝工业发展循环经济环境保护导则》（HJ 466—2009）两个标准，阳极炭块残极在我国环境管理实践中也属于固体废物。

此外，在《巴塞尔公约》附件九废物名录 B 中包含“B2090 Waste anode butts from steel or aluminium production made of petroleum coke or bitumen and cleaned to normal industry specifications（excluding anode butts from chlor alkali electrolyses and from metallurgical industry）”，即包括经过清理后的废阳极；在欧盟废物名录“1003 铝热冶炼产生的废物”中包含“100302 阳极碎”和“100318 阳极制造产生的含碳废物”。由此，在国际上电解铝阳极炭块残极也属于固体废物。

综上所述，判断鉴别货物属于固体废物。

（2）2014 年 12 月 30 日，环境保护部、商务部、发展改革委、海关总署、国家质检总局发布的第 80 号公告《限制进口类可用作原料的固体废物目录》《自动许可类可用作原料的固体废物目录》中均未列出“阳极炭块残极”以及其他石墨化和非石墨化炭素制品（包括炭电极）的残余物和报废品，而在《禁止进口固体废物目录》中包括“未列名的固体废物”，建议将鉴别货物归于该类废物，因而鉴别货物属于我国禁止进口的固体废物。

## 参考文献

[1] 徐浩，傅成诚，徐瑞. 电解铝企业阳极残渣、阳极残极浸出毒性鉴别及管理建议[J]. 中国环境监测，2015，31（4）：22-23.

# 23. 电解锰阳极泥

## 1 背景

2016 年 5 月，中华人民共和国大窑湾海关委托中国环科院固体所对其查扣的一票“银精矿”货物样品进行固体废物属性鉴别，需要确定是否属于固体废物。

## 2 样品特征及特性分析

（1）样品为不规则黑色细粉粒，潮湿，有小结块但用手可掰碎；手摸样品后有棕黑色痕迹，不易清洗掉，有很轻微的酸腐异味。测定样品含水率为 11.8%，550℃灼烧后的烧失率为 10.8%。样品外观状态见图 1。

图1　样品外观

（2）采用 X 射线荧光光谱仪（XRF）对样品进行成分分析，主要含 Mn、Pb、S，少量 K、Ca、Sr、Si、Zn 等，结果见表 1。采用化学法分析样品中银的含量，结果小于 0.005%。

表1　样品主要成分及含量（除F以外，其他元素均以氧化物表示）　　单位：%

| 成分 | MnO | PbO | $SO_3$ | $K_2O$ | CaO | $SrO_2$ | $SiO_2$ | ZnO |
|---|---|---|---|---|---|---|---|---|
| 含量 | 72.61 | 10.90 | 7.93 | 1.77 | 1.73 | 1.72 | 1.65 | 0.61 |
| 成分 | F | BaO | CuO | MgO | $Fe_2O_3$ | $Ag_2O$ | $Al_2O_3$ | CdO |
| 含量 | 0.50 | 0.14 | 0.13 | 0.10 | 0.08 | 0.06 | 0.04 | 0.02 |

（3）采用X射线衍射分析、光学显微镜观察、扫描电镜及X射线能谱分析等方法综合分析样品矿物相组成，主要为软锰矿（$MnO_2$）和铅矾（$PbSO_4$），另有少量白铅矿（$PbCO_3$），X射线衍射谱图见图2，光学显微镜观察特征见图3和图4，扫描电镜能谱分析特征见图5和图6。

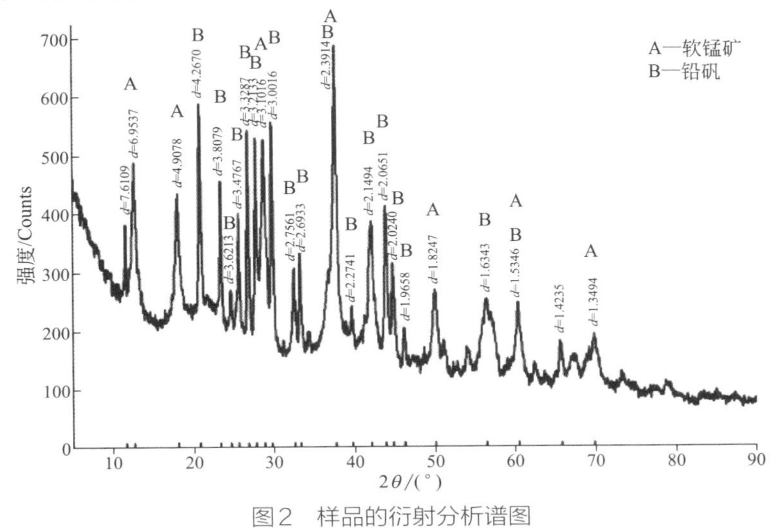


图2　样品的衍射分析谱图

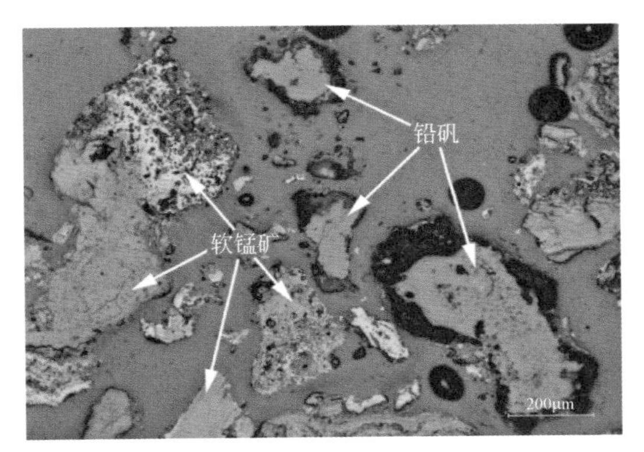


图3　反光镜下软锰矿与铅矾

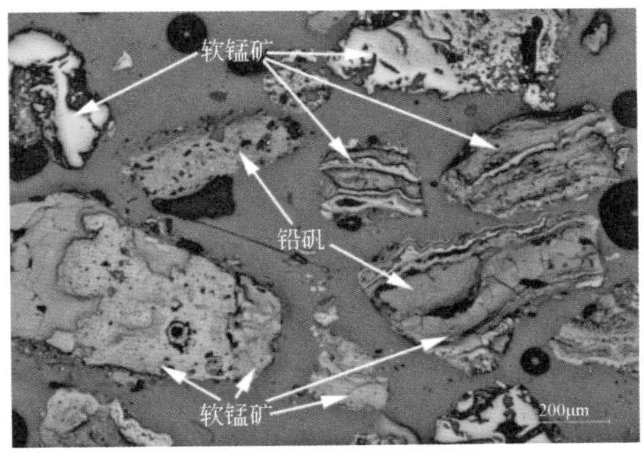


图4　反光镜下胶状软锰矿与铅矾紧密嵌布

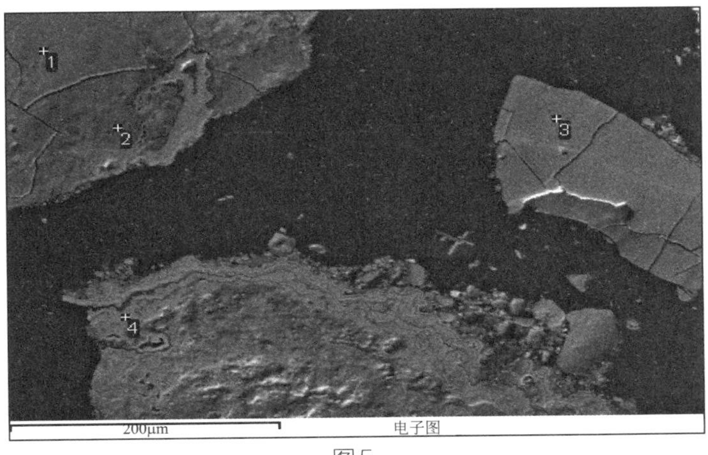


图5

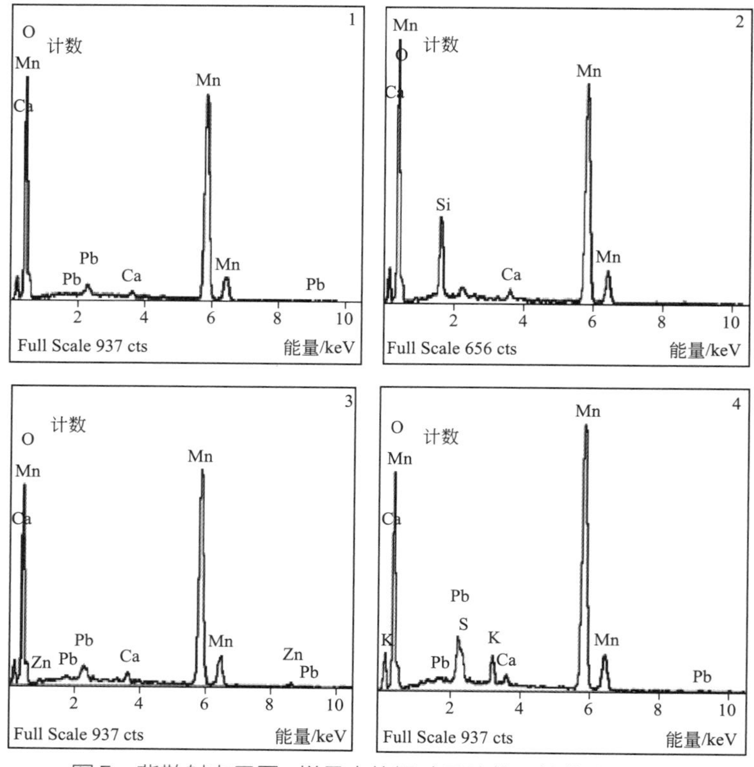


图5 背散射电子图-样品中软锰矿呈胶状和粒状产出特征

（点1、2、3、4—软锰矿）

## 3 产生来源分析

（1）样品不是锰和银的天然矿物

自然界中可工业利用的锰矿绝大部分为锰的氧化物和碳酸盐化合物，重要矿物有软锰矿（$MnO_2$）、硬锰矿（$m$MnO·$MnO_2$·$n$$H_2O$）、偏锰酸矿（$MnO_2$·$n$$H_2O$）、水锰矿（$Mn_2O_3.H_2O$）、褐锰矿（$Mn_2O_3$）、黑锰矿（$Mn_3O_4$）、菱锰矿（$MnCO_3$）、锰方解石[(Ca、Mn)$CO_3$]、菱锰铁矿［(Mn、Fe)$CO_3$］及钙菱锰矿［(Mn、Ca)$CO_3$］等。由于样品物相组成中明显以 $MnO_2$ 为主，成分中也含有微量的银，如果是天然锰矿物质的话最可能为软锰矿或锰银矿。

我国锰矿资源多而不富，居世界第四位，平均锰品位约为 21%，其中富矿仅占全国总储量的 6.43%，贫锰矿占 93.6%（含 Mn 25%～28%），矿石类型以碳酸锰矿为主，约占总储量的 73%，其次为铁锰矿和氧化锰矿 [1]。软锰矿中杂质较多 [2]，主要为 $Fe_2O_3$、$Al_2O_3$、CaO、MgO、$SiO_2$，主要成分见表 2。样品报关名称为“银精矿”，虽然样品中 $MnO_2$ 含量较高，但由于其中含有约 10% 的铅，且为盐类，与查找到锰矿资料中铅的含量通常在小于 0.02% 数量范围相差悬殊，与我国研制的锰矿系列标准物质样品中没有铅含量定值的情况差异太大，并且样品中 Si、Al、Fe、Ca 的含量也较低，不符合天然矿物通常有较高含量脉石组分的特点，也与表 2 典型软锰矿成分不符。据此判断样品不是天然软锰矿。

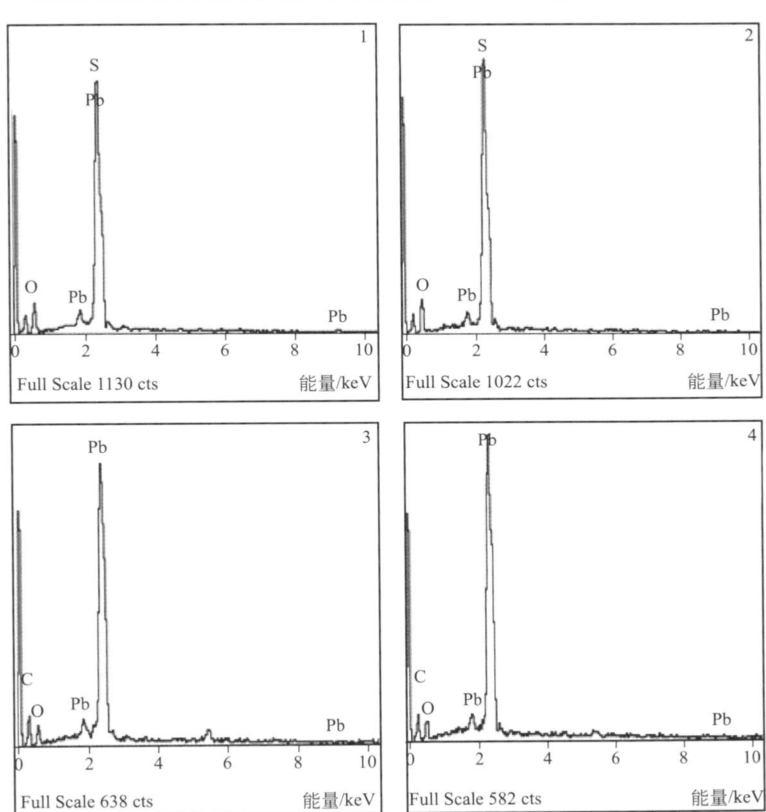


图6　样品背散射电子图—白铅矿包裹于铅矾中

（点1、2—$PbSO_4$相；点3、4—$PbCO_4$相）

表2　软锰矿主要成分及含量　　单位：%

| 成分 | MnO | $SiO_2$ | $Fe_2O_3$ | $Al_2O_3$ | CaO | MgO |
|---|---|---|---|---|---|---|
| 含量 | 32.56 | 29.58 | 6.67 | 5.35 | 4.47 | 0.85 |

锰银矿是重要的银矿资源，参考银矿地质勘查规范界定标准是指含 Ag≥40g/t 的锰银共生矿，在我国主要分布在内蒙古、广东、山西、河北、广西、福建、湖南、河南、云南等省份，锰银矿原矿含锰 3%～35%，每吨含银在数十千克至数千克[3]。例如：山西省灵丘太白维山锰银矿小青沟矿段，矿体含银为 86～4499g/t，一般为 150～200g/t；锰银矿体含银 80～457g/t，通常为 20～300g/t，含锰一般为 20%～30%。样品中银含量小于 0.005%，没有达到我国锰银矿原矿的基本水平，结合前述样品成分和矿物相分析结果，判断样品不是锰银矿，也不是银精矿。

（2）样品不是电解锰渣（中和浸出渣）

电解锰渣是电解锰生产中产生的滤渣：以碳酸锰矿粉为原料，与硫酸进行反应而得到 $MnSO_4$ 溶液，再通过氧化、中和、净化、电解及成品处理工序得到电解金属锰及其酸性滤渣，生产 1t 金属锰产生 8～9t 锰渣，锰渣主要化学组成为 $SiO_2$、$SO_3$、$Al_2O_3$、CaO 和 $Fe_2O_3$，主要结晶矿物为石英、石膏、莫来石及赤铁矿[4]。电解锰渣主要化学成分见表 3，其中的硫酸盐主要有 $CaSO_4 \cdot 2H_2O$ 占 27.95%，$(NH_4)_2SO_4$ 占 3.39%，$MnSO_4 \cdot H_2O$ 占 4.7%[5]。

表3　锰渣主要成分及含量　　单位：%

| 成分 | $SiO_2$ | $Al_2O_3$ | $Fe_2O_3$ | CaO | $SO_4$ | MnO | 烧失率 |
|---|---|---|---|---|---|---|---|
| 含量 | 36.14 | 11.53 | 4.50 | 7.97 | 19.40 | 4.64 | 20.02 |

将样品化学组成、物相组成与上述资料中锰渣进行对比，两者差异非常大，据此判断样品不是电解锰渣（中和浸出渣）。

（3）电解锰阳极泥

在电解锰生产过程中，不可避免地在电解槽的阳极区产生大量的阳极泥，其锰的含量高达 40%～50%，主要成分为高价锰（$Mn^{4+}$）的水合氧化物，因其结构复杂，不能通过简单机械或选矿方法进行直接回收利用。广西某电解锰厂阳极泥主要化学成分见表 4，锰的化学物相主要为 $MnO_2$，还有少量 $MnCO_3$、$MnSiO_3$、Mn，Pb 的物相主要为铅矾居多[4]。由于电解锰行业采用铅锡合金材料作为阳极板，电解过程中部分铅被氧化而进入阳极泥，所以电解锰阳极泥中含有较高的铅，湖北某电解锰企业的阳极泥经过水洗、过滤和干燥后的主要成分见表 5。

表4　广西电解锰厂阳极泥主要化学成分及含量　　单位：%

| 成分 | TMn | MnO | $MnO_2$ | Pb | CaO | S | $SO_3$ | $SiO_2$ | $Al_2O_3$ |
|---|---|---|---|---|---|---|---|---|---|
| 含量 | 46.82 | 6.69 | 65.9 | 5.66 | 1.48 | 5.02 | 11.80 | 0.48 | 0.12 |
| 成分 | TFe | $Fe_2O_3$ | MgO | $NH_4^+$ | Sn | Se | $K_2O$ | 烧失 | Ag |
| 含量 | 0.52 | 0.55 | 0.22 | 0.51 | 0.025 | 0.18 | 0.14 | 19.12 | 0.0253 |

表5 湖北某电解锰厂阳极泥主要化学成分及含量 单位：%

| 成分 | Mn | Pb | Ca | Se | Sr |
|---|---|---|---|---|---|
| 含量 | 45.80 | 7.36 | 0.10 | 0.20 | 0.05 |

样品中主要元素锰、铅、硫的含量与文献资料中电解锰阳极泥主要成分及其含量具有较好的符合性；样品中含有微量的银，也符合电解锰阳极泥中含有极少量银的特征；样品具有较高的烧失率和含水率，表明含有可分解的碳酸盐或硫酸盐类，或含水化合物，也与电解锰阳极泥的特点相符；样品摸到手上具有难洗的黑褐色残留痕迹，与含 $MnO_2$ 细泥相关。因此，判断样品主要是来自电解锰生产中产生的阳极泥。

## 4 固体废物属性分析

（1）样品主要是来自电解锰生产中产生的阳极泥，属于“生产或消费过程中产生的残余物”“不再好用的物质或物品”，其回收利用属于“金属和金属化合物的再循环/回收”及“利用操作产生的残余物质的使用”。因此，根据《固体废物鉴别导则（试行）》的原则，判断鉴别样品属于固体废物。

（2）2014 年 12 月 30 日，环境保护部、商务部、发展改革委、海关总署、国家质检总局发布的第 80 号公告中的《禁止进口固体废物目录》中包含“2620290000 其他主要含铅的矿渣、矿灰及残渣（冶炼钢铁所产生灰、渣的除外）”“2620999090 含其他金属及化合物的矿渣、矿灰及残渣（冶炼钢铁所产生灰、渣的除外）”，建议将鉴别样品归于该两类废物中的一类，因而鉴别样品属于我国禁止进口的固体废物。

## 参考文献

[1] 崔益顺，唐荣，黄胜，等. 软锰矿制备硫酸锰的工艺现状[J]. 中国井矿盐，2010，2：122-124.
[2] 仵恒，李水娥，胡亚林，等. 软锰矿中的杂质对烧结烟气脱硫的影响[J]. 湿法冶金，2015，34（2）：146-147.
[3] 余丽秀，孙亚光，尚红卫. 中国含银锰矿资源分布及属性研究[J]. 中国锰业，2009，27（3）：1-2.
[4] 吴建锋，宋谋胜，徐晓虹，等. 电解锰渣的综合利用进展与研究展望[J]. 环境工程学报，2014，8（7）：2645-2646.
[5] 刘贵扬，沈慧庭，王强. 电解锰阳极泥有机还原浸出回收锰和铅的研究[J]. 矿冶工程，2014，34（4）：92-93.

# 24. 含锡废液处理污泥

## 1 背景

2015 年 4 月，中华人民共和国苏州海关缉私分局委托中国环科院固体所对其查扣的一票货物样品进行固体废物属性鉴别，需要确定是否属于国家禁止进口的固体废物。

## 2 样品特征及特性分析

（1）样品为黑褐色不规则粉粒，干燥、大小不均匀，有的颗粒有弱磁性。测定样品在 550°C 灼烧后的烧失率为 10.7%。样品外观状态见图 1。

图 1　样品外观

（2）采用 X 射线荧光光谱仪（XRF）对样品进行成分分析，主要含 Na、Sn、Fe、Pb、Cu、Cl 等，结果见表 1。

表 1　样品主要成分及含量（除 Cl 以外，其他元素以氧化物表示）　单位：%

| 成分 | $Na_2O$ | $SnO_2$ | $Fe_2O_3$ | PbO | Cl | CuO | $K_2O$ | $SO_3$ | $Al_2O_3$ | ZnO | $SiO_2$ |
|---|---|---|---|---|---|---|---|---|---|---|---|
| 含量 | 40.16 | 19.05 | 14.33 | 10.93 | 9.75 | 4.87 | 0.42 | 0.42 | 0.02 | 0.01 | 0.05 |

（3）采用 X 射线衍射仪（XRD）对样品进行物相组成分析，为氯化物、氧化物、

碳酸盐、锡盐、硅酸盐等，有 NaCl、$SnCl_2$、$SnO_2$、SnO、$SiO_2$、$NaPb_2(CO_3)_2OH$、$NaFeSnO_4$、$Na_4SnO_4$、$Pb_8Cu(Si_2O_7)_3$、$CuFeO_2$ 等。

（4）样品 X 射线能谱分析显示主含 Pb、Sn、Fe、Cu、Na、Cl，水洗样品后的固体残余物能谱显示为 Pb、Sn、Fe、Cu，与原样对比氯及大部分钠已滤出，说明样品中存在大量可溶盐，能谱见图 2 和图 3；样品在油浸透光镜下观察，部分颗粒透明度较好且显红褐色，见图 4；样品抛光面反光镜下照片，显示有少量合金残余，周围有明显的水合氧化物，样品多呈聚合状，有反光特性，见图 5。

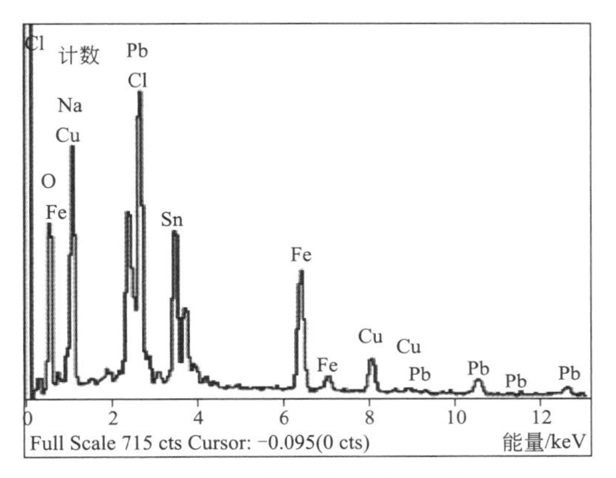


图2　样品的能谱分析图

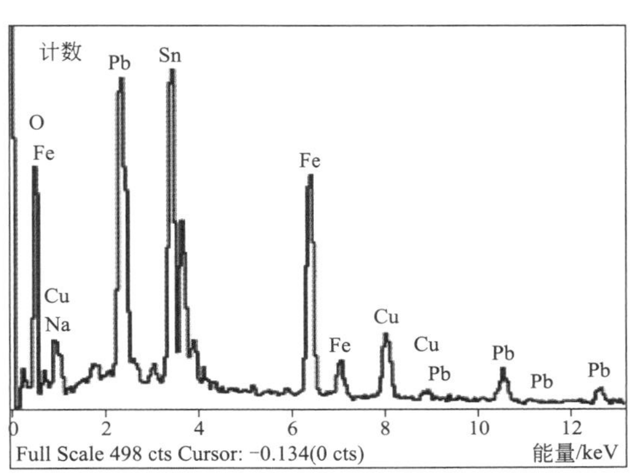


图3　水洗样品后固体渣的能谱分析图

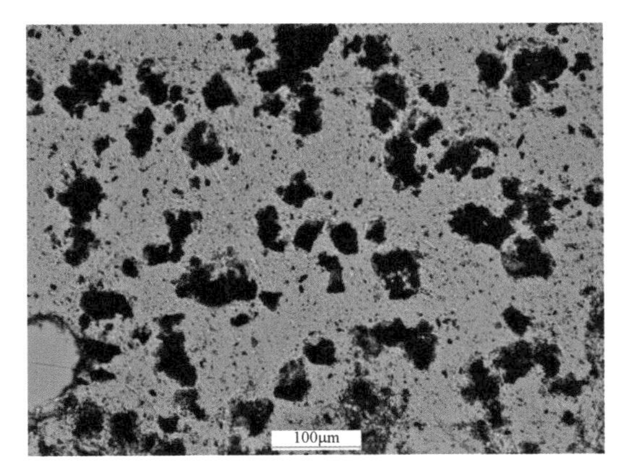


图4　样品油浸透光镜下照片

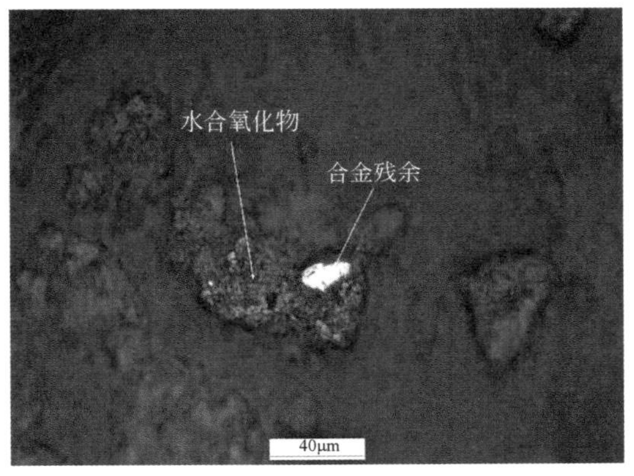


图5　样品抛光面反光镜下照片

## 3 产生来源分析

（1）样品不是锡矿及其火法冶炼产物

具有工业开采价值的含锡矿物主要是锡石（$SnO_2$），其次是黝锡矿（$Cu_2S \cdot FeS \cdot SnS_2$）；锡矿除含锡外还伴生其他金属矿物和大量脉石，故含锡品位都很低。我国脉锡矿品位为 0.15%～0.2%，砂锡矿床为 0.01%～0.1%，锡矿石经选矿后得到锡精矿，其品位可达到 30%～60%。我国制定了《锡精矿》（YS/T 339—2002）标准，规定一类精矿（直接入炉冶炼的氧化型矿）和二类精矿（冶炼前需要加工处理的硫化型锡精矿）中最低七级品种锡的含量均不小于 40%。

样品中 Si、Al、Mg、Ca 矿物脉石组分以及 S 的含量均很低，并且含有大量钠盐和碱式硝酸盐以及显著量的 Fe、Pb、Cu，Sn 的含量高于原矿品位但又远低于精矿 40% 的品位，样品物相分析和显微镜观察均显示不是矿物，因此判断样品不是锡矿及其精矿。

当代炼锡普遍采用火法流程，包括炼前处理、还原熔炼、炉渣熔炼和粗锡精炼四个过程。其中，炼前处理包括精选、或焙烧、或浸出等作业过程，精选目的是提高锡精矿品位；焙烧目的是除 S、As、Sb，由于 Fe、Pb、Bi、Ag、Sb 等在精选和焙烧时都很难从锡精矿中除去；可考虑浸出处理，用盐酸作溶剂，利用高温下盐酸不与锡石作用但能溶解 Fe、Pb、Cu、Ca、W、Ag、As 等许多杂质而进行分离，但有资料表明酸浸出处理方法已很少应用。

鉴别中没有查找到上述锡冶炼过程中的相关产物与样品特征特性相符或一致的直接证据。由于样品中 Sn、Fe、Pb、Cu 的含量较高，明显存在氯化物、氧化物、盐类物质，显然不是来自火法炼锡的炼前处理产物，也可排除是来自锡精矿还原熔炼、炉渣熔炼、粗锡精炼等过程中的产物。

（2）样品是含锡废液处理产生的沉淀污泥

印刷电路板（PCB）制作有 20 多道工序，工艺流程如图 6 所示，生产过程会产生大量的废液，如清洗废液、电镀废液、化学腐蚀废液等，其中重金属含量较高的废液有化学沉铜废液、铜蚀刻废液、电镀废液、退锡废液等，退锡废液是产生量最大的废液之一[1]。

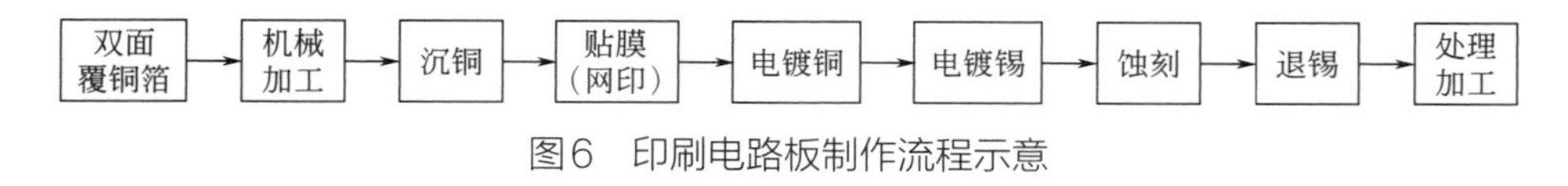

图6　印刷电路板制作流程示意

退锡废液产生的原因是：在双面覆铜箔层压板上，用丝网印刷或光化学方法形成导电图形的时候，先要在导电图形上镀上一层锡或铅锡抗蚀金属，将电路图形以外的部分蚀刻掉，然后再将这些抗蚀金属退去而产生。铅锡（SnPb）或锡（Sn）镀层就是为了保护在蚀刻过程中图形不被损坏。而退锡废液是由退锡剂在不损害铜基材的情况下去除 SnPb 合金或 Sn 而产生的废液，退锡废液中锡以不溶于 $HNO_3$ 的 $\beta$-锡酸［$\beta$-($SnO_2H_2O$)］的形式存在，主要成分为 $SnO_2$。我国 90% 以上的 PCB 板企业使用硝酸型退锡剂，其主要成分是 30%～40%$HNO_3$、15%～20% $Fe(NO_3)_2$、0.5%～1% 稳定剂、1%～2% 缓蚀剂。退锡废液产生量大，含锡量达到 100g/L 以上，$CuCl_2$、$FeCl_3$ 含量达到 20～30g/L，$HNO_3$ 残留 20%～30%，还含有少量杂环化合物等，成分相当复杂。

当前处理退锡废液的方法可以分为：

① 化学中和沉淀，向退锡废液中加入碱性物质中和废液，沉淀重金属，对废液彻底破坏；

② 循环再利用，立足退锡废液的再生利用，分离铜、锡等重金属后，对 $HNO_3$ 和助剂成分适当的补加，得到循环利用；

③ 制取锡的产品，把退锡废液当做合成或制备某种锡产品的原料或者从自身当中制备出某种锡产品。

样品物相组成复杂，为氯化物、氧化物、碳酸盐、锡盐、硅酸盐等，有的带有氢氧根，表明是来自于溶液中的产物；样品的主要化学成分为 Na、Sn、Fe、Pb、Cu、Cl，与上述退锡废液中的化学组成相符，其中钠（Na）应是来自 NaOH 中和反应带入，铜（Cu）应是来自电路板腐蚀带入，锡（Sn）和铅（Pb）应是来自电路板导电图形上的抗蚀金属镀层退镀后所产生，铁（Fe）应是来自退锡液中的 $Fe(NO_3)_3$、$FeCl_3$ 或其他废液中的 $FeCl_3$；氯（Cl）应是来自退锡液中的抛光剂 $CuCl_2$ 或 $FeCl_3$；样品中有的颗粒具有磁性，可能是 Pb、Fe 氧化物加热脱水形成铁酸铅所致，或是其他磁性物质所致；从样品复杂的化学组成及其含量来看，显然不符合任何产品的质量要求，不是有意识生产的产品。据此综合判断样品主要是来自印刷电路板退锡废液（不排除混入印刷电路板其他工序废液）中和处理产生的沉淀污泥经中温脱水后的产物。

## 4 固体废物属性分析

（1）前述判断样品主要是来自印刷电路板退锡废液（不排除混入印刷电路板其他工序废液）中和处理沉淀污泥经中温脱水后的产物，该产物主要为了防止印刷线路生产废液直接排放造成严重的环境污染，并且有利于从污泥中回收有价金属，是“污染控制设施产生的垃圾、残余物、污泥”，其回收利用属于“金属和金属化合物的再循环/回收”，其产生过程没有质量控制，不符合任何产品的质量规范或标准的要求，不属于有意识生产的产品。因此，根据《固体废物鉴别导则（试行）》的原则，判断鉴别样品属于固体废物。

（2）2009 年 8 月 1 日，环境保护部、商务部、发展改革委、海关总署、国家质检总局发布的第 36 号公告中以及 2014 年 12 月 30 日，环境保护部、商务部、发展改革委、海关总署、国家质检总局新修改发布的第 80 号公告中的《限制进口类可用作原料的固体废物目录》和《自动许可进口类可用作原料的固体废物目录》中均没有列出含锡为主污泥物质，而在《禁止进口固体废物目录》中列出了“2620290000 其他主要含铅的矿渣、矿灰及残渣”“2620300000 主要含铜的矿渣、矿灰及残渣”“3825200000 污泥（包括污水处理厂等污染治理设施产生的污泥、除尘泥等）”，建议将鉴别样品归于这几类废物中的一类，因而鉴别样品属于我国禁止进口的固体废物。

## 参考文献

[1] 李耀威，戚锡堆. 印刷线路板废退锡液处理技术研究进展[J]. 工业安全与环保，2008，34（6）：15-17.

# 25. 钨锡冶炼的除尘灰

## 1 背景

2013 年 1 月，中华人民共和国厦门海关委托中国环科院固体所对其查扣的一票“钨砂”货物样品进行固体废物属性鉴别，需要确定是否属于国家禁止进口的固体废物。

## 2 样品特征及特性分析

（1）样品为灰黑色微细粉末，无可见杂质；用水浸泡后绝大部分为沉底的非常细腻滑感的细泥，并有微量漂浮的黑色物质；测定样品含水率为 0.76%，550°C 灼烧后样品增重 0.46%，灼烧后为土黄色粉末。样品外观状态见图 1。

图1 样品外观

图2 样品的扫描电镜图像

（2）测定样品的粒度为：$D$（10）= 0.25μm，$D$（50）= 0.44μm，$D$（90）= 0.72μm；粒径≤0.20μm，3.09%，粒径≤0.36μm，32.84%；粒径≤0.50μm，62.96%；粒径≤1.45μm，100.0%。扫描电镜图像显示样品大多数微粒粒径<1μm，见图 2。

（3）采用 X 射线荧光光谱仪（XRF）对样品进行成分分析，主要含 W、Sn、Pb、Al、Fe、Bi 等，结果见表 1。

表1　样品主要成分及含量（除F、Cl、Br以外，其他元素以氧化物表示）　单位：%

| 成分 | $WO_3$ | $SnO_2$ | PbO | $Al_2O_3$ | $Fe_2O_3$ | $Bi_2O_3$ | CaO | $K_2O$ | $SO_3$ | $Na_2O$ | ZnO | $As_2O_3$ |
|---|---|---|---|---|---|---|---|---|---|---|---|---|
| 含量 | 25.90 | 10.95 | 8.89 | 7.94 | 7.62 | 6.63 | 4.86 | 4.71 | 4.56 | 4.51 | 3.19 | 3.12 |
| 成分 | F | Cl | $SiO_2$ | MnO | CuO | $Sb_2O_3$ | $P_2O_5$ | $Nb_2O_5$ | $TiO_2$ | $Cr_2O_3$ | Br | NiO |
| 含量 | 2.72 | 1.47 | 1.11 | 0.88 | 0.38 | 0.15 | 0.15 | 0.08 | 0.07 | 0.06 | 0.07 | 0.01 |

（4）采用多种方法综合分析样品的矿物相组成：X射线衍射分析仪（XRD）分析物相组成主要为$CaWO_4$、$SnO_2$、$\alpha$-PbO、W、$PbFeO_2F$、$FeF_2$、$BiAsO_4$、$Bi_2WO_6$、$ZnF_2$、$PbO_2$等；透光镜下观察样品，显示有许多球珠，是来自于高温熔炼过程中的收尘系统，见图3；对样品制抛光片进行显微镜下观察，显示其中有珠球颗粒，多为$CaWO_4$及硅酸盐相，另见一些金属相和碳质，也证明它是冶金过程产物，见图4、图5；样品点的电子能谱分析见图6、图7。

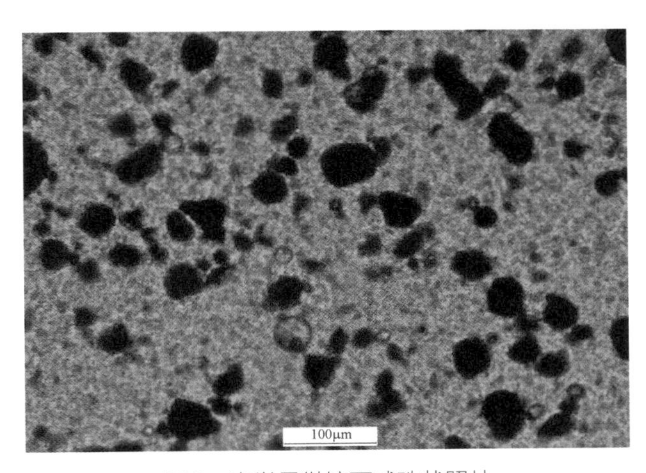


图3　光学显微镜下球珠状照片

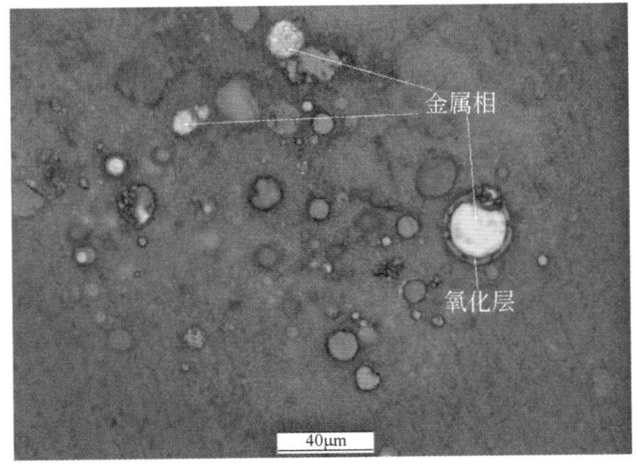


图4　部分金属相外层已氧化为氧化物

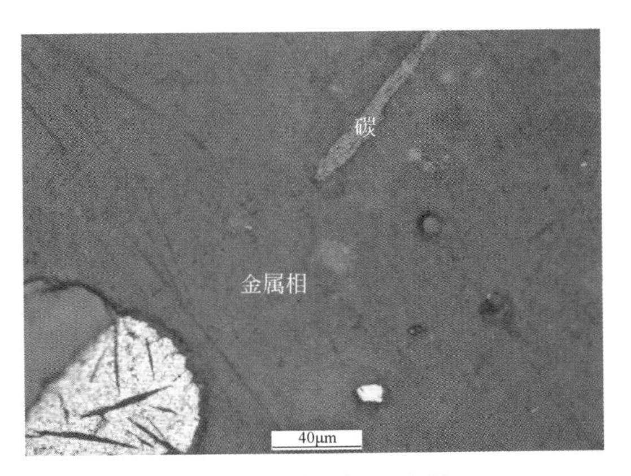


图5　金属相和碳质

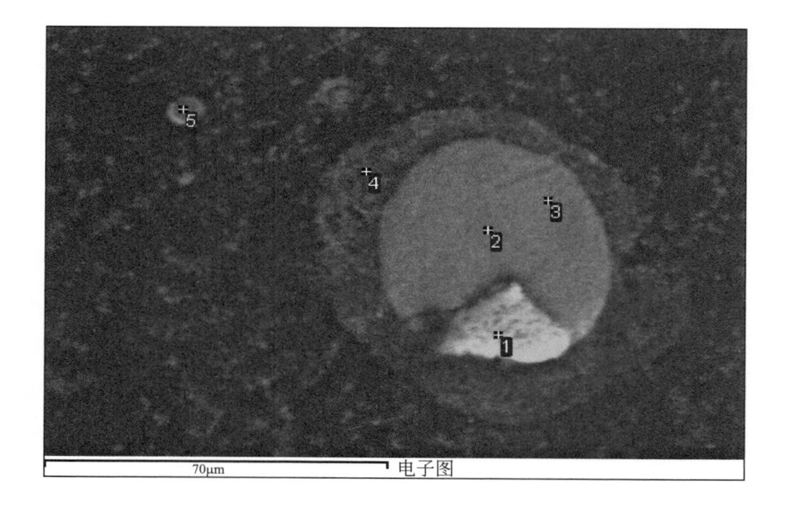


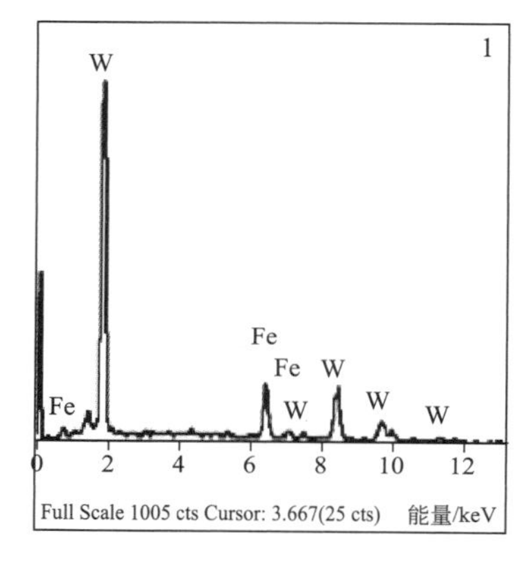


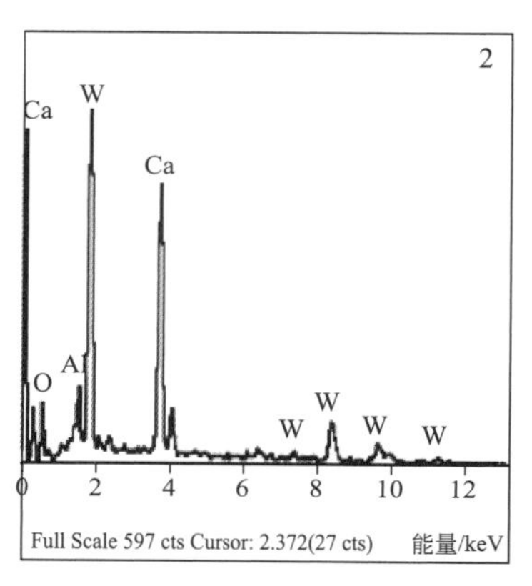


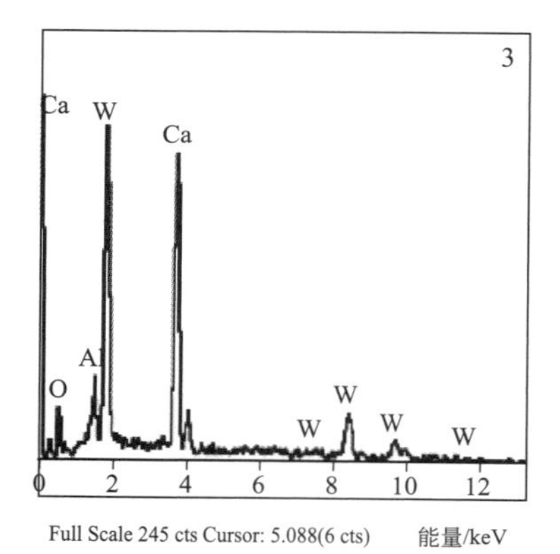


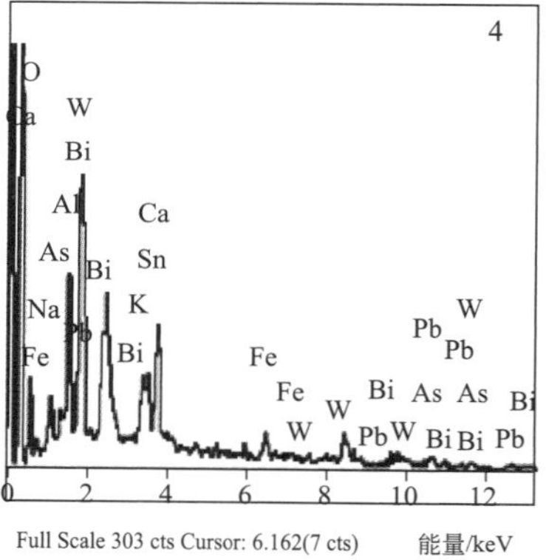


图6　样品背散射电子图及能谱图－样品中合金、白钨矿（$CaWO_4$）、低熔点物质特征

［点1—钨铁合金；点2、3—白钨矿（有少量Al）；点4—复杂低熔点物质］

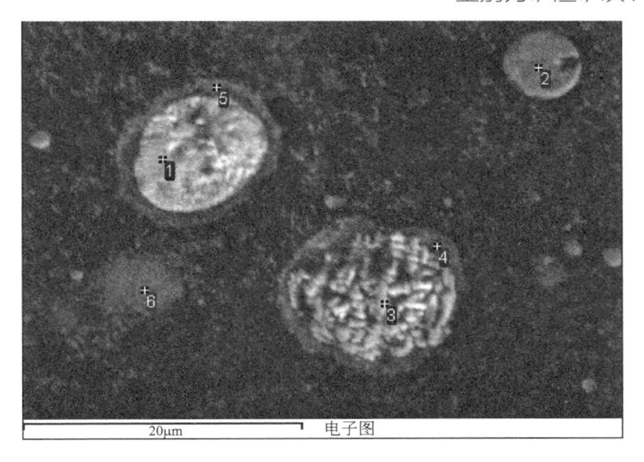



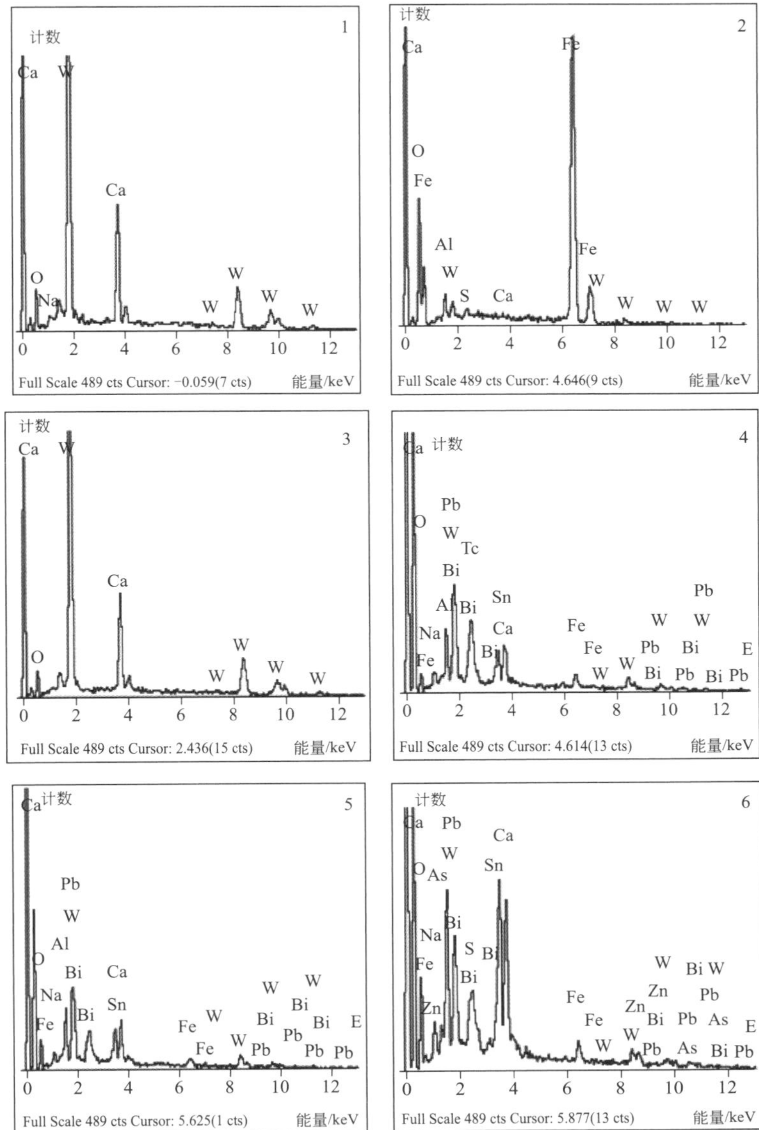



图7　样品背散射电子图及能谱图—样品中白钨矿（$CaWO_4$）、铁氧化物和玻璃相产出特征

（点1、3—白钨矿；点2—铁氧化物；点4～6—成分复杂的玻璃相）

## 3 产生来源分析

（1）样品不是钨和锡的选矿产品

样品中钨和锡含量较高。已知含钨矿物有 20 多种，但具有开采价值的有黑钨矿和白钨矿两种。黑钨矿［（Fe，Mn）$WO_4$］又称为钨锰铁矿，含 $WO_3$ 约 76%，呈褐黑色至黑色，显半金属光泽，相对密度为 7.1～7.9；属单斜晶系，晶体常呈厚板状，晶面上常有纵纹。白钨矿（$CaWO_4$）又名钨酸钙矿，含 $WO_3$ 约 80%，常呈灰白色，有时略带浅黄、浅紫、浅褐等色，显金刚光泽或油脂光泽，相对密度为 5.9～6.1，为正方晶系。国外钨矿资源中白钨矿床占 73.0%、黑钨占 27.0%，我国钨储量基础中白钨占 70.4%，黑钨占 29.0%[1]。我国单一钨矿少，共生及伴生元素主要是 Sn、Mo、Bi、Cu、Pb、Zn 等[2]。

黑钨矿具有密度较大、性极脆的特点，在开采、破碎、磨矿过程中易产生大量的矿泥，选矿产生的原生和次生细泥产率约占原矿量的 11%～15%，粒度＜0.074mm，这种矿泥品位一般比原矿品位高，属难选物料；实验过程黑钨矿经过破碎、瓷球磨矿后水析制取，其粒度＜10μm[3]。

钨选矿流程一般包括预选、粗选、精选和细泥处理等工序。国内某企业生产的钨精矿小于 74μm 的占 4.4%，钨精矿粉在干燥、混合和包装过程中损失严重，主要是由于粉末状的钨矿易被抽风机抽走的缘故，为此需要将粉末精矿制成粒径 1～4mm 的颗粒[4]。

我国《钨精矿》（YS/T 231—2007）标准的产品类别、品级以及成分要求见表 2。

表2　钨精矿的化学成分质量分数（YS/T 231—2007）　　单位：%

| 品种 | | | $WO_3$ | 杂质含量 | | | | | | | | |
|---|---|---|---|---|---|---|---|---|---|---|---|---|
| 类型 | 类别 | 品级 | | S | P | As | Mo | Ca | Mn | Cu | Sn | $SiO_2$ |
| 黑钨精矿 | Ⅰ类 | 特级 | ≥68 | ≤0.4 | ≤0.03 | ≤0.10 | — | ≤5.0 | — | ≤0.06 | ≤0.15 | ≤7.0 |
| | | 一级 | ≥65 | ≤0.7 | ≤0.05 | ≤0.15 | — | ≤5.0 | — | ≤0.13 | ≤0.20 | ≤7.0 |
| | | 二级 | ≥60 | ≤0.7 | ≤0.05 | ≤0.20 | — | ≤5.0 | — | ≤0.15 | ≤0.20 | — |
| | Ⅱ类 | 一级 | ≥65 | ≤0.7 | ≤0.10 | ≤0.10 | ≤0.05 | ≤3.0 | — | ≤0.25 | ≤0.20 | ≤5.0 |
| | | 二级 | ≥65 | ≤0.8 | ≤0.10 | ≤0.15 | ≤0.05 | ≤5.0 | — | ≤0.25 | ≤0.25 | ≤7.0 |
| | | 三级 | ≥60 | ≤0.9 | ≤0.10 | ≤0.15 | ≤0.10 | ≤5.0 | — | ≤0.30 | ≤0.30 | — |
| | | 四级 | ≥55 | ≤1.0 | ≤0.10 | ≤0.15 | ≤0.20 | ≤5.0 | — | ≤0.30 | ≤0.35 | — |
| | | 五级 | ≥50 | ≤1.2 | ≤0.12 | ≤0.15 | ≤0.20 | ≤6.0 | — | ≤0.35 | ≤0.40 | — |
| 白钨精矿 | Ⅰ类 | 特级 | ≥68 | ≤0.4 | ≤0.03 | ≤0.03 | — | — | ≤0.5 | ≤0.03 | ≤0.03 | ≤2.0 |
| | | 一级 | ≥65 | ≤0.7 | ≤0.05 | ≤0.15 | — | — | ≤1.0 | ≤0.13 | ≤0.20 | ≤7.0 |
| | | 二级 | ≥60 | ≤0.7 | ≤0.05 | ≤0.20 | — | — | ≤1.5 | ≤0.25 | ≤0.20 | — |
| | Ⅱ类 | 一级 | ≥65 | ≤0.7 | ≤0.10 | ≤0.10 | ≤0.05 | — | ≤1.0 | ≤0.25 | ≤0.20 | ≤5.0 |
| | | 二级 | ≥65 | ≤0.8 | ≤0.10 | ≤0.10 | — | — | ≤1.5 | ≤0.25 | ≤0.20 | ≤7.0 |
| | | 三级 | ≥60 | ≤0.9 | ≤0.10 | ≤0.15 | — | — | ≤2.0 | ≤0.3 | ≤0.20 | — |
| | | 四级 | ≥55 | ≤1.0 | ≤0.10 | ≤0.15 | — | — | ≤2.0 | ≤0.3 | ≤0.35 | — |
| | | 五级 | ≥50 | ≤1.2 | ≤0.12 | ≤0.15 | — | — | ≤2.0 | ≤0.3 | ≤0.40 | — |
| 混合钨精矿 | | | ≥65 | ≤0.7 | ≤0.10 | ≤0.10 | — | — | — | ≤0.25 | ≤0.20 | ≤5.0 |
| 钨细泥 | | | ≥30 | ≤2.0 | ≤0.50 | ≤0.30 | — | — | — | ≤0.5 | — | — |

注：表中“—”为杂质含量不限。

由表1成分分析可知，样品中$WO_3$的含量低于《钨精矿》（YS/T 231—2007）标准中最低含量30%要求的钨细泥，说明钨的含量达不到精矿的要求。样品粉末粒度非常细，90%以上粒度小于1μm，而钨矿选矿粉碎磨碎时的要求通常在200目即可；钨矿磨矿技术的进步使分解前矿的粒度由74μm（200目）左右降到当前的43μm，选矿时产生的钨细泥粒度一般也在10μm上下。矿物在选矿时70%以上的能量消耗在破碎和磨碎环节，越细能耗越高，过细则导致能耗增加，同时增加过滤困难[1]，容易堵塞设施，因此选矿不是越细越好，所以，样品从粒度分布上不是选矿产品的合适粒度。样品成分非常复杂，不但含有Sn、Bi、Pb等伴生矿物组分，而且还含有As、Sb、Ni、Cr、S、Br等不具有利用价值的有害组分，尤其是砷（As）含量相对较高，超出了我国《重金属精矿产品中有害元素的限量规范》（GB 20424—2006）各精矿产品中的要求（见表3）；样品粉末主要为球珠状，还有金属组分和少量炭，很大程度上说明不是单一来自选矿环节。总之，判断样品不是钨矿的选矿产品。

表3　重金属精矿产品中有害元素的限量规范（GB 20424—2006）　　单位：%

| 有害元素含量 | Pb | As | F | Cd | Hg |
|---|---|---|---|---|---|
| 铜精矿 | ≤6.0 | ≤0.50 | ≤0.10 | ≤0.05 | ≤0.01 |
| 铅精矿 | — | ≤0.70 | — | — | ≤0.05 |
| 锌精矿 | — | ≤0.60 | — | ≤0.30 | ≤0.06 |
| 混合铅锌精矿 | — | ≤0.45 | — | ≤0.40 | ≤0.05 |
| 锡精矿 | ≤0.50 | ≤2.50 | — | — | ≤0.05 |
| 镍精矿 | ≤0.10 | ≤0.50 | — | ≤0.05 | ≤0.001 |
| 钴硫精矿 | ≤0.10 | ≤0.10 | — | ≤0.05 | ≤0.001 |

同理，样品也不满足《锡精矿》（YS/T 339—2002）标准的要求，不是锡矿的选矿产品。

综上所述，判断样品不是钨或锡的选矿产品。

（2）样品是回收的细粉末物质

样品有两个显著特点：一是成分非常复杂，大部分元素是钨矿物或钨锡矿物中含有的元素，因此样品的来源与这些矿物有一定关联性；二是粉末颗粒非常细，90%以上粒径<1μm，显微镜下观察大多数粉末为球珠状，也可看到粒径大一些的不规则颗粒，并含有炭质和金属。因此，样品不完全是选矿粉尘。我们判断样品主要来自含钨锡矿物火法熔炼过程中布袋除尘或电除尘回收的烟尘，推断理由如下：

① 重力沉降是利用含尘气体中的颗粒受重力作用而自然沉降的原理，将颗粒污染物与气体分离，一般只能除去50μm以上的大颗粒；旋风除尘是利用旋转的含尘气流所产生的离心力，将颗粒污染物与气体分离，一般用来捕集粒径在5～15μm以上的颗粒物；静电除尘是利用静电力从气流中分离悬浮粒子的一种方法，对极微小的细小粒子能有效地捕集（如0.2～1μm）；布袋除尘是利用棉、毛、人造纤维等加工的滤布捕集尘粒的过程，对细粉有很高的捕集效率，一般可达到99%以上，表面起绒的网孔为

5～10μm 的滤布，可除去粒径 1μm 以下的颗粒；湿式除尘是利用洗涤液与含尘气体充分接触，将尘粒洗涤下来而使气体净化的方法，逆流喷淋塔对 10μm 以上的尘粒捕集效率一般可达 90% 以上。

常用除尘器的类型和适用粉尘粒径的范围见表 4[5]。

表4　常用除尘器的类型及适用粉尘粒径范围

| 除尘作用力 | 惯性、重力 | 离心力 | 静电力 | 惯性、扩散与筛分 | 惯性、扩散与凝集 |
|---|---|---|---|---|---|
| 除尘器种类 | 惯性除尘器 | 旋风除尘器 | 电除尘器 | 袋式过滤器 | 湿式除尘器 |
| 粉尘粒径/μm | ＞15 | ＞5 | ＞0.05 | ＞0.1 | 100～0.05 |

样品是非常蓬松和干燥的粉末，根据水浸成为细泥并难以再形成细粉末的情况，以及对照上述除尘器的类型及适用粉尘粒径范围，判断样品不是湿法除尘的产物，应是干法布袋除尘或电除尘的收集烟尘。

② 国内某钨矿选厂的主要工艺是原矿粗选→破碎→筛分→棒磨→球磨→浮选→精选→精矿，由于矿山游离石英（$SiO_2$）含量为 80%～95%，检测各工种环节 135 个粉尘样品，游离 $SiO_2$ 含量均大于 10%，矽尘危害严重[6]。由此表明，选矿环节回收的粉尘应该含有较高的 $SiO_2$。

样品粉末中 $SiO_2$ 含量较低，与通常钨矿中含有大量石英成分产生的采选矿粉尘中主要含有 $SiO_2$ 的粉尘情况不相符；选矿产生的粉尘为机械破碎而成，在电子显微镜下观察其形貌应为不规则的颗粒，而样品基本为球珠状，两者差异明显；选矿环节回收的粉尘会含有较大的颗粒，不可能粒径都小于 1μm。由此，判断样品不是单纯来自采选矿环节产生的布袋回收的粉尘。

③ 样品扫描电镜能谱分析证明含有炭粒和金属熔珠，表明可能来自矿物的熔炼过程；样品浸泡在水中含有上浮的黑色物质，可能是冶炼时加入的炭剂并带入到了烟尘中；样品灼烧后并没有失重反而有所增重，说明样品中有活性无机金属物质，在灼烧后氧化增重。

钨锡共生，由于钨锡分选困难，锡精矿通常含有钨，此类锡矿一般采用电炉熔炼，其电炉渣除含锡外，还有较高含量的 W、Si、Al，其电炉渣的熔炼和挥发在同一炉内完成，作业按加料—熔化—吹炼—放渣的程序在炉内循环连续进行，产出的烟尘含 Sn 62.5%、$WO_3$ 1.63%、As 1.6%、$SiO_2$ 2.02%、Pb 0.84%、Fe 1.5%、S 2.34%、Bi 0.2%。其工艺流程示意见图 8[7]。

以上分析表明，样品可能来自钨锡矿物原料火法熔炼产生的布袋除尘灰，但不能排除含有来自选矿环节产生的袋式除尘回收的粉尘。

## 4 固体废物属性分析

（1）样品主要来自含钨锡矿物火法熔炼过程中袋式除尘或电除尘回收的烟尘，但

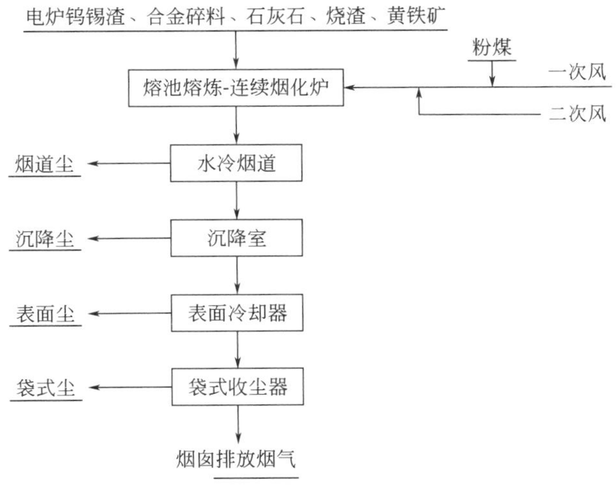


图8　工艺流程示意

不能完全排除含有来自选矿环节产生的袋式除尘回收的粉尘。回收的主要目的是防止烟尘或粉尘直接排放到大气环境中，从而减少造成环境污染，因此，样品是"污染控制设施产生的残余物"；收集的这种细粉物质，成分复杂且含量不稳定，不满足产品标准或规范，属于不再好用的物质。因此，根据《固体废物鉴别导则（试行）》的原则，判断鉴别样品属于固体废物。

（2）2009 年 8 月 1 日，环境保护部、商务部、发展改革委、海关总署、国家质检总局发布的第 36 号公告的《禁止进口固体废物目录》中列出了"2620991000 其他主要含钨的矿渣、矿灰及残渣"，建议将样品归于该类废物，因而鉴别样品属于我国禁止进口的固体废物。

## 参考文献

[1] 李洪桂，羊建高，李昆. 钨冶金学[M]. 长沙：中南大学出版社，2010，39-69.
[2] 张文朴. 钨资源综合利用与再生研发进展评述[J]. 中国资源综合利用，2006，24（9）：3-4.
[3] 罗家珂，杨久流，王定佐. 微细粒黑钨矿复合聚团分选新技术及扫描电镜图像研究[J]. 有色金属，1995，47（4）：26-27.
[4] 王育忠. 粉钨精矿制粒机[J]. 有色金属（选矿部分），1980，5：58.
[5] 蒋展鹏. 环境工程学[M]. 北京：高等教育出版社，1992，325.
[6] 李贤敏，黄粮山，赖昭琦，等. 江西某钨矿山职业病危害因素现状检测与对策分析[J]. 中国钨业，2012，27（3）：43-44.
[7] 雷霆，王吉坤，王日星. 熔池熔炼—连续烟化法处理高钨电炉锡渣工业试验研究[J]. 有色金属（冶炼部分），1988，5：9.

# 26. 锑泡渣

## 1 背景

2015 年 4 月，中华人民共和国上海外高桥港区海关委托中国环科院固体所对其查扣的一票“锑矿”货物样品进行固体废物属性鉴别，需要确定是否属于固体废物。

## 2 样品特征及特性分析

（1）样品为灰黑色不规则坚硬块状物，颜色不均，表面有不均匀的白色、黄色物质，有气孔，砸开块状内部可见分层黄色物质并有气孔，可见亮色晶体。样品外观状态见图 1。

图1　样品外观

（2）采用 X 射线荧光光谱仪（XRF）对样品进行成分分析，主要含 Sb、Na、Si、Al 等，结果见表 1。再采用化学法分析样品中锑（Sb）、铅（Pb）的含量分别为 34.03% 和 0.16%。

表1　样品主要成分及含量（除Cl以外，其他元素以氧化物表示）　　单位：%

| 成分 | $Sb_2O_3$ | $Na_2O$ | $SiO_2$ | $Al_2O_3$ | $Fe_2O_3$ | $SO_3$ | MgO | CaO | PbO | $K_2O$ |
|---|---|---|---|---|---|---|---|---|---|---|
| 含量 | 33.53 | 46.47 | 7.81 | 3.31 | 2.10 | 1.58 | 1.91 | 0.60 | 0.01 | 0.69 |
| 成分 | $Cr_2O_3$ | $As_2O_3$ | $TiO_2$ | ZnO | Cl | CuO | NiO | $P_2O_5$ | $SeO_2$ | MnO |
| 含量 | 0.48 | 0.40 | 0.11 | 0.61 | 0.26 | 0.02 | 0.03 | 0.03 | 0.03 | 0.05 |

（3）采用X射线衍射实验分析样品物相组成，主要物相为$NaSb(OH)_6$、$Na_2CO_3 \cdot H_2O$、$KFeSiO_4$、$Na_2AlSi_3O_8(OH)$、$(Mg,Fe)_2Al_4Si_5O_{18}$、$SiO_2$、$Na_2SiO_3 \cdot 3H_2O$、$Sb_2O_3$等。对样品进行X射线能谱分析，显示主含Na、Sb、Si、Fe，对样品中金属进行能谱分析，分别见图2和图3。矿物显微镜观察样品，主要由炉渣相及金属锑相组成，样品能谱分析见图4。

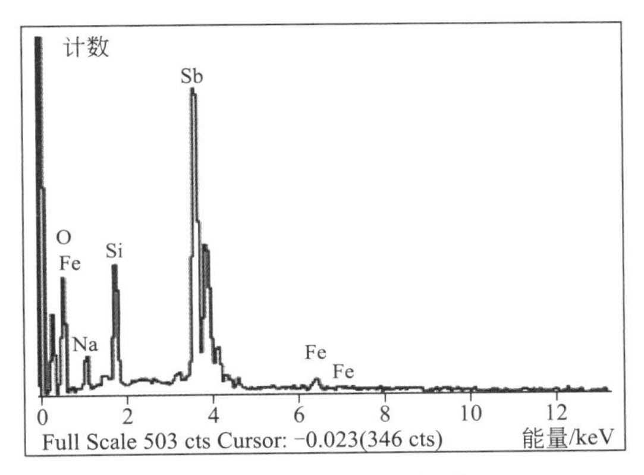


图2　样品的衍射分析谱图

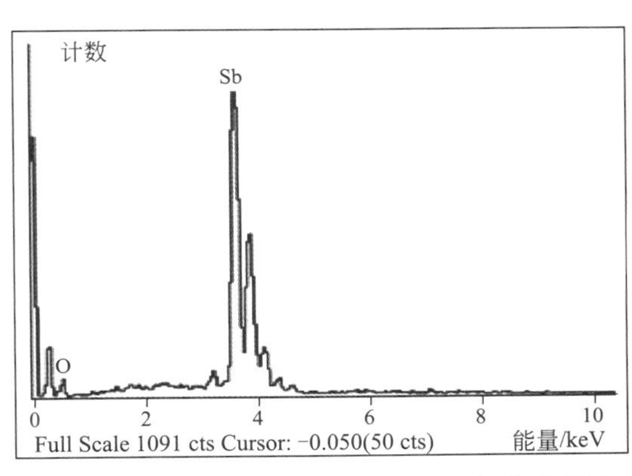


图3　样品中金属能谱，显示为表面氧化金属锑

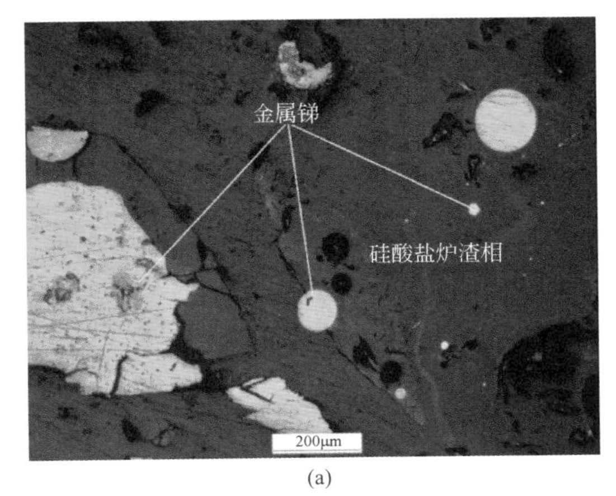


(a)

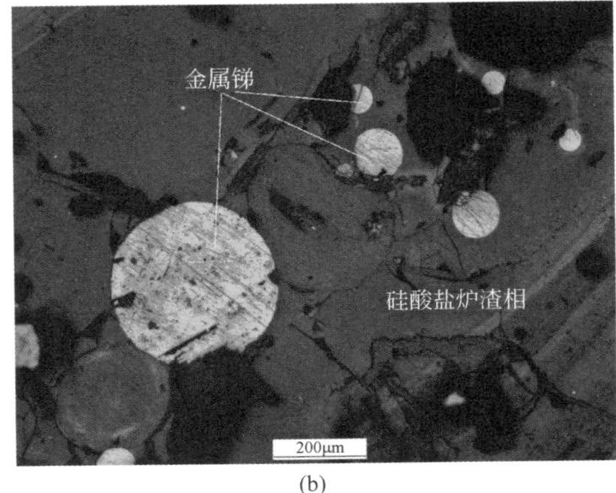


(b)

图4　抛光面镜下观察到的物相

## 3 产生来源分析

自然界含锑（Sb）的矿物多达120余种，可分为硫化锑矿、氧化锑矿、硫化-氧化混合锑矿等类[1]。我国《锑精矿》（YS/T 385—2006）规定硫化锑精矿中粉精矿最低四级品中锑含量不小于30%，块精矿最低六级品中锑含量不小于10%；规定氧化锑精矿中最低四级品中锑含量不小于35%；规定混合锑精矿中粉精矿最低四级品中锑含量不小于30%，块精矿最低六级品中锑含量不小于10%。从表1成分分析可知，样品中锑的含量符合精矿标准的含量要求。但是，样品中明显有较高含量的钠和少量的硫，物相分析证明样品中含有钠的碳酸盐和硅酸盐，含有金属锑、氧化锑（$Sb_2O_3$）、水钠锑矿、羟铝锑矿等锑的物质形态，含有冶金渣相和金属相物质，含有熔融的不规则瘤状物，具有锑冶炼的多孔锑泡渣特征，综合样品这些特点，判断样品不是天然矿产物，不是锑精矿，是冶金过程的产物。

锑精矿的冶炼工艺技术非常复杂，炉型设备非常多，其火法冶炼通常包括锑精矿挥发熔炼产生锑氧（粗$Sb_2O_3$），锑氧还原熔炼粗锑，粗锑炼精锑等；锑精矿挥发熔炼灰产生熔炼炉渣，渣含锑量一般小于1%，含较高的Fe、Si、Al、Mg、Ca等渣相组分；锑氧还原熔炼粗锑过程也会产生炉渣，是一种由还原剂的灰分、矿物带进的脉石成分、纯碱溶剂、砷和锑等其他低价盐类所组成的炉渣，由于冷却后的固体呈现蜂窝状而被称为锑泡渣，其特点是含锑和钠较高，典型组成为Sb 36%～40%、$Na_2O$ 7%～9%、Fe 2.5%～3.8%、S 0.1%～0.7%、$SiO_2$ 23%～28%、$Al_2O_3$ 3%～8.1%、As 0.15%～0.35%、MgO 1.4%、Pb 0.022%；粗锑继续冶炼精锑时还会产生含锑碱性渣，其典型组成为Sb 30%～40%、As＜3%～5%、Fe＜1%、Se 0.07%～0.09%、S＜0.02%、Pb＜0.02%、$SiO_2$ ＜3%、$Al_2O_3$＜3%、CaO＜2%、MgO＜1%；不同泡渣或碱渣其成分及含量会有差别[1]。

对比分析样品，样品中锑的含量较高，可以排除样品不是锑精矿挥发熔炼锑氧（粗$Sb_2O_3$）产生的含锑量低（＜1%）的弃渣。样品外观形态上明显含有气孔、熔融块，成分上含有较高的Sb、Na，符合锑泡渣特征；物相分析证明样品中有金属相和炉渣相，应是来自还原熔炼金属锑在出渣过程中形成的。总之，判断该样品是锑氧还原熔炼粗锑过程中产生的锑泡渣，但不排除粗锑炼精锑产生的碱渣。

## 4 固体废物属性分析

（1）样品是来自火法冶炼锑过程中产生的泡渣或碱渣，它们是“生产过程中产生的残余物”，虽然由于含锑较高具有一定的利用价值，但其利用作业属于“金属和金属化合物的再循环/回收”“利用操作产生的残余物”。因此，根据《固体废物鉴别导则（试行）》的原则，判断鉴别样品属于固体废物。

（2）2009 年 8 月 1 日，环境保护部、商务部、发展改革委、海关总署、国家质检总局发布的第 36 号公告中的《禁止进口类可用作原料的固体废物目录》中包括“2620910000 含锑、铍、镉、铬及混合物的矿渣、矿灰及残渣”，建议将鉴别样品归入这类废物，因而鉴别样品属于我国禁止进口的固体废物。

## 参考文献

[1] 赵天从. 锑[M]. 北京：冶金工业出版社，1987，211-499.

# 27. 稀土磁性材料生产中的回收废料

## 1 背景

2016 年 7 月，中华人民共和国连云港海关委托中国环科院固体所对其查扣的一票进口“稀土氧化物”货物样品进行固体废物属性鉴别，需要确定是否属于国家禁止进口的固体废物。

## 2 样品特征及特性分析

（1）样品为土黄色泥状物，无磁性。测定样品含水率为 20.0%，样品干基 550℃灼烧后的烧失率为 9.16%。样品外观状况见图 1。

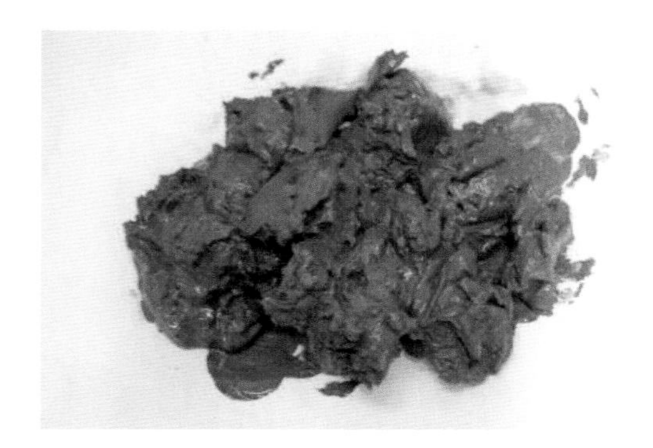

图 1　样品外观

（2）采用 X 射线荧光光谱仪（XRF）对样品进行成分分析，主要成分为 S、Nd、Co、Fe、Sm，以及少量的 Na、Dy、Si、Zn、Ca 等，结果见表 1。单独测定样品中硼（B）的含量为 0.021%。

表 1　样品干基主要成分及含量（除 Cl 外，元素均以氧化物表示）　单位：%

| 成分 | $SO_3$ | $Nd_2O_3$ | $Co_3O_4$ | $Fe_2O_3$ | $Sm_2O_3$ | $Na_2O$ | $Dy_2O_3$ | $SiO_2$ | ZnO | CaO | $Pr_2O_3$ | $Al_2O_3$ |
|---|---|---|---|---|---|---|---|---|---|---|---|---|
| 含量 | 39.1 | 16.19 | 11.71 | 11.35 | 10.97 | 3.81 | 1.86 | 0.87 | 0.80 | 0.63 | 0.53 | 0.52 |

续表

| 成分 | NiO | $ZrO_2$ | CuO | PbO | $K_2O$ | $SnO_2$ | $P_2O_5$ | $Ga_2O_3$ | MnO | $Cr_2O_3$ | Cl | — |
|---|---|---|---|---|---|---|---|---|---|---|---|---|
| 含量 | 0.41 | 0.30 | 0.25 | 0.16 | 0.16 | 0.16 | 0.07 | 0.05 | 0.04 | 0.04 | 0.02 | — |

（3）采用 X 射线衍射分析仪、光学显微镜观察、扫描电镜及 X 射线能谱分析等方法综合分析样品，主要组成为稀土钐钕的硫酸盐［$Na(Sm,Nd)(SO_4)_2 \cdot H_2O$］；其次为稀土氧化物［$(Sm,Nd)_2O_3$］、CoO、$Fe_2O_3$；另有少量 $CaSO_4$、$Fe_3O_4$、$SiO_2$。见图 2～图 7。

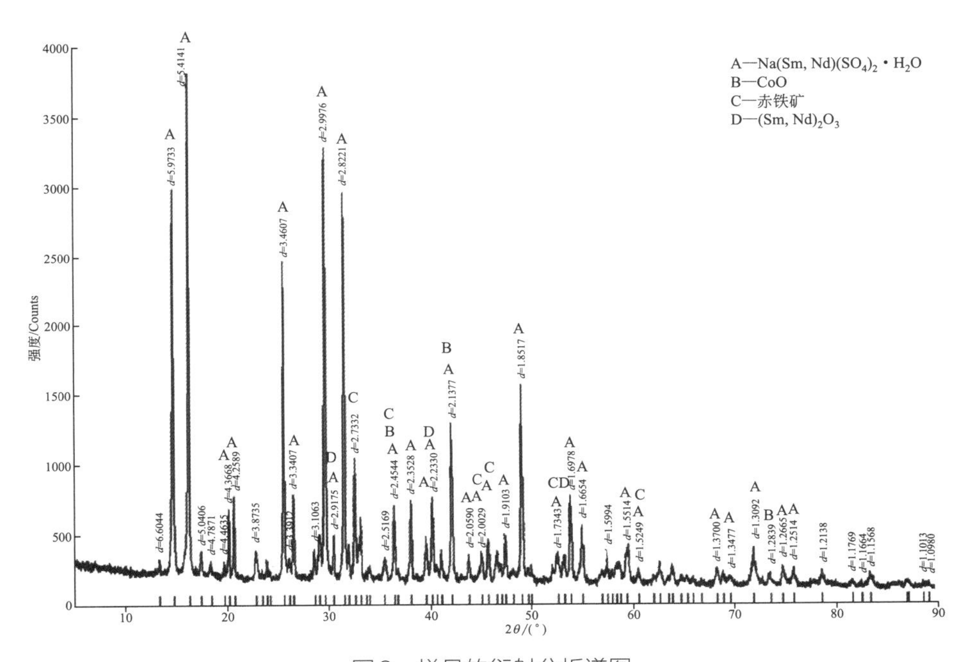


图2　样品的衍射分析谱图

图3

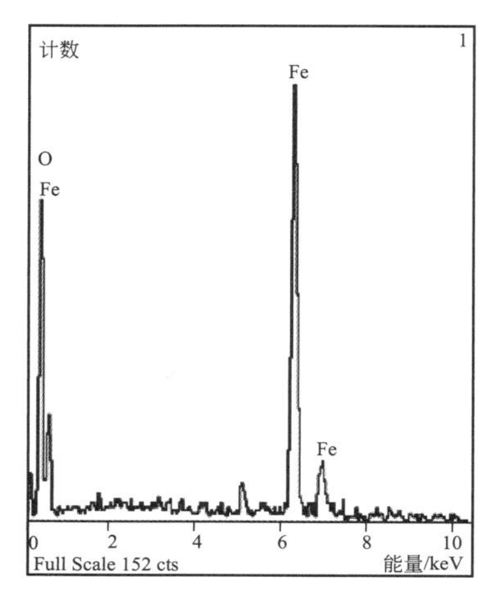


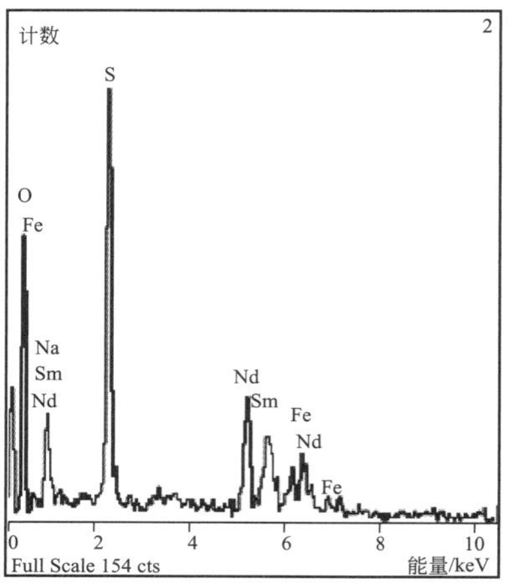


图3　背散射电子图-样品中的磁铁矿（点1）
与Na(Sm，Nd)($SO_4$)$_2$·$H_2O$（点2）紧密嵌布在一起

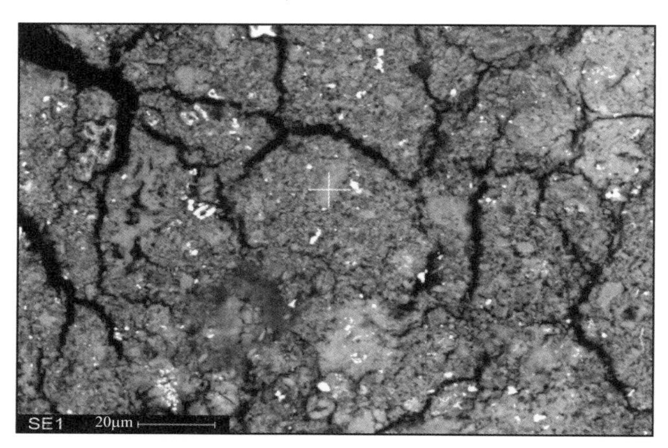


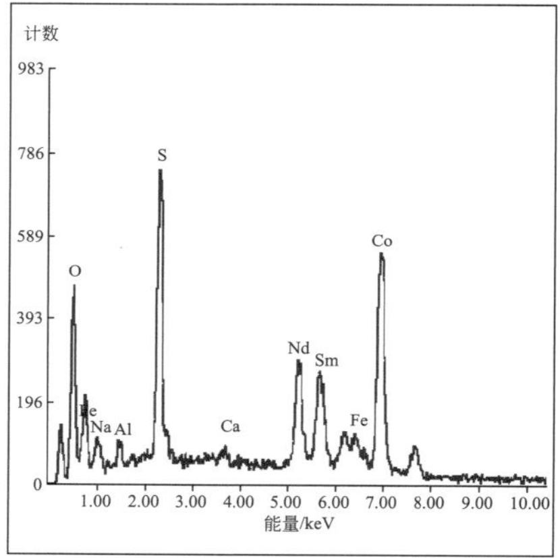


图4　背散射电子图—样品中Na(Sm，Nd)($SO_4$)$_2$·$H_2O$与CoO相混杂在一起

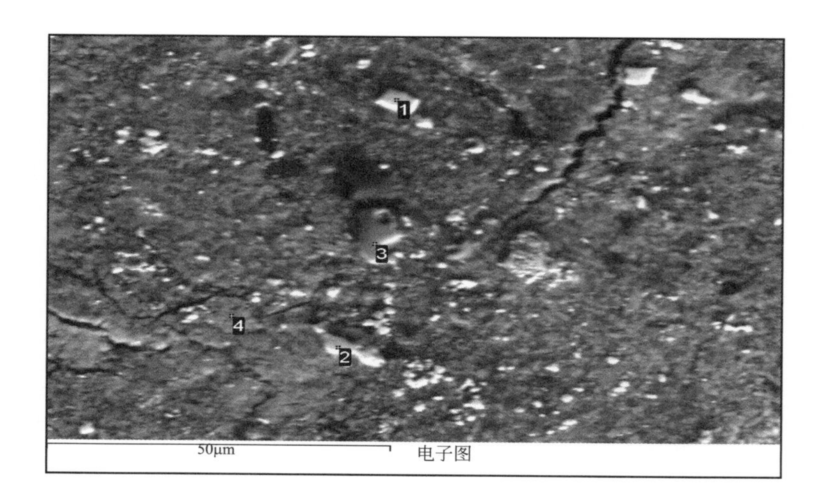

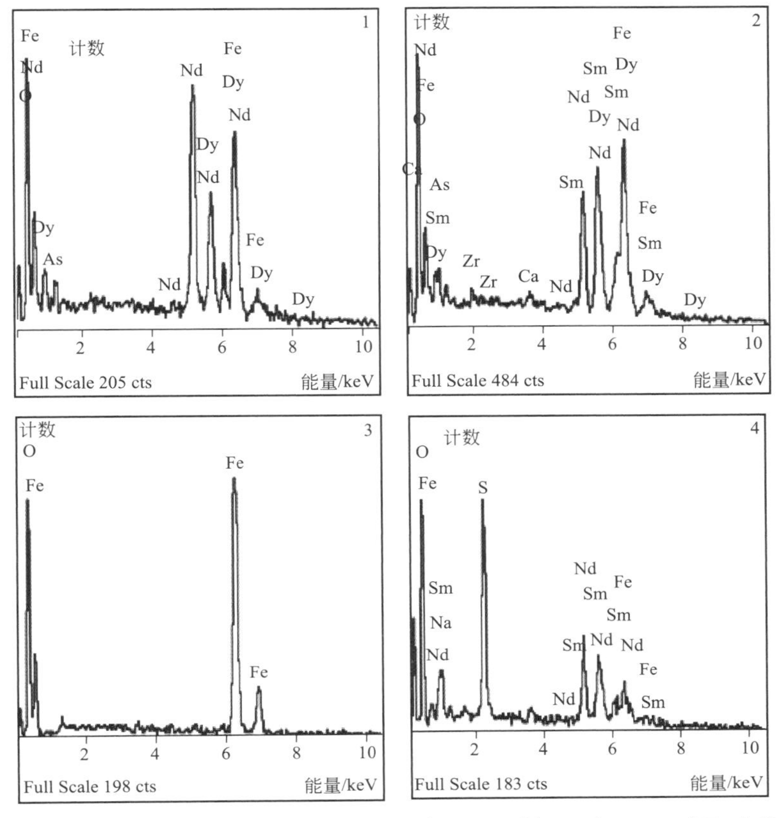


图5　背散射电子图—样品中（Sm,Nd）$_2$O$_3$相、Na(Sm,Nd)($SO_4$)$_2$·$H_2O$相和赤铁矿的产出特征

［点1、点2—（Sm,Nd)$_2$O$_3$相；点3—赤铁矿；点4—Na(Sm,Nd)($SO_4$)$_2$·$H_2O$相］

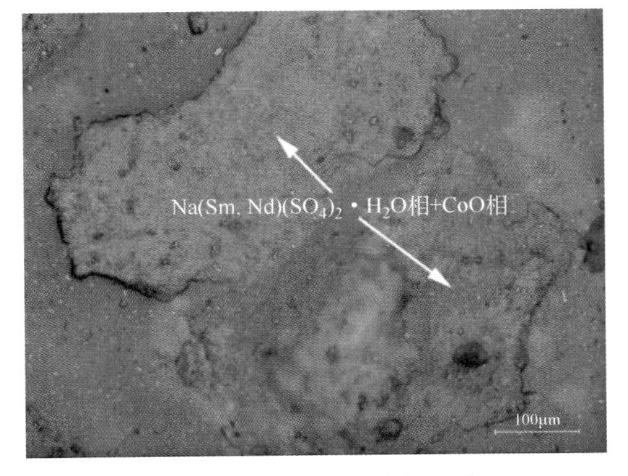


图6　样品中Na(Sm,Nd)($SO_4$)$_2$·$H_2O$与CoO呈微粒粉末状混杂在一起

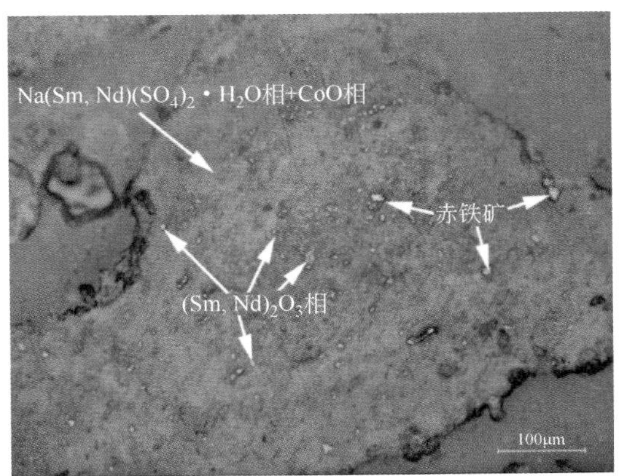


图7　样品中Na(Sm,Nd)($SO_4$)$_2$·$H_2O$、（Sm,Nd）$_2$O$_3$、CoO相和赤铁矿的产出特征

## 3 产生来源分析

（1）稀土矿石一般只含有百分之几至十万分之几的稀土氧化物，因此必须经过分选才得到稀土和其他有用矿物的最终精矿。钕和镨属于轻稀土元素，轻稀土矿物主要有独

居石和氟碳铈矿具有开采利用价值，我国稀土冶炼用得最多的是独居石、氟碳铈矿 - 独居石混合精矿、离子吸附型稀土矿三种，表 2 是这两种矿物的主要成分和性质，表 3 是包头混合型稀土精矿的成分，表 4 是典型独居石精矿化学成分。冶炼工艺对独居石精矿以及独居石 - 氟碳铈混合精矿矿的要求是稀土氧化物总含量（$\sum RExOy$）≥60%，独居石精矿磁性杂质（如 $Fe_3O_4$）<2%，氟碳铈矿 - 独居石混合精矿的 $\sum Fe$≤5%[1]。

表2　独居石和氟碳铈矿主要成分和性质

单位：%

| 矿物名称 | 化学式 | 铈组氧化物 | 钇组氧化物 | 颜色 |
|---|---|---|---|---|
| 独居石 | $(Ce,La,Th)PO_4$ | 39～74 | 0～5 | 黄褐 |
| 氟碳铈矿 | (Ce、La)$(CO_3)F$ | 60～72 | 2 | 黄、赤褐 |

表3　包头混合型稀土精矿的成分及含量

单位：%

| 序号 | 稀土 | $ThO_2$ | P | Fe | F | Ca |
|---|---|---|---|---|---|---|
| 样品 1 | 53.2 | 0.15 | 3.5 | 7.5 | 9.8 | 4.92 |
| 样品 2 | 59.4 | 0.16 | 4.0 | 7.4 | 7.5 | 6.0 |

表4　独居石精矿的化学成分及含量分析

单位：%

| 成分 | $Fe_2O_3$ | $SiO_2$ | $Al_2O_3$ | $P_2O_5$ | CaO | $U_3O_8$ | $ThO_2$ | 稀土氧化物 |
|---|---|---|---|---|---|---|---|---|
| 含量 | 1～2 | 1～3 | 0.1～0.8 | 24～29 | 0.2～0.8 | 0.2～0.4 | 5～10 | 55～60 |

表 1 样品成分中总稀土氧化物（$\sum RExOy$）成分约为 29.6%，低于表 2～表 4 稀土精矿的含量，也不满足稀土矿冶炼 $RExOy$≥60% 的要求；表 1 样品成分中含磷很低且不含氟，与天然稀土矿及其精矿成分不符，样品矿物物相分析也证明不是稀土矿物。因此，判断该样品不是稀土矿或稀土精矿。

（2）稀土精矿在生产稀土氧化物产品过程中，首先要进行稀土原料的分解，分解方法可分成：酸分解法（$H_2SO_4$ 法、HF 法）；碱分解法（苛性钠法、苏打法）；高温氯化法。通过这些方法将稀土成分转变成各种容易分离提取的成分，实现稀土和大部分杂质的分离，为进一步制取稀土混合物产品奠定基础，如氧化稀土产品、氯化稀土产品、混合稀土金属产品[2]。我国《离子型稀土矿混合稀土氧化物》（GB/T 20169—2015）标准规定离子型稀土矿混合稀土氧化物（REO）含量≥92%、$SO_4^{2-}$≤2%、水分含量≤1%、灼烧减量≤1.5%。对照样品的实验结果，均不满足 GB/T 20169—2015 标准的要求。

从稀土废料中回收的氧化稀土产品和氧化钴产品，其稀土氧化物含量通常在 90% 以上，如尹小文等用草酸沉淀法回收钕铁硼（NdFeB）废料中稀土元素，得到钕镨的混合稀土氧化物达 99.27%[2]；张万琰等从 NdFeB 废料中回收稀土及 $Co_2O_3$，得到氧化稀土为 96.8%～97.6% 的产品以及含钴 72.28% 的氧化钴产品[3]；越村英雄等从钐钴合金废料中回收钐，回收率达 98%～98.5%，纯度达到 98.5%[4]；王晶晶等从钐钴磁性材料中回收氧化钐和氧化钴产品的纯度均达到 95% 以上[5]。

样品中含有大量的金属氧化物和硫酸盐成分，与海关总署《2012 年版商品及品目注释》中品目“28.46 稀土金属、钇、钪及其混合物的无机或有机化合物”的注释“本

品目也包括通过化学处理这些元素的混合物而直接衍生的化合物，即本品目包括这些元素的氧化物或氢氧化物的混合物，或含有相同阴离子的盐的混合物，但不包括含有不同阴离子盐的混合物，不论其阳离子是否相同”的要求不相符。

综上所述，判断该样品不是稀土氧化物产品。

（3）样品是稀土磁性材料生产中的回收物料

钕最大用途之一是制造钕铁硼永磁材料，NdFeB 磁体磁能极高以其优异的性能广泛用于电子、机械等行业。样品中明显含有 Fe、Nd、Pr、Dy、B 等成分，Nd、Pr、Dy、B 是 NdFeB 磁性材料的特征元素，表明该样品来源与 NdFeB 磁性材料有关。

钐钴（$Sm_2Co_{17}$）作为第二代永磁体，有着较高的磁能积和可靠的矫顽力，在稀土永磁材料中表现出良好的温度特性，钐钴磁铁更适合工作在高温环境中。样品中含有较高的 Co、Sm 磁铁合金的特征元素，表明样品来源与 SmCo 磁性材料也有关。

硫酸复盐沉淀法并经碱转换处理是回收处理稀土常用的方法[1-4,6]，样品中含有较高的硫酸钠盐，应是加入 $H_2SO_4$ 和 NaOH 或 $Na_2CO_3$（苏打）处理之后的产物。由于高端稀土产品技术保密的原因，无论是 NdFeB 磁材还是 SmCo 合金，其生产中的回收物料（废料）一般会以混合物的形式存在。因此，进一步判断样品是稀土磁性材料（NdFeB 磁材、SmCo 合金）生产过程中的回收物料经酸碱简单处理之后的沉淀物。

## 4 固体废物属性分析

（1）样品是稀土磁性材料（NdFeB、SmCo）生产中回收物料经酸碱简单处理之后的沉淀物，带入了稀土产品中通常没有的大量硫酸根，样品不符合稀土产品的质量标准或规范，仍属于“生产过程中产生的废弃物质”，或者属于生产中产生的残余物，回收利用的目的或方式是提取并利用其中的 Nd、Co、Pr、Dy、Sm。根据《固体废物鉴别导则（试行）》的原则，判断鉴别样品属于固体废物。

（2）2014 年 12 月 30 日，环境保护部、商务部、发展改革委、海关总署、国家质检总局发布的第 80 号公告中的《禁止进口固体废物目录》中包括“3825900090 其他未列明化工副产品及废物”“其他未列名固体废物”，建议将样品归于这两类废物中的一类，因而鉴别样品属于我国禁止进口的固体废物。

## 参考文献

[1] 潘叶金. 有色金属提取冶金手册——稀土金属[M]. 北京：冶金工业出版社，1993，67-72.

[2] 尹小文，刘敏，赖伟鸿，等. 草酸沉淀法回收钕铁硼废料中稀土元素的研究[J]. 稀有金属，2014，38（6）：1093-1097.

[3] 张万琰，吴光源. 从钕铁硼废料中回收稀土及氧化物钴的条件试验[J]. 江西有色金属，2001，15（4）：23-25.

[4] 越村英雄，等. 从钐-钴合金废料中回收钐[J]. 湿法冶金，1990（3）：59-67.

[5] 王晶晶，马莹，许涛，等. 钐钴磁性材料废料综合利用技术研究[J]. 稀土，2015，36（5）：66-69.

[6] 孟凡伟，何桂荣. 烧结钕铁硼二次资源回收利用[J]. 四川稀土，2009（3）：18-19.

# 28. 稀土永磁材料的混合物

## 1 背景

2016 年 8 月，大连海关化验中心委托中国环科院固体所对其查扣的一票进口“稀土”货物样品进行固体废物属性鉴别，需要确定是否属于固体废物。

## 2 样品特征及特性分析

（1）样品为深褐色粉末，含有不规则的铁块，偶见烟头、塑料屑、木屑、玻璃、纸等杂物土黄色泥状物，无磁性。测定样品含水率为 2.56%，550℃灼烧后的烧失率为 3.35%；用 0.6mm 网孔筛筛分样品，筛下细粉（编为 1 号样）重量占比为 50.7%，筛上粗颗粒（编为 2 号样）占比为 49.3%。样品外观状况见图 1 和图 2。

图1　样品外观

图2　从样品中分拣的小块合金

（2）采用 X 射线荧光光谱仪（XRF）对样品进行成分分析，主要为 Fe、Co、Nd、Sm、Si 以及少量的 Dy、Pr、Al、Cu、Ca、Sr 等，结果见表 1。单独测定样品中 B 的含量为 0.44%。

表1　样品干基主要成分及含量（除Cl以外，其他元素均以氧化物表示）　　单位：%

| 成分 | $Fe_2O_3$ | $Co_3O_4$ | $Nd_2O_3$ | $Sm_2O_3$ | $Al_2O_3$ | $SiO_2$ | CuO | $Pr_2O_3$ | SrO |
|---|---|---|---|---|---|---|---|---|---|
| 1号样 | 60.44 | 10.13 | 9.28 | 4.84 | 3.13 | 2.95 | 1.51 | 1.40 | 1.33 |
| 2号样 | 64.37 | 6.35 | 13.87 | 2.69 | 1.78 | 3.72 | 0.87 | 1.80 | 0.49 |
| 成分 | $Dy_2O_3$ | CaO | $ZrO_2$ | MgO | $SO_3$ | ZnO | MnO | $P_2O_5$ | $Cr_2O_3$ |
| 1号样 | 1.11 | 0.88 | 0.49 | 0.46 | 0.32 | 0.26 | 0.20 | 0.18 | 0.13 |
| 2号样 | 1.81 | 0.53 | 0.31 | 0.19 | 0.20 | 0.12 | 0.16 | 0.10 | 0.11 |
| 成分 | $Nb_2O_5$ | $K_2O$ | NiO | $TiO_2$ | $Ga_2O_3$ | Cl | $Ho_2O_3$ | $WO_3$ | BaO |
| 1号样 | 0.12 | 0.11 | 0.10 | 0.05 | 0.04 | 0.04 | 0.28 | 0.12 | 0.10 |
| 2号样 | 0.15 | 0.10 | 0.10 | 0.03 | 0.09 | 0.05 | PbO 0.02 | | — |

（3）采用X射线衍射实验分析样品物相组成，1号样和2号样的物相基本一致，主要为AlCo、$Fe_3O_4$、$(Co_{0.2}Fe_{0.8})(Co_{0.8}Fe_{1.2})O_4$、$FeNdSi_2$、$SiO_2$、$Al_2SiO_5$、$Co_{5.66}Sm_{0.66}$、$Nd_2O_3$、CoO。

（4）采用X射线衍射分析仪、光学显微镜观察、扫描电镜及X射线能谱分析等方法综合分析样品矿物相组成，主要组成物质为$Fe_{16.93}Nd_5$相；其次为$Fe_2O_3$相和CoFe相，在CoFe相中含有钐；另有少量的金属铁、铌铁合金（NbFe）、金属铝（Al）、金属铜（Cu）、褐铁矿、石英、刚玉、钙铝榴石、钾长石和钠长石等。样品的X射线衍射分析结果见图3，主要矿物的产出特征见图4～图7。

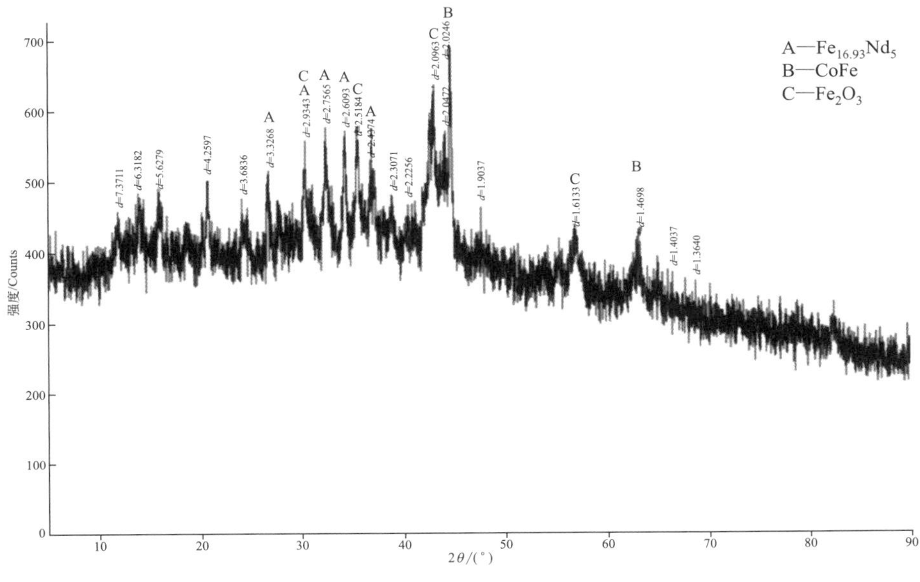


图3　样品中$Fe_{16.93}Nd_5$相和$Fe_2O_3$相的产出特征

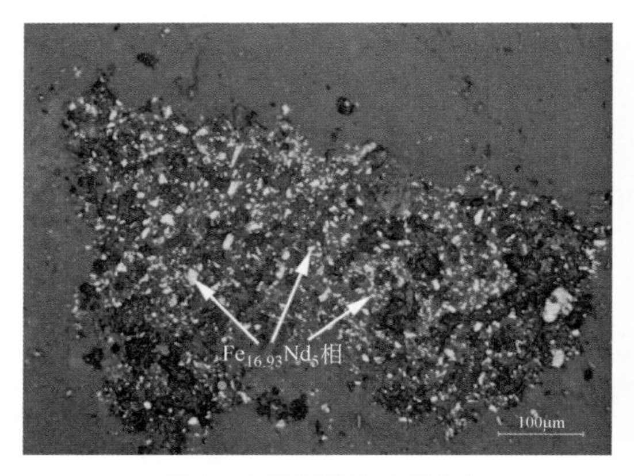


图4　光学显微镜（反光）
（$Fe_{16.93}Nd_5$相的产出特征）

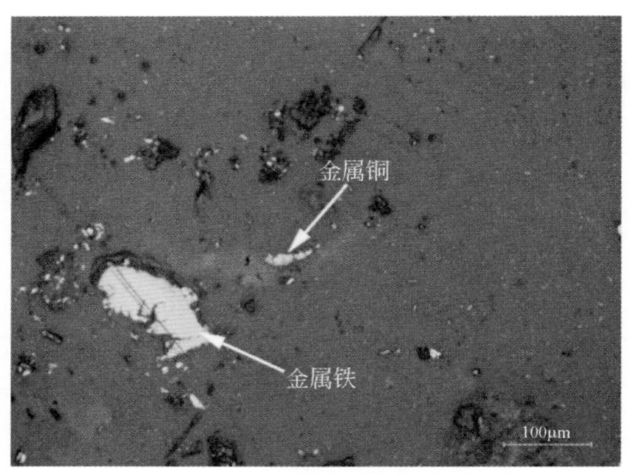


图5　光学显微镜（反光）
（样品中的金属铜和铁）

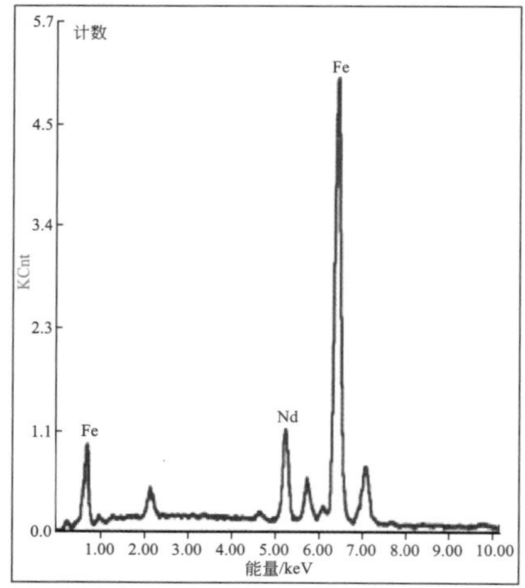


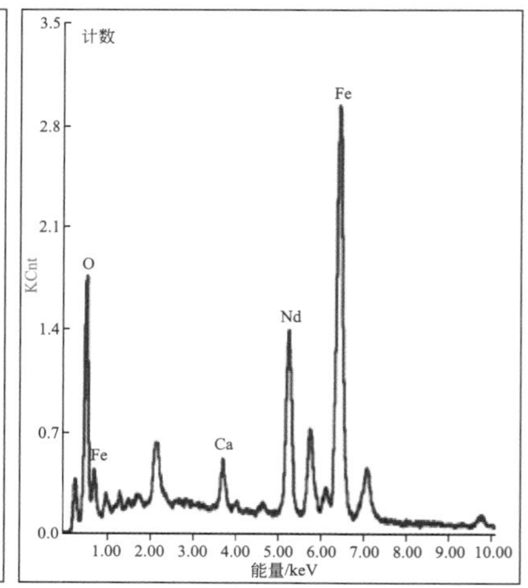


图6　背散射电子图-样品中$Fe_{16.93}Nd_5$相（点1）和$Fe_2O_3$相（点2）的产出特征

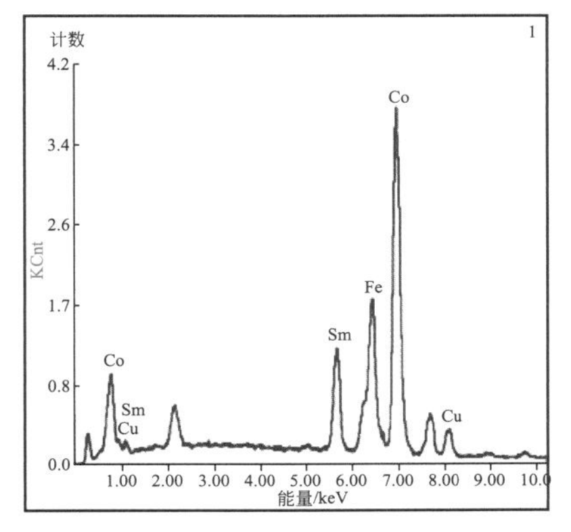


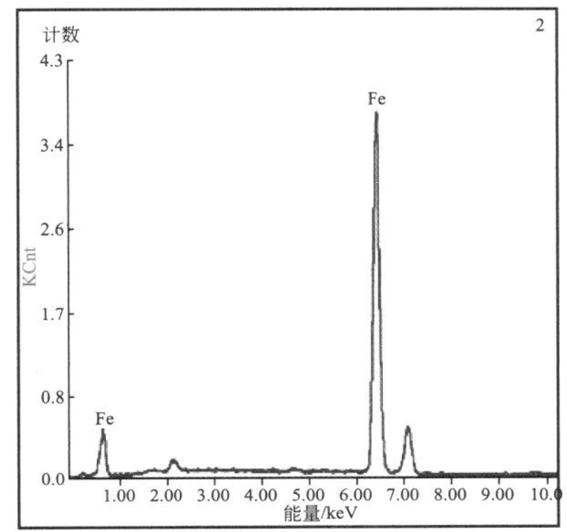


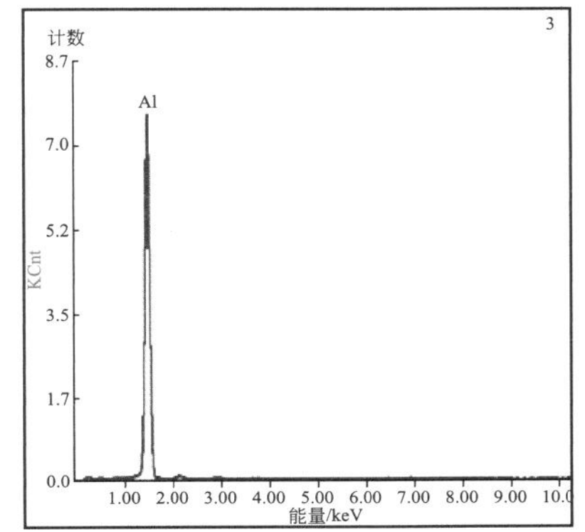


图7　背散射电子图-样品中CoFe相（点1）、金属铁相（点2）和金属铝相（点3）的产出特征

## 3 产生来源分析

综合判断样品不是稀土矿、正常的稀土氧化物产品，而是稀土磁性材料（NdFeB、SmCo）生产过程中的回收物料，包括回收的报废稀土永磁材料及其氧化物粉末的混合物（来源分析可参考案例27）。

## 4 固体废物属性分析

（1）样品是稀土磁性材料（NdFeB、SmCo）生产过程中的回收物料，包括回收的报废稀土永磁材料及其部分氧化物粉末的混合物。样品不符合稀土产品的质量标准或规范，仍属于“生产过程中产生的废弃物质”，或者属于生产中产生的残余物，回收利用的目的或方式是提取并利用其中的具有较高资源价值和经济价值的Nd、Co、Pr、Dy、Sm。根据《固体废物鉴别导则（试行）》的原则，判断鉴别样品属于固体废物。

（2）2014年12月30日，环境保护部、商务部、发展改革委、海关总署、国家质检总局发布的第80号公告中，《限制进口类可用作原料的固体废物目录》以及《自动

许可进口类可用作原料的固体废物目录》（该目录2015年调整为《非限制进口类可用作原料的固体废物目录》），以及之前我国历次公布的允许进口废物目录中均没有包括“稀土废料”“钕铁硼废料”“稀土磁性材料废物”及类似的废物。2011年8月1日起施行的《固体废物进口管理办法》明确规定“禁止进口尚无适用国家环境保护控制标准或者相关技术规范等强制性要求的固体废物”，前述第80号公告中的《禁止进口固体废物目录》中包括“3825900090其他未列明化工副产品及废物”“其他未列名固体废物”，建议将鉴别样品归于这两类废物中的一类，因而鉴别样品属于我国禁止进口的固体废物。

# 29. 含钽废料

## 1 背景

2019 年 3 月，中国检验认证集团广东有限公司黄埔分公司委托中国环科院固体所对其查扣的一票进口“钽精矿”货物样品进行固体废物属性鉴别，需要确定是否属于固体废物。

## 2 样品特征及特性分析

（1）样品为灰色不均匀碎块（如碎石）和少量粉末，明显为机械破碎后的产物，手感较重，颜色不均，有的碎块可见烧结产生的疏松气孔，使用 1mm 方孔筛筛分样品，筛上物重量占比 87%，筛下物占比 13%；测定样品含水率为 0.15%，550°C 下灼烧后的烧失率为 0.42%；使用便携式放射性测量仪测定样品辐射值为 0.227μS/h。样品外观状态见图 1 和图 2。

图1　测样品表面γ射线

图2　样品外观

（2）采用 X 射线荧光光谱仪（XRF）对综合样、筛上物、筛下物分别进行成分分析，主要含有 Ca、Al、Mg、Ti、Cr，明显含有稀有金属钽（Ta）、铌（Nb）、锆（Zr）、铪（Hf）等，结果见表1。再采用酸溶消解样品，对Ta、Nb进行含量分析，结果见表2。

表1　样品主要成分及含量（除Cl以外，其他元素以氧化物表示）　　单位：%

| 成分 | CaO | $Al_2O_3$ | MgO | $TiO_2$ | $Ta_2O_5$ | $Cr_2O_3$ | $SiO_2$ | $Nb_2O_5$ | $ZrO_2$ | $HfO_2$ |
|---|---|---|---|---|---|---|---|---|---|---|
| 综合样 | 31.42 | 18.85 | 13.83 | 11.29 | 8.48 | 8.19 | 3.30 | 1.81 | 1.15 | 0.58 |
| 筛上物 | 32.38 | 18.38 | 12.63 | 11.11 | 8.84 | 8.22 | 3.37 | 2.34 | 1.03 | 0.51 |
| 筛下物 | 39.18 | 13.07 | 9.46 | 11.44 | 9.18 | 9.20 | 2.44 | 2.23 | 1.35 | 0.63 |
| 成分 | $Fe_2O_3$ | $Na_2O$ | NiO | MnO | $Co_2O_3$ | $SO_3$ | Cl | $P_2O_5$ | $K_2O$ | — |
| 综合样 | 0.52 | 0.16 | 0.18 | 0.09 | 0.06 | 0.06 | 0.02 | — | — | — |
| 筛上物 | 0.51 | 0.25 | 0.17 | 0.09 | 0.06 | 0.06 | 0.02 | — | — | — |
| 筛下物 | 0.75 | 0.15 | 0.49 | 0.09 | 0.14 | 0.10 | 0.04 | 0.05 | 0.02 | — |

表2　样品中钽和铌含量　　单位：%

| 成分 | 综合样 | 筛上物 | 筛下物 |
|---|---|---|---|
| Ta | 5.09 | 5.16 | 4.16 |
| Nb | 0.85 | 0.89 | 0.62 |

注：酸溶样品时有不溶性残渣。

（3）采用X射线衍射分析仪（XRD）对样品进行物相组成分析，结果见表3。

表3　样品物相分析结果

| 样品 | 物相组成 |
|---|---|
| 综合样 | $CaTiO_3$、MgO、NbO、$Mg_2SiO_4$、$Ca_{12}Al_{14}O_{33}$、$MgAlCrO_4$、$SiO_2$、$MgAl_2O_4$ |
| 筛上物 | $CaTiO_3$、MgO、$MgAl_2O_4$、$Ca_{12}Al_{14}O_{33}$、$MgCrO_4$、$CaTa_4O_{11}$ |
| 筛下物 | $CaTiO_3$、MgO、$Mg_2SiO_4$、$CaTi_2O_4$、$Ca_2SiO_4$、$Ca_5Cr_3O_{12}$、NbO、TaO、$Ca_2TaO_3$ |

（4）再采用X射线衍射分析、光学显微镜观察、扫描电镜及X射线能谱分析等方法综合分析样品矿物相组成，主要为钙铝氧化物（$Ca_{12}Al_{14}O_{33}$），其次为镁铝氧化物（$MgAl_2O_4$）、氧化镁（MgO）和硅铝钙钛氧化物，另有少量榍石、硅酸镁、钛闪石、菱镁矿、方解石、绿泥石、石英、白云石、氧化钙、镁铝铬氧化物、镁硅钛氧化物、钙钛矿、金属铁、透辉石、萤石、铁矿等，物料为冶金产物。样品X射线衍射分析结果见图3，各主要物相的产出特征见图4～图9。

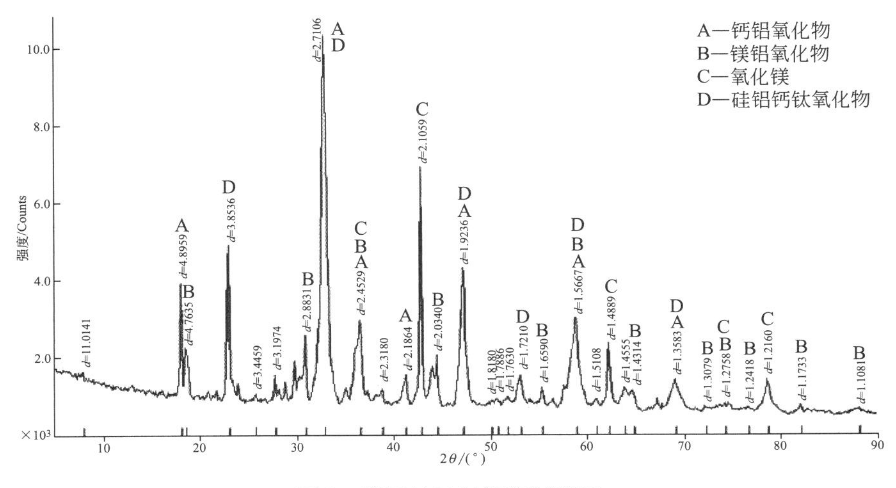


图3　样品的X射线衍射谱图

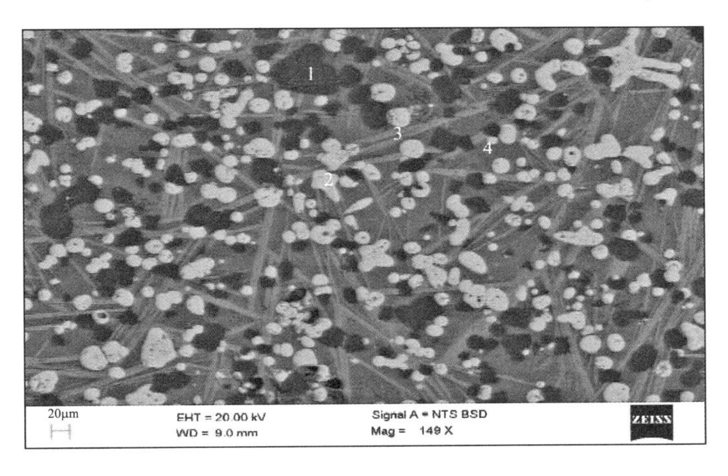


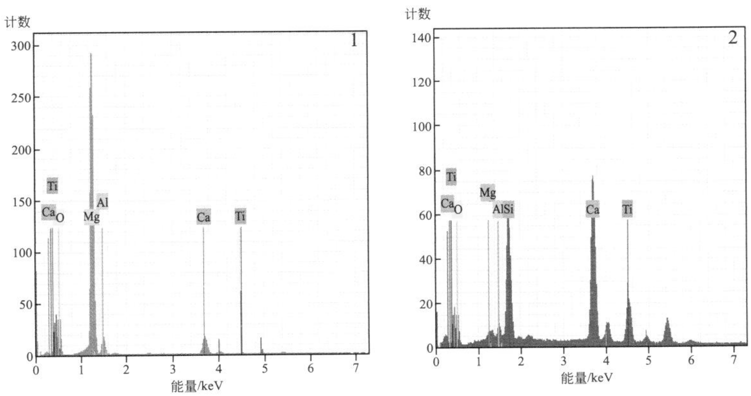


图4

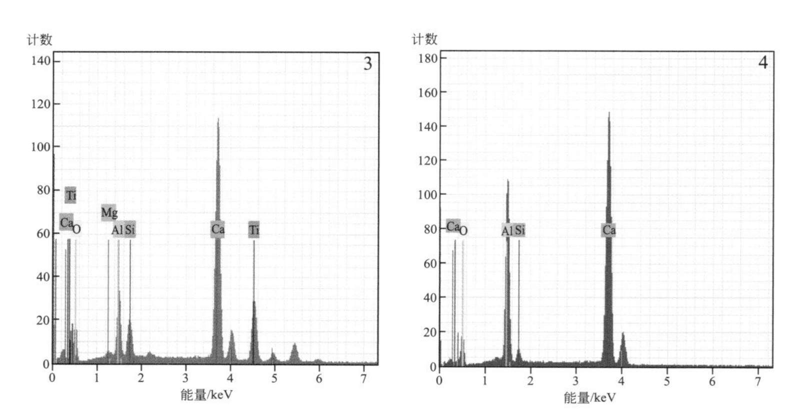


图4　背散射电子图－样品中各物质嵌布特征

（点1—氧化镁；点2、点3—硅铝钙钛氧化物；点4—钙铝氧化物）

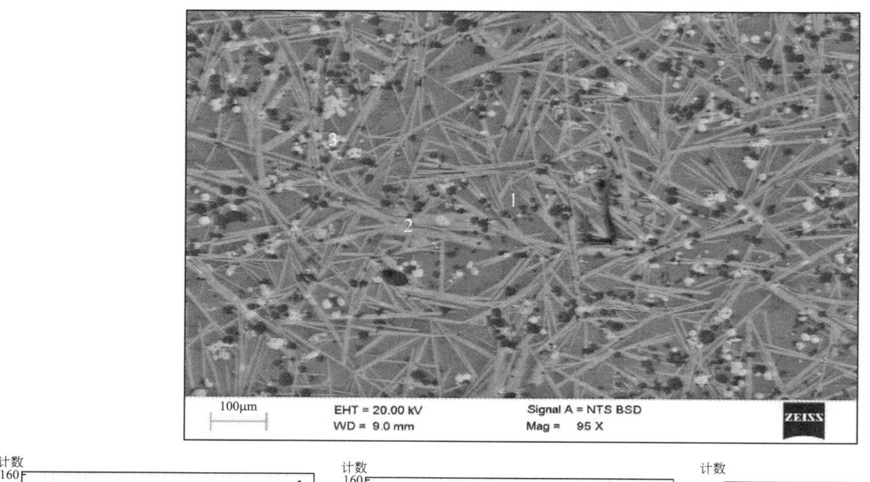


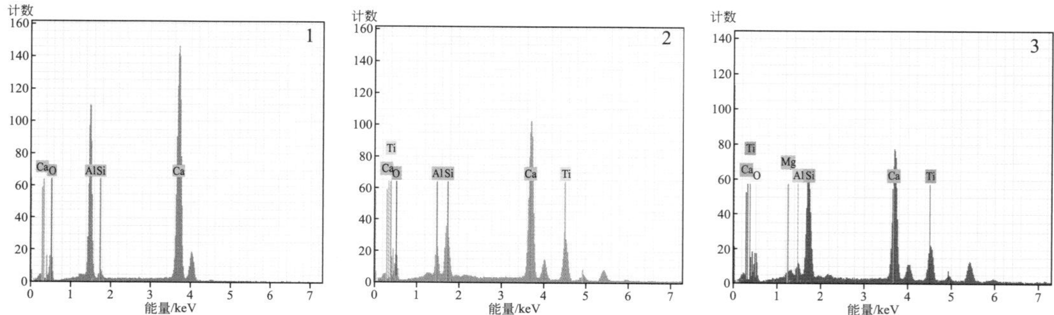


图5　背散射电子图及能谱图－样品中钙铝氧化物（点1）和硅铝钙钛氧化物（点2和点3）的嵌布特征

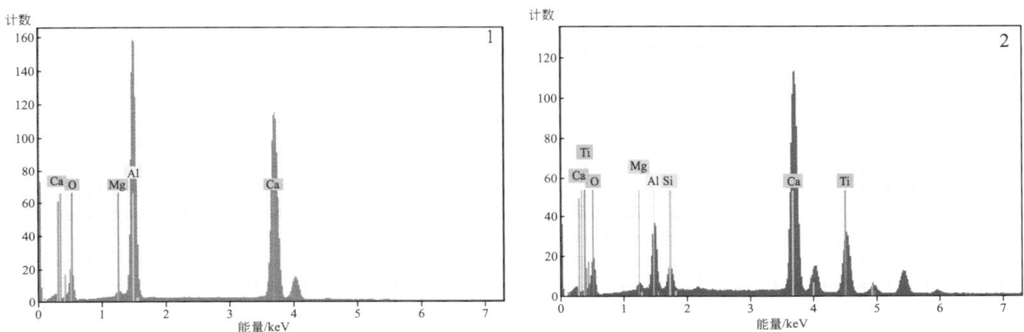


图6　背散射电子图及能谱图－样品中钙铝氧化物（点1）和硅铝钙钛氧化物（点2）的嵌布特征

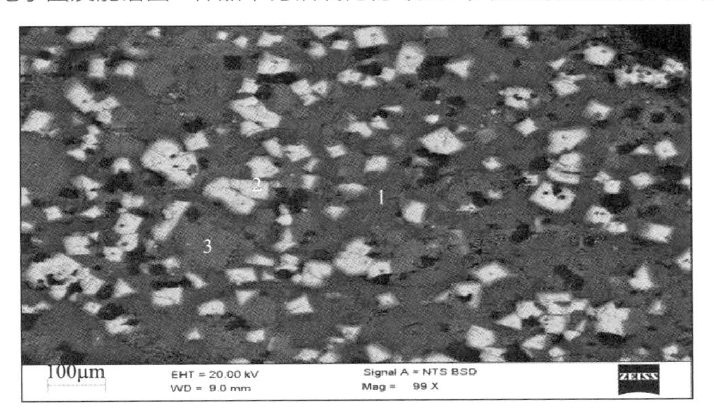


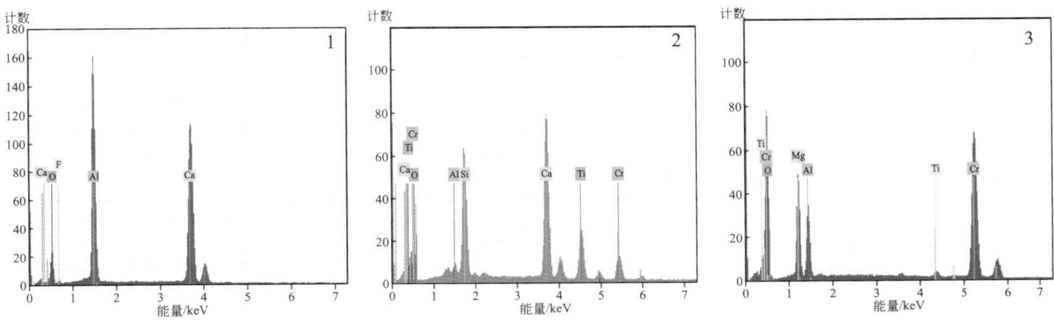


图7　背散射电子图及能谱图－样品中各物质的嵌布特征

（点1—钙铝氧化物；点2—硅铝钙钛氧化物；点3—镁铝铬氧化物）

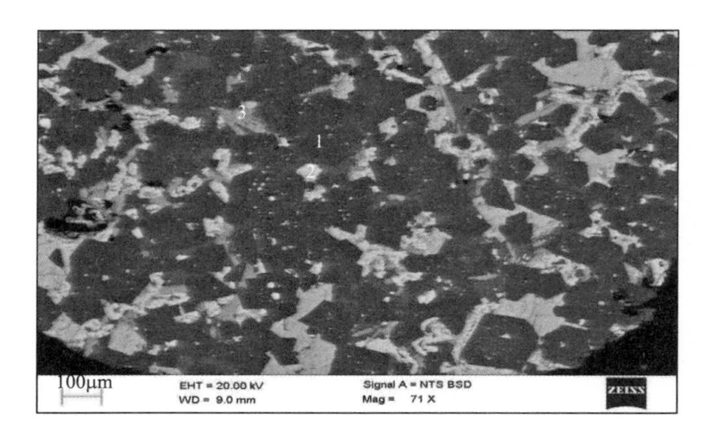


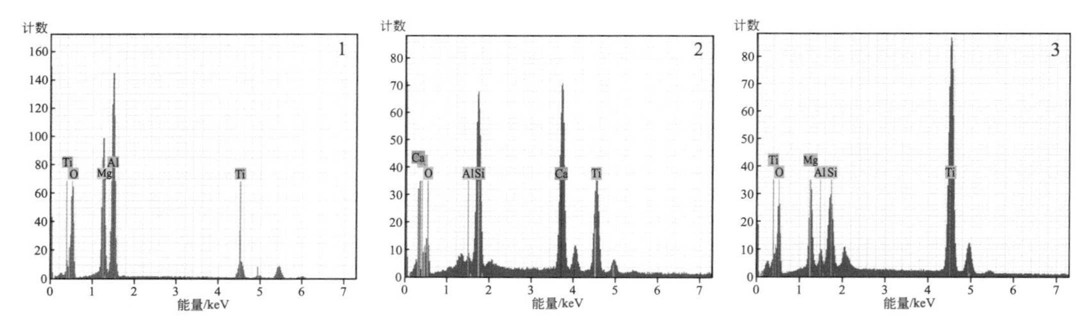


图8　背散射电子图及能谱图－样品中各物质的嵌布特征

（点1—镁铝氧化物；点2—硅铝钛氧化物；点3—镁硅钛氧化物）

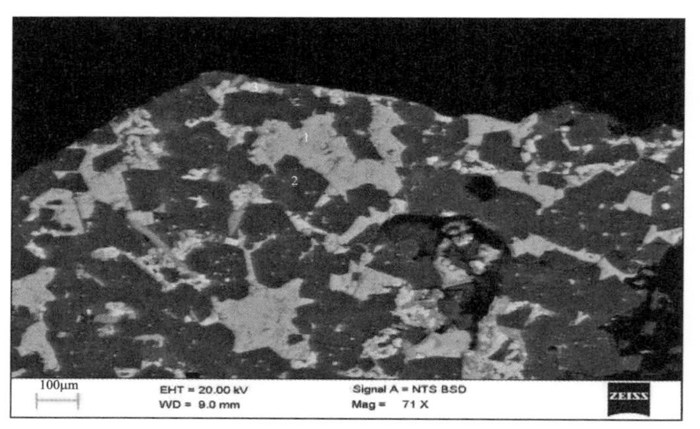


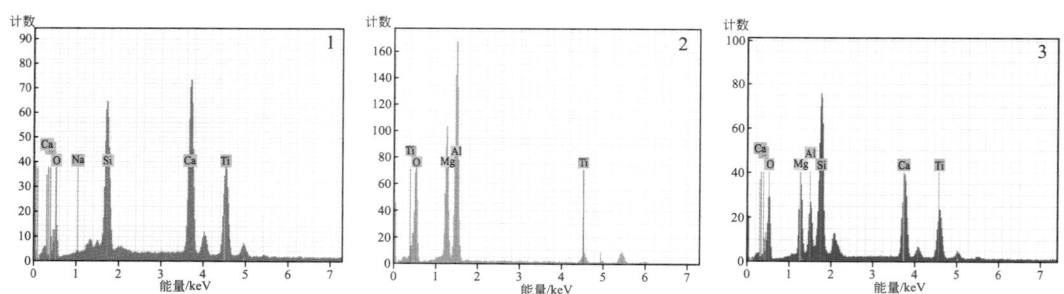


图9　背散射电子图及能谱图－样品中各物相紧密嵌布特征

（点1—硅钙钛氧化物；点2—镁铝氧化物；点3—镁铝硅钙钛氧化物）

## 3 产生来源分析

（1）样品不是钽铌原矿及其精矿等矿物。样品中钽、铌含量虽然远高于原矿的水平，但远没有达到国内外钽铌精矿的含量水平，样品成分复杂，含有大量钙、镁、铝、硅等冶金渣相物质，样品的矿物相分析证明不是精矿，仅含少量天然矿组分，因而综合判断样品不是钽铌原矿及其精矿。

（2）样品不是钽铌等稀有金属的材料性（金属或合金）废物。稀有金属和稀土金属广泛用于各种高技术领域的合金材料，其生产和使用中会产生大量的边角废料、报废品、中间废料，相当一部分废料价值仍很高，是典型的二次资源，如钽（Ta）。高温合金废料中还含有铌（Nb）、铼（Re）、锆（Zr）、铪（Hf）等稀贵金属，某厂废旧高温合金粉末主要成分为 Ni 64.25%、Co 10.37%、W 6.06%、Cr 4.73%、Al 2.61%、Zr 2.19%、Mo 1.21%、Ta 4.75%、Nb 0.68%[1]；首先采用 $HCl+H_2O_2$ 将基体元素 Ni、Co 在常压下完全浸出，过滤烘干得到的酸浸渣再采用 $Na_2CO_3+NaOH$ 进行碱烧处理，将碱烧渣水浸以除去 W、Mo 等杂质，得到的水浸渣基本为 Nb、Ta、Zr 的富集渣，主要成分 Ta 46.14%、Nb 6.43%、Zr 16.34%、W 1.74%、Ni 0.75%、Cr 0.33%；然后再对富集渣进行分步分离。

从样品成分和物相组成分析看出，样品是以多金属混合氧化物为主（含少量天然矿物组分），包括硅酸盐物相、尖晶石物相等高温下的产物。因此，可排除样品为金属或合金材料性废物。

（3）样品是回收钽铌等稀有金属混合物料经熔融处理后的产物。来源分析如下：

① 样品外观形态为机械破碎的碎石状，具有一定的强度，但同时明显有气孔、断面粗糙、颜色不均、强度不均等特征，应是高温处理后形成；

② 样品有黄绿色等少许杂色，与样品来源成分复杂相关，如铬、镍等有色金属；

③ 综合样、筛下样、筛上样各部分出现了成分及其含量具有差异的情况，也表明其形成原料来源复杂、不均匀，形成过程没有有效的质量控制；

④ 样品中含有大量的钙、镁、铝成分，这些成分可能来自冶金渣和湿法处理污泥，如钙法烧结处理渣、石灰中和处理泥，也不排除高温处理过程中添加了含钙镁的熔剂；

⑤ 样品中没有放射性铀钍成分，基本可排除来自钽（Ta）、铌（Nb）等稀有金属原矿物料，是来自于提取和加工过程的物料并掺混了很少量的矿物，铁和硅含量少也说明了这点；

⑥ 样品中钽和铌等成分及其含量与锡渣不符，不是含 Ta、Nb 的锡渣；

⑦ 样品成分中不含氟，硫含量也少，表明不是来自难熔稀有金属通常 HF（氢氟酸）、$H_2SO_4$（硫酸）溶解和沉淀处理后的直接产物，而是经过了高温氧化处理；

⑧ 矿物显微镜下观察样品，不同部分明显有各种形态的晶状物（熔融于钙镁铝渣相中颗粒、针状、块状等），也证明样品不均匀；

⑨ 样品成分既不符合矿物产品质量要求，也不符合矿物提取和加工产品质量要求。

总之，判断样品是回收钽铌等稀有金属为主的混合物料经高温氧化熔融并破碎处理后的产物，仍是混合物料。

## 4 固体废物属性分析

（1）样品是回收钽铌等稀有金属为主的混合物料经高温氧化熔融并破碎处理后的产物，仍是混合物料。由于样品不符合相关原料和产品的质量要求，也难以归于有意识加工的稀有金属显著富集产物范畴，仍属于生产过程中的残余物混合物，根据《固体废物鉴别标准 通则》（GB 34330—2017）的准则，判断鉴别样品属于固体废物。但样品中 Ta、Nb、Zr、Hf 稀有金属成分高于原矿水平，仍有提取价值。

（2）根据 2017 年 12 月环境保护部、商务部等部门发布的第 39 号公告以及 2018 年 4 月生态环境部、商务部等发布的第 6 号公告，公告的《限制进口类可用作原料的固体废物目录》《非限制进口类可用作原料的固体废物目录》及《禁止进口固体废物目录》中均没有列出“含稀有金属废物”。而《禁止进口固体废物目录》第十四部分其他，序号 125 为“其他未列明固体废物”，建议将鉴别样品归于该类废物，因而鉴别样品属于我国禁止进口的固体废物。

## 参考文献

[1] 王治钧，王靖坤，陈坤坤，等. 废旧高温合金中钽回收工艺的研究[J]. 有色金属（冶炼部分），2014. 6：46-47.

# 第二篇

# 鉴别为石化行业化学废物的典型案例

# 30. 聚乙烯蜡混合废料

## 1 背景

2013 年 6 月，中华人民共和国黄岛海关委托中国环科院固体所对其查扣的一票进口“聚乙烯蜡”的货物样品进行固体废物属性鉴别，需要确定是否属于国家禁止进口的固体废物。

## 2 样品特征及特性分析

（1）样品为蜡质浅黄色固体颗粒，颗粒颜色、粗细不均，有成团结块现象，具有刺鼻气味，可见清扫杂物，如土块、植物枝条等杂物。样品外观状况见图 1。

图1　样品外观

（2）从样品中分选出外观状态不同的 9 种物质，分别进行成分定性分析，结果见表 1。

表1　样品成分定性结果

| 样品 | 1 号 | 2 号 | 3 号 | 4 号 | 5 号 |
|---|---|---|---|---|---|
| 外观 | 不规则大白蜡块 | 大黑灰块 | 泛白扁圆颗粒 | 泛黄扁圆颗粒 | 混杂细珠粒 |
| 主要成分 | 石蜡与低熔点聚乙烯蜡的混合物 | 氧化石蜡和硅酸盐黏土等 | 弱氧化石蜡或弱氧化聚乙烯蜡 | 氧化聚乙烯蜡 | 氧化聚乙烯蜡及少量EVA蜡 |

续表

| 样品 | 6 号 | 7 号 | 8 号 | 9 号 | — |
|---|---|---|---|---|---|
| 外观 | 蜡质较大似圆颗粒 | 透明细小珠粒 | 透明中等珠粒 | 棕色较大圆颗粒 | — |
| 主要成分 | 石蜡与低熔点聚乙烯蜡混合物 | EVA 蜡 | EVA 蜡 | 共聚物EAA（乙烯-丙烯酸共聚物） | — |

## 3 产生来源分析

聚乙烯蜡（PEW）又称蜡状低分子量聚乙烯，分子量在 500～10000 之间。聚乙烯生产中产生的副产聚乙烯蜡是国内 PEW 的主要来源之一，副产 PEW 分子量分布宽，导致其熔融温度范围较宽，即低分子量级的熔点与高分子量级的熔点间差距较大。吉林石化乙烯厂高密度聚乙烯装置得到的 PEW 经分离后得到熔融范围在 74.9～78.8℃的低熔点聚乙烯蜡产品以及熔融范围在 83.5～86.7℃的高熔点聚乙烯蜡产品[1]。

样品是不同颗粒形状的氧化聚乙烯蜡和石蜡为主的混合物料，并含清扫杂物，判断是来自聚乙烯蜡颗粒（母粒）生产中的不合格料，包括收集的扫地料。

## 4 固体废物属性分析

（1）样品是不同颗粒形状的氧化聚乙烯蜡和石蜡为主的混合物料，不符合正常产品外观和成分均一的基本要求，是生产过程中回收的清理或清扫产物。样品属于“生产过程中产生的废弃物质”，根据《固体废物鉴别导则（试行）》的原则，判断鉴别样品属于固体废物。

（2）2009 年 8 月 1 日，环境保护部、商务部、发展改革委、海关总署、国家质检总局发布的第 36 号公告，在该公告《限制进口类可用作原料的固体废物目录》和《自动许可进口类可用作原料的固体废物目录》中均没有包含氧化聚乙烯蜡和石蜡类废物，而在《禁止进口固体废物目录》中列出了“3825610000 主要含有有机成分的化工废物（其他化学工业及相关工业的废物）”，建议将鉴别样品归于该类废物，因而鉴别样品属于我国禁止进口的固体废物。

## 参考文献

[1] 贾寅寅. 聚乙烯副产物聚乙烯蜡的深加工研究[D]. 长春：长春工业大学，2013.

# 31. 对苯二甲酸生产中的残余物

## 1 背景

2014 年 8 月，中华人民共和国江阴海关委托中国环科院固体所对其查扣的一票进口“对苯二甲酸（副牌）”货物样品进行固体废物属性鉴别，需要确定是否属于固体废物。

## 2 样品特征及特性分析

（1）样品为潮湿淡黄色粉末，散发出明显的异味。样品外观状况见图 1。

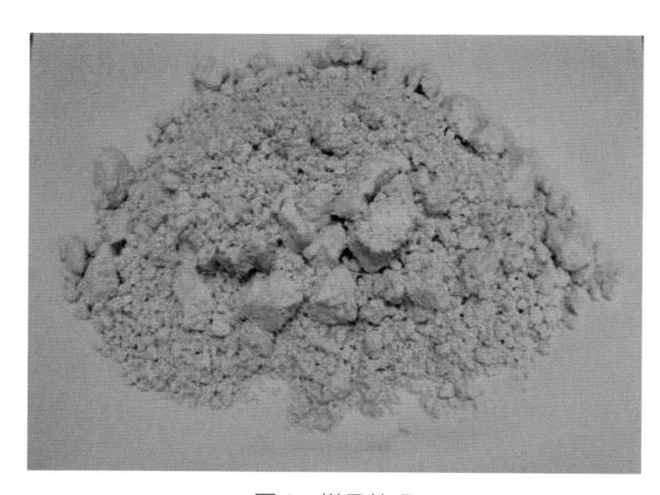

图 1　样品外观

（2）对样品进行红外光谱定性分析，主要成分为对苯二甲酸，红外光谱图见图 2。

（3）参照《工业用精对苯二甲酸行业标准》（SH/T 1612.1—2005）中的检验方法对样品主要指标进行分析，结果见表 1。

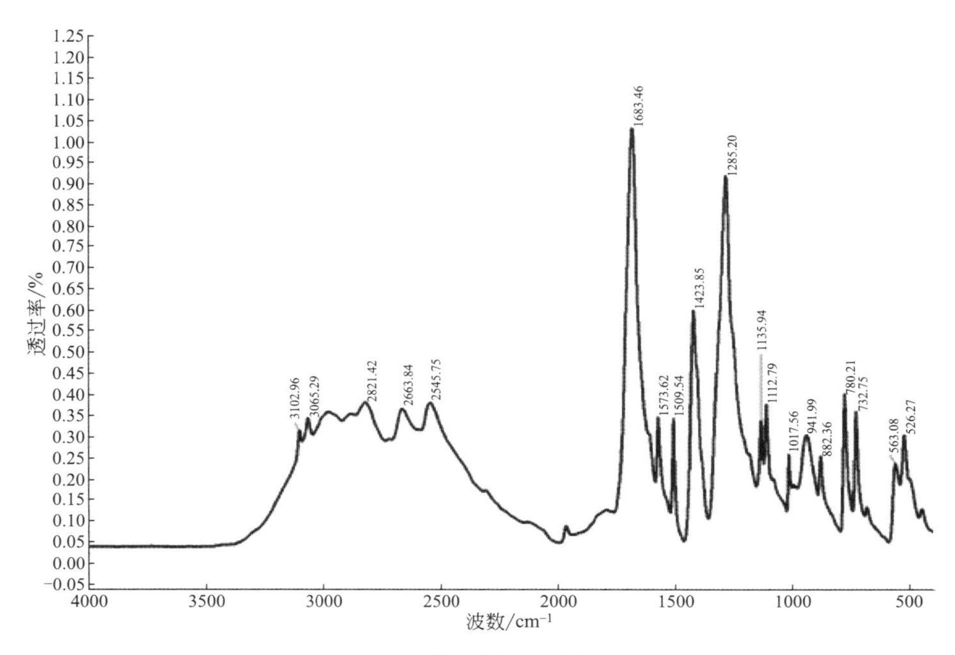


图2 样品红外光谱图

表1 样品指标分析结果

| 指标 | 样品结果 |
| --- | --- |
| 酸值 /（mgKOH/g） | 519 |
| 对羧基苯甲醛（4-CBA）/（mg/kg） | 72.8 |
| 对甲基苯甲酸 /（mg/kg） | 185 |
| 灰分 /（mg/kg） | 380 |
| Mn/（mg/kg） | 0.6 |
| Co/（mg/kg） | 0.4 |
| Fe/（mg/kg） | 56 |
| 水分（质量分数）/% | 6.97 |

## 3 产生来源分析

精对苯二甲酸（PTA）是生产聚酯的原料，PTA 的生产工艺主要有两种：一种是对二甲苯（PX）由空气氧化制得粗对苯二甲酸后，然后再精制的二步法工艺；另一种是对二甲苯经氧化反应制得 PTA 的一步法工艺。

对苯二甲酸两步法生产工艺流程如图 3 所示。

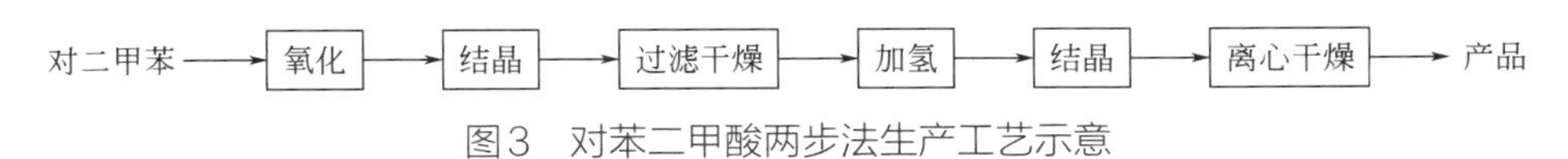


图3 对苯二甲酸两步法生产工艺示意

PTA具体生产过程如下[1,2]：以对二甲苯为原料，采用钴、锰、铬系列的催化剂，在醋酸溶剂中，通过空气氧化成粗对苯二甲酸（CTA），同时还产生了一部分副产物，如4-CBA、对甲基苯甲酸（ρ-TA）、苯甲酸、间苯二甲酸等。经过结晶、过滤后，杂质中的4-CBA因与对苯二甲酸的溶解度及结晶温度接近而仍然存留在氧化液中，并会在后续工艺中影响聚酯的质量及加工应用，因此需要进一步提纯、精制。精制工艺主要是将CTA制成浆料，在高温高压条件下使4-CBA溶于水中，用钯碳催化剂进行加氢反应，将杂质4-CBA转化成易溶于水的对甲基苯甲酸，经冷却、分离洗涤、干燥等环节，去除对甲基苯甲酸而获得PTA产品。表2是我国《工业用精对苯二甲酸》（SH/T 1612.1—2005）标准中的主要质量指标要求。

表2　精对苯二甲酸的质量指标（部分）

| 项目 | 优等品 | 一等品 | 试验方法 |
|---|---|---|---|
| 外观 | 白色粉末 | 白色粉末 | 目测① |
| 酸值/（mgKOH/g） | 675±2 | 675±2 | SH/T 1612.2 |
| 对羧基苯甲醛（4-CBA）/（mg/kg） | ≤25 | ≤25 | SH/T 1612.7、SH/T 1687 |
| 灰分/（mg/kg） | ≤8 | ≤15 | GB/T 7531 |
| 总重金属（Mo, Cr, Ni, Co, Mn, Ti, Fe）/（mg/kg） | ≤5 | ≤10 | GB/T 1612.3、GB/T 1612.5 |
| Fe/（mg/kg） | ≤1 | ≤2 | SH/T 1612.3 |
| 水分（质量分数）/% | ≤0.2 | ≤0.5 | SH/T 1612.4 |
| 5g/100mL DMF色度②/铂钴色号 | ≤10 | ≤10 | SH/T 3143 |
| 对甲基苯甲酸/（mg/kg） | ≤150 | ≤200 | SH/T 1612.7 |
| b值 | 供需双方商定 | | SH/T 1612.10 |

① 将适量试样均匀地分布于白色器皿或滤纸上进行目测。

② 先将试样配成5g/100mL的二甲基酰胺（DMF）溶液并进行过滤，取滤液按GB/T 3143的规定进行测定。

样品主要成分为对苯二甲酸（TA），而且检测到对苯二甲酸生产中的其他特征指标，但样品的外观颜色以及分析的所有指标均不满足《工业用精对苯二甲酸》（SH/T 1612.1—2005）中的相应质量指标要求，不能用于生产聚酯塑料产品。结合以往对同类货物样品的鉴别经验，判断样品不是对苯二甲酸产品，是来自对苯二甲酸生产中的报废品或精制工序产生的残余物。

## 4 固体废物属性分析

（1）鉴别样品不是对苯二甲酸产品，是来自对苯二甲酸生产中的报废品或精制工序产生的残余物，不满足国家或国际承认的规范/标准，其回收利用属于“有机物质的回收”或“利用操作产生的残余物”。因此，根据《固体废物鉴别导则（试行）》的原则，判断鉴别样品属于固体废物。

（2）2009 年 8 月 1 日，环境保护部、商务部、发展改革委、海关总署、国家质检总局发布的第 36 号公告中的《禁止进口固体废物目录》中列出了“3825610000 主要含有有机成分的化工废物（其他化学工业及相关工业的废物），包括含对苯二甲酸的废料”，建议将鉴别样品归于该类废物，因而鉴别样品属于我国禁止进口的固体废物。

## 参考文献

[1] 刘建新，白鹏. 对苯二甲酸工艺技术和生产[J]. 化工科技，2008（3）：64-67.
[2] 闻治中. 国外几家PTA生产技术的分析、比较[J]. 聚酯工业，1994（1）：7-16.

# 32. 间苯二甲酸生产中的残余物

## 1 背景

2013 年 8 月，中华人民共和国上海外高桥港区海关委托中国环科院固体所对其查扣的一票进口“对苯二甲酸”货物样品进行固体废物属性鉴别，需要确定是否属于国家禁止进口的固体废物。

## 2 样品特征及特性分析

（1）样品为灰白色潮湿粉末，结团，无特殊气味，含有少量纤维状物质等杂物。样品外观状况见图 1。

图 1　样品外观

（2）对样品进行红外光谱成分定性分析，主要为间苯二甲酸（IPA）。参照国内某企业《精间苯二甲酸》（Q/SH 315515—2009）标准中的检验方法，对样品进行相关指标的分析，实验结果和企业标准要求对比见表 1。样品指标不符合国内间苯二甲酸产品标准要求，不是间苯二甲酸的合格产品。

表1　样品指标分析结果

| 序号 | 项目 | 样品实测值 | 某企业的产品质量标准 | | |
|---|---|---|---|---|---|
| | | | 优等品 | 一等品 | 合格品 |
| 1 | 灰分 /（mg/kg） | 303 | ≤15 | ≤25 | — |
| 2 | 间羧基苯甲醛 /（mg/kg） | 11 | ≤25 | ≤25 | — |
| 3 | 酸值 /（mg/kg） | 664 | 675±2 | 675±2 | — |
| 4 | 水分 /% | 12 | ≤0.1 | ≤0.1 | ≤0.1 |
| 5 | 间甲基苯甲酸 /（mg/kg） | 13.2 | ≤150 | ≤150 | ≤150 |
| 6 | 5%DMF 色度 / 铂钴色号 | ≥30 | ≤10 | ≤10 | ≤10 |
| 7 | Fe/（mg/kg） | 5.2 | ≤2.0 | ≤3.0 | — |
| 8 | Mn/（mg/kg） | 4.1 | ≤2.0 | ≤5.0 | — |
| 9 | Co/（mg/kg） | 1 | ≤2.0 | ≤3.0 | — |
| 10 | 色度 L 值 | 94 | ≥97 | ≥97 | ≥95 |
| 11 | 色度 b 值 | 6 | ≤1 | ≤1 | ≤2 |

## 3 产生来源分析

样品主成分不是对苯二甲酸（TA），是间苯二甲酸（IPA），为米白色块状，潮湿，可见少量的纤维状杂物。通过咨询行业专家，样品外观特征符合 IPA 生产过程中处理残余母液所得的脱水机料。

## 4 固体废物属性分析

（1）鉴别样品为处理间苯二甲酸残余母液后的脱水机料，属于“生产过程中产生的废弃物质”或“生产过程中产生的残余物”，只能进行焚烧处置或进行有机物的回收。因此，依据《固体废物鉴别导则（试行）》原则，判断鉴别样品属于固体废物。

（2）2009 年 8 月 1 日，环境保护部、商务部、发展改革委、海关总署、国家质检总局发布的第 36 号公告中的《禁止进口固体废物目录》中列出了“3825610000 主要含有有机成分的化工废物（其他化学工业及相关工业的废物）”，建议将鉴别样品归于该类废物，因而鉴别样品属于我国禁止进口的固体废物。

# 33. 聚氯乙烯树脂生产中的不合格物料

## 1 背景

2018 年 1 月，中华人民共和国大窑湾海关委托中国环科院固体所对其查扣的一票进口“聚氯乙烯树脂副牌”货物样品进行固体废物属性鉴别，需要确定是否属于国家禁止进口的固体废物。

## 2 样品特征及特性分析

（1）样品为浅白色和淡黄色物料混杂在一起的潮湿块状，有少量粉末状物料，团块用手可捏碎，捏碎的细粉末中可见细小的黑色、灰色、褐色等杂色粒子，偶见硬质塑料片。样品外观状况见图 1。

图1　样品外观

（2）利用 X 射线荧光光谱仪（XRF）分析样品 550°C 灼烧后残余物的成分，主要含 Ca、Si、Al、Cl、S、Mg 等。结果见表 1。

表1　样品主要成分及含量（除Cl以外，其他元素均以氧化物表示）　单位：%

| 成分 | CaO | $SiO_2$ | $Al_2O_3$ | Cl | $SO_3$ | MgO | $Fe_2O_3$ | $P_2O_5$ |
|---|---|---|---|---|---|---|---|---|
| 含量 | 26.29 | 25.99 | 25.61 | 12.21 | 4.42 | 2.38 | 1.49 | 0.65 |
| 成分 | $Na_2O$ | $K_2O$ | $TiO_2$ | PbO | ZnO | MnO | NiO | CuO |
| 含量 | 0.60 | 0.12 | 0.08 | 0.05 | 0.04 | 0.03 | 0.02 | 0.02 |

（3）对样品中浅白色粉末块和淡黄色粉末块采用傅里叶变换红外光谱仪（FTIR）分别进行组分定性分析，结果显示均含有PVC树脂、碳酸钙及其他未知成分，红外谱图见图2、图3。

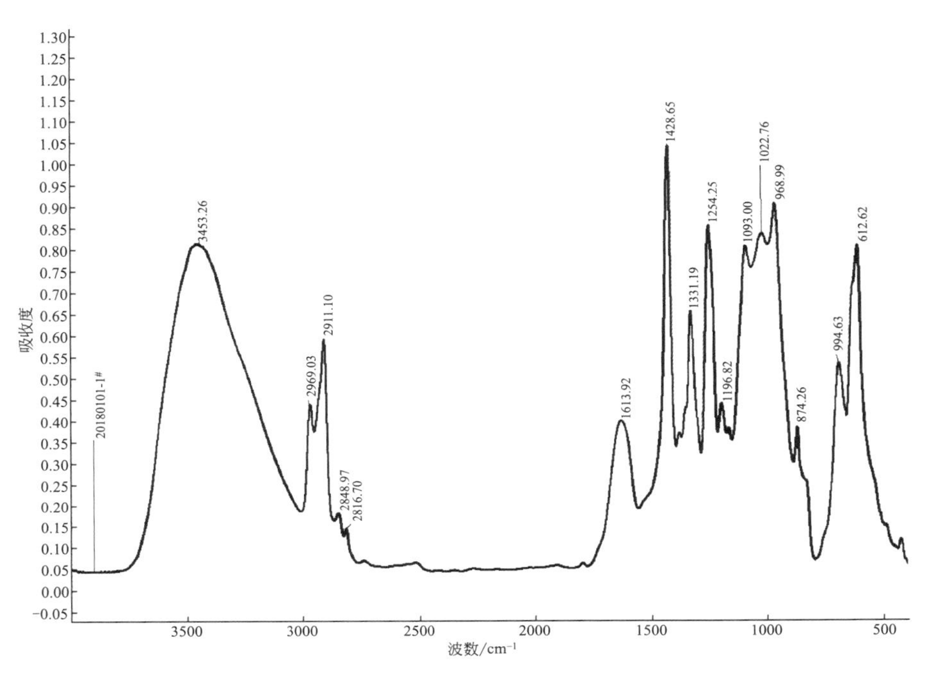


图2　浅白色样品红外光谱分析谱图

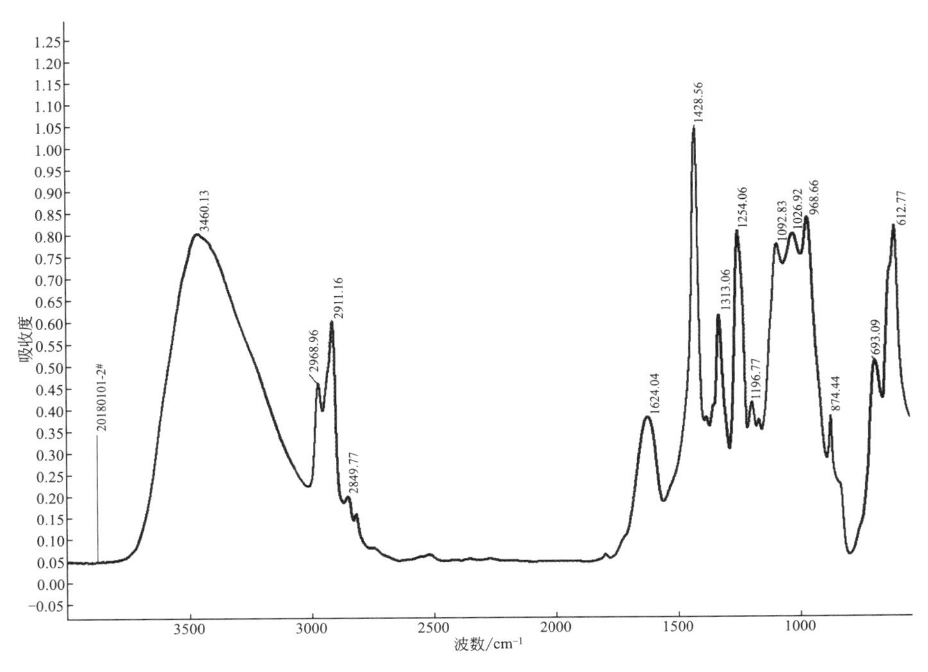


图3　淡黄色样品红外光谱分析谱图

## 3 产生来源分析

样品主要成分为PVC；外观为浅白色和淡黄色混杂在一起的潮湿块状，与《悬浮法通用型聚氯乙烯树脂》（GB/T 5761—2006）标准中PVC外观为白色粉末差异较大；而且样品灼烧后残余灰分大于10%，表明样品中非树脂杂质成分含量较高；样品为大小不等的团块，团块所占重量比约97%，团块中最小尺寸约有2mm，远远大于250μm；样品250μm筛孔的筛余物质量分数可达97%以上，完全不满足GB/T 5761—2006标准对通用PVC树脂产品的粒度要求，判断样品不是PVC产品。

在PVC生产中，常常由于杂质粒子数超标而造成PVC质量下降或出现次品。产生杂质粒子的因素：

① 聚合进料水夹带一些悬浮物，最终以杂质粒子存在于PVC中。

② 单体含水，氯乙烯在有水存在的条件下，会产生盐酸（HCl）进而腐蚀管道及设备，生成$Fe^{3+}$存在于单体内的水中，使聚合后的PVC颗粒变黄或呈明显的深色杂质粒子。

③ 单体中乙炔含量过高或含醛类等都会使树脂热稳定性显著下降，在树脂后处理过程中容易变色而成为杂质粒子。

④ 聚合釜浆料排放未净或者出料后不冲洗釜壁，那么多余的物料以及反应釜壁附着的物料就会在下釜聚合中经多次聚合形成颗粒明显偏大的树脂，此种树脂由于重量相对较重，在沸腾床中停留时间相对延长而变黄或变黑，经滚动筛过筛后就会产生大量的杂质粒子。

⑤ 沉析槽升温过高（>85℃）或吹风不够，聚合物很容易变红而成为杂质粒子[1]。

⑥ 汽提系统停车检查时发现汽提塔塔顶冷凝器汽水分离器内存有大量变色树脂[2]。

样品颜色混杂，主要为浅白色、淡黄色，捏碎的粉末中可以看到混杂着大量细小的黄、褐、灰、黑等杂色粒子或灰白色硬质块状物质；样品灼烧后残余灰分比例较高，表明样品中含有大量无机物，样品中还发现含有少量的塑料碎屑等PVC合成之外的杂物。因此，推断样品是PVC生产中回收的不同批次粘釜物、残次品等废料的混合物。

## 4 固体废物属性分析

（1）样品是聚氯乙烯树脂生产中回收的不同批次粘釜物或次品等废料的混合物，是产品加工过程中产生的残余物质，属于生产过程中的副产物。依据《固体废物鉴别标准　通则》（GB 34330—2017）第4.2条的准则，判断样品属于固体废物。

（2）2014年12月30日，环境保护部、商务部、发展改革委、海关总署、国家质检总局发布的第80号公告的《禁止进口固体废物目录》中列出了，而且2017年环境保护部、商务部、发展改革委、海关总署、国家质检总局发布的第39号公告的《禁止

进口固体废物目录》中列出了“3825610000 主要含有有机成分的化工废物（其他化学工业及相关工业的废物）”，建议将鉴别样品归于该类废物，因而鉴别样品属于我国禁止进口的固体废物。

## 参考文献

[1] 孙龙生. 悬浮法聚氯乙烯树脂杂质粒子的产生及预防[J]. 江西化工，2001，2：61-62.
[2] 张睿，郝江涛. 改善聚氯乙烯树脂产品质量的有效措施[J]. 化工技术与开发，2014，43（10）：42-45.

# 34. 聚苯硫醚副产废粉

## 1 背景

2013 年 6 月，中华人民共和国上海外高桥港区海关委托中国环科院固体所对其查扣的一票进口“劣质聚苯硫醚”货物样品进行固体废物属性鉴别，需要确定是否属于国家禁止进口的固体废物。

## 2 样品特征及特性分析

（1）样品为淡黄色粉末，由于含有较高水分而成泥状，无肉眼可见杂质，105℃下烘干失重率为 37.7%，干基 550℃下烧失率为 91.2%。样品外观状况见图 1。

图1 样品外观

（2）利用傅里叶变换红外光谱仪对样品进行定性分析，淡黄色粉末样品的成分为聚苯硫醚（PPS），并含一定量水分，红外光谱图见图 2；将样品用水浸泡萃取，过滤后的有机物成分为 PPS，红外光谱图见图 3；提取清液于表面皿中，放置 50℃烘箱烘干，得到结晶固含物，结晶固含物用红外光谱分析，除水分特征吸收外，未见其他特征吸收峰，用 XRD 分析确定为钠盐（如 NaCl）。

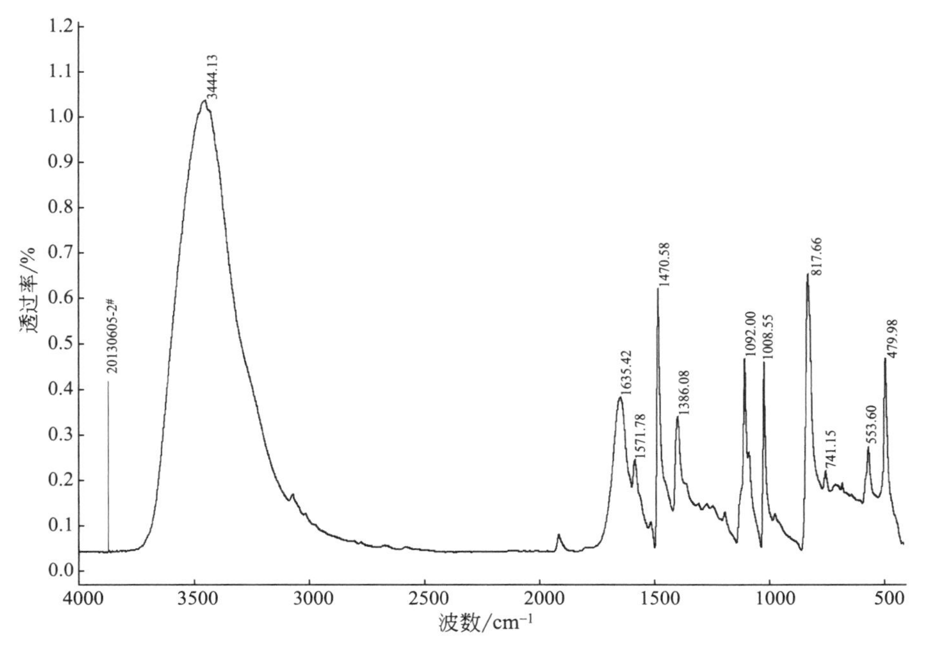

图2　样品红外光谱图

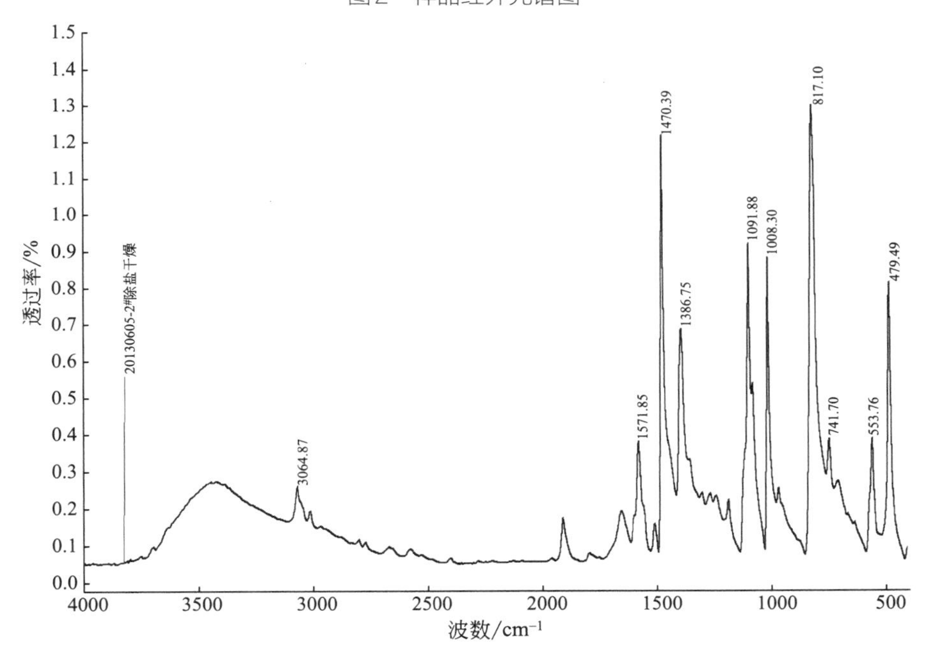

图3　洗涤后的样品红外光谱图

## 3 产生来源分析

PPS 作为一种综合性能优异的特种工程塑料，不仅具有耐高温、耐腐蚀、无毒、易拉伸等性能，而且其机械性能和电性能优异，广泛应用于汽车、电子、电器、化工、精密机械、航空等工业部门。我国 PPS 的工业生产采用对二氯苯和硫化钠（$Na_2S$）为原料，氯化锂（LiCl）为助剂，*N*-甲基-2-吡咯烷酮（NMP）为溶剂，脱水后经加压缩聚而成。在生产过程中除了获得 PPS 产品外，还产生一部分副产物浆料，其产生过程如图 4 所示，对副产浆料进行回收处理流程如图 5 所示[1]。

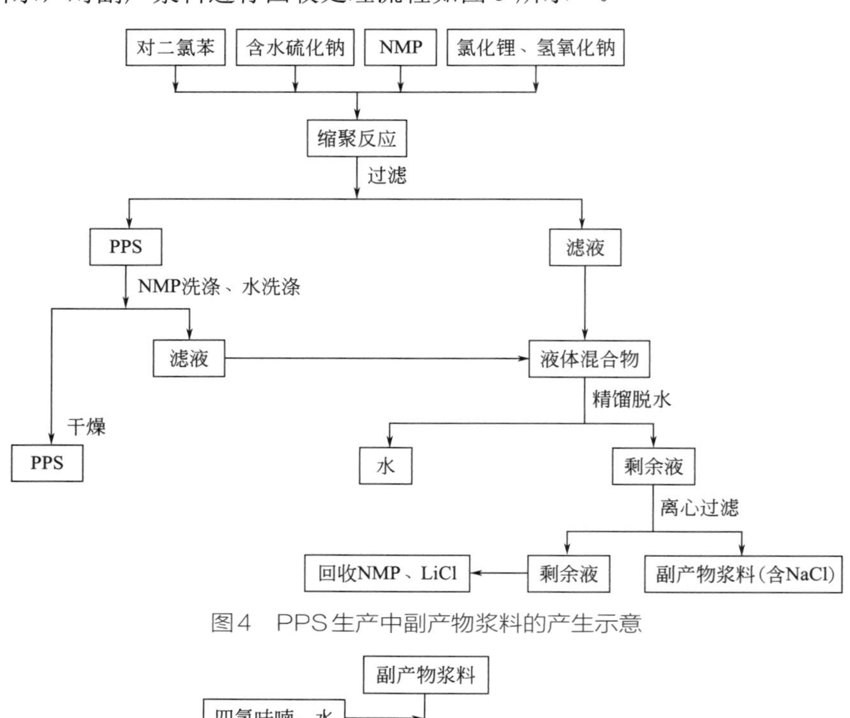

图4　PPS生产中副产物浆料的产生示意

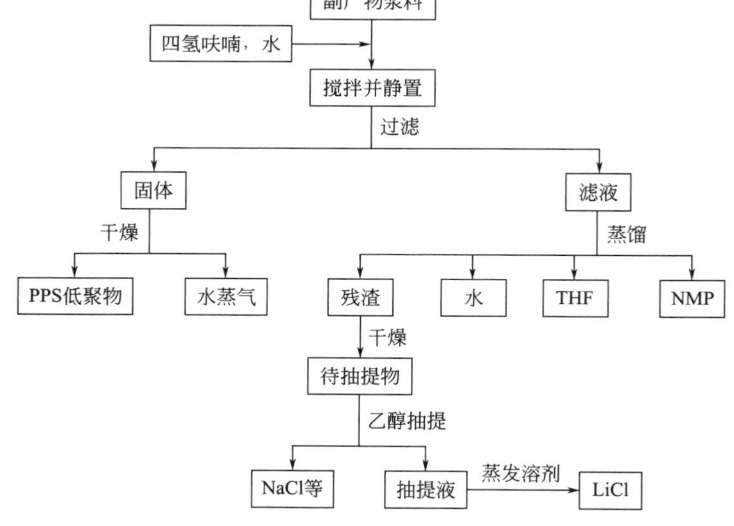

图5　对副产浆料进行回收处理实验流程

PPS 生产上受聚合方法的限制，PPS 中含有大量的无机离子（如 $Na^+$、$Cl^-$）和低聚物。无机离子的存在会使得 PPS 的电绝缘性能下降，而且在使用过程中会腐蚀电子元件，进而发生漏电事故；低聚物的存在会使得材料的强度下降，且含有低聚物的 PP 在加工时会产生气泡。因此，必须采用纯化工艺降低 PPS 中无机离子和低聚物的含量[2]。

调研了解到我国 PPS 还没有国家和行业标准，质量都是由各生产企业控制，国内某 PPS 树脂主要生产厂家制定了企业标准，技术指标和要求见表 1。

表 1　PPS 树脂技术指标和要求

| 项目 | 涂料级树脂 PPS-ha | 注塑级树脂 PPS-hb | 纤维级树脂 PPS-hc |
|---|---|---|---|
| 熔体质量流动速率（2.09mm，315℃，5kg）/（g/10min） | ≥600 | ≤2000 | ≤400 |
| 灰分 /% | ≤2.5 | ≤1.5 | ≤0.5 |
| 水分 /% | ≤0.5 | ≤0.5 | ≤0.3 |
| 熔点 /℃ | ≥275 | ≥280 | ≥280 |
| 拉伸强度 /MPa | — | ≥50 | ≥50 |
| 弯曲强度 /MPa | — | ≥100 | ≥100 |
| 弯曲模量 /MPa | — | $\geqslant 3.0\times10^3$ | $\geqslant 3.0\times10^3$ |
| 悬臂梁冲击强度（缺口）/（$kJ/m^2$） | — | ≥3.0 | ≥3.0 |
| 外观 | 为白色或浅黄色的颗粒和粉末 | | |
| 包装 | 每袋 12.5kg 或 15kg 或按照合同规定 | | |

样品为泥粉状物质，含水率高达 37.7%，灼烧后的灰分残渣高达 8.8%，成分分析表明主要为 NaCl；与上述资料和相关企业标准对比，样品含有大量的无机盐成分，还可能含有大量的低聚物，表明样品应是来自 PPS 的合成过程产生的未提纯的产物，属于副产物料。

## 4 固体废物属性分析

（1）样品是来自聚苯硫醚（PPS）合成过程产生的未提纯的产物，不可能作为 PPS 的正常产品来使用，属于不合格副产物料，表明样品的产生过程没有质量控制，属于“生产过程中产生的废弃物质”。因此，根据《固体废物鉴别导则（试行）》的原则，判断鉴别样品属于固体废物。

（2）样品虽然主要成分为 PPS，但由于来自 PPS 合成生产过程，未经提纯处理，它还不能加工成型为塑料，显然不属于塑料材料范畴，由此样品不宜归为废塑料。2009 年 8 月 1 日，环境保护部、商务部、发展改革委、海关总署、国家质检总局发布的第 36 号公告的《禁止进口固体废物目录》中列出了“3825610000 主要含有有机成分的化工废物（其他化学工业及相关工业的废物）”，建议将鉴别样品归于这类废物，因而鉴别样品属于我国禁止进口的固体废物。

## 参考文献

[1] 李香杰，朱丽，顾爱群，等. 聚苯硫醚副产物浆料分离及氯化锂回收研究[J]. 化学研究与应用，2009，21（7）：1057-1059.

[2] 杨文彬，芦艾，张凌，等. 聚苯硫醚的纯化研究进展[J]. 现代化工，2007，27增刊（1）：126-128.

# 35. 回收废粉末涂料

## 1 背景

2013 年 6 月，中华人民共和国南京海关缉私局委托中国环科院固体所对其查扣的一票进口“次级粉体涂粉基粉”货物样品进行固体废物属性鉴别，需要确定是否属于国家禁止进口的固体废物。

## 2 样品特征及特性分析

（1）将两个样品分别编为 1 号和 2 号，1 号样品为灰黑色细粉末，明显含有大小不一的结团；2 号样品为灰白色细粉末，质轻，蓬松，稍有结团。两个样品外观状况分别见图 1 和图 2。

图1　1号样品外观

图2　2号样品外观

（2）对样品进行红外光谱分析，谱图呈现聚酯特征及其他添加剂（如 $TiO_2$、$CaCO_3$）特征，应为聚酯粉末涂料特征组分，红外光谱见图 3、图 4。

（3）参照《热固性粉末涂料》（HG/T 2006—2006）对样品涂膜部分指标进行测定，结果见表 1。

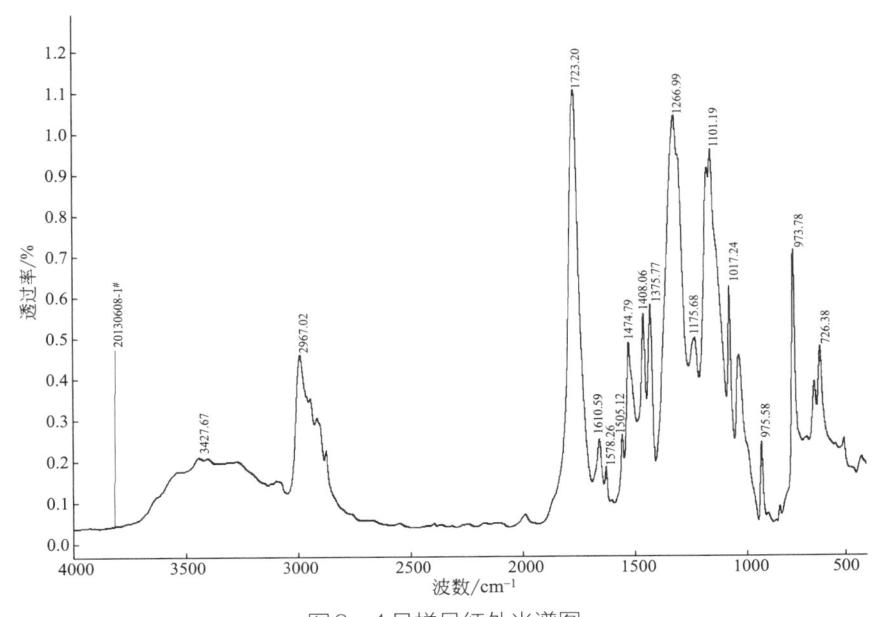


图3　1号样品红外光谱图

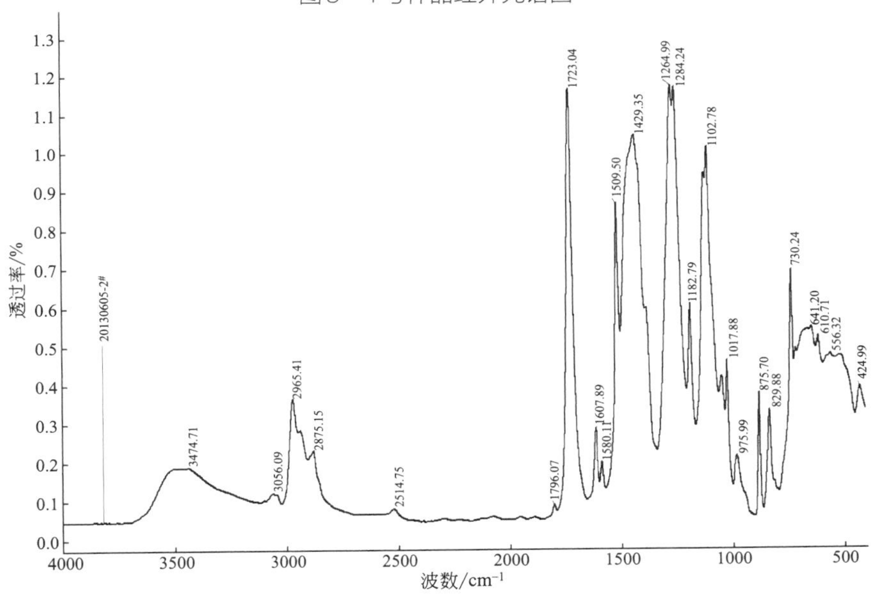


图4　2号样品红外光谱图

表1　样品指标测定结果

| 项目 | 粉末外观 | 涂膜外观 | 膜厚/μm | 光泽/% | 硬度 | 附着力 | 正冲/cm | 反冲/cm | 弯曲实验 |
| --- | --- | --- | --- | --- | --- | --- | --- | --- | --- |
| 1号样 | 灰黑色松散粉末，有硬结块 | 光滑平整 | 80 | 53 | H | 0级 | 合格 | 合格 | 合格 |
| 2号样 | 灰白色松散粉末 | 表面有皱纹，纹理均匀 | 60 | 14 | H | 0级 | 合格 | 不合格 | 合格 |

注：制板条件为0.8mm铁板，180℃，15min。

（4）对样品粉末进行粒度分析，结果见表 2。

表2 样品粒度分析结果

| 项目 | $D$(10)/μm | $D$(50)/μm | $D$(90)/μm | ≤10.0μm/% | ≤20.0μm/% | ≤80.0μm/% | ≤150.0μm/% | ≤300.0μm/% |
|---|---|---|---|---|---|---|---|---|
| 1号样 | 15.7 | 44.6 | 87.4 | 6.4 | 14.2 | 85.9 | 100.0 | 100.0 |
| 2号样 | 1.3 | 4.8 | 75.2 | 65.2 | 69.4 | 91.2 | 98.5 | 100.0 |

## 3 产生来源分析

粉末涂料的生产是将树脂、固化剂、颜料、填料和助剂等固体物料，在不使用溶剂或水等介质条件下按配方量比例加入混合机，经充分混合分散后定量加到挤出机熔融混合；然后在压片冷却机上压成薄片，冷却破碎成薄片状；再进入空气分级磨粉碎后旋风分离，分离出来的粗粉经振动筛过筛后得到成品，而细粉通过袋滤器进行回收，整个生产过程是一种物理过程。生产工艺流程如图 5 所示[1]。

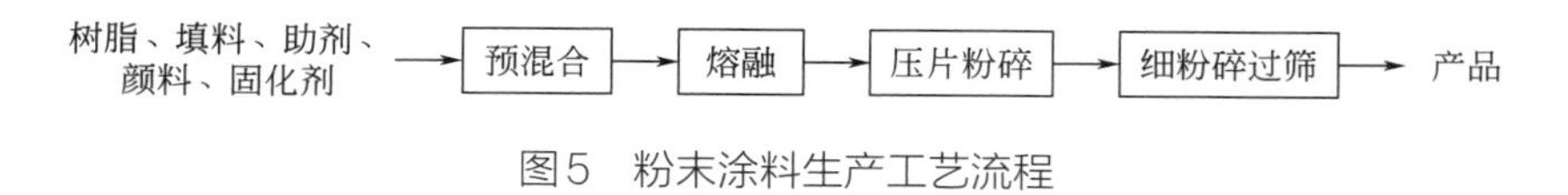


图5 粉末涂料生产工艺流程

粉末涂料的粒径及其分布是粉末涂料质量的一个重要指标，影响着产品的外观质量、粉末上粉率、贮存稳定性及机械性能等，粉末涂料粒径较适宜的分布范围为20～80μm[2]。

粉末涂料的带电量与粉末颗粒粒径的平方成正比，随着粉末颗粒粒径的减小，粉末的带电量也随着降低，导致粉末的上粉率下降，尤其是粒径小于 10μm 的粉末基本上不带电，因此在粉末涂料生产过程中尽可能减少粒径小于 10μm 的超细粉粉末涂料生成。另外，粉末涂料的稳定性与粉末粒径也有关系，通常粉末越细，尤其是粒径10μm 的超细粉含量太多，粉末易吸潮、结团，稳定性下降，使用时会产生堵塞喷枪、吐粉等不良现象[3]。如果超细粉的浓度在粉末涂料中超过 10%，则将在施工中产生下列问题[4]：a. 膜薄或厚薄不匀；b. 供粉桶中流化差；c. 在射粉泵、输粉管和枪中容易产生结块；d. 过早塞住过网筛；e. 过早把过滤介质堵塞；f. 增加冲粉的次数；g. 增加喷室和喷枪上的积粉；h. 在漆膜上发现凹坑。

粉末涂料受潮现象对涂料性能及涂膜性能产生很大影响，随着受潮程度的增加，涂料的施工性能及涂膜性能变差的趋势越加明显。粉末涂料的粒度越细越容易吸潮。轻微吸潮将使粉末的带电性差，上粉率与正常的粉末涂料相比下降许多，而且还将降低粉末的流动性和成膜性，从而使涂膜不平滑，甚至难以在工件上吸附，涂膜会产生气泡和针孔及喷枪堵枪等弊病；粉末严重吸潮则将结团，完全丧失使用功能。因此生产中应控制粉末粒径及超细粉的含量[3,5,6]。粉末涂料结团的另外一个原因是粉末涂料

贮存环境的温度达到或接近其玻璃化温度即软化点，粉末涂料结团直接影响到喷涂效率甚至成品的性能[7,8]。

粉末涂料在生产和涂装过程中会产生一些回收粉末，产生过程包括[9]：

① 旋风分离产生通过袋滤器进行回收的细粉；

② 具有振动筛网结构的流化供粉桶（槽），在振动过程中由于设备密封不严等情况，粉末会溢出，成为落地粉；

③ 对于含有旋转筛网结构的涂装设备，筛网过滤粉末中大颗粒，当粉末粒径与筛网孔径不匹配时产生的大量过滤粉末；

④ 粉末涂料产品出现杂质缺陷和缩孔缺陷等质量问题时，清理设备产生的回收粉末；

⑤ 当产品调整，需要更换粉末的颜色和品种时，从设备内清理出的混杂粉末；

⑥ 粉末涂料涂装设备如旋风回收和滤袋回收的回收粉末等。

1 号样品为灰黑色细粉末，有机物成分为聚酯树脂，无机物成分为 $TiO_2$、$CaCO_3$ 等，因此，样品是来自聚酯粉末涂料生产或喷涂过程中的物料。样品中明显含有大小不一的结团，不满足《热固性粉末涂料》（HG/T 2006—2006）标准中粉末涂料必须全部通过 125μm 的要求，样品发生了严重的吸潮，致使该粉末涂料的施工性能及涂膜性能变差，甚至完全丧失使用功能。综合判断样品为粉末涂料的不合格品或者过期粉。

2 号样品为灰白色细粉末，样品有机物成分为聚酯树脂，无机物成分为 $TiO_2$、$CaCO_3$ 等，因此，样品是来自聚酯粉末涂料生产或喷涂过程中的物料。样品中粒度小于 10μm 的超细粉占 65.19%，远远超过正常粉末涂料中小于 10% 的要求，表明样品贮存时易吸潮、结团，稳定性下降，使用时将会产生膜厚薄不匀、喷枪、吐粉、漆膜上出现凹坑等不良现象；样品涂膜实验显示，涂膜表面不平整光滑、有皱纹。综合判断样品为粉末涂料生产过程中旋风分离产生的通过袋滤器进行回收的细粉。

## 4 固体废物属性分析

（1）1 号样品为聚酯粉末涂料的不合格品或者过期粉，2 号样品为聚酯粉末涂料生产过程中的回收粉末，是“生产过程中产生的废弃物质、报废产品”，或者是“过期的产品”，不符合相关的标准；样品由于结团或粒度太细等原因，使用价值、范围、方式都受到了限制，属于“不再好用的物质”。因此，根据《固体废物鉴别导则（试行）》的原则，判断鉴别样品属于固体废物。

（2）2009 年 8 月 1 日，环境保护部、商务部、发展改革委、海关总署、国家质检总局发布的第 36 号公告中的《限制进口类可用作原料的固体废物目录》和《自动许可进口类可用作原料的固体废物目录》中均没有列出粉末涂料废物及类似废物，而在《禁止进口固体废物目录》中明确列出了“过期和废弃涂料、油漆”，建议将鉴别样品归于

该类废物，因而鉴别样品属于我国禁止进口的固体废物。

## 参考文献

[1] 刘宏，向寓华，刘正尧. 粉末涂料的主要生产过程和质量检测[J]. 电镀与精饰，2005，27（6）：28-30.
[2] 刘宏，向寓华，刘长德. 影响粉末涂料涂膜质量因素的探讨[J]. 电镀与涂饰，2005，24（8）：27-29.
[3] 刘宏，向寓华，董观秀. 粉末涂料粒径对涂装产品质量的影响[J]. 涂料工业，2006，36（12）：38-40.
[4] 张蔼吉. 粉末涂料中细粉的控制[J]. 电镀与环保，1998，13（1）：16-17.
[5] 文松林，崔岳峰，张书第. 静电粉末喷涂中粉末涂料受潮后的影响[J]. 沈阳工业学院学报，2002，21（1）：92-94.
[6] 刘宏，刘正尧. 影响粉末涂料上粉率因素的探讨[J]. 涂料工业，2004，34（6）：26-29.
[7] 黄建人. 热固性粉末涂料研制生产及施工应用中问题探讨[J]. 广州化工，2012，40（13）：172-174.
[8] 陈金荣. SW公司粉末涂料质量管理研究[D]. 上海：华东理工大学，2011：27.
[9] 王戈，尹爱凤. 粉末涂装中回收粉末的控制和利用[J]. 电镀与精饰，2005，27（5）：37-39.

# 36. 废压敏胶

## 1 背景

2019 年 7 月，中华人民共和国天津新港海关委托中国环科院固体所对其查扣的一票进口“次级压敏胶”货物进行固体废物属性鉴别，需要确定是否属于固体废物。

## 2 货物特征及特性分析

（1）现场查看两个集装箱货物，货物装于圆柱型硬质纸桶内，上有纸盖，由金属条进行密封，纸桶表面贴有黄色、白色标签。部分桶盖已经掀开可见内部为黏性较大的胶状固体，随机打开桶盖，可见桶内胶状物颜色不一，多为淡黄色、黄色、棕色等，部分表面可见气孔，同一桶内表面颜色基本均匀一致。现场货物查看情况见表 1 和图 1、图 2。

表 1 现场查验货物状态及取样

| 集装箱序号 | 货物状态 |
| --- | --- |
| 1 | 共掏出 12 托盘，约 50 桶。随机抽选一桶从边缘纵向切开，可见桶内货物上下均质，均为白色固态，黏性较大；再随机抽选多桶开盖查看，可见桶内固态胶状物表面颜色基本均匀，但不同桶内胶的颜色不一，多为淡黄色、黄色、棕色、白色等，黏性较大，有异味 |
| 2 | 箱内货桶堆放凌乱，部分桶身破裂，桶内棕色胶状货物流淌满地，黏性较大，无法掏箱。随机抽选一桶，从边缘切开，纵向截面货物颜色上下分层，上层为浅黄色，下层为黄棕色，黏性较大；再随机抽选多桶开盖观察，可见同一桶内上层胶状物表面颜色均匀，不同桶间表面颜色不一，多为淡黄色、黄色、棕色等，有异味 |

(a) 外观

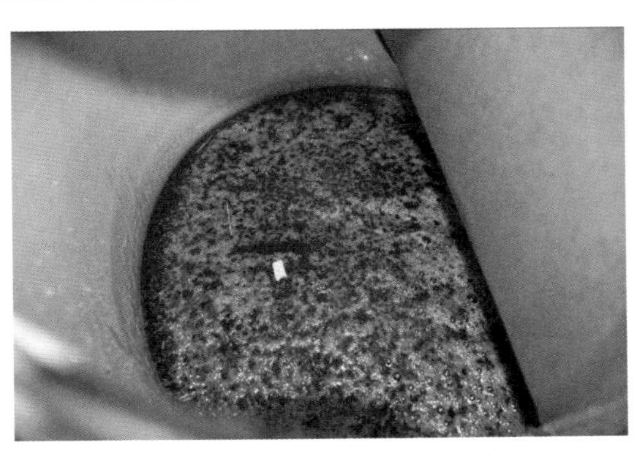

(b) 桶内货物为深棕色伴有密致气泡

图 1

(c) 桶内货物为白色，出现下陷裂纹

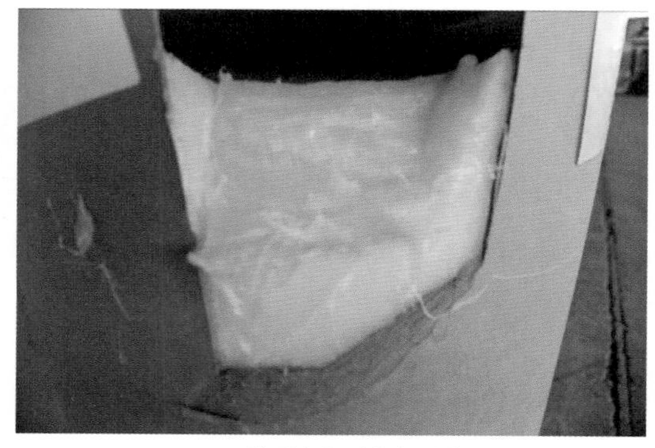

(d) 截面为均质白色固件

图1 第1集装箱货物

(a) 外观

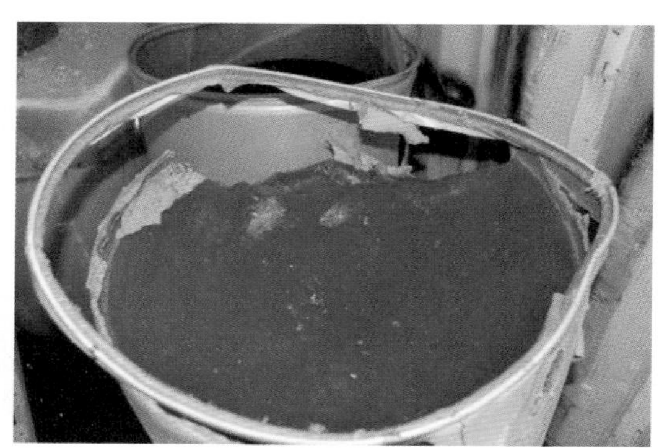

(b) 桶身破损

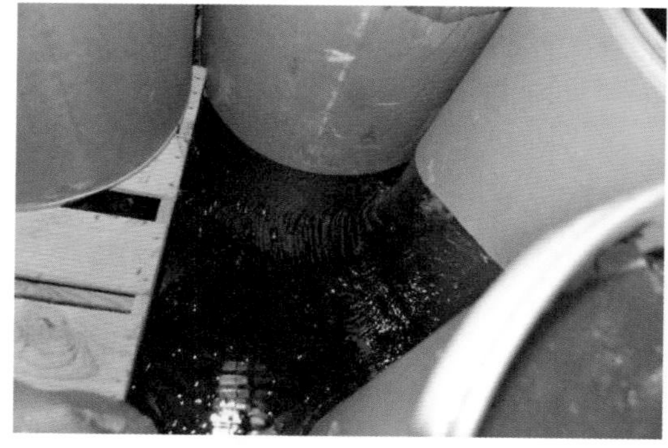

(c) 桶内胶状货物外漏

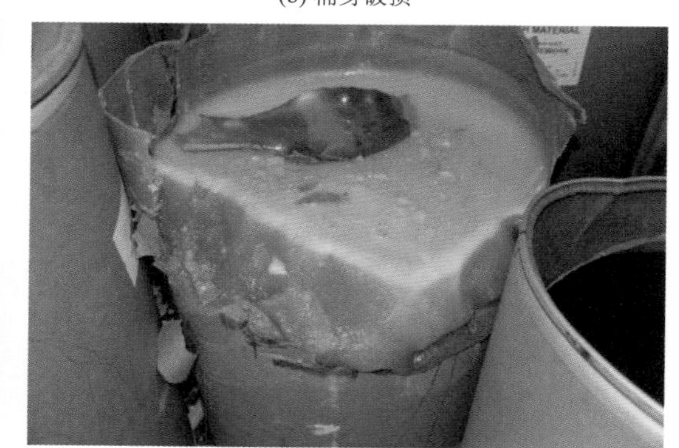

(d) 截面颜色分层

图2 第2集装箱货物

（2）从两个集装箱分别采取1号样品和2号样品，样品外观描述、成分见表2和图3、图4，样品成分定性分析红外光谱图见图5和图6。

表2 样品外观及成分定性

| 样品 | 外观 | 成分 |
|---|---|---|
| 1号 | 棕黄色固态胶质，黏性较大，有异味 | 样品的基体树脂材料为氢化苯乙烯-丁二烯-苯乙烯嵌段共聚物（SEBS），即聚苯乙烯在末端段，聚丁二烯加氢得到的乙烯-丁烯共聚物为中间弹性嵌段的线性三嵌共聚物。其中还含有较多的松香酯和萜烯树脂，另含有较多的矿物油，如环烷油和白油（液体石蜡） |

续表

| 样品 | 外观 | 成分 |
|---|---|---|
| 2号 | 浅棕黄色固态胶质，黏性较大，有异味 | 样品的基体树脂材料为氢化苯乙烯-丁二烯-苯乙烯嵌段共聚物（SEBS），即聚苯乙烯在末端段，聚丁二烯加氢得到的乙烯-丁烯共聚物为中间弹性嵌段的线性三嵌共聚物。另含有一定量的松香酯和萜烯树脂 |

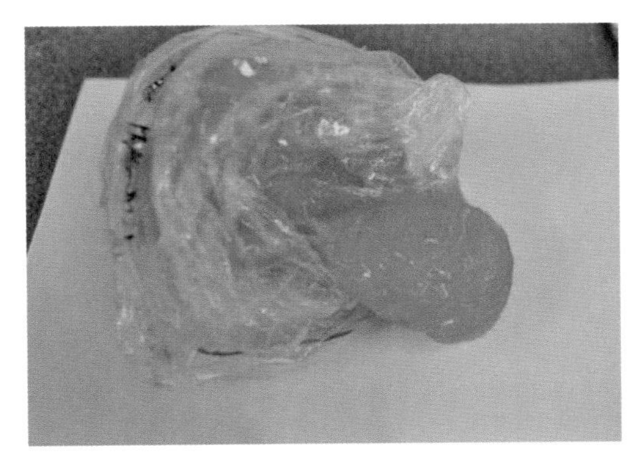

图3　1号样品

图4　2号样品

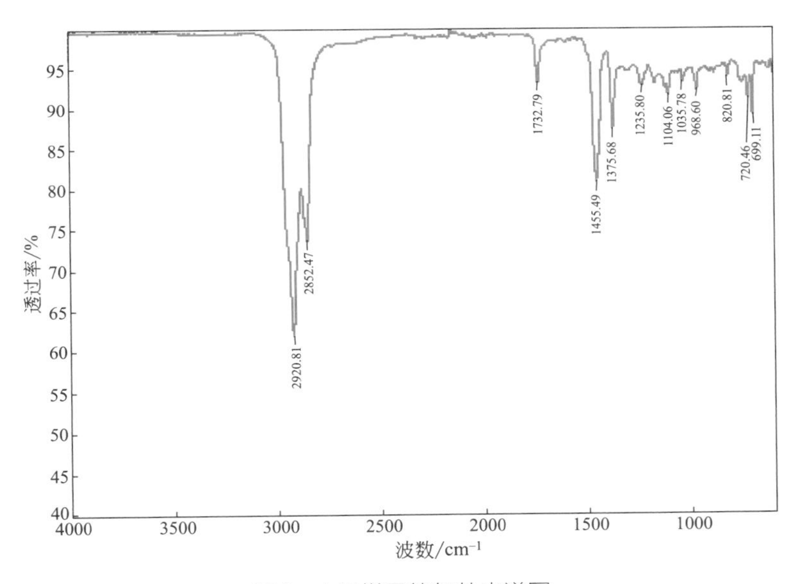


图5　1号样品的红外光谱图

（3）对样品胶的主要性能指标进行分析，结果见表3。

## 3 产生来源分析

（1）压敏胶

压敏胶（PSA）是一类只需施加轻度压力即可与被黏物黏合牢固的胶黏剂。由于PSA具有一定的初黏性和持黏性，并且在无污染的情况下可反复使用，剥离后对被

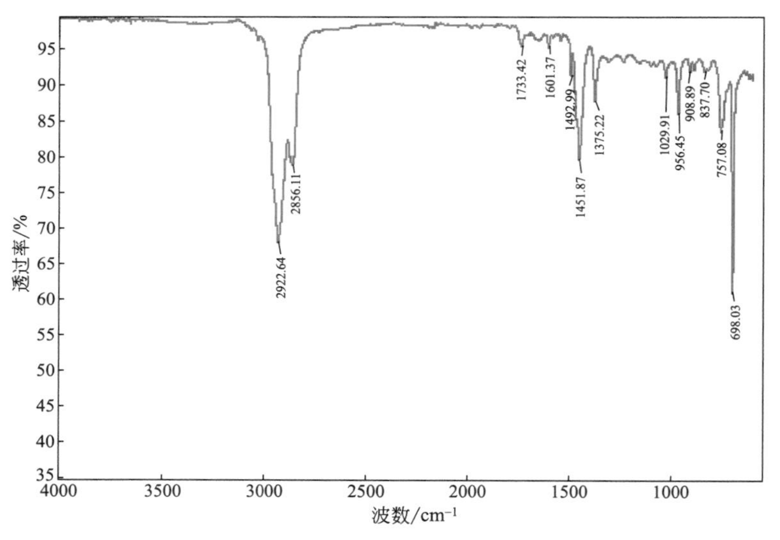


图6　2号样品的红外光谱图

表3　样品性能测试

| 样品 | | 1号 | 2号 | 检测方法 |
| --- | --- | --- | --- | --- |
| 软化点（环球法） | | 58℃ | 90℃ | GB/T 15332—1994 |
| 黏度（130℃，旋转流变仪平行板模式，剪切速率100s$^{1}$）/（mPa·s） | | 1089 | 20556 | GB/T 21059—2007 |
| 初黏性（检测温度26℃） | | ＜4号球 | ＜4号球 | GB/T 4852—2002 |
| 持黏性（检测室温，白天32℃）/h | | 0.5h（完全脱落） | 24h（位移3mm） | GB/T 4851—2014 |
| 剥离强度（室温放置4h后检测） | 强度/（N/cm） | 12.7 | 254.0 | GB/T 2792—2014 |
| | 胶膜厚度/μm | 16.7 | 381.0 | |

黏表面无污染等特点，使其已广泛应用于电子绝缘、电子元件加工、彩色扩印、军用侦毒制品、汽车内装饰及医疗等诸多领域。

热熔压敏胶是集热熔胶和压敏胶特点于一体，在熔融状态下涂布，冷却硬化后施加轻度的指压就能黏合，也就是有初黏力。所以热熔压敏胶既有热熔胶的性能指标又有压敏胶的性能指标。热熔胶的主要性能指标是软化点、熔融黏度、黏接强度；压敏胶的主要性能指标有初黏性、持黏性、剥离强度、黏度，还有考虑耐高低温，阻燃性等。一般情况下，热熔压敏胶的组成有三大部分，包括橡胶软化油、热塑性弹性体和增黏剂（包括松香树脂和石油树脂等），这三大部分都对压敏胶的性能产生较大的影响[1]。

（2）来源分析

鉴别货物不但盛装纸桶颜色有差异，而且所盛装的固体黏状胶本身颜色也有显著差异，有的桶身已破裂，有的胶状物外溢，有的还可见桶内货物有较明显分层。

现场采取的两个样品基体树脂均为氢化苯乙烯 - 丁二烯 - 苯乙烯嵌段共聚物（SEBS），另含有增黏剂成分，成分与压敏胶具有较高的一致性；两个样品均有较大异味；1 号胶样软化点、黏度较低，持黏 0.5h 就完全脱落，整体表现性能较差；2 号胶样黏度较高，软化点适中，持黏性较好，剥离强度较高，但初黏性差，性能更接近热熔胶。

样品外观颜色差异明显、性能指标检测结果不一致，且有的性能检测结果较差。经查阅相关文献及咨询行业专家，综合判断鉴别货物均为压敏胶生产过程产生的不合格品。

## 4 固体废物属性分析

（1）鉴别货物为压敏胶生产过程中产生的不合格品，是“生产过程中产生的不符合国家、地方制定或行业通行的产品标准且存在质量问题的物质”“生产过程产生的不合格品、残次品、废品”；由于货物性能较差、表观状态各异等原因，使用价值、范围、方式都受到了限制。因此，根据《固体废物鉴别标准 通则》（GB 34330—2017）第 4.1 条准则，判断鉴别货物属于固体废物。

（2）根据 2017 年 12 月环境保护部、商务部、发展改革委、海关总署、国家质检总局发布第 39 号公告的《禁止进口固体废物目录》第十四部分为其他，序号 125 为“其他未列明固体废物”，建议将鉴别货物归于此类废物，因而鉴别货物属于我国禁止进口的固体废物。

## 参考文献

[1] 廖晖. 松香酯在弹性体型压敏胶中的应用研究[J]. 中国胶粘剂，2005，14（01）：32-34.

# 37. 废橡胶轮胎裂解炭黑

## 1 背景

2014 年 5 月，宁波保税区金达仓储有限公司（宁波海关私货仓库）委托中国环科院固体所对其查扣的一票进口“煤粉”货物样品进行固体废物属性鉴别，需要确定是否属于固体废物。

## 2 样品特征及特性分析

（1）样品为黑色干燥细粉末，手摸后沾染难洗的炭粉污渍，具有类似煤油的气味，测定样品 550℃下灼烧后的烧失率为 81.3%。样品外观状况见图 1。

（2）对样品进行电子显微镜形貌观察，结果见图 2～图 4。

图1　样品外观

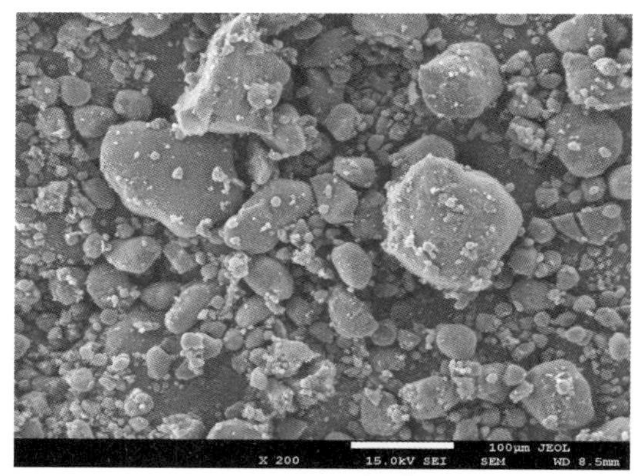


图2　放大200倍的照片

（3）采用 X 射线荧光光谱仪（XRF）分析样品 550℃下灼烧后的灰分成分及其含量，结果见表 1。

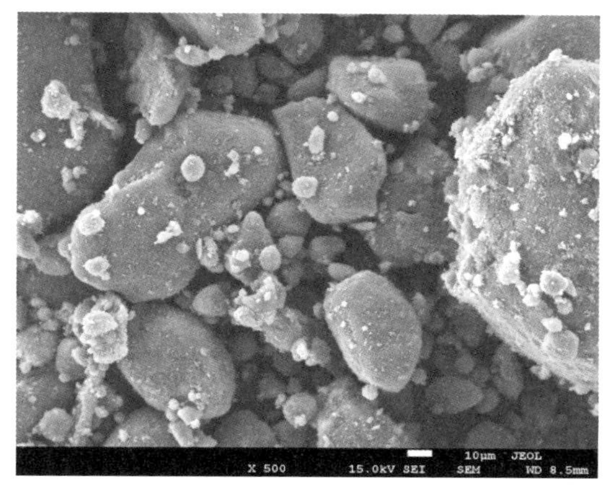

图3 放大500倍的照片

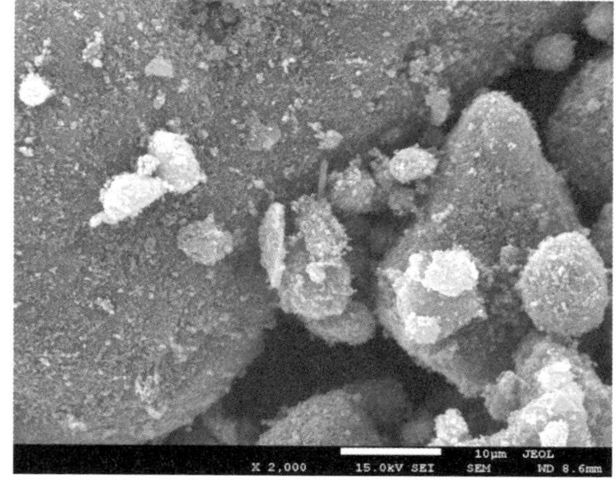

图4 放大2000倍的照片

表1 灼烧残渣的成分及含量（除Cl、Br以外，其他元素均以氧化物表示） 单位：%

| 成分 | $ZnO$ | $SiO_2$ | $SO_3$ | $CaO$ | $Al_2O_3$ | $Fe_2O_3$ | $MgO$ | $K_2O$ | $P_2O_5$ |
|---|---|---|---|---|---|---|---|---|---|
| 含量 | 48.32 | 28.90 | 5.53 | 4.93 | 4.81 | 2.21 | 1.54 | 1.46 | 0.77 |
| 成分 | $TiO_2$ | $Co_3O_4$ | $CuO$ | Br | $PbO$ | Cl | $MnO$ | $Na_2O$ | — |
| 含量 | 0.61 | 0.47 | 0.22 | 0.13 | 0.06 | 0.02 | 0.02 | 0.01 | — |

（4）参照《煤的工业分析方法》（GB/T 212）测定样品中的灰分含量为13.48%；参照《煤中碳和氢的测定方法》（GB/T 476）测定样品中的炭（C）含量为80.83%。

## 3 产生来源分析

橡胶用炭黑耗用量占炭黑总量的89.5%，其中轮胎用量占67.5%[1]；裂解是处理废轮胎的重要技术措施，裂解产物主要为炭黑、油和热解气[2]；裂解炭黑中碳含量为85.84%，其他元素含量大小顺序依次为Zn＞O＞S＞Cu＞Ni＞Si＞Al，Zn主要是由橡胶配方中的活性剂ZnO所导致，裂解炭黑中灰分为13.3%[3]。

样品外观为黑色粉末，具有类似煤油的气味；样品中碳含量为80.83%，灰分含量为13.48%；明显含较高的锌和硫；显微镜观察样品为小颗粒和细粉末的集合体（很多粒径＜10μm球形颗粒），含有气体净化回收的烟尘。样品的这些特征符合橡胶（轮胎）裂解炭黑的特征。因此，判断鉴别样品为废橡胶（轮胎）裂解后的产物，是回收的炭渣和粉尘的混合物。

## 4 固体废物属性分析

（1）样品的产生过程属于“生产过程中产生的残余物”或“污染控制设施产生的

残余物”；样品的灰分含量13.48%，远高于《橡胶用炭黑》（GB 3778—2003）标准中≤0.7%的要求，表明样品是“不符合质量标准或规范的产品”，也是属于“不再好用的物质或物品”“不可直接在商业上应用”，其回收利用属于“利用操作产生的残余物质的使用”。因此，根据《固体废物鉴别导则（试行）》的原则判断鉴别样品属于固体废物。

（2）2009年8月1日，环境保护部、商务部、发展改革委、海关总署、国家质检总局发布的第36号公告的《自动许可进口类可用作原料的固体废物目录》和《限制进口类可用作原料的固体废物目录》中均没有列出“废橡胶（轮胎）裂解产生的残渣”及类似废物，而《禁止进口固体废物目录》中列出了“其他未列名固体废物”，建议将鉴别样品归于该类固体废物，因而鉴别样品属于我国禁止进口的固体废物。

## 参考文献

[1] 李炳炎. 炭黑市场预测[J]. 橡胶科技市场，2003（16）：7.

[2] 刘溉，丁清云. 催化裂解治理废轮胎制炭黑和燃料油产业化研究[J]. 环境科学与技术，2005，28（12）：109-110.

[3] 车伟，毕雪玲，杜爱华. 废轮胎裂解炭黑在丁腈橡胶中的应用[J]. 橡胶资源利用，2011（4）：2.

# 38. 废墨粉

## 1 背景

2019 年 11 月，中华人民共和国茂名海关缉私分局委托中国环科院固体所对其查扣的一票进口“碳粉”货物样品进行固体废物属性鉴别，需要确定是否属于国家禁止进口的固体废物。

## 2 样品特征及特性分析

（1）两个样品分别为黑色和品红色细粉末，基本无可见杂质、无结块、无磁性、无异味，测定样品 600℃下灼烧后的灰分含量分别为 44.5% 和 2.0%。样品外观状况见图 1 和图 2。

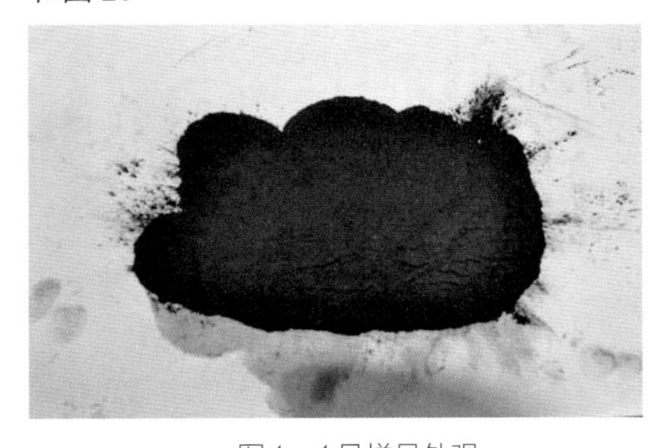

图1　1号样品外观

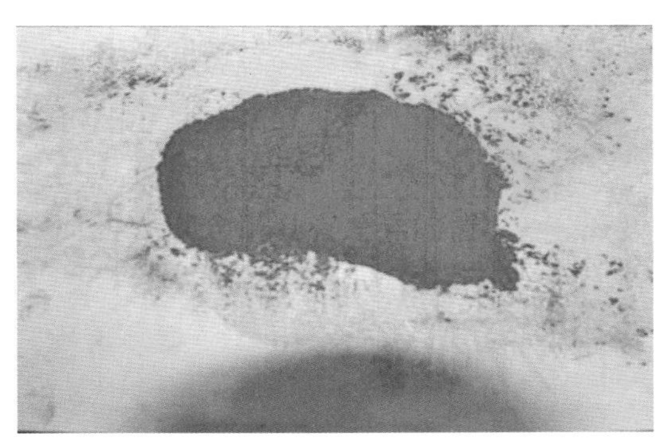

图2　2号样品外观

（2）利用红外光谱仪（FTIR）、电子能谱仪对样品进行成分分析，主要为（丙烯酸 - 苯乙烯）共聚物，另含有其他成分。样品的组成成分见表 1，红外光谱图见图 3、图 4。

表1　样品成分组成

| 1号样 | | 2号样 | |
|---|---|---|---|
| 成分 | 含量/% | 成分 | 含量/% |
| （丙烯酸—苯乙烯）共聚物 | 约 50 | （丙烯酸—苯乙烯）共聚物 | 约 68 |
| 深色颜料等（含一定量炭黑） | 约 50 | 喹吖啶酮 - 品红 | 约 30 |
| — | — | 白炭黑（气相法 $SiO_2$） | 约 2 |

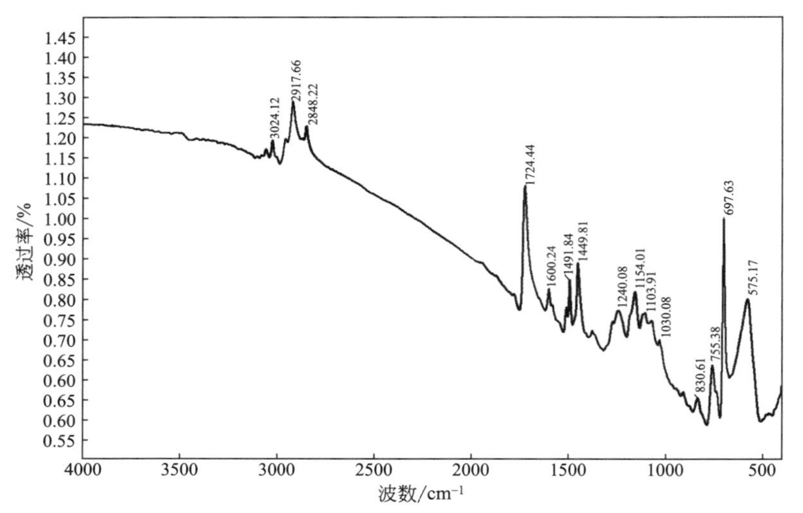


图3　1号样品的红外光谱图

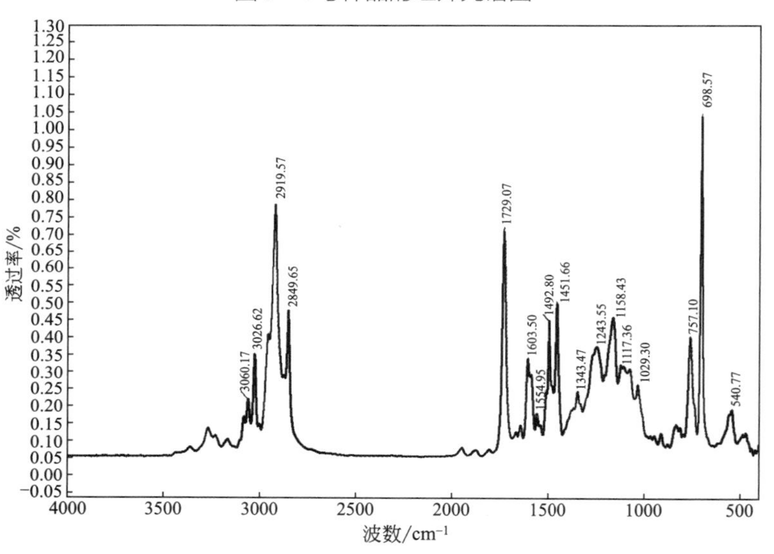


图4　2号样品的红外光谱图

（3）参照《激光打印机干式单组分显影剂》（GB 21199—2007）、《干式物理法（粉碎法）彩色墨粉》（GB/T 29300—2012）、《墨粉中总挥发性有机化合物（TVOC）、苯和苯乙烯的测定 热脱附—气相色谱法》（GB 33871—2017）中规定的分析方法对样品进行主要指标实验分析，结果见表 2。

表2　样品性能测试结果

| 序号 | 项目 | 1号样品（参照《激光打印机干式单组分显影剂》） | | 2号样品（参照《干式物理法（粉碎法）彩色墨粉》） | |
|---|---|---|---|---|---|
| | | 标准要求 | 测试值 | 标准要求 | 测试值 |
| 1 | 外观 | 色泽均匀、无结块、无异物 | 色泽均匀、无结块、无异物 | 色泽均匀、无结块、无异物 | 色泽均匀、无结块、无异物 |

续表

| 序号 | 项目 | | 1号样品（参照《激光打印机干式单组分显影剂》） | | 2号样品（参照《干式物理法（粉碎法）彩色墨粉》） | |
|---|---|---|---|---|---|---|
| | | | 标准要求 | 测试值 | 标准要求 | 测试值 |
| 2 | 粗粒① | | 每50g中粒径＞150μm的粒子个数≤30个 | ＞30个 | 每100g中粒径＞75μm的粒子个数≤10个 | ＞30个 |
| | | | 每50g中不允许有粒径＞200μm的粒子 | ＞30个 | 每100g中不允许有粒径＞100μm的粒子 | ＞30个 |
| 3 | 凝集度 | | 企业自定 | 3.5% | ≤60.0% | 2.8% |
| 4 | 粒度分布 | 体积中径 $D_{50}$ | 企业自定 | 8.16μm | 企业自定 | 7.03μm |
| | | ＜3.17μm | | 1.73% | ≤20% | 1.14% |
| | | ＞20.00μm | | 1.29% | ≤1% | 0.14% |
| 5 | 软化点 | | 企业自定 | 114℃ | 企业自定 | 108℃ |
| 6 | 结块性 | | 无结块 | 无结块 | 无结块 | 无结块 |
| 7 | 加热挥发物/% | | ≤1.2 | 0.2% | | 0.3% |
| 8 | 挥发物② | 苯 | ≤1mg/kg | 未检出 | | 未检出 |
| | | 苯乙烯 | ≤40mg/kg | 未检出 | ≤2.3mg/h | 未检出 |
| | | TVOC | ≤360mg/kg | 220mg/kg | ≤23mg/h | |

① 粗粒项目检测结果见图5～图8。
② 检出限：苯为1 mg/kg，苯乙烯为4 mg/kg。

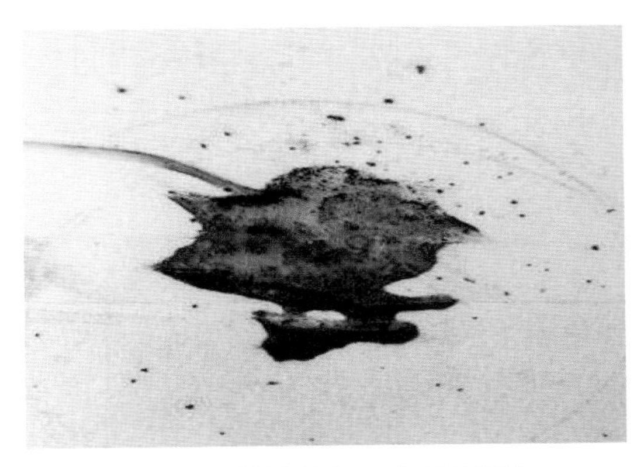
图5　1号样品200μm筛网残留物

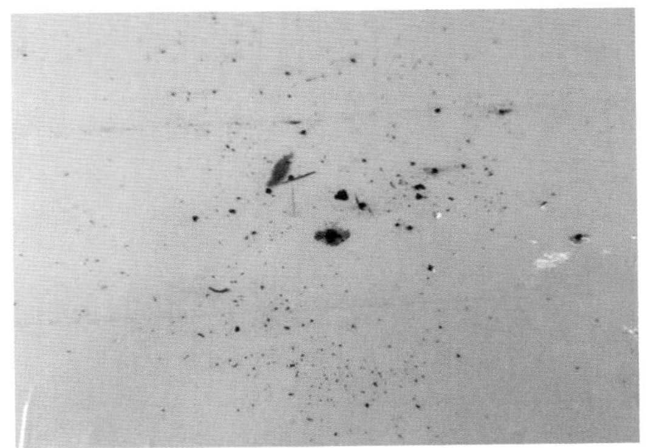
图6　1号样品150μm筛网残留物

（4）采用激光粒度仪测定样品粒度分布（体积密度），结果见表3；粒度（体积密度）分布曲线见图9和图10。

## 3 产生来源分析

墨粉（Toner），又称碳粉、色调剂、静电显影剂[1]，是用于静电成像的粉状墨粉，它与载体组成显影剂，参与显影过程，并最终被定影在纸张上形成文字或图像。墨粉

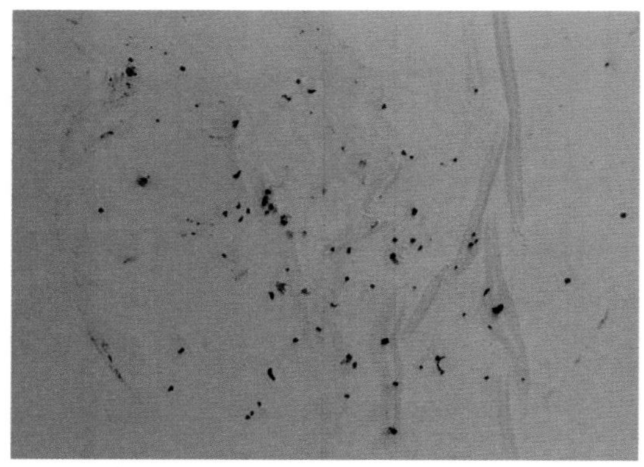

图7　2号样品100μm筛网残留物

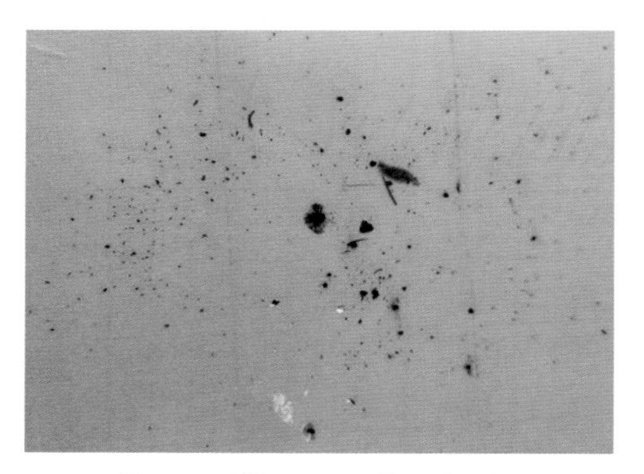

图8　2号样品75μm筛网残留物

表3　激光粒度仪测定数值

| 样品 | *D*(10)/μm | *D*(50)/μm | *D*(90)/μm | ≤5.0μm/% | ≤8.0μm/% | ≤12.0μm/% | ≤20.0μm/% |
|---|---|---|---|---|---|---|---|
| 1号 | 5.15 | 8.30 | 13.23 | 8.59 | 46.22 | 84.01 | 99.95 |
| 2号 | 1.11 | 6.95 | 10.98 | 22.18 | 64.51 | 94.20 | 100.00 |

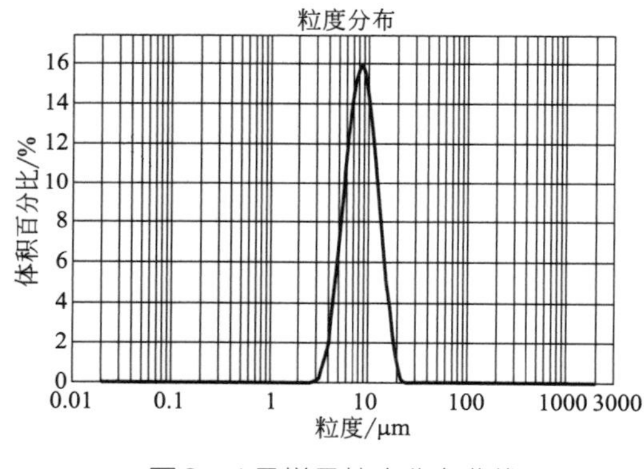

图9　1号样品粒度分布曲线

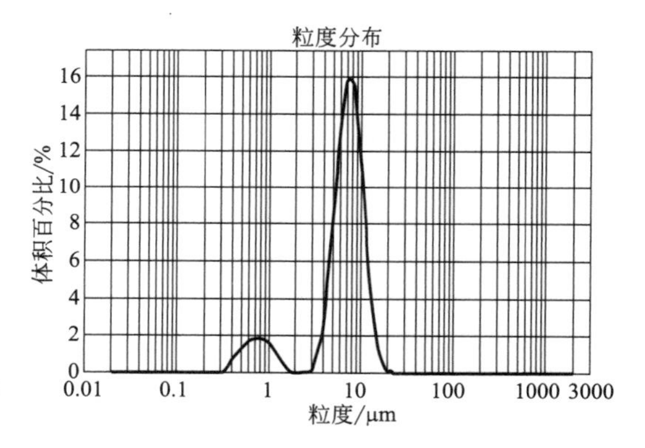


图10　2号样品粒度分布曲线

基本上分为复印机用粉体耗材和激光打印机用粉体耗材，这两类粉体耗材又包含黑白和彩色粉体耗材。墨粉的主要成分为树脂、染料、电荷调节剂、辅助添加剂、磁粉和载体等。

（1）树脂　构成墨粉的主体组成，起黏结作用，使墨粉满足基本的定影性能和带电量要求。树脂在双组分墨粉中约占80%，在单组分墨粉中占60%左右。树脂的性能对墨粉的质量和稳定性至关重要，通常选用黏合性能和热熔性能好、化学稳定性好的合成树脂，如丙烯酸类、苯乙烯类、酚醛树脂等。

（2）染料　主要成像物质，一般在黑色墨粉中常采用炭黑作为着色材料，具有调整颜色深浅的功能，在墨粉中所占比例约为10%。

（3）电荷调节剂　改变墨粉的带电量、电荷分布曲线及带电速度，起控制墨粉带电性能的作用，所占比例约为5%。

（4）辅助添加剂　起调整带电量、防粘辊、改善流动性等作用，一般在墨粉中所

占比例为5%。

（5）磁粉　起染色作用，在形成磁穗时作动力，在显影过程中阻止低电量粉显影，一般为黑色磁铁矿粉末或用化学方法生成的磁性粉末，在墨粉中约占30%～40%。

（6）载体　以磁铁粉、塑料珠和玻璃珠为原料制成，其中以磁铁粉最为常用。

墨粉是高分子聚合物，颗粒的平均直径为8～12μm，带正电荷或负电荷。对墨粉粒度分布的要求很严格，过粗和过小的颗粒总数不多于8%。另外，对墨粉诸多物理指标的要求也很严格，生产工艺和评价方法也比较复杂。墨粉的主要技术指标包括物理指标和图像质量。其中物理指标包括：a. 带电量、带电分布、带电速度，这些指标影响显影性能、控制功能；b. 软化点、熔融指数，这些指标影响定影性能；c. 粒度的大小和分布，该指标影响电性能、图像的低灰、层次、分辨率。

1号样品为黑色细粉末，主要成分为（丙烯酸—苯乙烯）共聚物及深色颜料（含炭黑），符合墨粉主要成分组成；样品经150μm及200μm筛网筛分后的残余物量较大，甚至无法清晰辨认、检测出具体个数，严重超出《激光打印机干式单组分显影剂》（GB 21199—2007）标准中要求的每50g样品中粒径＞150μm的粒子个数不大于30个、不允许有粒径＞200μm粒子的要求，同时可见筛分后的筛上物存有黄色、黑色等不明碎屑；根据粒度分布（体积密度）测试结果，1号样品中8～12μm颗粒的体积密度占比仅为37.79%，低于正常墨粉的平均占比，表明样品粒度分布范围较宽。

2号样品为品红色细粉末，主要成分为（丙烯酸-苯乙烯）共聚物及喹吖啶酮（品红颜料），符合墨粉主要成分组成；样品经75μm及100μm筛网筛分后的残余物量较大，甚至无法清晰辨认、检测出具体个数，严重超出《干式物理法（粉碎法）彩色墨粉》（GB/T 29300—2012）标准中要求的每100g样品中粒径＞75μm的粒子个数不大于10个、不允许有粒径＞100μm粒子的要求，同时可见筛分后的筛上物存有黄色、黑色等不明碎屑；根据粒度分布（体积密度）测试结果，样品粒度分布不均匀，出现明显的两个区间分布，样品中8～12μm颗粒的体积密度占比仅为29.69%，低于正常墨粉的平均占比，表明样品粒度分布范围更宽。

两个样品主体成分均为（丙烯酸-苯乙烯）共聚物，另含有其他颜料，1号及2号样品灰分分别为44.5%、2.0%，具有较大差异；两样品中均有细小的黄色、黑色不明杂物；两样品均不符合《激光打印机干式单组分显影剂》（GB 21199—2007）、《干式物理法（粉碎法）彩色墨粉》（GB/T 29300—2012）中关于粗粒的指标要求，粒度分布范围宽，此项指标将影响墨粉电性能、图像的低灰、层次、分辨率等。

总之，综合判断样品是来自打印墨粉（碳粉）生产过程或回收过程中产生的不合格物料（包括回收的残余粉）。

## 4 固体废物属性分析

（1）样品属于打印墨粉（碳粉）生产过程或回收过程中产生的不合格物料（包括

回收的残余物、下脚料），根据《固体废物鉴别标准 通则》（GB 34330—2017）第 4.1a）条和第 4.2a）条的准则，判断鉴别样品属于固体废物。

（2）根据 2017 年 12 月环境保护部、商务部、发展改革委、海关总署、国家质检总局发布第 39 号公告的《非限制进口类可作原料的固体废物目录》《限制进口类可作原料的固体废物》中均未列有“废打印墨粉”或类似废物，而该 39 号公告《禁止进口固体废物目录》第十四部分为其他，序号 125 为“其他未列明固体废物”，建议将鉴别样品归于此类废物，因而鉴别样品属于我国禁止进口的固体废物。

## 参考文献

[1] 王威，王宝群，刘京玲，等. 墨粉的制备及发展概况[J]. 中国材料进展，2012（01）：7-13.

# 39. 植物油生产脂肪酸产品的残余物

## 1 背景

2020 年 3 月，中华人民共和国新生圩海关委托中国环科院固体所对其查扣的一票进口“改性沥青”货物样品进行固体废物属性鉴别，需要确定是否属于固体废物。

## 2 样品特征及特性分析

（1）测定 2 个样品 600℃下灼烧后的灰分分别为 0.52% 和 1.02%，样品外观描述和形态见表 1、图 1 和图 2，委托海关提供的集装箱货物状况见图 3。

表 1　样品外观

| 样品 | 外观特征 |
|---|---|
| 1 号 | 主体为黄色圆饼状固体，似由多种不规则块状物相互挤压压制而成，具有软胶质特征；上混合有不规则黑色、白色、绿色等其他颜色物质；表面凹凸不平，上有黄黑色液体，液体不黏稠；样品散发浓烈恶臭气味 |
| 2 号 | 主体为黄黑圆饼状固体，似由多种不规则块状物相互挤压压制而成，具有软胶质特征；黄黑颜色相互混杂同时混有其他颜色，表面凹凸不平；上有黄黑色液体，液体不黏稠；样品散发浓烈恶臭气味 |

图 1　1 号样品外观

图 2　2 号样品外观

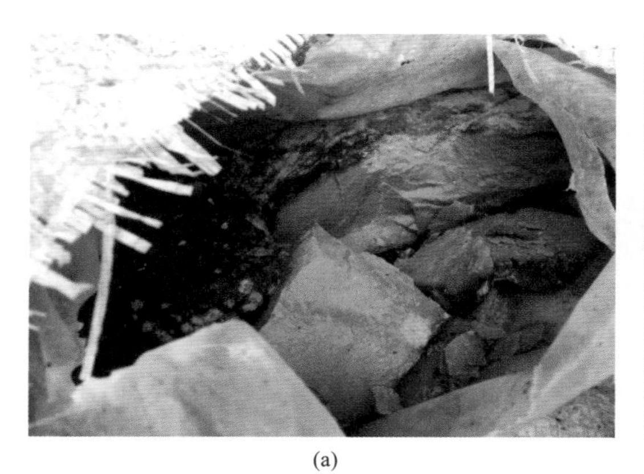
(a)

(b)

图3 集装箱中编织袋包装的货物

（2）由于样品外观非常差，不能根据相关沥青产品标准要求对 SBS 改性沥青的指标进行测试。采用多种方法对样品有机组分进行摸索性测试，结果表明 2 个样品成分以生物有机物为主，分别见表 2 和表 3。

表2 1号样品的测试结果

| 项目 | | | 样品1 | 样品2 | 采用标准 |
|---|---|---|---|---|---|
| 1 | 气相色谱橡胶聚合物定性 | | 非橡胶类聚合物（未有 SBS） | | GB/T 29613.1—2013 |
| 2 | 红外光谱分析成分定性 | | 生物有机物：牛磺鹅脱氧胆酸钠盐 | | GB/T 6040—2019 |
| 3 | 质谱分析有机物定性 | | 直链烃（$C_{21}$～$C_{31}$）、十八酸、十六酸、甾醇类化合物 | | GB/T 6041—2002 |
| 4 | 热失重/% | 室温～300℃ | 20.69 | 22.13 | 参考 GB/T 14837.1—2014 |
| | | 300～535℃ | 73.94 | 72.64 | |
| | | 535～850℃ | 4.93 | 3.61 | |
| | | ≥ 850℃（残余物占比） | 0.68 | 1.71 | |

注：样品 80% 左右可被乙醇溶解，剩余部分也不是橡胶；SBS 为苯乙烯 - 丁二烯 - 苯乙烯共聚物。

表3 2号样品的测试结果

| 项目 | | | 样品1 | 样品2 | 采用标准 |
|---|---|---|---|---|---|
| 1 | 气相色谱橡胶聚合物定性 | | 非橡胶类聚合物（未有 SBS） | | GB/T 29613.1—2013 |
| 2 | 红外光谱分析成分定性 | | 生物有机物：植物甾醇、酯类化合物 | | GB/T 6040—2019 |
| 3 | 质谱分析有机物定性 | | 十八酸、十六酸、甾醇类化合物 | | GB/T 6041—2002 |
| 4 | 热失重/% | 室温～300℃ | 26.12 | 24.48 | 参考 GB/T 14837.1—2014 |
| | | 300～535℃ | 67.92 | 71.61 | |
| | | 535～850℃ | 5.8 | 3.02 | |
| | | ≥ 850℃（残余物占比） | 0.30 | 0.94 | |

注：样品 80% 左右可被乙醇溶解，剩余部分也不是橡胶；SBS 为苯乙烯 - 丁二烯 - 苯乙烯共聚物。

（3）采用 X 射线荧光光谱仪对样品灼烧后的残余物成分进行半定量分析，结果见表 4。

表4　2个样品灼烧残余物的主要成分及含量（除F、Cl以外，元素均以氧化物表示）　单位：%

| 样品 | $SiO_2$ | $P_2O_5$ | CaO | $Na_2O$ | F | $K_2O$ | $Fe_2O_3$ | $SO_3$ | CuO | ZnO | $Al_2O_3$ | MgO |
|---|---|---|---|---|---|---|---|---|---|---|---|---|
| 1号 | 32.70 | 24.26 | 9.42 | 7.88 | 6.46 | 4.96 | 4.36 | 3.85 | 2.32 | 1.35 | 1.21 | 0.393 |
| 2号 | 10.64 | 6.80 | 13.84 | 8.13 | 1.57 | 2.32 | 10.51 | 32.20 | 1.35 | 0.84 | 2.30 | 2.41 |
| 样品 | Cl | $TiO_2$ | SrO | MnO | PbO | $Zr_2O$ | $Cr_2O_3$ | $Ga_2O_3$ | $Nb_2O_5$ | $V_2O_5$ | BaO | $CeO_2$ |
| 1号 | 0.197 | 0.169 | 0.126 | 0.075 | 0.069 | 0.065 | 0.059 | 0.029 | 0.025 | 0.012 | — | — |
| 2号 | 0.080 | 0.387 | 0.235 | 0.123 | 0.065 | 0.079 | 0.061 | 0.016 | 0.011 | 0.024 | 0.094 | 0.036 |

## 3 产生来源分析

（1）样品不是石油沥青、煤沥青及其改性沥青石油沥青是原油加工过程的一种产品，在常温下是黑色或黑褐色黏稠的液体、半固体或固体，主要含有可溶于三氯乙烯的烃类及非烃类衍生物，其性质和组成随原油来源和生产方法的不同而变化。煤沥青是煤焦油蒸馏提取馏分后的残留物，基本组成是多环、稠环芳烃及其衍生物，具有密度大、防腐性好和耐磨度高等特点。

改性沥青的定义为掺杂橡胶、树脂、高分子聚合物、磨细的橡胶粉，或者其他材料等外掺剂（改性剂）制成的沥青结合料，从而使沥青或沥青混合料的性能得以改善。当橡胶粉掺入热沥青中后，在热能和机械力的作用下橡胶粉粒吸收沥青中的油分而溶胀，部分恢复生胶的性质，橡胶颗粒重新具有一定的黏性，并由原来的紧密结构变成相对疏松的絮状结构，制备后的橡胶溶胀颗粒能较均匀地悬浮分散在沥青溶液中。橡胶颗粒吸收油分溶胀成为胶团状。高剂量橡胶沥青面层，其橡胶粉掺量达到25%～35%。在制备胶粉改性沥青过程中影响胶粉稳定分散的因素非常多，如沥青品种、胶粉生产方法、来源、尺寸，添加剂含量、品种、添加方式，以及改性沥青生产工艺和条件，如设备类型、搅拌方式和速度、混合时间和温度等[2]。SBS在沥青改性中的应用包括防水卷材沥青改性以及道路沥青改性两个方面。

从图1～图3样品和货物的外观看，以土黄色为主，不是通常沥青的油黑色（虽然包装袋内可见表面有污染的黑色物质）；表2和表3样品成分分析表明没有橡胶成分，主要为可溶于乙醇溶剂的生物成分，因此判断鉴别样品不是来自石油炼制产生的沥青及其改性沥青，当然判断样品也不是煤焦油生产中的煤沥青及其改性沥青。

（2）初步判断样品是植物油生产脂肪酸产品过程中的残余混合物

生物沥青主要是植物沥青，主要的定义有：

① 用植物油生产脂肪酸等产品时，会残留部分分子量较大的蒸馏残渣，而这些残渣具有与石油沥青相似的性能，因此称作植物沥青；

② 将植物油脚通过一系列化学反应（酸化、聚合等）生成类似石油沥青的物质，该物质即被称为植物沥青，又被称为油脚沥青；

③ 将植物油精制过程中产生的下脚料（俗称油脚）经过酸化、水解生产不饱和脂

肪酸和混合饱和脂肪酸过程中会产生副产物，该部分副产物即为植物沥青。

蒸馏法与石油蒸馏得到石油沥青的基本过程是一致的，其原理是根据生物油中各组分沸点范围不同，将生物油切割成不同的馏分，蒸馏残渣即为生物沥青。调合法是向基质沥青中添加生物油或生物油残渣，在机械搅拌作用下重新形成稳定体系的过程。氧化法是指在氧化釜中，让生物油残渣在高温和有氧气存在的条件下发生氧化反应的过程，主要目的是提高生物油残渣的软化点和黏度。当蒸馏法、调合法和氧化法得到的生物沥青不能满足使用要求时，可以采用聚合物改性的方法改进某些性能，可用于生物沥青改性的聚合物有丁苯橡胶（SBR）、丁苯橡胶（SBS，聚丁二烯和聚苯乙烯的三嵌段聚合物）、其他橡胶粉、聚乙烯（PE）、聚邻苯二酰胺（PPA）等。

《工业脂肪酸》（GB 9103）标准中阐明由动物、植物油脂经水解后加工精制而成的工业硬脂酸（主要成分为十八烷酸和十六烷酸）供化妆品、橡胶、金属盐、印染和精密铸造等工业使用。

两个样品中都含有十八酸，即十八烷酸、硬脂酸，由油脂水解法进行工业生产，主要用于生产硬脂酸盐。硬脂酸以甘油酯的形式存在于动物脂肪、油以及一些植物油中，这些油经水解即得硬脂酸。几乎所有油脂中都有含量不等的硬脂酸，在动物脂肪中的含量较高，如牛油中含量可达 24%，植物油中含量较少，茶油为 0.8%，棕榈油为 6%，但可可脂中的含量则高达 34%。

两个样品中都含有十六酸，即十六烷酸、软脂酸、棕榈酸，在许多油和脂肪中以甘油酯的形式存在；不溶于水，微溶于冷醇及石油醚，溶于热乙醇、乙醚和氯仿等；用于制取蜡烛、肥皂、润滑剂、合成洗涤剂、软化剂等；可由棕榈油水解制得，工业棕榈油是红色的，从棕榈树皮提取，而棕榈仁油是白色的，从里面的内核提取。

两个样品中都含有甾醇，甾醇是广泛存在于生物体内的一种重要的天然活性物质，按其原料来源分为动物性甾醇、植物性甾醇和菌类甾醇等三大类；动物性甾醇以胆固醇为主，植物性甾醇主要为谷甾醇、豆甾醇和菜油甾醇等，而麦角甾醇则属于菌类甾醇；在所有来源于植物种子的油脂中都含有甾醇，它不溶于水、碱和酸，但可以溶于乙醚、苯、氯仿、乙酸乙酯、石油醚等有机溶剂中。

表 4 的两个样品成分中都含有少量的无机物组分，样品中 Si、P、Ca、F、Fe、S、Mg 等元素含量差异明显，尤其硫含量相差大。

综上所述，两个样品外观和成分都表现出明显的不均匀性，生物有机物的特征物质明显，初步判断鉴别样品及其货物是来自植物油（但不排除动物油脂）生产脂肪酸产品过程中的残余混合物，不是生物沥青产品。

## 4 固体废物属性分析

（1）样品组成复杂，整体性状较差，具有散发持久浓重的恶臭气味，初步判断是来自植物油（但不排除动物油脂）生产脂肪酸产品过程中的残余混合物，不是生物沥

青产品，属于在有机化工生产过程中产生的蒸馏残渣，根据《固体废物鉴别标准 通则》（GB 34330—2017）第 4.2 c）条准则，判断鉴别样品属于固体废物。

（2）2017 年 12 月 31 日环境保护部、商务部、国家发改委、海关总署、国家质检总局联合发布的第 39 号公告《禁止进口固体废物目录》中列有“3825900090 其他未列明化工废物”“其他未列名固体废物”，结合我国进口废物管理实践，建议将鉴别样品归于这两类废物之一，因而样品属于我国禁止进口的固体废物。

## 参考文献

[1] 黄彭，吕伟民，张福清，等. 橡胶粉改性沥青混合料性能与工艺技术研究[J]. 中国公路学报，2001，14（s1）：4-7.

[2] 廖明义，李雪. 废橡胶粉改性沥青稳定性及其影响因素[J]. 石油化工高等学校学报，2004，017（004）：38-41.

# 40. 废柴油溶剂

## 1 背景

2016 年 5 月，中华人民共和国天津新港海关缉私分局委托中国环科院固体所对其查扣的一票进口“混合芳烃”货物样品进行固体废物属性鉴别，需要确定是否属于国家禁止进口的固体废物。

## 2 样品特征及特性分析

（1）样品为棕黑色液体，明显有柴油气味，不黏稠，流动性好，但置于滤纸上后呈浅色黑斑。样品外观状况见图 1 和图 2。

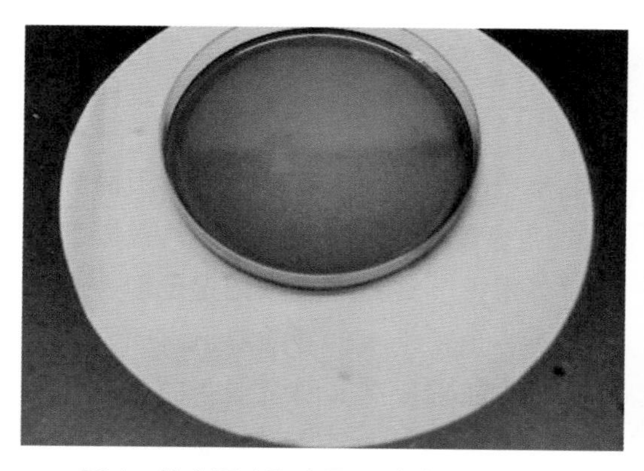

图1 从容器中取出置于玻璃皿中的样品

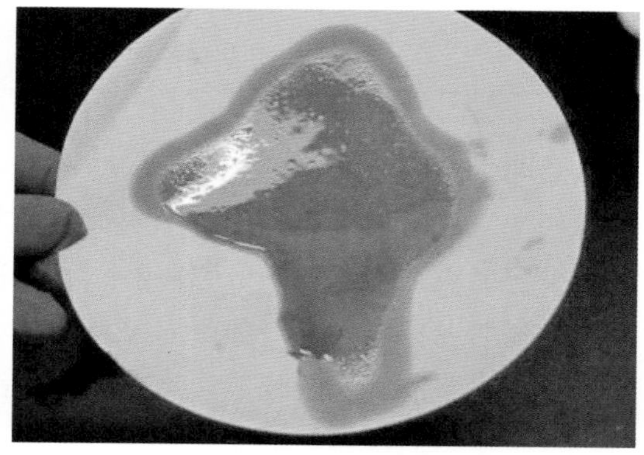

图2 样品置于滤纸上的扩散痕迹

（2）采用气相色谱—质谱联用仪（GC—MS）对样品中的有机组分进行定性分析，含有大量正构烷烃、少量苯类烷烃的典型组分，组分分析结果见表 1。

（3）参照有关柴油标准，对样品油的指标进行分析，结果见表 2。

表1 样品有机组分定性分析结果

| 序号 | 保留时间/min | 名称 | 峰面积百分比/% | 序号 | 保留时间/min | 名称 | 峰面积百分比/% |
|---|---|---|---|---|---|---|---|
| 1 | 4.20 | 正辛烷 | 0.76 | 18 | 15.62 | 正十六烷 | 7.08 |
| 2 | 5.13 | 甲苯 | 0.20 | 19 | 16.76 | 正十七烷 | 7.55 |
| 3 | 6.00 | 乙基苯 | 0.54 | 20 | 16.83 | 姥鲛烷 | 2.13 |
| 4 | 6.09 | 对二甲苯 | 0.62 | 21 | 17.84 | 正十八烷 | 6.95 |
| 5 | 6.29 | 正壬烷 | 1.65 | 22 | 17.95 | 植烷 | 3.39 |
| 6 | 6.39 | 邻二甲苯 | 0.36 | 23 | 18.87 | 正十九烷 | 7.45 |
| 7 | 7.20 | 三甲基苯 | 1.83 | 24 | 19.84 | 正二十烷 | 6.93 |
| 8 | 7.30 | 三甲基苯 | 0.43 | 25 | 20.78 | 正二十一烷 | 5.37 |
| 9 | 7.48 | 三甲基苯 | 0.88 | 26 | 21.67 | 正二十二烷 | 4.16 |
| 10 | 7.57 | 正癸烷 | 3.01 | 27 | 22.51 | 正二十三烷 | 3.45 |
| 11 | 7.67 | 三甲基苯 | 1.54 | 28 | 23.34 | 正二十四烷 | 2.34 |
| 12 | 8.10 | 三甲基苯 | 0.56 | 29 | 24.18 | 正二十五烷 | 1.38 |
| 13 | 8.98 | 正十一烷 | 3.71 | 30 | 25.08 | 正二十六烷 | 0.80 |
| 14 | 10.41 | 正十二烷 | 3.84 | 31 | 26.08 | 正二十七烷 | 0.36 |
| 15 | 11.81 | 正十三烷 | 5.90 | 32 | 27.19 | 正二十八烷 | 0.20 |
| 16 | 13.15 | 正十四烷 | 6.64 | 33 | 28.48 | 正二十九烷 | 0.07 |
| 17 | 14.42 | 正十五烷 | 7.88 | 34 | 29.96 | 正三十烷 | 0.05 |
| 合计 | | | | | | | 100 |

注：1.定性组分归一化处理；2.定性组分不是全部组分，是典型组分。

表2 样品油的指标分析结果

<table>
<tr><th>序号</th><th colspan="2">项目</th><th>实验结果</th></tr>
<tr><td>1</td><td colspan="2">密度（20℃）/（kg/m³）</td><td>835.0</td></tr>
<tr><td>2</td><td colspan="2">运动黏度（20℃）/（mm²/s）</td><td>7.876</td></tr>
<tr><td>3</td><td colspan="2">运动黏度（40℃）/（mm²/s）</td><td>4.581</td></tr>
<tr><td>4</td><td colspan="2">硫（S）含量/%</td><td>0.177</td></tr>
<tr><td>5</td><td colspan="2">酸值/（mgKOH/g）</td><td>0.133</td></tr>
<tr><td>6</td><td colspan="2">闪点（闭口）/℃</td><td>88</td></tr>
<tr><td>7</td><td colspan="2">灰分（质量分数）/%</td><td>0.033</td></tr>
<tr><td>8</td><td colspan="2">十六烷值指数</td><td>58</td></tr>
<tr><td rowspan="8">9</td><td rowspan="8">元素含量/（mg/kg）</td><td>P</td><td>112.0</td></tr>
<tr><td>Cl</td><td>29.5</td></tr>
<tr><td>K</td><td>2.2</td></tr>
<tr><td>Ti</td><td>2.0</td></tr>
<tr><td>Ca</td><td>108.0</td></tr>
<tr><td>Cu</td><td>1.3</td></tr>
<tr><td>Fe</td><td>3.3</td></tr>
<tr><td>Mn</td><td><0.22</td></tr>
</table>

续表

<table>
<tr><th>序号</th><th colspan="2">项目</th><th colspan="3">实验结果</th></tr>
<tr><td rowspan="4">9</td><td rowspan="4">元素含量/（mg/kg）</td><td>Si</td><td colspan="3"><118</td></tr>
<tr><td>Ni</td><td colspan="3"><0.11</td></tr>
<tr><td>V</td><td colspan="3">1.0</td></tr>
<tr><td>Zn</td><td colspan="3">69.4</td></tr>
<tr><td rowspan="7">10</td><td rowspan="7">馏程/℃</td><td>初馏点</td><td colspan="3">196.7</td></tr>
<tr><td>10%</td><td colspan="3">234.1</td></tr>
<tr><td>30%</td><td colspan="3">278.9</td></tr>
<tr><td>50%</td><td colspan="3">305.4</td></tr>
<tr><td>70%</td><td colspan="3">330.3</td></tr>
<tr><td>90%</td><td colspan="3">361.9</td></tr>
<tr><td>干点</td><td colspan="3">384.6</td></tr>
<tr><td rowspan="11">11</td><td rowspan="11">有机组分含量占比/%</td><td rowspan="4">总饱和烃（80.4）</td><td colspan="2">链烷烃</td><td>51.3</td></tr>
<tr><td rowspan="3">环烷烃（29.1）</td><td>一环烷烃</td><td>24.1</td></tr>
<tr><td>二环烷烃</td><td>4.5</td></tr>
<tr><td>三环烷烃</td><td>0.5</td></tr>
<tr><td rowspan="7">总芳烃（19.6）</td><td rowspan="3">单环芳烃（16.4）</td><td>烷基苯</td><td>8.3</td></tr>
<tr><td>茚满或四氢萘</td><td>5.3</td></tr>
<tr><td>茚类</td><td>2.8</td></tr>
<tr><td rowspan="4">双环芳烃（3.2）</td><td>萘</td><td>0.4</td></tr>
<tr><td>萘类</td><td>1.4</td></tr>
<tr><td>苊类</td><td>1.0</td></tr>
<tr><td>苊烯类</td><td>0.4</td></tr>
</table>

## 3 产生来源分析

（1）样品申报名称为“混合芳烃”。2012年版海关总署《进出口税则 商品及品目注释》中270750品目是“其他芳烃混合物，温度在250℃时馏出量以体积计（包括损耗）在65%及以上”。表1和表2实验结果表明，样品主要组分是系列正构烷烃为主的油液，虽然含有苯类芳烃，但比例很少，温度在250℃时芳烃馏出量远没有达到海关商品中65%的混合芳烃的要求。因此，判断样品不是海关商品270750品目下的“其他芳烃混合物”产品。

（2）柴油是轻质石油产品，主要由原油蒸馏、催化裂化、热裂化、加氢裂化、石油焦化等过程生产的柴油馏分调配而成，为复杂烃类混合物。柴油分为轻柴油（沸点180～370℃）和重柴油（沸点350～410℃）两大类。柴油中常见的烃类物有烷烃、环烷烃/联苯类、二环烷烃/芴类、烷基萘、烷基苯和茚满/萘满，易挥发性组分（如苯、甲苯）以及半挥发性组分（如长链烷烃）[1]。柴油主要是$C_{11}$～$C_{25}$的烃类，包括链烷烃、芳香烃和环烷烃，且链烷烃占多数，而再生柴油主要为$C_{11}$～$C_{54}$的烃类，包括

链烷烃、芳香烃，且链烷烃占多数，两者烃类组成见表 3[2]。柴油油品中共检测出约 70 种化合物，主要为饱和芳烃和芳香烃，饱和烷烃质量分数约 89.6%，以 $C_{13}$～$C_{22}$ 的直链正构烷烃居多，芳烃质量分数约 8%，多为取代苯、取代萘、茚、蒽等 [3]。

表3　柴油和再生柴油烃类组成

| 柴油 | | | | 再生柴油 | | | |
|---|---|---|---|---|---|---|---|
| 序号 | 保留时间 /min | 中文名称 | 峰面积百分比 /% | 序号 | 保留时间 /min | 中文名称 | 峰面积百分比 /% |
| 1 | 3.668 | 十二烷 | 1.78 | 1 | 3.67 | 十二烷 | 1.36 |
| 2 | 4.531 | 十三烷 | 1.98 | 2 | 4.529 | 十三烷 | 1.47 |
| 3 | 4.644 | 2- 甲基萘 | 1.97 | 3 | 4.811 | 1,4- 二甲基-4-异丙基四氢萘 | 1.07 |
| 4 | 4.788 | 甲基萘 | 1.04 | 4 | 5.398 | 十四烷 | 2.77 |
| 5 | 5.397 | 十四烷 | 2.71 | 5 | 5.586 | 2,7- 二甲基萘 | 1.16 |
| 6 | 5.466 | 2,3- 二甲基萘 | 1.12 | 6 | 5.737 | 2,6- 二甲基萘 | 1.85 |
| 7 | 5.58 | 2,7- 二甲基萘 | 1.03 | 7 | 5.91 | 2- 甲基十二烷 | 2.18 |
| 8 | 5.895 | 3- 甲基十六烷 | 1.72 | 8 | 6.241 | 十五烷 | 3.02 |
| 9 | 6.236 | 十五烷 | 3.55 | 9 | 6.584 | 十一烷 | 1.83 |
| 10 | 6.571 | 1,6,7 三甲基萘 | 1.11 | 10 | 6.727 | 2- 甲基十五烷 | 1.37 |
| 11 | 7.037 | 十六烷 | 3.39 | 11 | 7.039 | 十六烷 | 2.94 |
| 12 | 7.376 | 2,6,19- 三甲基十五烷 | 1.74 | 12 | 7.075 | 五十四烷 | 1.46 |
| 13 | 7.477 | 2- 甲基十五烷 | 1.18 | 13 | 7.39 | 2- 溴十二烷 | 2.61 |
| 14 | 7.80 | 十七烷 | 3.48 | 14 | 7.553 | 3- 甲基十六烷 | 1.31 |
| 15 | 7.83 | 2,6,10,14-四甲基十五烷 | 1.39 | 15 | 7.799 | 十七烷 | 2.76 |
| 16 | 8.1 | 2- 己基环戊烷 | 1.04 | 16 | 7.833 | 2,6,10,14- 四甲基十五烷 | 1.40 |
| 17 | 8.63 | 二十烷 | 3.55 | 17 | 8.108 | 4- 甲基十六烷 | 1.21 |
| 18 | 8.688 | 2,6,10,14-四甲基十六烷 | 1.33 | 18 | 8.617 | 十八烷 | 2.37 |
| 19 | 9.658 | 十九烷 | 3.44 | 19 | 8.694 | 2,6,10,14-四甲基十六烷 | 1.46 |
| 20 | 10.86 | 二十烷 | 2.87 | 20 | 9.626 | 十九烷 | 1.58 |
| 21 | 12.13 | 二十一烷 | 2.39 | 21 | 10.819 | 二十烷 | 1.27 |
| 22 | 13.426 | 二十二烷 | 1.45 | 22 | 12.091 | 二十一烷 | 0.96 |
| 23 | 16.011 | 二十四烷 | 0.35 | 23 | 13.404 | 二十二烷 | 0.76 |
| 24 | 17.279 | 二十五烷 | 0.18 | 24 | 14.717 | 二十八烷 | 0.57 |
| | | | | 25 | 16.015 | 二十四烷 | 0.36 |
| | | | | 26 | 17.286 | 十七烷 | 0.23 |

表 1 样品有机组分含有较为完整的正构烷烃组分 $C_{11}$～$C_{30}$，而且从峰面积百分比看出又主要集中在 $C_{11}$～$C_{25}$ 正构烷烃范围，符合柴油成分中正构烷烃的组分特征；表 2

样品有机组分中正构烷烃占80.4%，芳烃占19.6%，表明主要是柴油组分，通过咨询专家，认为符合原油直馏柴油组分特征（注：柴油来源较多，常压直馏工艺是柴油来源之一）；表2样品其他指标以及气味都与柴油特征相符。总之，判断样品主要组分是柴油组分，其产生来源与柴油相关。

（3）将样品硫含量、酸值、灰分、十六烷指数、闪点、运动黏度、密度、机械杂质、馏程等实验结果，与《普通柴油》（GB 252—2011）和《车用柴油》（GB 19147—2013）进行对比，结果见表4。样品中硫含量、灰分、机械杂质、馏程、酸值五项指标不符合柴油标准要求。

表4　样品油的指标与柴油标准比较

<table>
<tr><th rowspan="2">序号</th><th rowspan="2" colspan="2">指标</th><th rowspan="2">样品实验结果</th><th rowspan="2">《普通柴油》（GB 252）</th><th colspan="3">《车用柴油》（GB 19147）</th></tr>
<tr><th>Ⅲ</th><th>Ⅳ</th><th>Ⅴ</th></tr>
<tr><td>1</td><td colspan="2">机械杂质</td><td>有杂质，不透明</td><td>无（目测透明）</td><td colspan="3">无（目测透明）</td></tr>
<tr><td>2</td><td colspan="2">S含量/%</td><td>0.177</td><td>≤0.035</td><td colspan="3">≤0.035</td></tr>
<tr><td>3</td><td colspan="2">灰分/%</td><td>0.033</td><td>≤0.01</td><td colspan="3">≤0.01</td></tr>
<tr><td rowspan="2">4</td><td rowspan="2">馏程</td><td>50%回收温度/℃</td><td>305.4</td><td>≤300</td><td colspan="3">≤300</td></tr>
<tr><td>90%回收温度/℃</td><td>361.9</td><td>≤355</td><td colspan="3">≤355</td></tr>
<tr><td>5</td><td colspan="2">酸度/（mgKOH/100mL）</td><td>11.1①</td><td>≤7</td><td colspan="3">≤7</td></tr>
<tr><td>6</td><td colspan="2">密度（20℃）/（kg/m³）</td><td>835</td><td>报告</td><td colspan="3">0.79～0.85②</td></tr>
<tr><td>7</td><td colspan="2">运动黏度（20℃）/（mm²/s）</td><td>7.876</td><td>1.8～8.0</td><td colspan="3">1.8～8.0</td></tr>
<tr><td>8</td><td colspan="2">闪点（闭口）/℃</td><td>88</td><td>≥55</td><td colspan="3">≥55</td></tr>
<tr><td>9</td><td colspan="2">十六烷值指数</td><td>58</td><td>≥43</td><td colspan="3">≥43③</td></tr>
</table>

① 是将样品0.133 mgKOH/g转换而成，即0.133×835×100/1000。
② 柴油标准中的密度实质上根据不同牌号有不同要求，此处是标准的密度范围。
③ 标准中不同牌号柴油要求不同，此处取的最小值。

柴油清洗机械零部件的方法操作方便、清洗效果好，依然广泛使用，经多次使用后，其中废润滑油成分含量增加，颜色发黑[4]。样品外观呈棕黑色，不很透明，说明样品受到污染后含有一定的机械杂质或残碳杂质；样品硫含量、灰分指标都高于柴油标准要求，应该是柴油使用过程中带入，受到了一定的污染；样品酸度高于标准要求，也证明柴油使用过，使得其中的氧化性成分增加；样品馏程回收温度稍高于标准要求，证明样品中含有少量的有机物重组分，可能是回收物掺混所致。

总之，判断样品是回收的使用过的柴油，不排除为回收清洗机械设备、零部件后的柴油。

## 4 固体废物属性分析

（1）样品是回收使用过的柴油，不符合我国柴油产品标准，属于“被污染的材料”“生产或消费过程中产生的残余物”“不再好用的物质或物品”，回收利用属于“有

机物质的回收 / 再生”。因此，根据《固体废物鉴别导则（试行）》的原则，判断鉴别样品属于固体废物。

（2）2014 年 12 月 30 日，环境保护部、商务部、发展改革委、海关总署、国家质检总局发布的第 80 号公告中《限制进口类可用作原料的固体废物目录》《自动许可进口类可用作原料的固体废物目录》中均没有列出“含油废物”；该公告中的《禁止进口固体废物目录》中包含“2710990000 其他废油”，建议将鉴别样品归于该类废物，因而鉴别样品属于我国禁止进口的固体废物。

## 参考文献

[1] 谢园园，等. 气相色谱-单光子电离飞行时间质谱的联用及在柴油组分表征中的应用[J]. 色谱，2015，33（2）：192.

[2] 王向丽，倪培永，王忠，等. 废润滑油再生柴油化学组成与润滑油性能研究[J]. 汽车工程，2015，37（3）：372-373.

[3] 姬乔娜，高小红，等. 气相色谱-质谱测定0#柴油成分及含量的研究[J]. 广州化工，2015，43（24）：135-136.

[4] 张圣领，刘宏文，赵旭光，等. 废柴油再生工艺的研究[J]. 环境污染治理技术与设备，2003，4（1）：6-7.

# 41. 光刻胶剥离废液

## 1 背景

2016 年 1 月，中华人民共和国南沙海关委托中国环科院固体所对其查扣的一票进口“复合溶剂”货物样品进行固体废物属性鉴别，需要确定是否属于固体废物。

## 2 样品特征及特性分析

（1）样品为棕黑色黏稠液体，有强烈的刺激性气味，似氨气味。样品外观状况见图 1 和图 2。将样品在 50°C 的烘箱中放置 48h，样品中 50°C 的易挥发组分约占 40%，不易挥发组分约占 60%；在样品中分别加入蒸馏水和盐酸（HCl），均可观察到有沉淀物。

图1 放置在玻璃皿中的样品

图2 样品放置滤纸上

（2）对样品进行成分定性分析，样品的红外光谱分析明显可见酰胺基团和亚甲基特征，红外光谱图见图 3；样品中四氢呋喃不溶物的红外光谱分析表明，含有 *N*,*N*- 二羟乙基草酰胺，红外光谱图见图 4；对样品进行蒸馏，收集易挥发物进行冷凝，利用红外光谱对冷凝物进行定性分析，表明样品中含有一乙醇胺，易挥发物的红外光谱图见图 5；用甲醇萃取样品，对萃取物进行质谱分析，表明样品均含有一乙醇胺、二甲基亚砜和氢氧化四乙基铵（质谱图略）；用乙腈萃取样品，利用气质联用对萃取物进行分

析，表明样品中均含有二甲基亚砜和其他不明成分（气质联用谱图略）；利用凝胶渗透色谱对四氢呋喃溶解物进行分析，表明样品含有低不溶聚物，凝胶渗透色谱图见图6。

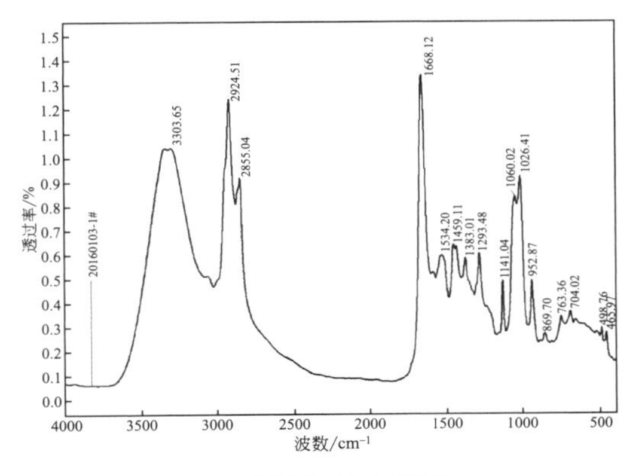


图3　样品红外光谱图

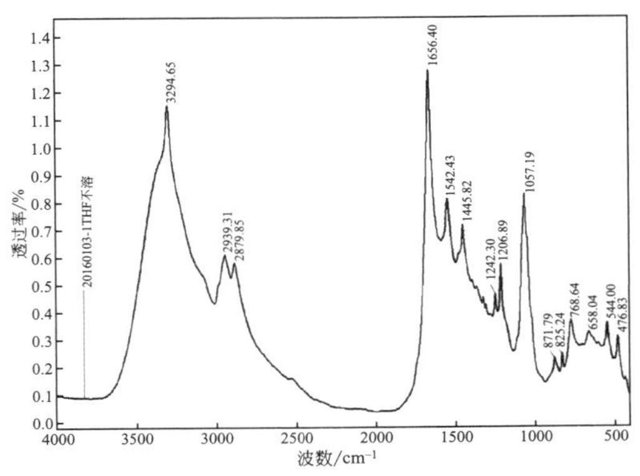


图4　样品中四氢呋喃不溶物红外光谱图

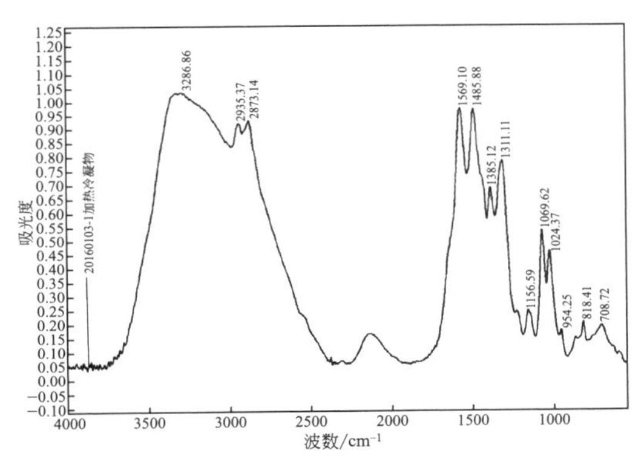


图5　样品中易挥发物红外光谱图

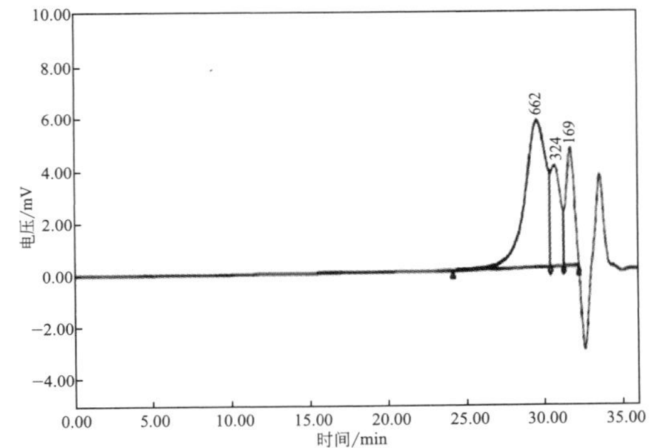


图6　样品四氢呋喃溶解物的凝胶渗透色谱图

（3）550°C灼烧样品的烧失率为98.6%，利用X射线荧光光谱仪对样品灼烧残渣的主要成分进行分析，成分为Br、Fe、I、Zn、S、Na、Cu和P，具体结果见表1。

表1　样品灼烧残渣的主要成分及含量（除Br、I、Cl以外，其他元素均以氧化物表示）单位：%

| 成分 | Br | $Fe_2O_3$ | I | ZnO | $SO_3$ | $Na_2O$ | CuO | $P_2O_5$ | $SiO_2$ | $MoO_3$ |
|---|---|---|---|---|---|---|---|---|---|---|
| 含量 | 16.34 | 13.88 | 13.86 | 12.11 | 9.86 | 8.61 | 6.91 | 3.94 | 3.07 | 2.88 |
| 成分 | $Al_2O_3$ | $K_2O$ | Cl | CaO | NiO | $Cr_2O_3$ | PbO | $TiO_2$ | MnO | MgO |
| 含量 | 2.10 | 2.07 | 1.91 | 1.25 | 0.47 | 0.23 | 0.16 | 0.16 | 0.13 | 0.08 |

## 3 产生来源分析

在印刷电路板、液晶显示面板、半导体集成电路等工艺制造过程中，需要通过多次图形掩膜照射曝光及蚀刻等工序在硅晶圆或玻璃基片上形成多层精密的微电路，形成微电路之后，进一步用光刻胶剥离液将涂覆在微电路保护区域上作为掩膜的光刻胶除去[1]。剥离工艺是在基片表面涂上一层光刻胶，经过前烘、曝光、显影形成掩膜图形，要求在不需要金属膜的区域覆有光刻胶，用镀膜的方法在其表面覆盖一层金属，这样金属膜只在需要的区域与衬底相接触；最后浸泡剥离液，若允许可加少许超声将光刻胶除去，随着光刻胶的溶解，其上的金属也跟其一起脱落，从而留下了所需的金属图形[2]。

工业上所使用的光刻胶剥离液为无色透明或淡黄色液体，有刺激性气味，主要由有机胺和有机溶剂组成，通过溶胀和溶解方式剥离除去光刻胶，其中有机胺可包括一乙醇胺、二甲基乙酰胺、氢氧化四乙基铵、*N*-甲基甲酰胺、*N*-甲基二乙醇胺、*N*,*N*-二甲基丙酰胺等；有机溶剂可包括二甲基亚砜、二乙二醇甲醚、二乙二醇单丁醚等[1, 3, 4, 5]。

在光刻胶剥离液使用的同时会产生光刻胶剥离液废液。光刻胶剥离液废液的主要成分为光刻胶剥离液的组成成分，还有少量的高分子树脂和光敏剂，美国专利US7273560公布了包含一乙醇胺与二乙二醇单丁醚组合的光刻胶剥离液废液中含有19.3%的一乙醇胺、77%的二乙二醇单丁醚、3%的光刻胶和0.7%的水[4]。

一种光刻胶剥离液废液回收主要步骤包括[3]：a. 向光刻胶剥离液废液中加入高纯水，将产生的沉淀过滤分离，得到一级滤液；b. 向一级滤液中加入盐酸（HCl）、草酸（$H_2C_2O_4$）等酸性物质，将产生的沉淀过滤分离，得到二级滤液；c. 利用吸附剂吸附脱色除去二级滤液中的金属离子，得到初级再生液；d. 对初级再生液进行蒸馏处理，得到光刻胶剥离液。由此可知，光刻胶剥离液废液中含有不溶于水或酸的物质，也含有金属离子，而且颜色较深。

样品的主要成分为有机胺，包括一乙醇胺、*N*,*N*-二羟乙基草酰胺和氢氧化四乙基铵，以及有机溶剂二甲基亚砜，与光刻胶剥离液的主要成分相同；样品具有刺激性气味，光刻胶剥离液也具有刺激性气味。因此，判断样品是来源于光刻胶剥离液生产、使用过程的产物。

样品为棕黑色黏稠液体，光刻胶剥离液废液也是深颜色；样品含有0.6%～1.4%的无机成分，其中包括Fe、Zn、Na、Cu、Si等，可能是由于利用光刻胶剥离液剥离光刻胶时金属离子一起脱落进入光刻胶剥离液所引起；样品中明显含有不溶于水的物质和不溶于酸的物质，光刻胶剥离液废液中也含有不溶于水或酸的物质；样品中含有Br、I、Cl三种卤素，在绝大多数集成电路的基片中也含有卤素F、Cl、Br和I。因此，进一步判断样品主要来源于光刻胶剥离液使用过程，是光刻胶剥离液废液。

## 4 固体废物属性分析

（1）样品是光刻胶剥离液废液，属于“被污染的材料”“生产或消费过程中产生的残余物”“不再好用的物质或物品”，只能用于“有机物质的回收/再生”或“用于消除污染的物质的回收”。因此，根据《固体废物鉴别导则（试行）》的原则，判断鉴别样品属于固体废物。

（2）2014 年 12 月 30 日，环境保护部、商务部、发展改革委、海关总署、国家质检总局发布的第 80 号公告中，《限制进口类可用作原料的固体废物目录》《自动许可进口类可用作原料的固体废物目录》中均没有明确列出“光刻胶剥离液废液”及类似废物；该公告中的《禁止进口固体废物目录》中包含“3825490000 其他废有机溶剂”，建议将鉴别样品归于该类废物，因而鉴别样品属于我国禁止进口的固体废物。

## 参考文献

[1] [日]横井滋，肋屋和正. 光刻胶用剥离液和使用该剥离液的光刻胶剥离方法：中国，CN1403876A[P]. 2003-3-19.

[2] 陈光红，于映，罗仲梓，等. AZ5214E反转光刻胶的性能研究及其在剥离工艺中的应用[J]. 功能材料，2005，36（3）：431-434.

[3] 杜海波. 光刻胶剥离工艺IPA消减方法研究[D]. 上海：上海交通大学，2010.

[4] 魏任重，徐雅玲，黄源，等. 光刻胶剥离液废液的回收方法：中国CN201210455979.2[P]. 2013-3-6.

[5] 许舜范，金炳郁，赵泰杓，等. 光刻胶剥离液组合物及光刻胶的剥离方法：中国，CN104781732A[P]. 2015-7-15.

# 42. 劣质煤焦油

## 1 背景

2014 年 4 月，中华人民共和国鲅鱼圈出入境检验检疫局委托中国环科院固体所对其查扣的一票进口“煤焦油”货物样品进行固体废物属性鉴别，需要确定是否属于固体废物。

## 2 样品特征及特性分析

（1）样品为黑色黏稠液体，有类似煤油的特殊气味。样品外观状况见图 1 和图 2。

图1　装在广口瓶中的样品

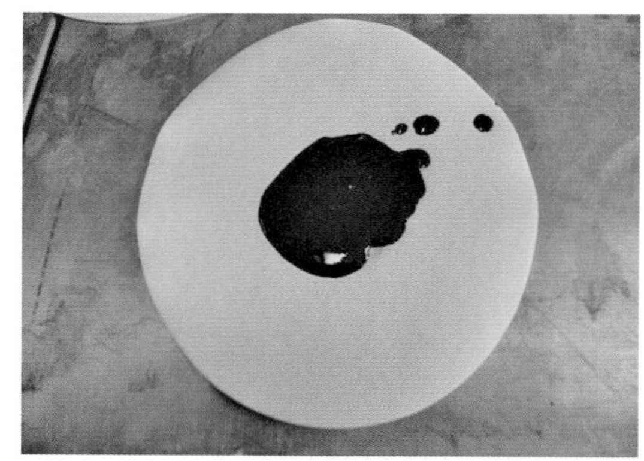

图2　置于滤纸上的黏稠样品

（2）采用气相色谱质谱仪（GC—MS）对样品有机组分进行分析，结果见表 1。

（3）按照《煤焦油》（YB/T 5075—2010）标准，对样品的密度、甲苯不溶物、水分、灰分、黏度及萘含量等指标进行分析，样品分析结果与煤焦油标准指标的比较见表 2。

（4）对样品进行高温模拟蒸馏，各温度段组分馏出率见表 3。

表1　样品成分

| 序号 | 保留时间/min | 化合物名称 | 峰面积百分比/% | 序号 | 保留时间/min | 化合物名称 | 峰面积百分比/% |
|---|---|---|---|---|---|---|---|
| 1 | 2.22 | 苯 | 0.05 | 34 | 22.76 | 甲基联苯 | 0.14 |
| 2 | 3.38 | 甲苯 | 0.11 | 35 | 23.26 | 氧芴 | 2.37 |
| 3 | 5.28 | 乙基苯 | 0.02 | 36 | 24.83 | 芴 | 3.00 |
| 4 | 5.48 | 对（间）二甲苯 | 0.10 | 37 | 25.29 | $C_2$-联苯 | 0.21 |
| 5 | 6.02 | 乙烯苯 | 0.04 | 38 | 25.63 | 甲基氧芴 | 0.17 |
| 6 | 6.08 | 邻二甲苯 | 0.03 | 39 | 26.01 | 甲基氧芴 | 0.47 |
| 7 | 8.20 | $C_3$-苯 | 0.03 | 40 | 27.43 | 甲基芴 | 0.29 |
| 8 | 8.65 | 苯酚 | 0.21 | 41 | 28.56 | 二苯并噻吩 | 0.67 |
| 9 | 8.93 | $C_3$-苯 | 0.04 | 42 | 29.18 | 菲 | 12.53 |
| 10 | 8.96 | $C_3$-苯 | 0.05 | 43 | 29.36 | 蒽 | 2.79 |
| 11 | 9.02 | $C_3$-苯 | 0.05 | 44 | 30.36 | 咔唑 | 1.25 |
| 12 | 10.43 | 茚 | 1.08 | 45 | 31.48 | 甲基菲 | 0.45 |
| 13 | 10.82 | 邻甲基苯酚 | 0.12 | 46 | 31.6 | 甲基菲 | 0.55 |
| 14 | 11.46 | 对（间）甲基苯酚 | 0.36 | 47 | 31.78 | 甲基蒽 | 0.29 |
| 15 | 12.21 | 甲基呋喃 | 0.08 | 48 | 31.90 | 甲基菲 | 0.94 |
| 16 | 13.54 | $C_2$-苯酚 | 0.06 | 49 | 31.98 | 甲基菲 | 0.26 |
| 17 | 13.58 | $C_2$-苯酚 | 0.16 | 50 | 34.68 | 荧蒽 | 7.78 |
| 18 | 13.70 | 甲基茚 | 0.12 | 51 | 35.09 | 荧蒽同分异构体 | 1.14 |
| 19 | 14.20 | $C_2$-苯酚 | 0.05 | 52 | 35.62 | 芘 | 5.58 |
| 20 | 14.58 | 萘 | 17.55 | 53 | 35.76 | 苯并氧芴 | 0.54 |
| 21 | 14.77 | 苯并噻吩 | 0.22 | 54 | 37.37 | 苯并芴 | 1.01 |
| 22 | 16.05 | 喹啉 | 0.29 | 55 | 37.66 | 苯并芴 | 0.83 |
| 23 | 17.61 | 2-甲基萘 | 2.83 | 56 | 38.10 | 苯并芴 | 0.63 |
| 24 | 18.06 | 1-甲基萘 | 1.11 | 57 | 41.29 | 苯并[*a*]蒽 | 1.86 |
| 25 | 19.88 | 联苯 | 0.51 | 58 | 41.46 | 䓛 | 2.09 |
| 26 | 20.51 | $C_2$-萘 | 0.32 | 59 | 46.03 | 苯并荧蒽 | 1.13 |
| 27 | 20.89 | $C_2$-萘 | 0.29 | 60 | 46.44 | 苯并[*e*]芘 | 0.38 |
| 28 | 20.97 | $C_2$-萘 | 0.22 | 61 | 46.55 | 苯并[*a*]芘 | 0.01 |
| 29 | 21.14 | 乙烯萘 | 0.17 | 62 | 46.58 | 苝 | 0.02 |
| 30 | 21.37 | $C_2$-萘 | 0.09 | 63 | 51.4 | 茚并芘 | 0.62 |
| 31 | 21.62 | 苊烯 | 3.99 | 64 | 51.64 | 苯并芘 | 0.05 |
| 32 | 22.48 | 苊 | 0.21 | 总计 |  |  | 80.89 |
| 33 | 22.54 | 甲基联苯 | 0.28 |  |  |  |  |

表2　样品分析结果与煤焦油标准指标比较

| 指标 | 样品分析结果 | YB/T 5075—2010 | |
|---|---|---|---|
| | | 1号 | 2号 |
| 密度（20℃）/（g/cm$^3$） | 1.168 | 1.15～1.21 | 1.13～1.22 |
| 甲苯不溶物（无水基）/% | 5.97 | 3.5～7.0 | ≤9 |

续表

| 指标 | 样品分析结果 | YB/T 5075—2010 | |
|---|---|---|---|
| | | 1号 | 2号 |
| 水分/% | 7.14 | ≤3.0 | ≤4.0 |
| 灰分/% | 11.62 | ≤0.13 | ≤0.13 |
| 运动黏度（50℃）/（$mm^2/s$） | 14.38 | ≤4.0 | ≤4.2 |
| 萘含量（无水基）/% | 17.55 | ≥7.0 | ≥7.0 |

表3　蒸馏实验结果

| 温度/℃ | 135 | 170 | 200 | 250 | 300 | 350 | 400 |
|---|---|---|---|---|---|---|---|
| 总收率/% | 0.5 | 1.0 | 2.4 | 12.9 | 22.5 | 32.8 | 41.4 |
| 温度/℃ | 450 | 500 | 550 | 600 | 650 | 700 | 750 |
| 总收率/% | 50.2 | 55.4 | 59.2 | 61.3 | 62.3 | 62.8 | 63.5 |

## 3 产生来源分析

煤焦油是煤在干馏和气化过程中得到的黑褐色、黏稠油状液体。根据干馏温度和过程方法的不同，煤焦油可分为低温煤焦油（干馏温度450～600℃）、中温煤焦油（干馏温度700～900℃）、高温煤焦油（干馏温度1000℃左右）。低温煤焦油密度较小，主要成分是高级酚、软蜡、短链的脂肪族饱和烃和烯烃。中温煤焦油和高温煤焦油是低温煤焦油在高温下二次裂解的产物。高温煤焦油主要是芳香烃所组成的复杂混合物，其组分总数有上万种，目前已查明的约500种，含量在1%左右的组分只有10多种，部分成分组成为苯0.12%～0.15%、甲苯0.18%～0.25%、二甲苯0.08%～0.12%、苯的同系物0.8%～0.9%、茚1.2%～1.8%、茚0.25%～0.3%、萘8%～12%、甲基萘1.8%～3.0%、二甲基萘1.0%～1.2%、联苯0.3%、芴1.0%～2.0%、蒽1.2%～1.8%、菲4.5%～5.0%、甲基菲0.9%～1.1%、荧蒽1.8%～2.5%、芘1.2%～1.8%、苯并蒽0.68%、苯酚0.2%～0.5%、二甲酚0.3%～0.5%、苯并氧芴0.5%～0.7%等。

煤焦油的馏分温度和产率见表4[1]。

表4　煤焦油的馏分温度和产率

| 馏分名称 | 轻油 | 酚油 | 萘油 | 洗油 | 一蒽油 | 二蒽油 | 沥青 |
|---|---|---|---|---|---|---|---|
| 温度/℃ | ＜170 | 170～210 | 210～230 | 230～300 | 300～360 | 360～400 | 残余液 |
| 收率/% | 0.4～0.8 | 1.0～2.5 | 10～13 | 4.5～6.5 | 16～22 | 4～6 | 54～56 |

样品为黑色黏稠液体，具有似煤油的特殊气味；样品成分组成上含有少量的苯类和酚类化合物，明显含有各种多环芳烃化合物，其中萘、菲及其同系物含量最高，与上述专业书籍中高温煤焦油成分组成特点非常相似；表3样品高温模拟蒸馏实验的不同温度下的产物收率与表4煤焦油馏分温度范围和产率类似。样品这些特征与高温煤焦油的特征吻合较好，因此判断样品为高温煤焦油。

## 4 固体废物属性分析

（1）煤焦油产生于焦炭生产过程中气体净化环节，是“污染控制设施产生的残余物”，成分非常复杂，含有大量的多环芳烃物质，必须进行进一步加工才能回收其中的化工产品如萘、酚、蒽、菲、沥青等；由于样品中的水分、灰分、黏度明显高于《煤焦油》（YB/T 5075—2010）行业标准的要求，即便作为产品也是属于“不符合质量标准或规范的产品”；回收利用样品属于“有机物质的回收 / 再生”。根据《固体废物鉴别导则（试行）》的原则，判断鉴别样品属于固体废物，为劣质煤焦油。

（2）2009 年 8 月 1 日，环境保护部、商务部、发展改革委、海关总署、国家质检总局发布的第 36 号公告的《禁止进口固体废物目录》列出了“2710990000 其他废油，明确包括不符合 YB/T 5075 标准的煤焦油”，建议将鉴别样品归于这类废物，因而鉴别样品属于我国禁止进口的固体废物。

## 参考文献

[1] 何建平. 炼焦化学产品回收与加工[M]. 北京：化学工业出版社，2008，214-216.

# 43. 回收的甘油副产物废物

## 1 背景

2017 年 5 月，中华人民共和国连云港海关查验科委托中国环科院固体所对其查扣的一票进口“粗甘油”货物样品进行固体废物属性鉴别，需要确定是否属于国家禁止进口的固体废物。

## 2 样品特征及特性分析

（1）黄褐色油状液体样品装于小桶中，有轻微醇香气味，易流动。样品外观状况见图 1。

图1　样品外观

（2）对样品组分定性和定量分析：

① 取适量样品进行红外光谱分析，样品主要成分为甘油和水，见图 2。

② 取适量样品置于 50℃烘箱 10d，测得剩余约 71.3%（挥发约 28.7%）。

③ 以分析纯甘油（浓度≥99.0%）作标样，用凝胶色谱法标定样品甘油含量，测得甘油含量约为 49%；测定含水率约 27%。

④ 用丙酮多次萃取样品，获得难溶物作红外光谱图，疑似甲基磺酸钠，见图 3。

⑤ 样品于 50℃烘箱 10d 充分挥发后有结晶型颗粒物析出，晶型颗粒物做 X 射线衍射分析，确定为 NaCl。

⑥ 取适量样品用去离子水溶解，做离子色谱，测得 Cl 含量约为 8.2%，折合 NaCl 约 14%；离子色谱还可见 $SO_4^{2-}$、$NO_3^-$、$PO_4^{3-}$，按钠盐折算，这些酸根离子的无机盐在粗甘油中总量约 1%；此外可能还有甲基磺酸根类阴离子等。

总之，确定样品的主要成分和大约含量如表 1 所列。

表1　样品主要成分及含量　　单位：%

| 成分 | 甘油 | 水 | NaCl | 其他无机盐类（$Na_2SO_4$ 等） | 疑似甲基磺酸钠等 |
|---|---|---|---|---|---|
| 大约含量 | 49 | 27 | 14 | 1 | 9 |

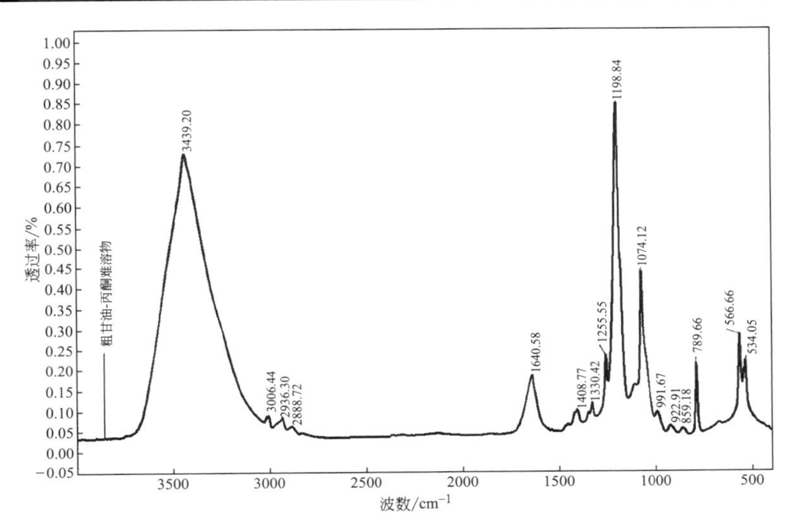


图2　样品红外光谱图

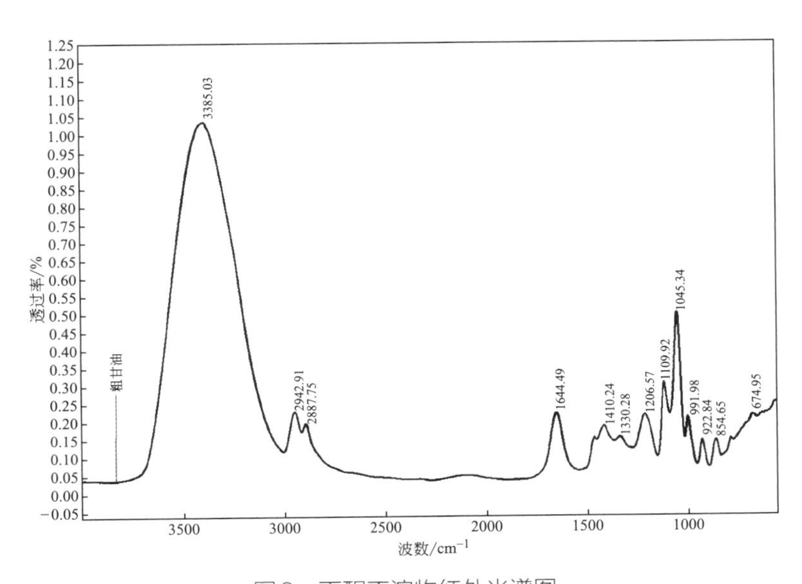


图3　丙酮不溶物红外光谱图

## 3 产生来源分析

甘油是具有三个羟基的多元醇（丙三醇），分子式为 $C_3H_5(OH)_3$。甘油应用广泛，是重要的基本化工原料之一。甘油来源中，制皂业占25%，脂肪酸业占40%，脂肪醇业占15%，生物燃料业占10%，合成甘油占10%；天然油脂是生产天然甘油的主要原料。

（1）从油脂皂化废液中回收甘油[1]。皂化废液或甜水中甘油含量很低，一般皂化废液含水分80%左右，无机盐10%～15%，甘油6%～10%，脂肪酸盐0.1%～1.0%，NaOH 0.1%～0.5%等。皂化废液的净化分酸处理和碱处理两部分：酸处理的目的是中和皂化废液中的游离碱和分解脂肪酸盐使生成脂肪酸；碱处理的目的是中和酸处理滤液中过量的 $FeCl_3$，形成 $Fe(OH)_3$ 胶体并吸附杂质。蒸发浓缩后，粗甘油中甘油含量80%。来自油脂皂化废液的粗甘油生产流程示意如图4所示。一般从肥皂废液经处理和蒸发所得的粗甘油含有大量杂质，如NaCl、$Na_2SO_4$、肥皂和有机挥发物。

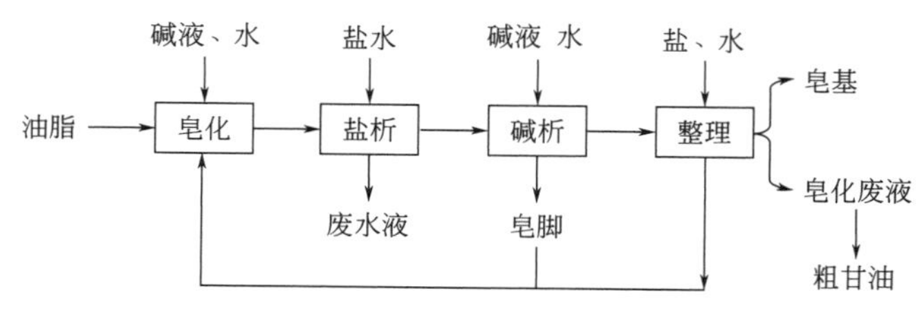


图4 来自油脂的粗甘油生产流程示意

（2）从油脂与水的裂解甜水中回收甘油。

① 高温连续水解工艺是：油脂由高压泵输到水解塔的下部，油脂穿过甘油水相上升，工艺水由高压泵输至塔的上部经热交换分布器往下流，油脂和脂肪酸因比水密度小而向上浮，生成的甘油与水一起向下流，经过逆流水解洗涤，脂肪酸和甘油分别从塔顶和塔底经减压器排出，油脂在塔中停留时间2.5h左右，水解率达到98%以上。裂解甜水中甘油含量可达到25%～40%。

② 裂解甜水净化方法为：在经过加热分离脂肪物、加石灰乳使脂肪酸生成钙皂沉淀物并析出、再加碳酸钠使过量的石灰乳形成碳酸钙（$CaCO_3$），过滤后的水为净化水（二清水）；二清水再经过活性炭吸附脱色、离子交换树脂净化后得到净化甜水。净化甜水直接蒸发浓缩，可得到甘油含量达98%以上的精制甘油。

（3）从油脂醇解的甜水中回收甘油（即生物柴油的副产甘油）。油脂与醇类反应生成的脂肪酸和甘油的反应是油脂化工的重要反应之一，可以得到多种酯类产品。工业上应用最多的是甲醇解，产物为脂肪酸甲酯（生物柴油成分）和甘油。发生的酯交换反应，在油脂与甲醇进行酯交换的反应中，1mol油脂与3mol甲醇反应，生成3mol甲醇和1mol甘油。而在脂肪酸与甲醇的酯化反应中，1mol脂肪酸与1mol甲醇反应生成1mol甲醇和1mol水。醇解甘油的浓度比油脂水解甜水的浓度高很多，工业连续化生产装置中甘油层中的甘油含量大约为50%，甲醇含量大约12%，经过中和脱盐和简单的除醇后，甘油含量可达到80%～85%。其中的甲醇用甲醇蒸发器蒸发出回用，粗甘

油再精制甘油成品。

（4）其他方法　还有：将油脂通过加氢反应，使生成脂肪醇和甘油；将油脂通过氨解生成酰胺和甘油；油脂通过酶制剂裂解生成脂肪酸（甘油酯）和甘油。

总之，油脂为原料分解加工产物（如脂肪酸、脂肪酸酯、皂基）中产生的工业副产物（如皂化废液、裂解甜水、醇解甜水）中均含有杂质，如 NaCl、$Na_2SO_4$、$CH_3OH$（甲醇）、$H_2O$ 等，需经过一系列净化、蒸发浓缩、蒸馏、脱色、脱臭、离子交换等才可获得精制甘油成品。由于皂化废液和甜水中甘油含量较低，经过一定的加工处理后才能成为粗甘油，粗甘油经进一步精制成为甘油产品[2-5]。

从前述样品的实验分析可知，样品中主要组分含量约 49% 的甘油（丙三醇）、约 27% 的水分、约 14% 的 NaCl，约 1% 无机盐类（如 $Na_2SO_4$ 等），以及 9% 的其他组分。我国制定的《甘油》（GB/T 13206—2011）国家标准中二等品甘油含量≥95.0%，硫酸化灰分≤0.05%，显然样品不满足该标准质量要求，同时样品也不满足通常粗甘油中 80% 以上的甘油含量要求。样品中甘油含量与醇解甘油工业连续化生产装置甘油层中的甘油含量基本相当，样品中水分高、盐分高，说明样品只经过简单脱醇处理，未脱盐脱水，杂质较多，甘油含量未得到显著提升。因此，鉴别样品仍属于工业副产物。

## 4 固体废物属性分析

（1）样品是油脂工业的副产物，不满足《甘油》（GB/T 13206—2011）标准的质量要求，甘油含量也没有达到粗甘油中通常 80% 以上的含量要求；样品中含有较多的杂质成分，如 $H_2O$、NaCl 及其他杂质，使用前仍需要进一步除杂，如作为生产甘油产品的原料使用，还需要经过一系列净化除杂蒸发浓缩、蒸馏、脱色、脱臭、离子交换等工序才可获得精制甘油成品，与利用甘油含量较高的粗甘油相比增加环境污染风险。根据《固体废物鉴别导则（试行）》的原则，判断鉴别样品属于固体废物。

（2）2014 年 12 月 30 日，环境保护部、商务部、发展改革委、海关总署、国家质检总局发布的第 80 号公告中的《限制进口类可用作原料的固体废物目录》《自动许可进口类可用作原料的固体废物目录》（2015 年修改为非限制类目录）中均没有列出“含甘油的油脂工业副产物”或类似废物种类，但在《禁止进口固体废物目录》中列出了“其他未列名固体废物”，建议将鉴别样品归于该类废物，因而鉴别样品属于我国禁止进口的固体废物。

## 参考文献

[1] 毛祖荣. 甘油蒸馏机理的探讨[J]. 日用化学工业，1982（4）：7-10.
[2] 张金廷，胡培强，施永诚，等. 甘油[M]. 北京：化学工业出版社，2008.
[3] 李昌珠，蒋丽娟，程树棋. 生物柴油——绿色能源[M]. 北京：化学工业出版社，2005.
[4] 罗敏健，叶活动，罗丹明，等. 生物柴油生产过程中粗甘油的预处理[J]. 广东化工，2012.
[5] 张周密，刘细本. 生物柴油副产粗甘油的规模利用途径[J]. 广州化工，2013，41（3）：60-61.

# 44. 钼酸钠不合格品

## 1 背景

2018 年 5 月，中华人民共和国扬州海关缉私分局委托中国环科院固体所对其查扣的一票进口“钼酸钠”货物样品进行固体废物属性鉴别，需要确定是否属于国家禁止进口的固体废物。

## 2 样品特征及特性分析

（1）样品为干燥的白色结晶物，包括粉末和不规则团块，块状物无强度，有压滤的痕迹，偶见塑料和黑色污点物。105°C 下烘干样品，失重 23.80%；然后在 550°C 下灼烧样品，烧失率为 6.06%。样品外观状况见图 1。

图1 样品外观

（2）采用 X 射线荧光光谱仪（XRF）对样品进行成分分析，主要含 Mo、Na、P、Al、V 等，结果见表 1。

表1 样品主要成分及含量（除Cl以外，其他元素均以氧化物计） 单位：%

| 成分 | $MoO_3$ | $Na_2O$ | $P_2O_5$ | $Al_2O_3$ | $V_2O_5$ | $SO_3$ | $WO_3$ | $K_2O$ | PbO | $SiO_2$ | Cl |
|---|---|---|---|---|---|---|---|---|---|---|---|
| 含量 | 72.54 | 11.20 | 6.20 | 4.68 | 2.70 | 1.32 | 0.39 | 0.34 | 0.28 | 0.16 | 0.14 |

（3）采用X射线衍射分析仪（XRD）对样品进行物相组成分析，主要有$Na_2MoO_4 \cdot 2H_2O$（约44%）、$Na_3PO_4 \cdot 12H_2O$（约6%）、$Al(OH)_3$（约14%）、$Na_3V_2(PO_4)_3$（约32%）、$MoO_2$（少量）、$NaMo(P_2O_7)$（少量）等。

## 3 产生来源分析

样品报关名称为钼酸钠，实验分析表明样品含有钼酸钠结晶产物。

钼酸钠是钼盐中名列第二位的重要产品，钼酸钠的分子式为$Na_2MoO_4 \cdot 2H_2O$，为白色鱼鳞状结晶，溶于水，主要应用在化工、催化剂、缓蚀剂、搪瓷、染料、颜料及微量元素肥料领域。发达国家钼酸钠由纯$MoO_3$或工业$MoO_3$制取，主要生产工艺是盐酸分解法。我国钼酸钠主要以$(NH_4)_2MoO_4$废渣、非标准$MoO_3$、废钼粉等为原料来制取。各种钼废料首先经过焙烧得到$MoO_3$，$MoO_3$再溶于加热的NaOH溶液中生成$Na_2MoO_4$溶液，然后经过蒸发结晶分离，最后获得固体钼酸钠产品（$Na_2MoO_4 \cdot 2H_2O$）[1]。

全国有色金属标准行业标准《钼酸钠》（征求意见稿）明确提出适用于湿法工艺生产的$Na_2MoO_4$产品，产品化学成分、pH值、外观应符合表2的要求。

表2　钼酸钠质量要求　　单位：%

| 品级 | | 特级品 | 一级品 | 二级品 | 三级品 |
|---|---|---|---|---|---|
| $Na_2MoO_4 \cdot 2H_2O$（≥） | | 99.8 | 99.5 | 99.0 | 98.5 |
| Mo含量（≥） | | 39.6 | 39.3 | 39.2 | 39.0 |
| pH值 | | 7.5～9.5 | 7～10 | 7～10 | 7～10 |
| 外观 | | 白色结晶粉末，无肉眼可见杂质 | | | |
| 杂质含量（≤） | Pb | 0.0005 | 0.001 | 0.001 | 0.05 |
| | Fe | 0.0005 | 0.001 | 0.002 | 0.003 |
| | As | 0.0005 | 0.001 | 0.001 | 0.002 |
| | 水不溶物 | 0.05 | 0.08 | 0.10 | 0.15 |
| | $Cl^-$ | 0.01 | 0.02 | 0.03 | 0.05 |
| | $SO_4^{2-}$ | 0.01 | 0.07 | 0.10 | 0.15 |
| | $PO_4^{2-}$ | 0.01 | 0.03 | 0.04 | 0.05 |

咨询国内专家，了解到国内工业级钼酸钠产品要求其含量达到98%以上，氯离子含量不大于0.2%，硫酸盐（$SO_4^{2-}$）含量不大于0.2%；其余要求由供需双方协商。日本的产品指标中$Na_2MoO_4$含量>99%，$Cl^-$<0.005%，$SO_4^{2-}$<0.01%，$NO_3^-$<0.005%，$PO_4^{3-}$<0.005%，水不溶物<0.01%，澄清度合格，pH值为7～10，铵盐及重金属也有相应要求等。

从样品外观看，明显为白色结晶状物，与结晶的钼盐外观相符，但颗粒和块状严重不均匀，也偶见塑料和污点。从样品成分看，主要含有Mo、Na，其次有P、Al、V、S、W、K、Pb、Si、Cl等，成分复杂；样品物相组成以$Na_2MoO_4$结晶盐为主，但明显含有其他杂相成分，包括$Na_3PO_4$、$Al(OH)_3$、磷钒酸钠、磷酸钼钠等，表明样品反应

和分离过程没有质量控制，没有达到充分的除杂要求。杂质成分多而含量高，表明形成结晶前的母液成分就非常复杂，这些复杂成分应该是来自以回收废钼原料为主的原料处理过程，如钼渣、钼催化剂、氧化钨、钒钼催化剂、低品位钼矿、粗氧化钼粉等，属于钼的湿法处理初步加工产物。

## 4 固体废物属性分析

（1）由于样品含有过多的杂质，而且含有对后续加工处理非常不利的 Cl、S、P 成分，通过咨询行业专家，样品属于严重不合格产品，无法直接作为钼的化工产品应用。根据《固体废物鉴别标准 通则》（GB 34330—2017）第 4.1a）条准则或 5.2 条的准则，判断鉴别样品属于固体废物。

（2）2017 年 12 月，由环境保护部、商务部、发展改革委、海关总署、国家质检总局联合发布的第 39 号公告《禁止进口固体废物目录》《限制进口类可用作原料的固体废物目录》《非限制进口类可用作原料的固体废物目录》中，均没有含钼酸钠废物及其类似的废物，而在《禁止进口固体废物目录》中列有“3825900090 其他未列明化工废物”“其他未列名固体废物”，建议将鉴别样品归于这两类废物之一，因而鉴别样品属于我国禁止进口的固体废物。

## 参考文献

[1] 董允杰. 国内外钼酸钠应用和产耗概况[J]. 中国钼业，2003，27（6）：25-27.

# 45. 油脂氢化过程的含镍废催化剂

## 1 背景

2017 年 12 月，武汉海关现场业务处委托中国环科院固体所对其查扣的一票进口“镍合金粉”货物样品进行固体废物属性鉴别，需要确定是否属于固体废物。

## 2 样品特征及特性分析

（1）样品为黑色固体粉末，也有结块，但用手可捏碎，中间为黑色；有的团块掰开后中间黑色质密，在白纸上可以划出黑色痕迹。测定样品含水率为 1.89%，550°C 灼烧后的烧失率为 54.8%。样品的外观状态见图 1。

图1　样品外观

（2）采用 X 射线荧光光谱仪（XRF）对样品进行成分分析，主要含镍（Ni）和硅（Si），还有少量镁（Mg）、硫（S）等成分，结果见表 1。再使用化学法测定样品中镍含量为 18.86%。

表1　样品主要成分及含量（除Cl以外，其他元素均以氧化物表示）　单位：%

| 成分 | NiO | $SiO_2$ | MgO | $SO_3$ | $Na_2O$ | $Al_2O_3$ | CaO | $P_2O_5$ |
|---|---|---|---|---|---|---|---|---|
| 含量 | 54.14 | 36.46 | 3.57 | 2.02 | 1.16 | 0.65 | 0.56 | 0.51 |
| 成分 | $Fe_2O_3$ | ZnO | Cl | $K_2O$ | CuO | $TiO_2$ | MnO | — |
| 含量 | 0.49 | 0.16 | 0.10 | 0.08 | 0.06 | 0.03 | 0.02 | — |

（3）采用 X 射线衍射分析仪（XRD）对样品进行物相组成分析，主要物相组成有 $SiO_2$、$NiSO_4·6H_2O$、Ni。

（4）样品 550℃灼烧后烧失率高，表明样品中含明显的有机物。使用气相色谱 - 质谱联用仪，对样品中的有机物进行定性分析，含有可溶有机质 46.73%。有机化合物定性分析见表 2。

表2　有机化合物定性分析

| 序号 | 保留时间/min | 化合物名称 | 峰面积百分比/% |
|---|---|---|---|
| 1 | 7.75 | 甲苯 | 0.44 |
| 2 | 11.03 | 甲氧基吲哚酮 | 0.06 |
| 3 | 19.10 | 辛酸 | 0.50 |
| 4 | 24.63 | 癸酸 | 0.58 |
| 5 | 29.73 | 十二酸 | 16.53 |
| 6 | 34.16 | 十四酸 | 4.95 |
| 7 | 37.60 | 棕榈酸甲酯 | 11.18 |
| 8 | 38.32 | 十六酸 | 22.94 |
| 9 | 41.39 | 硬脂酸甲酯 | 9.28 |
| 10 | 42.01 | 硬脂酸 | 2.96 |
| 11 | 43.58 | 棕榈酰-RAC-甘油 | 3.74 |
| 12 | 46.90 | 十八烷酰氯 | 2.70 |
| 13 | 47.67 | 硬脂酸缩水甘油基酯 | 1.57 |
| 14 | 51.63 | 月桂酸二甘油酯 | 1.21 |
| 15 | 57.59 | 月桂酸三甘油酯 | 3.65 |
| 16 | 66.13 | 二十二酰基 - 胆碱磷酸 | 7.68 |
| 合计 | | | 89.97 |

（5）采用 X 射线衍射分析、光学显微镜观察、扫描电镜及 X 射线能谱分析等方法综合分析样品物质组成，主要为硅藻土和 $NiSO_4·6H_2O$，少量铅铁硅酸盐、锌铝氧化物和硫化铅，偶见锌锰氧化物、锌铁铝合金、金属铜、钠长石、硫化铁、钙铁硅酸盐和

镍铁合金相等。其中硅藻土具有典型的多孔结构，主要成分为$SiO_2$，少量Na、Al、Ca等杂质元素。各主要物质的产出特征见图2～图4。

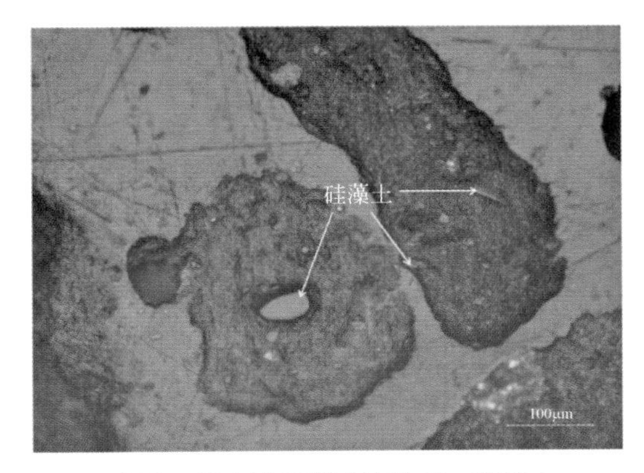


图2　反光镜下样品的特征—硅藻土

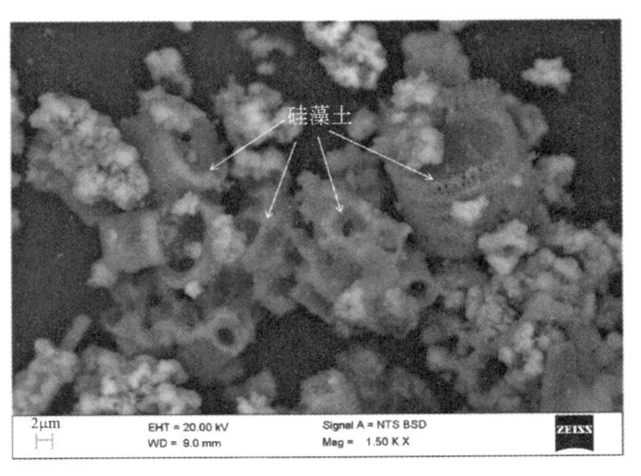


图3　硅藻土具有特殊的多孔结构

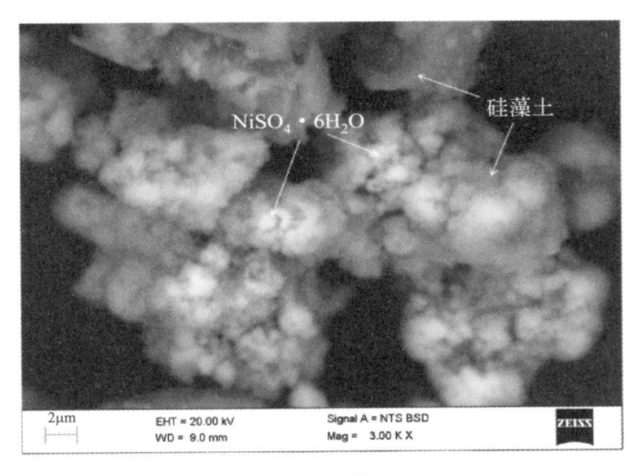


图4　样品背散射电子图

（6）扫描电镜观察样品，可见多孔结构物质，显微镜下形貌见图5和图6。

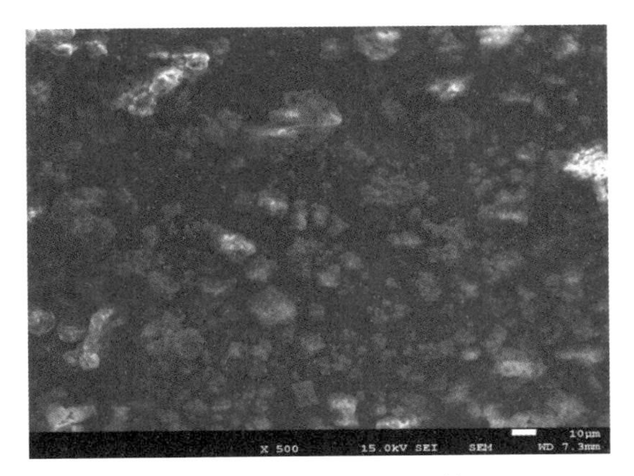


图5　样品放大500倍形貌图

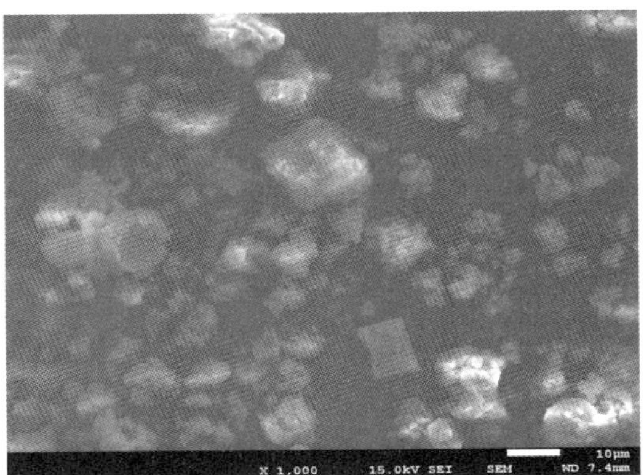


图6　样品放大1000倍形貌图

## 3 产生来源分析

（1）样品不是镍合金粉末。镍合金是以镍为基体加入其他元素组成的重有色金属材料。在互联网上搜索到国内某企业生产的“镍基合金粉末”[1]，粒度有 0～20μm、15～45μm、15～53μm、53～105μm、53～150μm、105～250μm 六种规格；在扫描电镜下“镍基合金粉末”为球形或近球形，见图 7。

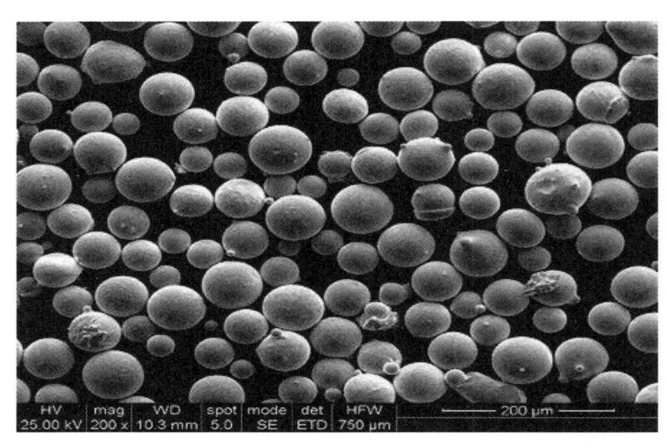


图7　扫描电镜下镍基合金粉末形貌特征

样品主要含有 $SiO_2$、$NiSO_4 \cdot 6H_2O$、金属镍和有机物，外观为黑色粉末与颗粒混合物，有明显的大团块，扫描电镜下可见样品中含有多孔状物质且其他颗粒物质形状亦不规则，综合判断样品不是镍合金粉末。

（2）样品是回收的油脂加氢催化剂。硅藻土是由单细胞低等水生植物硅藻的遗骸堆积而成的沉积岩，化学成分比较复杂，经过酸处理能用作催化剂载体[2]。主要成分是无定型 $SiO_2$，具有大量微孔，非晶体结构；此外，还含有少量的 $Al_2O_3$、$Fe_2O_3$、CaO、MgO、$K_2O$、$Na_2O$、$P_2O_5$ 和有机质。硅藻土的颜色为白色、灰白色、灰色和浅灰褐色等，有细腻、松散、质轻、多孔、吸水和渗透性强、熔点高、隔热、吸声、折射率低、化学性能稳定等特点；其种类很多，主要有直链形、圆筛形、冠盘形、羽纹形等[3]。硅藻土不同种类的微观图像见图 8。

油脂氢化是油脂改性的化工过程，即利用还原性镍等金属催化剂，将氢加成到甘油三酯中双键上，所得的改性油脂称为氢化油。油脂氢化的目的是：a. 降低油脂的不饱和程度，提高熔点，增加固体脂肪含量；b. 提高油脂对氧和热的稳定性；c. 改善油脂的色泽、香气和风味等[4]。中国应用的油脂加氢催化剂多依赖进口，进口催化剂多采用干法还原的镍负载于硅藻土载体上[2]。文献报道，利用镍 - 硅藻土催化剂、碱式碳酸铜，对原料油（糠油、茶油、猪油等）在 220～240℃左右进行催化加氢生产硬化油（油脂加氢产物），在加氢过程中催化剂表面亦形成油层和焦炭，同时设备中的铁也会进入催化剂中，导致催化剂失活[5]。失活后的油脂加氢催化剂从反应釜中取出后粘有

(a) 直链形　(b) 圆筛形

(c) 冠盘形　(d) 羽纹形

图8　硅藻土不同种类的微观图像

大量的油脂，废催化剂中有机物的质量分数为49.3%，酸不溶物（主要是硅藻土）质量分数为32.7%；其余是以镍为主的金属组分，约18%[6]。

成分分析显示，样品中含有显著的镍，存在形式为$NiSO_4 \cdot 6H_2O$和金属镍，结合表1中硫元素的分析结果，样品中硫含量约0.5%，样品中镍的主要存在物相应为金属镍；显微镜下观察到样品有圆盘状、桶筛状的多孔物质，应为硅藻土；由此确定样品为金属镍/硅藻土催化剂（油脂加氢催化剂）。但样品外观为黑色，且在白纸上可划出黑色划痕，550℃灼烧后样品颜色变浅，证明样品中含有炭质；样品中含有46.7%的有机物，金属镍含量为18.86%，且含有的有机物种类主要为各种酸和酯类物质，所有实验结果均与使用过的废油脂加氢催化剂特征一致。结合表2有机物定性分析结果，样品应是棕榈油氢化过程中使用过的失活催化剂，是回收的废催化剂。

## 4 固体废物属性分析

（1）样品是棕榈油氢化过程中使用过的失活催化剂，是丧失原有功能而无法继续使用的物质，属于含镍废催化剂。依据《固体废物鉴别标准　通则》（GB 34330—2017）第4.1h）条，判断样品属于固体废物。

（2）2017年12月环境保护部、商务部、发展改革委、海关总署、国家质检总局发布第39号公告中的《禁止进口固体废物目录》中也包括“含镍的矿渣、矿灰、残渣（包括含镍废催化剂）”，建议将鉴别样品归于该类废物，因而鉴别样品属于我国禁止进口的固体废物。

## 参考文献

[1] http：//www. amcpowders. com/product/277435101

[2] 刘伟，于海斌，陈永生，等. 载体对镍基催化剂不饱和油脂加氢性能的影响[J]. 无机盐工业，2015，47（3）：76-78.

[3] 肖力光，赵壮，于万增. 硅藻土国内外发展现状及展望[J]. 吉林建筑工程学院学报，2010，27（2）：26-30.

[4] 张玉军，阎向阳，马雪平，等. 进口油脂加氢催化剂氢化性能的研究[J]. 日用化学工业，2002，32（4）：11-15.

[5] 蒙耀英，魏延安，张修竹. 油脂硬化催化剂再生实验报告[J]. 化工技术与开发，1985（1）：3-6.

[6] 郭宪吉，鲍改玲，袁洋，等. 从失活的油脂加氢催化剂中回收镍[J]. 工业催化，2003，11（4）：40-43.

# 第三篇

# 鉴别为废金属和电器电子废物的典型案例

# 46. 废铁合金抛丸

## 1 背景

2016 年 1 月，中华人民共和国上海浦江海关委托中国环科院固体所对其查扣的一票进口“生铁颗粒”货物样品进行固体废物属性鉴别，需要确定是否属于国家禁止进口的固体废物。

## 2 样品特征及特性分析

（1）样品为潮湿铁褐色不均匀、不规则碎屑颗粒，很多具金属光泽，不粘手；明显可见金属光泽似胡椒大小的小圆球珠，磁性强，易敲碎，内部为灰黑色，有的内部为空心；很多为不规则碎屑、熔渣、圆弧形金属碎粒（皮）等；也有些无磁性的轻质碎屑或浮渣。测定样品含水率为 2.03%，550°C 灼烧后的烧失率为 1.92%。样品外观状态见图 1。

(a)

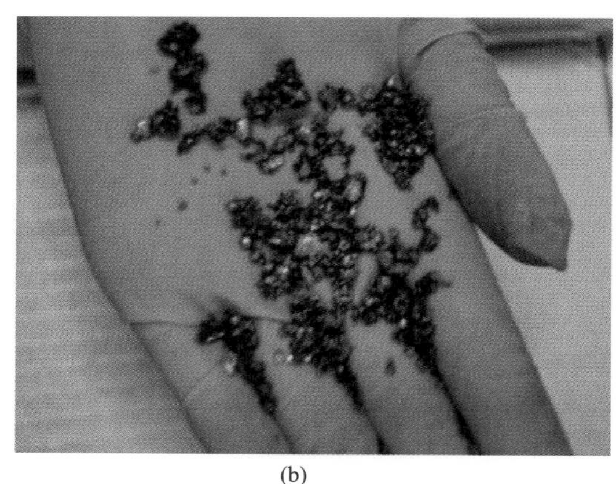
(b)

图1　样品颗粒和碎屑

（2）采用 X 射线荧光光谱仪（XRF）对样品进行成分分析，主要含 Fe、Si、Ca、Al、Cu、P 等，结果见表 1。

表 1　样品主要成分及含量（除Cl以外，其他元素均以氧化物表示）　　单位：%

| 成分 | $Fe_2O_3$ | $SiO_2$ | CaO | $Al_2O_3$ | CuO | $P_2O_5$ | $Na_2O$ | $Cr_2O_3$ | $Sb_2O_3$ | $TiO_2$ |
|---|---|---|---|---|---|---|---|---|---|---|
| 含量 | 57.97 | 16.86 | 8.77 | 4.98 | 3.89 | 3.04 | 1.53 | 0.85 | 0.02 | 0.57 |
| 成分 | MgO | NiO | $Nb_2O_5$ | $SO_3$ | $K_2O$ | $Co_3O_4$ | $SnO_2$ | ZnO | Cl | PbO |
| 含量 | 0.52 | 0.29 | 0.01 | 0.21 | 0.18 | 0.10 | 0.08 | 0.05 | 0.04 | 0.03 |

（3）采用 X 射线衍射分析仪（XRD）对样品进行物相组成分析，主要为 Fe（奥氏体、铁素体）、FeO、$Fe_3O_4$、Cu、$AlCu_3$（铜铝合金）。

（4）采用 X 射线衍射分析仪、光学显微镜观察、扫描电镜及 X 射线能谱分析等方法方法综合分析样品矿物相组成，X 射线衍射分析结果含有磷铁合金（$Fe_3P$）、铁的氧化物、少量金属铜等成分，反光镜下观察样品中的磷铁（$Fe_3P$）包裹金属铜粒见图 2、背散射电子图见图 3。

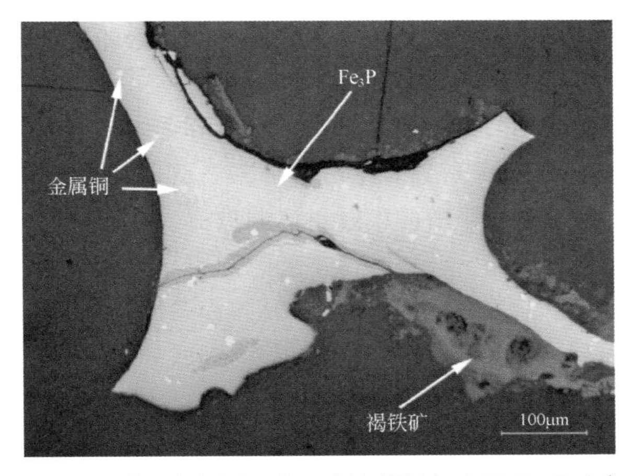


图 2　光学显微镜（反光）（金属铜呈微细圆粒包裹于 $Fe_3P$ 中）

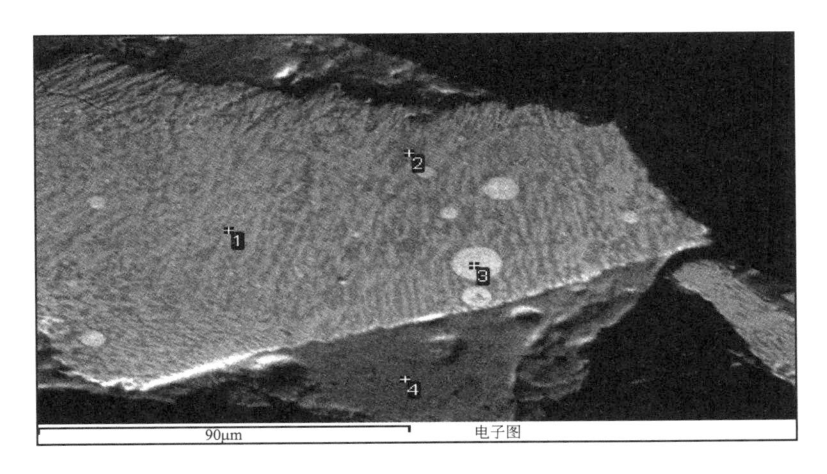


图 3

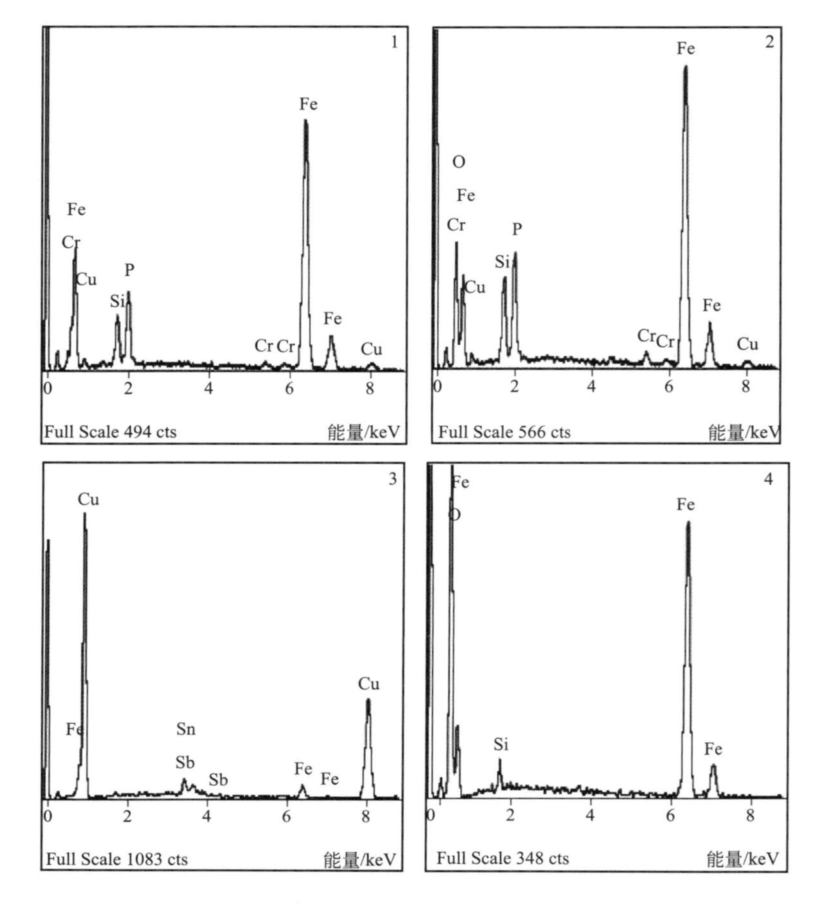


图3　背散射电子图-样品中金属铜呈圆粒状包裹于$Fe_3P$中

（点1、2—$Fe_3P$；点3—金属铜；点4—褐铁矿）

## 3 产生来源分析

铸钢丸广泛应用于机械、造船、汽车、集装箱制造业的零件表面清理、除锈、去漆及表面强化，与传统的白口铸铁丸和钢丝切丸相比，具有更高的硬度、韧性和抗疲劳强度，破碎率低；主要生产工艺有气喷法、水射法及离心法，其中水射法铸钢丸易出现空心缺陷，该缺陷使铸钢丸在使用过程中发生破碎和实效，钢丸使用寿命显著降低；钢丸粒径为 1.0～3.35mm；缺陷铸钢丸孔洞大的直径达 2～3mm，孔洞小的直径为 0.3～0.5mm，孔洞形成机理与铸件内卷入性气孔和缩松类似；直径较大铸钢丸空心缺陷比较高，有的高达 60%，是由于小径钢丸在飞行过程中更容易被水流加速[1]。车辆厂熔模铸造过程中，包括原料准备和易熔模型及陶瓷壳体制造，陶瓷壳体焙烧、金属熔化和模型浇铸，铸件清砂、切头、热处理三个工段，小铸件在自动喷丸中进行清理，大铸件则在抛丸滚筒中进行清理；为了除去铸件上难以够到地方的陶瓷，需要在热水浸洗装置中清洗[2]。抛丸清理已广泛用于铸件及金属的表面强化处理，某公司制造复铜钢，为了使铜片与扁钢能牢固“焊合”，扁钢在与铜片组合欠表面必须加以清理，除

去表面氧化物、锈层和其他污物，露出金属本色，采用抛丸机器进行清理，钢丸直径为1.5mm[3]。某厂白口铁丸化学成分为3.0%～3.3%碳、1.2%～2.5%硅、锰和硫均小于0.1%；其余为铁，改用合金铁丸后在原来的配料中再加入2%铬铁合金、2%锰铁合金、3.5%的电解铜，在白口铁中随着铜含量的增加，奥氏体分解产物的弥散度和显微硬度都增加，耐冲击性能也提高，铜具有稳定过冷奥氏体、阻止初生共析铁素体形成能力[4]。

从样品的外观特征看，明显以金属碎屑为主，并且有不均匀、不规则碎屑颗粒，有直径约为2mm的圆球形小颗粒，有破碎的空心球颗粒和其他形状，形状特征上与上述资料中的金属丸及其碎料相符；从样品成分上看，以铁为主，为金属态和氧化态，并含有Si、Ca、Al等冶金渣，同时含有Cu、P、Al等合金物质，具有抛丸使用后回收物的成分特征；从金属颗粒易敲碎并内部发乌的特征看，表明其强度不很高，可能含有碳元素，而且样品物相分析证明含有铁素体，证明铁丸中含有炭质；物相中有铁素体、铁奥氏体，是不锈钢的物质组成，而且样品中含有少量Cu、Cr、Al、P，也都是合金元素；样品含有一定的水分，泥状物质较少，与合金抛丸使用后回收过程相关。根据样品这些特征并与上述抛丸资料进行对比分析，判断样品是来自合金抛丸生产过程或使用之后的回收物料。

## 4 固体废物属性分析

（1）样品是来自合金抛丸生产过程或使用之后的回收物料，物质形态和成分组成复杂，不可能满足生铁产品或其他产品标准的要求，因而不是产品，是生产过程中的废弃物质、残余物。根据《固体废物鉴别导则（试行）》的原则，判断鉴别样品属于固体废物。

虽然样品中金属铁含量较高，但也含有明显的冶金渣相成分，并且含有一定量的铜、铬、铝等有色金属组分，冶金渣相成分和有色金属成分远超出了作为废钢铁原料使用的要求，因而样品不宜作为废钢铁来使用，不宜归为废钢铁。

（2）2014年12月30日，环境保护部、商务部、发展改革委、海关总署、国家质检总局发布的第80号公告中《禁止进口固体废物目录》列出“2620999090含其他金属及化合物的矿渣、矿灰及残渣（冶炼钢铁所产生灰、渣的除外）”以及“其他未列名固体废物”，建议将鉴别样品归于这两类废物中的一类，因而鉴别样品属于我国禁止进口的固体废物。

## 参考文献

[1] 唐艳丽，马学春，盛文斌，等. 水射法制备钢丸力度及孔洞缺陷分布规律研究[J]. 山东理工大学学报（自然科学版），2010，24（1）：61-63.
[2] B. K. Сотников. 乌拉尔车辆厂生产联合组织的熔模精铸车间[J]. 国外机车车辆工艺，1985，5：53-54.
[3] 长江电工厂13车间技改组. 抛丸法清理复铜扁钢表面，消除废酸和粉尘的污染[J]. 重庆环境保护，1980，3：39.
[4] 赵宇，冉旭，张晓宇. 合金铁丸代替白口铁丸的研究[J]. 热工技术，2001，2：36-37.

# 47. 废钢轨裁切料

## 1 背景

2018 年 4 月，中华人民共和国满洲里海关委托中国环科院固体所对其查扣的一票进口“合金钢异型材”货物进行固体废物属性鉴别，需要确定是否属于固体废物。

## 2 货物特征及特性分析

货物装于火车车厢内，未卸车，两车皮内所装货物为同类货物，外观特征基本一致，大部分为长度约 1.5m 的条形钢材，也明显有更短一些的；货物两端及一侧均为切割而成，切割断面为“⊥”形状，但尺寸不同，有的下面横线长一些、厚度薄一些，有的则短一些、厚一些，货物表面和切割断面均锈迹斑斑。现场部分货物外观状况见图 1～图 3。

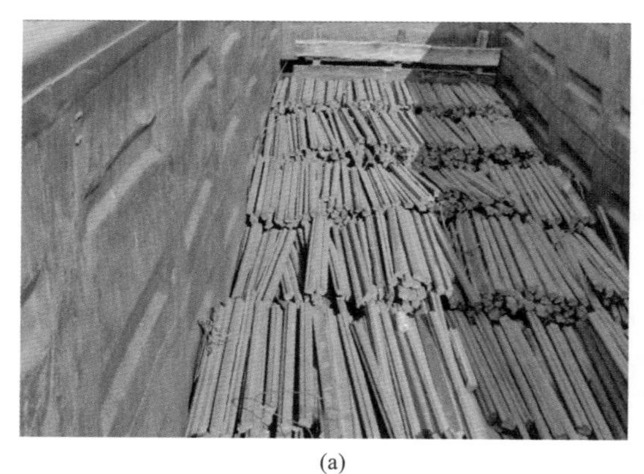

(a)

(b)

图1　车皮内货物

## 3 产生来源分析

鉴别货物是铁路钢轨经过裁断和切割而成，锈蚀明显。

图2　货物断面生锈

图3　货物侧面裁切不规则

## 4 固体废物属性分析

（1）鉴别货物是“在消费或使用过程中产生的，因为使用寿命到期而不能继续按照原用途使用的物质”，根据《固体废物鉴别标准　通则》（GB 34330—2017）第 4.1 d）条的准则，判断鉴别货物属于固体废物，为废钢铁。

（2）2017 年 12 月环境保护部、商务部、发展改革委、海关总署、国家质检总局发布第 39 号公告《非限制进口类可用作原料的固体废物目录》中列出了“7204290000 其他合金钢废碎料”，建议将鉴别货物归于该类废物，因而鉴别货物进口时为我国非限制类进口固体废物。

# 48. 废钢块

## 1 背景

2013 年 11 月，中华人民共和国图们海关委托中国环科院固体所对其查扣的一票进口“钢块”货物样品进行固体废物属性鉴别，需要确定是否属于固体废物。

## 2 样品特征及特性分析

（1）样品为重量大约 4kg 的四方体，黑色，热切割痕迹明显，具金属光泽和磁性，密度约为 7.5kg/m³，样品外观状况见图 1。委托方提供货物外观照片可判断样品是从不规则大块上热切割而成的小块，货物表面氧化锈蚀，可见冶炼熔融痕迹。热切割取样照片见图 2。

图1　样品外观

图2　委托方提供的取样照片

（2）对样品中 Fe、Si、Mn、Ni、Zn、Pb、C 分别进行化学法定量分析，结果见表 1。

表1　样品化学成分定量分析结果　　单位：%

| 成分 | Fe | Si | Mn | Zn | Pb | Ni | C |
|---|---|---|---|---|---|---|---|
| 含量 | 99.28 | 0.22 | 0.40 | 0.006 | 0.008 | 0.007 | 0.15 |

## 3 产生来源分析

从样品的外观形态和成分分析以及委托单位提供的货物外观照片可判断，样品主体成分为金属铁，含有少量碳及其他杂质，由于样品中铁含量高于通常生铁中 94% 的铁含量水平，而碳的含量低于通常生铁中 4% 左右（>3.3%）的含量水平。委托方提供的材料证明货物表面黏附少量冶炼熔渣，判断样品是以来自炼钢过程的铁为主的产物。

## 4 固体废物属性分析

（1）由于样品货物不具有规范的形态或尺寸，表面锈蚀严重，通过咨询钢铁冶炼专家，判断样品及其货物是炼钢过程中不合格的钢铁产品，根据《固体废物鉴别导则（试行）》的原则，判断鉴别样品及其货物属于固体废物，为废钢铁。

（2）2009 年 8 月 1 日，环境保护部、商务部、发展改革委、海关总署、国家质检总局发布的第 36 号公告中的《自动许可进口类可用作原料的固体废物目录》列出了多个编号的废钢铁，其中包括“7204490090 未列明钢铁废碎料”，建议将鉴别样品归于该类废物，因此鉴别样品属于自动许可进口类的固体废物。

# 49. 含油污的金属剥皮

## 1 背景

2013 年 10 月，中华人民共和国珲春海关缉私分局委托中国环科院固体所对其查扣的一票进口“废钢铁”货物样品进行固体废物属性鉴别，需要确定是否属于国家禁止进口的固体废物。

## 2 样品特征及特性分析

（1）样品为 0.5～3cm 宽的薄金属长条，具有磁性，有白色、蓝色等不同颜色，所有金属条表面都被压制成规范的横向皱褶，而且都有一层非常黏手难洗的油污，沾染了少量尘泥和纤维等。样品外观状况见图 1。

(a)

(b)

图 1　样品外观

（2）用热甲苯对样品中黏附的油污进行抽提和萃取，得到甲苯可溶物 A（抽提物在常温下用漏斗分离后得到的物质）、甲苯可溶物 B（用漏斗分离抽提物时滤纸上残留了蜡状物和泥沙等，用热甲苯回流的方法萃取其中的蜡状物）、甲苯不溶物（甲苯不溶的机械杂质）。各部分的比例见表 1。

表1 金属片和沾染油污所占质量比例

| 样品总重/g | 金属片/% | 样品中抽提出的油污/% | | | |
|---|---|---|---|---|---|
| | | 甲苯可溶物A | 甲苯可溶物B | 甲苯不溶物 | 元素收率 |
| 49.37 | 93.50 | 2.63 | 1.30 | 1.03 | 98.44 |

（3）对上述甲苯可溶物A和B进行GC-MS定性分析，证明甲苯可溶物A为两种不同系列的硅烷类化合物；甲苯可溶物B除硅烷化合物外还有酯类化合物，同时未能检测到甾烷、藿烷类生标化合物特征峰，说明为非石化燃料油。经GC-MS/MS进一步检测分析，检测到PCBs（多氯联苯）的特征峰（$PCB_{101}$，$PCB_{153}$或$PCB_{138}$）。

（4）有机元素分析结果表明，甲苯可溶物元素组成相似，但元素收率不足100%，可能含有除C、H、O、N、S之外的有机元素。原子发射光谱分析结果表明甲苯可溶物中含硅（Si）元素。

（5）采用电子能谱仪对样品横断面进行无机元素的分析，其成分为：Si 0.4%，Cr 0.1%，Mn 0.5%，Fe 99%。

## 3 产生来源分析

样品中含有明显的油污，油污的含量约5%，实验表明为硅油，而且检测出了PCBs（多氯联苯）特征峰，表明含有这类毒性物质，PCBs可用于电容器、变压器、其他电器设备、电线电缆中用作绝缘油、热载体和润滑油。根据样品外观特征和实验分析，综合判断样品是来自油封电缆中剥离出的金属保护层，其中金属主要为铁合金（Fe），含量为93.5%，其中的油是来自油封电缆中起绝缘和阻燃作用的硅油，含量大约为4%。

## 4 固体废物属性分析

（1）样品属于丧失原有利用价值的物品，是“生产过程中产生的废弃物质、报废产品”，其利用属于“金属和金属化合物的再循环或回收”，依据固体废物的法律定义以及《固体废物鉴别导则（试行）》的原则，判断鉴别样品属于固体废物，为含油的金属废物。

（2）《进口可用作原料的固体废物环境保护控制标准　废电线电缆》（GB 16487.9—2005）明确规定废电线电缆中禁止混有油封电缆、光缆，禁止混有含多氯联苯废物；《进口可用作原料的固体废物环境保护控制标准　废钢铁》（GB 16487.6—2005）中明确规定废钢铁中禁止混有多氯联苯；《国家危险废物名录》中明确列出了HW08废矿物油以及HW10含多氯（溴）联苯类废物，而环境保护部、商务部、发展改革委、海关总署、国家质检总局等发布的《固体废物进口管理办法》明确规定禁止进口危险废物。

2009年8月1日，环境保护部、商务部、发展改革委、海关总署、国家质检总局发布的第36号公告中的《禁止进口固体废物目录》中明确列出了“2710910000含多氯联苯、多溴联苯的废油”“7710990000其他废油”。

综上所述，鉴别样品不符合我国《进口可用作原料的固体废物环境保护控制标准》的要求，判断鉴别样品属于我国禁止进口的固体废物。

# 50. 废冷冻集装箱

## 1 背景

2019年1月，中华人民共和国蛇口海关缉私分局委托中国环科院固体所对其查扣的一票进口“空冷冻集装箱”货物进行固体废物属性鉴别，需要确定是否属于固体废物。

## 2 货物特征及特性分析

鉴别货物共6个空冷冻集装箱，柜体前板装的压缩机均有锈蚀迹象，柜体出现不同程度变形、锈蚀、摩擦、边角破损等现象，详见表1。部分货物状况见图1～图8。

表1 现场查看情况

| 序号 | 查看情况 |
| --- | --- |
| 1 | 集装箱型号为45R1，为40ft冷高箱，柜体印有“MAERSK”标识；前板冷冻压缩机锈蚀，机件变形、大面积掉漆，前板已拆损、箱号有修改，电路断裂，部件缺失；货柜侧面变形、破损、脏污，侧面箱号被遮盖；柜内已拆损且有难闻气味，堆放少许杂物，柜内外号码不一致；后门金属铭牌（海关批准牌照）上“DATE MANUFACTURED”后隐约可见“2010”字样；柜体边角锈蚀，表面有刮痕及变形等 |
| 2 | 集装箱型号为45R1，为40ft冷高箱，柜体印有“P&O Nedlloyd”标识；前板冷冻压缩机锈蚀，部件缺损，金属件部分剐蹭变形，箱号有粘贴修改迹象；后门箱号有伪装遮盖痕迹，金属铭牌锈蚀，铭牌上“DATE MANUFACTURED”后隐约可见“2001”字样；柜体污损、边角有锈蚀，表面有刮痕及变形等 |
| 3 | 集装箱型号为45R1，为40ft冷高箱，柜体印有“MAERSK”标识；前板冷冻压缩机锈蚀，机件大面积掉漆，箱号有修改；货柜侧面撞击变形，表面脏污，侧面箱号被涂改；后门箱号有伪装遮盖痕迹，金属铭牌上“DATE MANUFACTURED”后隐约可见“2006”字样；柜体污损、边角有锈蚀，表面有刮痕及变形等 |
| 4 | 集装箱型号为45R1，为40ft冷高箱，柜体印有“MAERSK SEALAND”标识；前板冷冻压缩机锈蚀，机件大面积掉漆，前板拆损、大部分螺母已拆，前板箱号有修改，手写有“无F”“散网漏”等字迹；货柜侧面变形、破损、脏污，侧面箱号被涂改；后门箱号有伪装遮盖痕迹，后门金属铭牌锈蚀，铭牌上“DATE MANUFACTURED”后隐约可见“2003”字样；柜体污损、边角有锈蚀，表面有刮痕及变形等 |
| 5 | 集装箱型号为45R1，为40ft冷高箱，柜体印有“MAERSK”标识；前板冷冻压缩机有锈蚀，机件大面积掉漆，前板拆损，箱号有修改；货柜侧面变形、破损、脏污，修补痕迹，侧面箱号被涂改；柜内破损且有难闻气味；后门箱号有伪装遮盖痕迹，后门金属铭牌锈蚀，铭牌上“DATE MANUFACTURED”后隐约可见“2008”字样；柜体污损、边角有锈蚀，表面有刮痕及变形等 |

续表

| 序号 | 查看情况 |
| --- | --- |
| 6 | 集装箱型号为22R1，为20ft冷冻箱；柜内破旧且有难闻气味，有饮料瓶等赃物垃圾，柜内外号码不一致；后门箱号有伪装遮盖痕迹，后门金属铭牌锈蚀，铭牌上“DATE MANUFACTURED”可见“2006”字样；柜体污损、边角锈蚀，表面有刮痕及变形等 |

注：1ft=0.3048m。

图1　货场货物状况

图2　前板已拆损

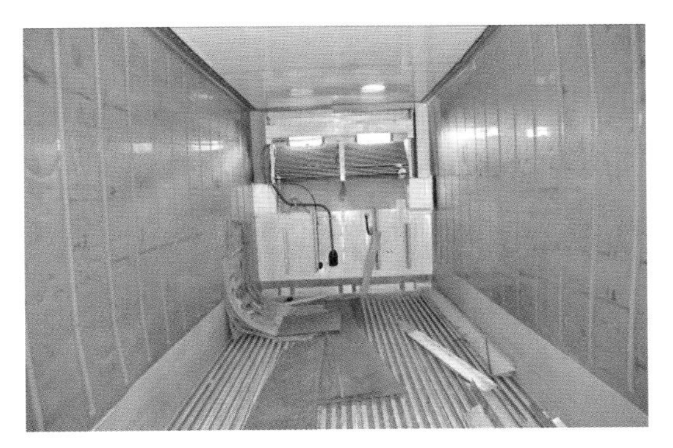
图3　货柜内已拆损

图4　侧板变形、污损

图5　金属铭牌号涂改-2003

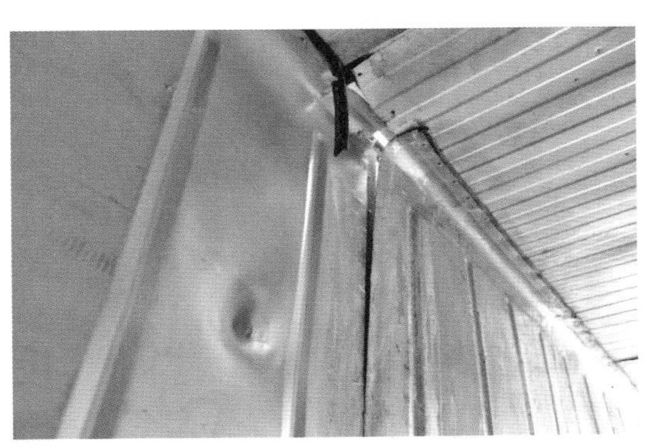
图6　柜内破损

图7　前板拆损

图8　前板拆损、大部分螺母已拆

## 3 产生来源分析

冷冻集装箱作为冷链物流中的重要装备，专为运输要求保持一定温度的冷冻货或低温货而设计的集装箱[1]。由于冷藏集装箱的运行环境是在海上，环境条件差，时常受到海水侵蚀、日晒雨淋，使用寿命受到很大的影响[2]，集装箱的使用年限一般为 12 年[3]。

海关总署（2004）110 号令《中华人民共和国海关对于装载海关监管货物的集装箱和集装箱式货车车厢的监管办法》对集装箱的使用、维修及管理做出了较为详细的说明，其中第二条规定“用于装载海关货物的集装箱和集装箱式货车车厢，应当按照本办法规定的要求和标准制造、改装和维修，并在集装箱和集装箱式货车车厢指定位置上安装海关批准牌照”；第九条“未经海关许可，任何人不得擅自开启或者损毁集装箱和集装箱式货车车厢上的海关封志、更改、涂抹箱（厢）号”；第二十三条“序列号模糊不清以及破损的集装箱和集装箱式货车车厢，不得装载海关监管货物”。

货物查扣时间为 2018 年 11 月（根据委托方提供的货物资料），共 6 个货柜，是申报空车入境的车载空冷冻集装箱，其品牌不一、型号尺寸不一。鉴别货物均不同程度出现冷冻压缩机组锈蚀，大部分柜体角柱、底梁、角件等多个部位锈蚀，柜体表面有较深划痕及变形，有的柜体固定螺栓缺失、部件缺失，箱号有多次涂改、遮改痕迹，柜体手写有“无 F”“散网漏”等字样，这些特征均显示出该批集装箱有明显的使用、报废特征；鉴别货物柜体前板、侧面及后门箱号歪曲、模糊，有明显贴改、涂改痕迹，违反了海关总署（2004）110 号令《中华人民共和国海关对于装载海关监管货物的集装箱和集装箱式火车车厢的监管办法》第九条规定；部分鉴别货物柜体未安装有金属铭牌（注：海关批准牌照），违反了海关总署（2004）110 号令第二条的规定；部分鉴别货物金属铭牌箱号部分被破坏，箱号无法辨识，违反了海关总署（2004）110 号令第二十三条的规定；部分鉴别货物金属铭牌上“DATE MANUFACTURED”后可见“2001”“2003”等字样，已超出正常集装箱 12 年的使用年限，超过质量保证期。

总之，判断鉴别货物为回收淘汰的冷冻集装箱。

## 4 固体废物属性分析

（1）根据海关监管集装箱相关要求和鉴别货物特征，中国环科院固体所认为鉴别货物不符合国家制定的监管办法，属于因质量原因不能在市场出售、流通且不能按照原有用途使用的物质，鉴别货物需要在国内完成主设备更换、改装、维修后才能使用，已丧失冷冻集装箱的原有利用价值或功能。根据固体废物的法律定义以及《固体废物鉴别标准 通则》（GB 34330—2017）第 4.1 条准则，判断鉴别货物属于固体废物，是回收的报废冷冻集装箱。

（2）2017 年 12 月 31 日环境保护部、商务部、发展改革委、海关总署、国家质检总局联合发布的第 39 号公告《限制进口类可用作原料的固体废物目录》《非限制进口类可用作原料的固体废物目录》中，均没有“废弃冷冻集装箱”类废物，而在《禁止进口固体废物目录》中列有“其他未列名固体废物”，根据我国进口废物管理实践，建议将鉴别货物归于该类废物，因而鉴别货物属于我国禁止进口固体废物。

## 参考文献

[1] 李勤国. 冷藏集装箱分类及其在冷链物流中的应用[J]. 保鲜与加工，2017（3）：118-123.
[2] 郑登周. 冷藏集装箱故障检修浅谈[J]. 航海技术，1994（5）：40-42.
[3] 万敏. 集装箱设备市场分析及2012年后期展望[J]. 集装箱化，2012，23（10）：1-3.

# 51. 废铝

## 1 背景

2017 年 4 月，中华人民共和国大窑湾海关查验处委托中国环科院固体所对其查扣的一票进口“铝废碎料”货物进行固体废物属性鉴别，需要确定是否符合国家进口废物环保规定的要求。

## 2 货物特征及特性分析

开箱后，5 个集装箱内货物基本一致，货物散装在集装箱内均未装满，有刺鼻异味。货物均为各种破碎的铝块及其他铝制品废料，脏污，表面沾有灰尘，明显可见各种非铝夹杂物，如海绵碎块、橡胶块、塑料管、塑料碎片、木棍或木片、少量线路板碎片等。

对第 3～第 5 号集装箱进行掏箱取样，使用铲车分别从第 3～第 5 号集装箱门口铲出 3 铲货物，发现第 4、第 5 号集装箱内位于中间位置的货物潮湿且表面有似结晶盐类物质，现场进行取样称重、筛分粉尘（末）和杂物分拣，夹杂物有碎木条、塑料碎片、海绵碎块、橡胶管、木屑块、少量线路板碎片等，结果见表 1。部分货物外观状况及分拣物见图 1～图 8。

表 1　分拣出的粉尘（末）、夹杂物重量及所占比例

| 集装箱序号 | 分拣货物的总重量/kg | 夹杂物重量/kg | 夹杂物重量占比/% | 粉尘（末）重量/kg | 粉尘（末）重量占比/% |
|---|---|---|---|---|---|
| 3 | 221 | 5.23 | 2.37 | 0.91 | 0.41 |
| 4 | 195 | 3.50 | 1.79 | 0.61 | 0.31 |
| 5 | 191.5 | 4.84 | 2.53 | 0.40 | 0.21 |
| 合计 | 607.5 | 13.57 | 2.23（平均） | 1.92 | 0.31（平均） |

图1　集装箱开箱货物

图2　夹杂明显的海绵块

图3　夹杂明显的橡胶

图4　夹杂明显的塑料管、线路板等

图5　沾染的结晶盐类物质

图6　筛分货物

## 3 产生来源分析

鉴别货物主要为回收破碎的废杂铝，如报废汽车铝切片，属于申报进口的“铝废碎料”，经分拣得到的夹杂物重量占取样量的2.23%，经筛分得到的粉尘（末）重量占取样量的0.32%。

图7　筛出的粉尘（末）

图8　分拣出的非铝杂物

## 4 固体废物属性分析

（1）《固体废物污染环境防治法》第25条规定“进口的固体废物必须符合国家环境保护标准”。该批申报进口的“铝废碎料”明显脏污、废碎、混杂、含有多种非金属夹杂物，分拣出的夹杂物占取样量的2.23%，筛分出的粉尘（末）占取样量的0.32%，不符合我国《进口可用作原料的固体废物环境保护控制标准　废有色金属》（GB 16487.7—2005）标准中“4.5 废有色金属中夹杂的粉状废物（冶炼渣、除尘灰等）总重量不应超过进口废有色金属重量的0.1%”和“4.6 除上述各条所列废物外，废有色金属中应限制其他夹杂物（包括木废料、废纸、废塑料、废橡胶、废玻璃、剥离铁锈等废物）的混入，总重量不应超过进口废有色金属总重量的2%”的要求。

（2）《固体废物进口管理办法》第14条规定“不符合进口可用作原料的固体废物环境保护控制标准或者相关技术规范等强制性要求的固体废物，不得进口”，因此，判断鉴别货物属于我国不得进口的固体废物。

# 52. 多晶硅废碎料

## 1 背景

2013 年 9 月，中华人民共和国上海外高桥港区海关委托中国环科院固体所对其查扣的一票进口“非免洗多晶硅材料”货物样品进行固体废物属性鉴别，需要确定是否属于国家禁止进口的固体废物。

## 2 样品特征及特性分析

（1）五小袋样品特征描述见表 1，样品外观状态见图 1～图 5。

表 1　样品外观特征描述

| 样品 | 外观描述 |
| --- | --- |
| 1 号 | 为方形和三角形细长条，长短不同，表面有氧化色泽、胶汁，有少量同质碎屑 |
| 2 号 | 为形状不规则块料，大小不一，灰色且具有金属光泽，有少量同质碎屑 |
| 3 号 | 为形状不规则块料，大小不一，灰色且具有金属光泽，有少量同质碎屑，有的样品有明显的空心圆孔，圆孔内表面光滑 |
| 4 号 | 为形状不规则的块状，大小不一，灰色，样品有一面为圆弧状且表面凹凸不平（似菜花），其他表面具有金属光泽，有少量同质碎屑 |
| 5 号 | 为形状不规则块状，大小不一，灰色，大块样品有一面为圆弧状且表面凹凸不平（似菜花），其他表面具有金属光泽，有少量同质碎屑 |

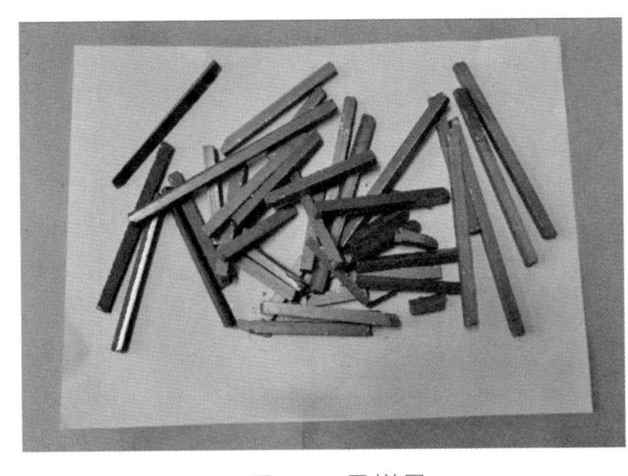

图1　1号样品

图2　2号样品

图3　3号样品

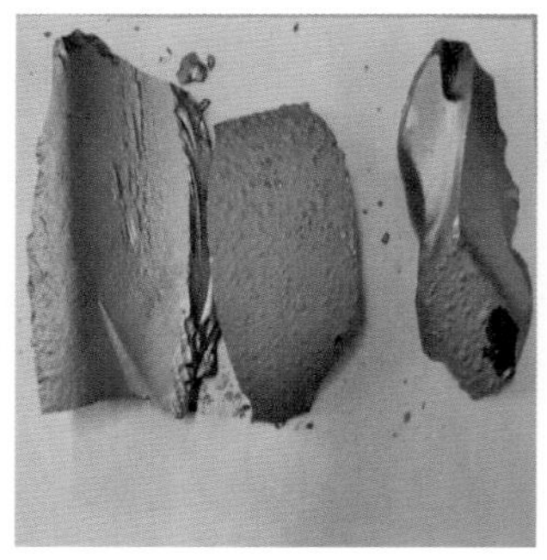

图4　4号样品

图5　5号样品

（2）按照《非本征半导体材料导电类型测试方法》（GB/T 1550—1997）和《硅单晶电阻率测定方法》（GB/T 1551—2009）分别测定样品的电阻率和导电材料类型，结果见表2。采用辉光放电质谱法（GDMS）分析4号和5号样品中的杂质成分，结果见表3。参照《硅晶体中间隙氧含量的红外吸收测量方法》（GB/T 1557—2006）和《硅中代位碳原子含量红外吸收测量方法》（GB/T 1558—2009）分别分析4号样品中氧浓度和碳浓度，结果表明4号样品的氧浓度为$5\times10^{16}$atoms/$cm^3$、碳浓度为$5\times10^{15}$atoms/$cm^3$。

表2　样品导电类型和电阻率测试结果

| 样品 | 形状 | 电阻率/Ω·cm | 导电类型 |
|---|---|---|---|
| 1号 | 长方形条状 | ＞10000 | — |
| 2号 | 不规则硅块 | ＞10000 | — |
| 3号 | 不规则硅块 | ＞10000 | N型 |
| 4号 | 不规则硅块 | ＞10000 | N型 |
| 5号 | 不规则硅块 | ＞10000 | N型 |

表3　4号和5号样品中的杂质成分　单位：mg/kg

| 样品 | Fe | Cr | Ni | Cu | Zn |
|---|---|---|---|---|---|
| 4号 | <0.005 | <0.005 | <0.005 | 0.006 | 0.036 |
| 5号 | 0.013 | <0.005 | <0.005 | 0.013 | 0.008 |

## 3 产生来源分析

样品电阻率的测试结果显示，5个样品的电阻率极大，说明样品的纯度很高，金属杂质含量很低；4号、5号样品中的杂质成分满足《太阳能级多晶硅》（GB/T 25074—2010）标准中太阳能级多晶硅等级指标1级品基体金属杂质的要求；4号样品氧浓度、碳浓度也满足《太阳能级多晶硅》（GB/T 25074—2010）标准中太阳能级多晶硅等级指标1级品的指标要求。通过这些实验数据说明并结合样品特征，判断样品为高纯多晶硅材料。

样品的外观形态多样，1号样品为多晶棒切割（用于方形籽晶或其他检测制样等）

后的剩余部分，长短不一，外形不一，且表面有氧化色泽（可能是热处理时产生）、胶汁；2 号样品是多晶棒在破碎过程产生，经筛选后尺寸 1～2cm 小碎料；3 号样品明显有钻孔，从钻孔位置判断应是靠近碳头根部通过钻孔取样后剩余部分敲碎得到的，也可能是钻取碳棒后剩余部分；4 号、5 号样品外观特征类似，外表面呈弧形，似呈上下锥形，从敲碎的断面可看出质地致密，多晶硅棒致密性最好的部位即硅棒底部，所以 4 号、5 号样品为 U 形多晶硅棒连接碳电极的碳头料。通过咨询行业内相关专家，样品经酸洗后可作为太阳能电池行业的高纯硅原料。

## 4 固体废物属性分析

（1）样品均具有回收多晶硅废料的特征，如 1 号样品长短和形状不一，外表有胶质、缺口特征，2 号样品是破碎块中的碎料，3 号样品应为打孔检测后的剩余部分，而且具有打磨碳棒后的磨削痕迹，4 号和 5 号碳头料是切割 U 形多晶棒上部好的部分后留下的根部料。因此，样品属于“生产过程中产生的废弃物质、报废产品”，依据《固体废物鉴别导则（试行）》的原则，判断鉴别样品属于固体废物，为多晶硅废碎料。

（2）2009 年 8 月 1 日，环境保护部、商务部、发展改革委、海关总署、国家质检总局发布的第 36 号公告中的《限制进口类可用作原料的固体废物目录》明确列出了“2804619001 多晶硅废碎料”，建议将鉴别样品归于该类废物，因而鉴别样品属于我国限制进口类的固体废物。

# 53. 多晶硅碳头料

## 1 背景

2017 年 9 月，中华人民共和国张家港海关驻港区办事处查验科委托中国环科院固体所对其查扣的一票进口“多晶硅”货物及样品进行固体废物属性鉴别，需要确定是否属于固体废物。

## 2 货物特征及特性分析

（1）邮寄样品为形状不规则灰色块状、大小不一，有一面为圆弧状且表面凹凸不平（似菜花状），有的有内凹面且边缘残留有碳质物质，其他表面具有金属光泽，有少量同质碎屑。参照《太阳能级硅片和硅料中氧、碳、硼、磷量的测定　二次离子质谱法》（GB/T 32281—2015）分析样品的碳浓度同时判断硅料类别，结果表明样品均为多晶硅，且晶体材料中碳浓度均小于 $1\times10^{16}$atoms/$cm^3$（将样品表面进行腐蚀清洗后测试）。样品外观状态见图 1 和图 2。

图1　样品外观

图2　样品外观（明显可见黏附炭质物）

（2）对现场货物进行查看，货物整齐摆放在集装箱内，块状多晶硅货物装于“WACKER POLYSILICON”（瓦克公司多晶硅）的纸箱内，纸箱规格一致，并用白色透明塑料袋封装，有的纸箱上贴有标签标示“制品番号 3106197”“数量 100kg”“N＞250Ohm cm　P＞2500Ohm cm”“PCL-NC0”等信息。

随机掏出 8 托货物，从每托货物中随机抽取 1 小纸箱货物进行拆包查看，纸箱内所装大部分货物外观特征与海关邮寄样品特征基本一致，从每一个拆包货物中基本都可见到残留 C 的多晶硅料以及具有原始形状的残留碳头料；此外，还看到少量生长过快的多晶硅料（菜花状）。部分货物外观状况见图 3～图 6。

图3　纸箱内的货物

图4　硅碎块

图5　碳头料

图6　菜花状块料

## 3 产生来源分析

多晶硅提纯方法主要有西门子法、硅烷法、冶金法、VLD（汽液沉积）法，其中西门子法应用最广。西门子法的主要工艺之一是化学还原气相沉积，它是在 1100℃高温下经过多级精馏的三氯氢硅气体与氢气反应还原成硅并不断沉积在初始硅芯上长大成硅棒的过程。在这个过程中的高温由电流通过硅芯或硅棒本身发热维持，还原沉积炉内硅棒因此成对导通，形成倒“U”形，与硅棒直接接触的导电电极要求耐高温，不污染硅料。石墨电极是较好的电极材料，高导石墨电极底部加工成具有可以与金属电极连接的结构，其顶端加工成具有与硅芯连接的结构，这种用于西门子法还原沉积用的石墨电极称为石墨夹头，硅料沉积后石墨夹头上也会沉积硅料（见图 7）。硅料与石墨夹头表面结合紧密，造成硅料与石墨分离困难。这种生长石墨夹头附近的硅料或者表面含有石墨的硅料称为碳头料[1]。图 8 为带碳电极的碳头料。

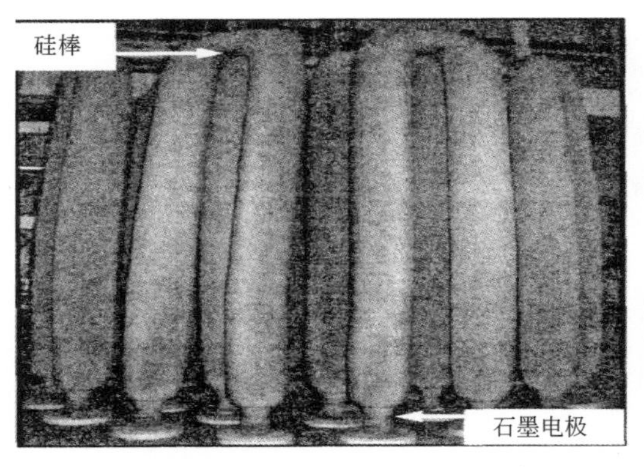


图7　西门子法多晶硅棒及其石墨电极

图8　碳头料

根据检测结果，样品为多晶硅；从样品的外观特征看，货物及样品与图7、图8所示含电极的碳头料完全不同；从现场货物查看情况以及咨询行业内专家情况，结合多晶硅生产工艺，判断样品是碳头料经过初步分类分拣并采取措施去除大部分电极碳块后的物料，但去除的不完全，与碳电极接触的部位仍明显有碳质残留，仍属于碳头料；虽然样品内部碳浓度均小于 $1\times10^{16}$atoms/cm$^3$，表明样品晶体硅的部分纯度很高；但样品表面残留有肉眼可见碳质，不符合《太阳能级多晶硅》（GB/T 25074—2010）中对太阳能级多晶硅表面质量的要求，即不满足该标准中“4.3.2 所有多晶硅的外观应无色斑、变色，无目视可见的污染物和氧化的外表面”。总之，判断鉴别样品为碳头料，不满足《太阳能级多晶硅》（GB/T 25074—2010）标准要求。

## 4　固体废物属性分析

（1）样品属于碳头料，不满足《太阳能级多晶硅》（GB/T 25074—2010）标准要求，不经过二次清理残留电极碳和强腐蚀性酸的清洗，该进口货物并不能直接作为太阳能电池的生产原料，属于生产过程中不符合国家产品标准且不能按照原用途使用的物质，也属于产品加工和制造过程中产生的边角料、残余物。依据《固体废物鉴别导则（试行）》的原则及即将实施的《固体废物鉴别标准　通则》（GB 34330—2017）准则，判断鉴别样品属于固体废物，为多晶硅废碎料。

（2）2017年1月9日，环境保护部、商务部、发展改革委、海关总署、国家质检总局发布的第3号公告，将“2804619011 含硅量大于 99.9999999% 的多晶硅废碎料”“2804619091 其他含硅量不少于 99.99% 的硅废碎料”，从《限制进口类可用作原料的固体废物目录》调入《禁止进口固体废物目录》。建议将鉴别样品及其货物归于该类废物，因而鉴别货物属于我国禁止进口的固体废物。

## 参考文献

[1]　李辉糯. 西门子法多晶硅碳头料利用技术研究[D]. 南昌：南昌大学，2012.

# 54. 单晶硅圆片废料

## 1 背景

2015 年 10 月，中华人民共和国威海海关委托中国环科院固体所对其查扣的一票进口“单晶硅片”货物样品进行固体废物属性鉴别，需要确定是否属于固体废物。

## 2 样品特征及特性分析

样品包装箱标记有“RECLAIM”字样，箱内样品为直径 30cm 的单晶硅片，其中 27 片完整，其余为碎片；有的镜面上有签字笔做的标记；正反面有明显手印、磨损、划痕、脏污，颜色不正且不均匀，有的还有纹路。部分样品外观状况见图 1～图 8。

图1　箱内硅片

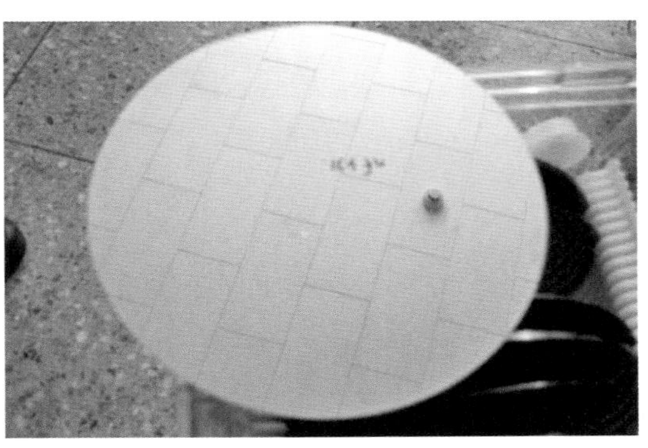

图2　镜面有“Nf431”的标记
（网格线为拍照时房间天花板，样品镜面反射所致）

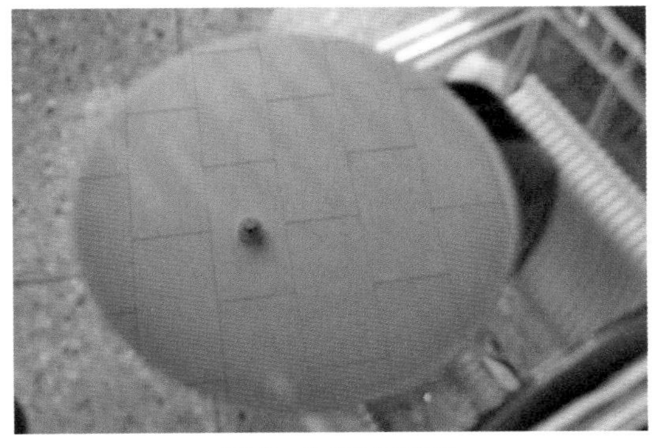

图3　反面有图案

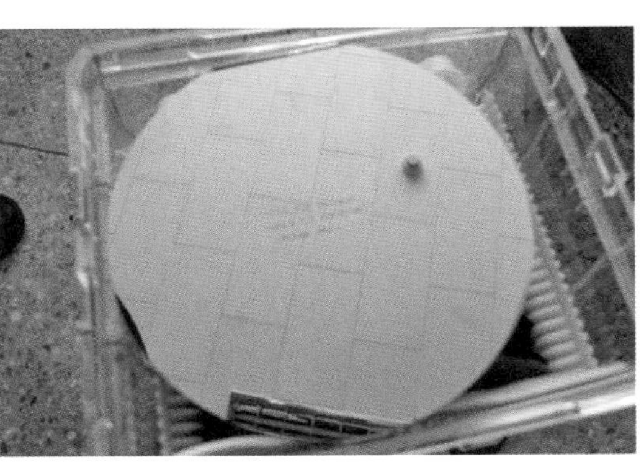

图4　镜面有字符标记

图5　样品反面划痕明显

图6　样品反面颜色不均匀

图7　镜面脏污明显

图8　破碎的样品

## 3 产生来源分析

晶圆是以往习惯上所称的单晶硅，晶圆厂所生产的产品包括晶圆切片（也简称为晶圆）和半导体集成电路芯片（可简称为芯片）两大部分，前者是一片像镜子一样的光滑圆形薄片，是后续芯片生产工序深加工的原材料；后者是直接应用在计算机、电子、通信等许多行业上的最终产品，包括 CPU、内存单元和其他各种专业应用芯片（集成电路）。集成电路制造工序繁多、工艺复杂且技术难度非常高（从原料开始到最终产品包装需 400 多道工序）[1]。

晶圆生产包括晶棒制造和晶片制造两大步骤，可细分为以下几道主要工序（其中晶棒制造只包括下面的第一道工序，其余的全部属晶片制造，又统称为晶柱切片后处理工序）：晶棒成长—晶棒裁切与检测—外径研磨—切片—圆边—表层研磨—蚀刻—去疵—抛光—清洗—检验—包装。

集成电路的制造流程精密细致，空白的晶圆需要不断平坦化、离子植入、薄膜沉淀、显影、蚀刻等重复加工才能形成拥有复杂结构和完善功能的集成电路。制造流程简图如图 9 所示。

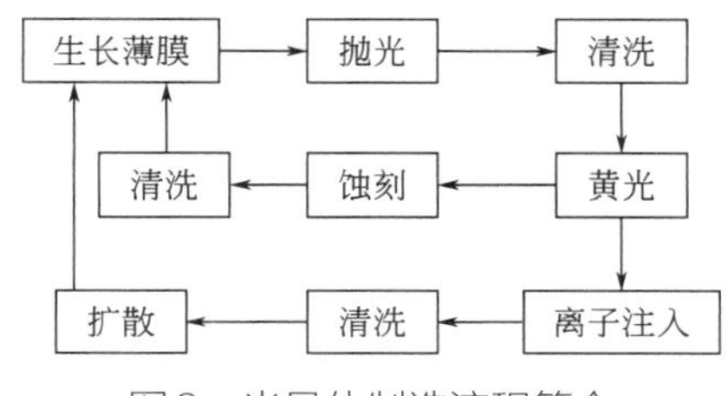


图9　半导体制造流程简介

在半导体器件特别是超大规模集成器件，从单晶圆衬底材料经过多次氧化、淀积、光刻等各项工艺到最后的中测、封装、末测的整个制作过程中都有可能产生各种缺陷，尤其是重复次数最多的光刻工艺（黄光）。光刻的质量非常重要，直接影响到器件的性能、成品率和可靠性，对其有如下要求：刻蚀的图形完整性好、尺寸准确、边缘整齐、线条陡直、圆形内无针孔、图形外无小岛、不染色，硅片表面清洁，无底膜，图形套刻准确[2]。

样品是直径为30cm的单晶硅片，外观明显可见各种磨损划痕、刮伤、手印、脏污、颜色不正或不均匀、表面不平整；有的硅片的“镜面”标记有“Nf431”“W122，DEC Shipment WA 23 of 5 CANNIEN DEC”等字样；有的硅片反面带有纹路，似没有刻蚀完成的电路；有的硅片从不同角度观察显现不同的颜色，如粉色、绿色等。通过咨询半导体研究专家和晶圆片生产专家，样品已经过氧化、涂层、光刻等处理，是晶圆片制造半导体器件过程中镀膜、光刻、扩散、离子注入等各个环节产生的废片、不合格晶圆片。由于单晶硅圆片的特殊用途和严格的质量要求，用于制造芯片的单晶硅圆片不会像样品一样混合存放、受到污染，样品不能用于制造集成电路芯片。

综上所述，判断鉴别样品是单晶硅圆片加工器件过程中的废片、不合格晶圆片。

## 4 固体废物属性分析

（1）样品是单晶硅圆片加工器件过程中的回收废料，是生产过程中产生的废弃物质、报废产品，不符合产品的质量规范或标准的要求。因此，根据《固体废物鉴别导则（试行）》的原则，判断鉴别样品属于固体废物。

（2）2014年12月，环境保护部、商务部、发展改革委、海关总署、国家质检总局发布第80号公告，其中《禁止进口固体废物目录》列出了“成品型废硅片”，建议将鉴别样品归于此类废物，因而鉴别样品属于我国禁止进口的固体废物。

## 参考文献

[1]　http://ic.sjtu.edu.cn/超大规模集成电路及其生产工艺流程.

[2]　刘丰. 半导体光刻中晶圆缺陷的研究 [D].天津：天津大学电子信息工程学院，2012，5:4-5.

# 55. 成品型硅碎片

## 1 背景

2019 年 9 月，中华人民共和国连云港海关委托中国环科院固体所对其查扣的一票进口“硅晶片”货物样品进行固体废物属性鉴别，需要确定是否属于固体废物。

## 2 样品特征及特性分析

（1）将 3 包样品分别编为 1～3 号，均为易碎薄硅片，硅片大小不一、非常不规整，有的明显有切割痕迹，所有硅片表面非常平整、光滑，一面为蓝色的薄片居多，也有金黄色、黑色、银灰色、深灰色、蓝色等其他颜色，很多薄片可见规整条纹。样品外观状态见图 1～图 3。

图1　1号样品外观

图2　2号样品外观

图3　3号样品外观

（2）使用 X 射线衍射分析仪对样品进行物质组成分析，样品衍射分析谱图一致，均为单质硅。

## 3 产生来源分析

虽然 3 包样品外观有所差异，但都不是单晶硅圆片产品，也不是单晶硅棒材产品及其他高纯硅产品，应是来自单晶硅圆片生产过程中回收的成品型废碎硅片（详细来源分析可参见案例 54）。

## 4 固体废物属性分析

（1）鉴别样品为成品型废碎硅片，即高纯硅表面已经过扩散、氧化、外延、涂层、光刻、封装等处理的表面不是裸硅的报废片或者碎硅片，这些硅片已明显受到污染，没有利用价值，完全不能用作集成电路生产工序的材料（电子级），也不可用于太阳能光伏行业高纯硅材料的生产原料（太阳能级）。根据《固体废物鉴别标准　通则》（GB 34330-2017）第 4.2a）条的准则，判断鉴别样品属于固体废物。

（2）2017 年环境保护部、商务部、发展改革委、海关总署、国家质检总局发布了《进口废物管理目录》（公告 2017 年第 39 号），将硅废碎料全部调入《禁止进口固体废物目录》，包括“2804619011 含硅量＞99.9999999% 的多晶硅废碎料”“2804619091 其他含硅量不少于 99.99% 的硅废碎料”，其中序号 118 为“成品型废硅片”。建议将鉴别样品归于此类废物，因而鉴别样品属于我国禁止进口的固体废物。

# 56. 切割硅棒产生的碳化硅废料

## 1 背景

2014 年 7 月，中华人民共和国黄岛海关委托中国环科院固体所对其查扣的一票进口“粗制碳化硅”货物样品进行固体废物属性鉴别，需要确定是否属于国家禁止进口的固体废物。

## 2 样品特征及特性分析

（1）样品为湿润的灰黑色颗粒、块状、粉末固体，手摸为极细的粉末，块状固体表面明显有压滤之后的规则波纹；测定样品含水率为 8.92% 和 550℃灼烧后的烧失率为 5.47%。样品外观状况见图 1。

图 1　样品外观

（2）采用 X 射线荧光光谱仪（XRF）对样品进行成分分析，主要为硅（Si）、少量（Fe）和其他元素。结果见表 1。

表 1　干基样品的主要成分及含量（元素均以氧化物表示）　　单位：%

| 成分 | $SiO_2$ | $Fe_2O_3$ | $Na_2O$ | $Al_2O_3$ | MgO | CuO |
|---|---|---|---|---|---|---|
| 含量 | 95.73 | 3.60 | 0.22 | 0.09 | 0.08 | 0.07 |
| 成分 | $SO_3$ | CaO | $K_2O$ | ZnO | MnO | $TiO_2$ |
| 含量 | 0.05 | 0.05 | 0.03 | 0.03 | 0.02 | 0.01 |

（3）对样品进行有机物红外光谱分析，样品含有有机物，疑似二乙二醇；进一步取适量样品用乙醇浸泡，经分离后取清液进行红外光谱分析，表明有机物成分为（一缩）二乙二醇。红外光谱图见图 2 和图 3。采用 X 射线衍射仪（XRD）对样品进行物相组成分析，主要为 SiC、Si。

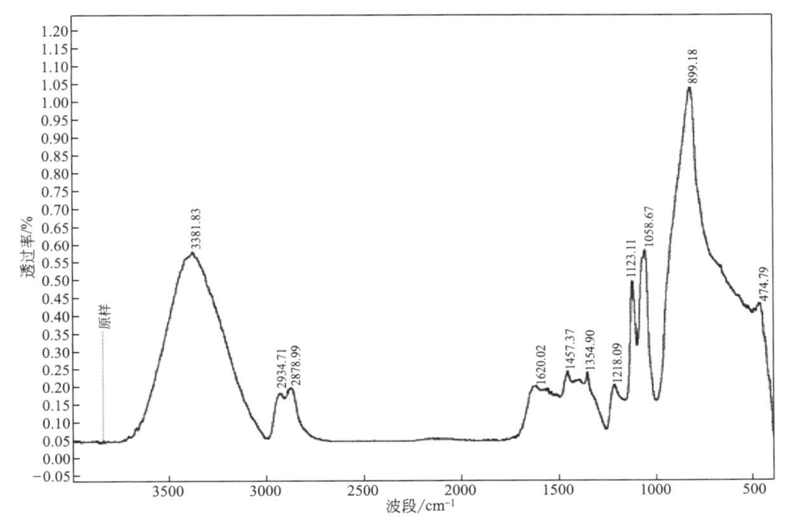


图2　样品的有机物红外光谱图

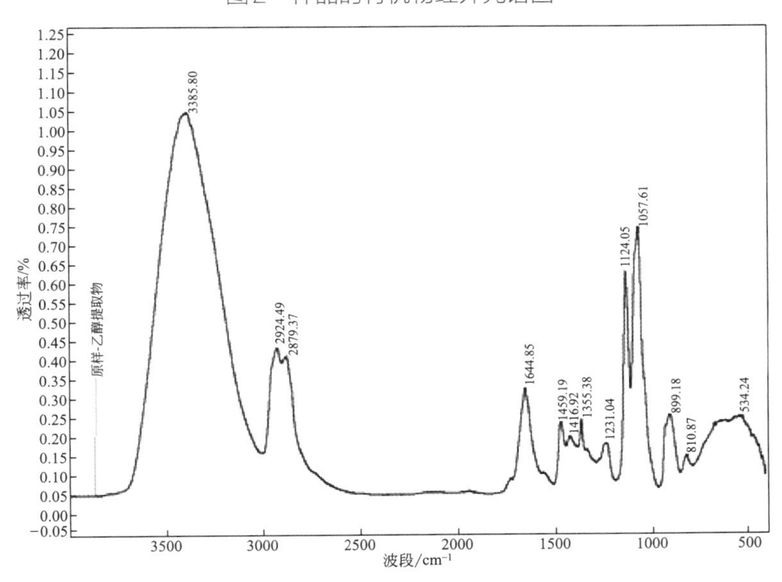


图3　样品乙醇提取后有机物红外光谱图

## 3 产生来源分析

制备太阳能电池时，必须将多晶硅锭或硅棒切割成硅。采用多线切割技术的工作原理是[1]：在以碳化硅（SiC）颗粒作为磨料、聚乙二醇（PEG）作为分散剂、水作为溶剂组成的水性切割液中，用金属丝带动SiC颗粒磨料进行研磨切割硅（Si）。在切割过程中，随着大量硅粉和少量金属屑逐渐进入了切割液，最终导致切割液不能满足切割要求而成为废料浆。这种废料浆的主要成分为：30%左右的高纯硅、35%左右的SiC、28%左右的PEG和水、5%左右的铁氧化物，这种废料浆COD高，不能直接排放。如果能将废料浆中的高纯硅、PEG和SiC进行综合回收利用，将减少环境污染，提高资源的利用率。对国内高纯硅生产企业实地调研表明，多晶硅或单晶硅切割过程产生的废切割液（废砂浆）主要含有SiC、Si、PEG、水、少量金属杂质。

样品的含水率达到8.92%，干基样品灼烧后有机物的烧失率达5.47%，样品颗粒非常细，主要化学组成为单质硅、碳化硅、（一缩）二乙二醇，并且样品明显含有从液相中回收固体物质产生的压滤波纹。样品特征符合高纯硅（多晶硅、单晶硅）多线（金属线）切割过程回收的废砂浆过滤之后的物质。因此，判断样品是高纯硅切割产生的废料浆经压滤后的产物。

## 4 固体废物属性分析

（1）样品不是有意回收分离获得的碳化硅或单质硅产物，也不符合产品标准《普通磨料　碳化硅》（GB/T 2480—2008）中碳化硅含量不低于95%的要求，因此样品不是碳化硅产品。样品是高纯硅（多晶硅、单晶硅）多线（金属线）切割过程回收的废砂浆过滤之后的物质，该物质属于“生产过程中的残余物”“原材料加工产生的残渣”，回收利用的目的属于“其他无机物质的再循环或回收”，因此，根据《固体废物鉴别导则（试行）》的原则，判断鉴别样品属于固体废物。

（2）2009年8月1日，环境保护部、商务部、发展改革委、海关总署、国家质检总局发布的第36号公告中的《自动许可进口类可用作原料的固体废物目录》《限制进口类可用作原料的固体废物目录》均没有列出“碳化硅废物”“废砂浆”“废砂浆压滤之后固体废物”及类似的废物；而该公告中的《禁止进口固体废物目录》列出了“其他未列名的固体废物”，建议将样品归于这两类废物中的一类，因而鉴别样品属于我国禁止进口的固体废物。

## 参考文献

[1] 邢鹏飞，赵培余，郭菁，等. 太阳能级多晶硅切割废料浆的综合回收[J]. 材料导报，2011，25（1）：75-79.

# 57. 废手机屏

## 1 背景

2019 年 10 月，北京海关商品检验处委托中国环科院固体所对北京邮局海关查获的一票进口“旧手机屏幕”货物进行固体废物属性鉴别，需要确定是否属于固体废物。

## 2 货物特征及特性分析

鉴别货物共两个航空快递邮寄纸箱，箱内均为简易盒盛装的手机屏和散装的手机钢化膜，现场查验情况见表 1，部分货物状态见图 1、图 2。

表 1　现场查看货物情况

| 箱 | 货物特征描述 |
| --- | --- |
| 第 1 个邮寄纸箱 | 内装有三种货物：第一种是白色包装盒类货物，共24个，全部为手机屏，其中有7个纸盒上有手画的“×”标志，所有白盒中的手机屏均为屏幕碎裂的手机屏，出现严重坏损、缺损，并且屏幕上薄膜有大量气泡且脏污，有明显的使用痕迹；第二种是散装的手机屏货物，共27个，屏幕碎裂严重，为不同型号、尺寸、颜色的手机屏；第三种是钢化膜货物，共25个，其中有1个碎裂。 |
| 第 2 个邮寄纸箱 | 内装有两种货物：第一种是白色包装盒类货物，共24个，全部为手机屏，白盒中的手机屏均为屏幕碎裂的手机屏，出现严重坏损、缺损，并且屏幕上薄膜有大量气泡且脏污，有明显的使用痕迹；第二种是白色塑料袋包装的手机屏货物，共48个，屏幕碎裂严重，为不同型号、尺寸、颜色的手机屏，上写有“P20配home button”等字样 |

(a) 开箱查看第 1 个邮寄包装

(b) 不同牌号手机屏的包装盒

图 1

(c) 破损手机屏

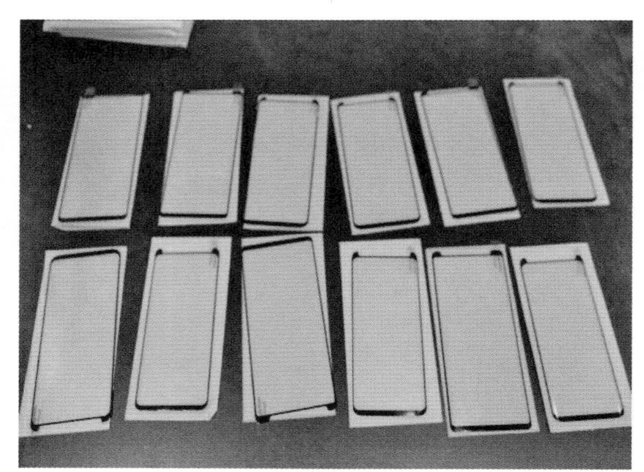

(d) 手机屏钢化贴膜

图1　第1个邮寄包装

(a) 开箱查看第2个邮寄包装

(b) 不同牌号手机屏的包装盒

(c) 破损手机屏

(d) 破损手机屏

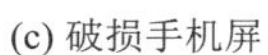

图2　第2个邮寄包装

## 3 产生来源分析

根据查看货物特征，判断鉴别货物是回收的不同型号的、已严重破损（破裂）的手机屏。

## 4 固体废物属性分析

（1）鉴别货物是回收的不同型号的已严重破损（破裂）的手机屏，是回收的废品，丧失了原有利用价值。根据固体废物的法律定义以及《固体废物鉴别标准　通则》（GB 34330—2017）第4.1a）条准则，判断鉴别货物属于固体废物。

（2）根据2017年12月环境保护部、商务部、海关总署等部门发布的第39号公告的《禁止进口固体废物目录》第十三部分为废弃机电产品和设备及其未经分拣处理的零部件、拆散件、破碎件、砸碎件，序号103为“8517，8518废电话机，网络通信设备，传声器，扬声器等废通讯设备”，建议将鉴别货物归于该类废物，因而鉴别货物属于我国禁止进口的固体废物。

# 58. 报废的彩色液晶显示屏

## 1 背景

2018 年 6 月，中华人民共和国梧州海关委托中国环科院固体所对查扣的一票“17 寸彩色液晶显示板 LCD、19 寸彩色液晶显示板 LED”货物进行固体废物属性鉴别，需要确定是否属于固体废物。

## 2 货物特征及特性分析

（1）鉴别货物包括两种规格，分别是 17 寸和 19 寸彩色液晶显示屏，品牌型号及数量各不相同，17 寸显示屏共计 3644 块，19 寸显示屏共计 2438 块。详见表 1。

表 1　货物的品牌、型号及数量

| 货物 | 品牌 | 型号 | 数量 | 货物 | 品牌 | 型号 | 数量 |
|---|---|---|---|---|---|---|---|
| 17 寸彩色液晶显示屏 LCD | 群创 | MT170 | 918 | 19 寸彩色液晶显示屏 LED | BLO | 190 | 13 |
| | 京东方 | HT170 | 133 | | 无牌 | 293 | 293 |
| | AU | B170 | 750 | | AU | B190 | 451 |
| | 中华 | HCLAA170 | 316 | | 奇美 | M190 | 433 |
| | 无牌 | 无 | 289 | | SVA | 190 | 13 |
| | 三星 | LTM170 | 427 | | IVO | M190 | 21 |
| | LG | LM170 | 337 | | 三星 | LTM190 | 248 |
| | 奇美 | M170 | 372 | | 群创 | MT190 | 633 |
| | 现代 | HT170 | 44 | | 京东方 | HT190 | 26 |
| | 桐宝 | 无 | 13 | | 翰宇彩晶 | HSD190 | 130 |
| | 冠捷 | TPV170 | 45 | | TPA | 无 | 1 |
| | — | — | — | | LG | LM190 | 82 |
| | — | — | — | | 冠杰 TPV | TPM190 | 82 |
| | — | — | — | | CFP | CFP190 | 2 |
| | — | — | — | | 中华 | HCLAA190 | 10 |

注：1. 该表信息由委托方提供；2. 寸为英寸（in），1in=0.0254m。

（2）现场进行开箱、掏箱、拆包查看，并随机抽取 40 块显示屏进行显示图像初步查看。部分货物外观状况见图 1～图 6。

图1　货物

图2　纸箱内的货物，有明显的磨痕

图3　背面布满锈迹

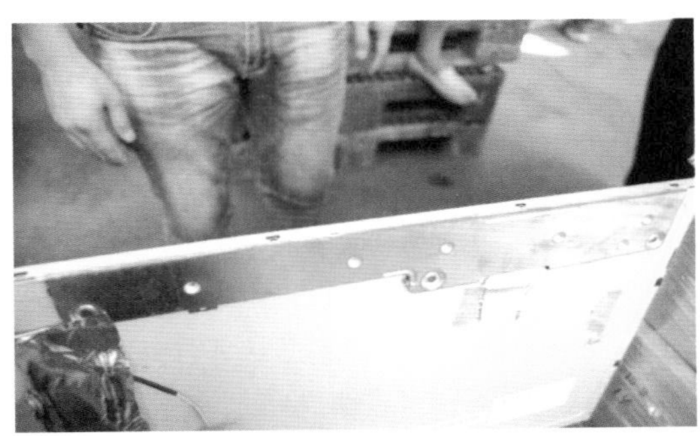

图4　背面有锈迹

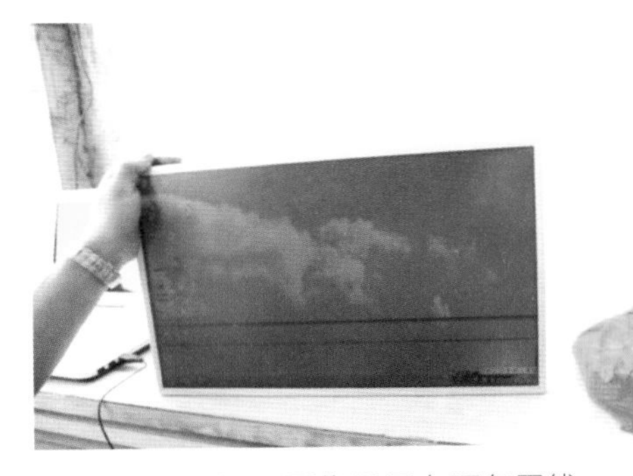

图5　图像显示有两条黑线

图6　图像显示不满屏

① 货物装于纸箱中，整齐摆放在集装箱内。使用叉车将货物全部掏出，一共有 10 个托盘，每个托盘最上面的纸箱已被打开。随机查看货物，有的纸箱内装着同一品牌型号的货物，有的则同时装有不同品牌型号的货物；大多数显示屏货物直接装于纸箱内，也有少数纸箱内显示屏用蓝色塑料袋包装；无包装袋的显示屏均沾有灰尘、有划痕，有包装袋的显示屏正面贴有一层膜；少数显示屏边框具有明显磨痕、背面可见明显的锈迹。

② 随机抽取40块显示屏进行显示图像初步查看，企业自带图像检测设备（由电脑、主板、高压板、按键板及遥控器等组成），通过现场连接，将相应插孔连接随机抽取的显示板，播放视频观测显示情况，抽样过程中发现有的显示屏背面的连接线已经被剪断，无法进行成像检测。随机抽取的40块货物中有1块不显示图像、1块成像暗淡、1块成像有两条黑线、2块需用手固定连接线否则无法成像，其他可显示较好的成像。

## 3 产生来源分析

根据货物特征判断鉴别货物来源于报废回收拆解、商业和展销废弃、库存积压等过程的彩色显示屏。

## 4 固体废物属性分析

（1）鉴别货物属于被抛弃或放弃的物质，根据固体废物的法律定义及《固体废物鉴别标准 通则》（GB 34330—2017）的准则，判断鉴别货物属于固体废物。进口货物可能在境外经过一定的挑选和分类，但这种处理并没有改变其固体废物属性。

（2）根据2017年12月实施的环境保护部、商务部、发展改革委、海关总署、国家质检总局第39号公告，其中《禁止进口固体废物目录》第十三类“废弃机电产品和设备及其未经分拣处理的零部件、拆散件、破碎件、砸碎件”列出了“计算机等办公室用电器电子产品”“显示器，信号装置等废视听产品及广播电视设备和信号装置”。建议将鉴别货物归于此类废物，因而鉴别货物属于我国禁止进口的固体废物。

# 59. 废弃电子产品

## 1 背景

2019 年 7 月，首都机场海关综合业务处委托中国环科院固体所对其查扣的一票进口“废旧电子零件”货物进行固体废物属性鉴别，需要确定是否属于固体废物。

## 2 货物特征及特性分析

鉴别货物为航班旅客携带入境，共 1 个纸箱，开箱后为多品种杂乱堆集的各种电子产品，包括有耳机、摄像头、游戏机手柄、无线上网收发装置（路由器）、无线鼠标键盘、对讲机、车载定位追踪器等，为不同品种、不同品牌、不同型号、不同大小、不同颜色的电子产品。表 1 为货物现场查看情况，部分货物外观状况见图 1～图 7。

表 1　现场查看情况

| 品种 | 货物特征描述 |
| --- | --- |
| 耳机 | 各种类型耳机，包括有线耳机、无线耳机、蓝牙耳机、头戴式耳机等，型号不同，尺寸不同，颜色各异，杂乱放置，部分耳机有明显的破损，有明显使用痕迹 |
| 摄像头 | 外观各异、型号不同的摄像头，部分带有连接线，部分缺失，均有明显的磨损、使用痕迹 |
| 游戏机手柄 | 游戏机手柄型号不同、尺寸不同、颜色各异，有明显使用痕迹 |
| 路由器 | 无线上网收发装置，型号不同，均为白色，无配套电源，无包装，有明显使用痕迹 |
| 无线鼠标键盘 | 无线鼠标键盘，型号相同，表面有磨损、灰尘，有明显使用痕迹 |
| 对讲机 | 对讲机，型号相同，表面有磨损、灰尘，有明显使用痕迹 |
| 车载定位追踪器 | 车载定位追踪器，有明显使用痕迹，线头被截断 |

## 3 产生来源分析

箱内耳机、摄像头、游戏机手柄、无线上网收发装置（路由器）、无线鼠标键盘、对讲机、车载定位追踪器等均为无包装、无标识、无产品说明书的电子产品部件，综合判断鉴别货物为回收使用过的电子设备（部件）。

图1　箱内货物

图2　各种耳机

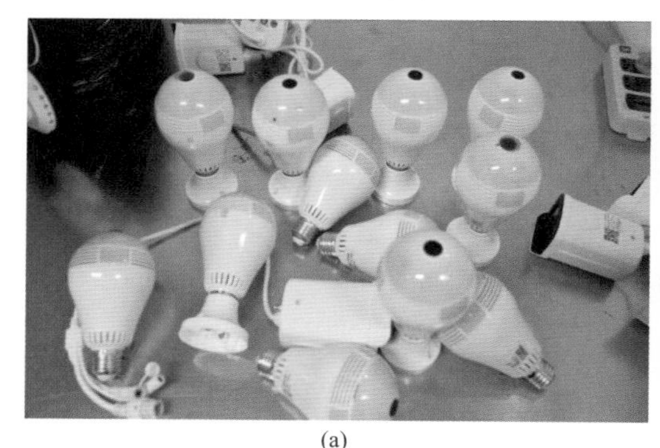

(a)

(b)

图3　摄像头

图4　游戏机手柄

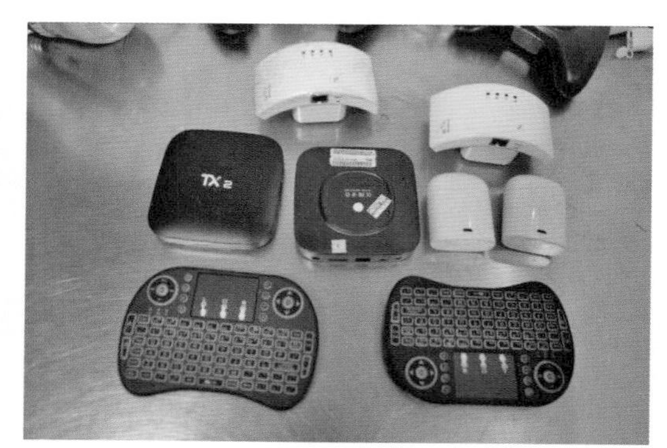


图5　无线鼠标键盘等

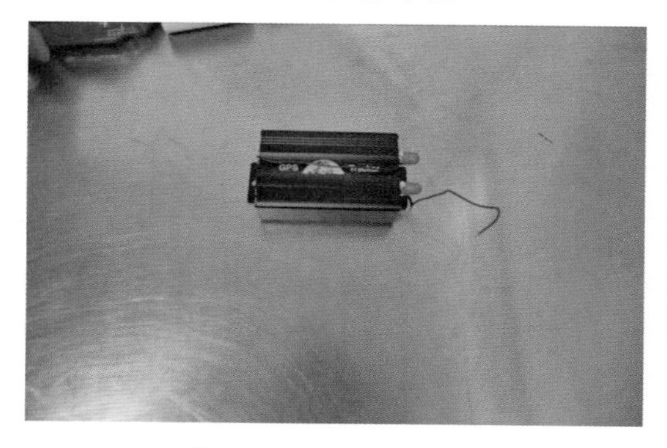

图6　汽车定位追踪器

图7　耳机、对讲机等

## 4 固体废物属性分析

（1）鉴别货物为回收的使用过的废弃电子设备，根据固体废物的法律定义以及《固体废物鉴别标准 通则》（GB 34330—2017）第4.1a）条和4.1d）条的准则，判断鉴别货物属于固体废物，是回收的废品。

（2）根据2017年12月环境保护部、商务部、海关总署等部门发布的第39号公告的《禁止进口固体废物目录》第十三部分“废弃机电产品和设备及其未经分拣处理的零部件、拆散件、破碎件、砸碎件”，序号103条为“废电话机，网络通信设备，传声器，扬声器等废通讯设备”第十四部分其他废物类别中列出“其他未列明固体废物”，建议鉴别货物中耳机、游戏机手柄、无线上网收发装置（路由器）、无线鼠标键盘、对讲机、车载定位追踪器归于这两类废物之一，属于我国禁止进口的固体废物；第十三部分“废弃机电产品和设备及其未经分拣处理的零部件、拆散件、破碎件、砸碎件”，序号104条为“废录音机，录像机、放像机及激光视盘机，摄像机、摄录一体机及数字相机，收音机，电视机，监视器、显示器，信号装置等废视听产品及广播电视设备和信号装置”，建议鉴别货物中摄像头归于这类废物，属于我国禁止进口的固体废物。

综上所述，判断鉴别货物均属于我国禁止进口的固体废物。

# 60. 报废多功能一体复印机

## 1 背景

2017年12月，中华人民共和国东莞海关缉私分局委托中国环科院固体所对其查扣的一票进口“静电感光式多功能一体复印机”货物进行固体废物属性鉴别，需要确定是否属于国家禁止进口的固体废物。

## 2 货物特征及特性分析

鉴别货物存放于广州市新塘私货仓库，置于库房内不同的区域，表面未见遮盖物，货物表面沾有灰尘。经查看，货物的品牌不同、型号不同，见表1。

表1 查看货物的品牌及型号（部分）

| 品牌1 | 型号 | 品牌2 | 型号 | 品牌3 | 型号 |
|---|---|---|---|---|---|
| XEROX（施乐） | DOCU COLOR 5000 | RICOH（理光） | Aficio 240W | Océ（奥西） | TDS 400/600 |
| | | | Aficio MP W2400 | | |
| | DOCU COLOR 252 | | Aficio MP W3600 | | |
| | | | Aficio MP 240w | | |

有的设备已缺少背板，有的设备已经散架破损，有的设备表面带有划痕；与待鉴别货物在一起存放的纸箱内，还发现台式计算机。部分货物外观状况见图1～图8。

图1 仓库一角的货物

图2 仓库另一角的货物

图3　已经散架破损的设备

图4　裸露的设备

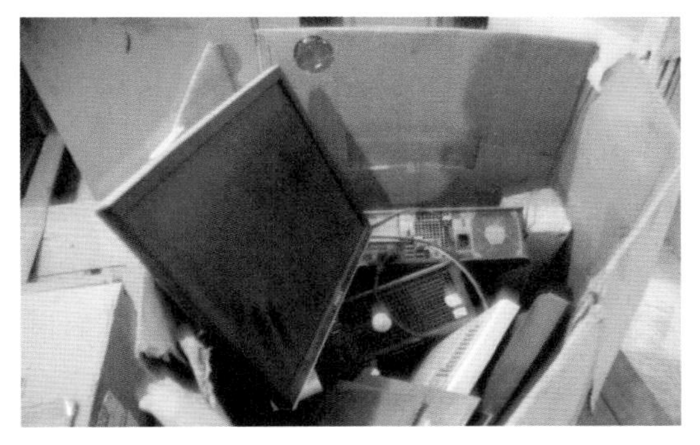

图5　纸箱中的台式电脑

图6　缺损部件的复印机

图7　缺背板的货物

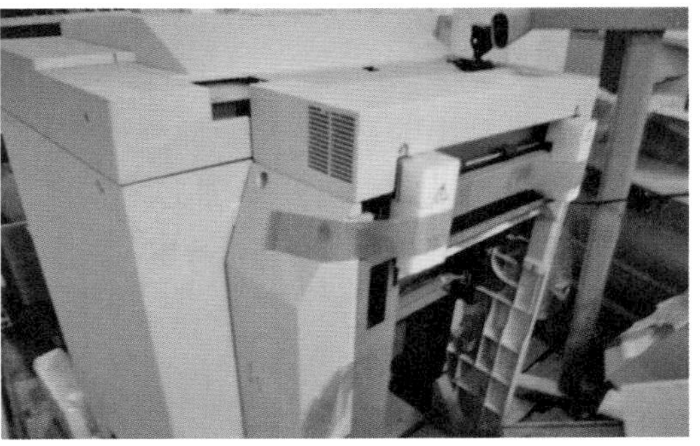

图8　货物背面贴的胶带

## 3 产生来源分析

货物为施乐（XEROX）、理光（RICOH）、奥西（Océ）三个品牌下不同型号的多功能一体复印机，有的货物表面带有划痕、有的货物出现不同程度的破损，明显是回收使用过的复印机。

## 4 固体废物属性分析

（1）鉴别货物进口时间为2012年，是不同品牌、不同型号的多功能一体复印机，是被原使用者放弃的物品，根据固体废物的法律定义以及《固体废物鉴别导则（试行）》的原则，判断鉴别货物属于固体废物。

《固体废物鉴别标准　通则》（GB 34330—2017）中第6.1a）条规定任何不需要修复和加工即可用于其原始用途的物质，或者在产生点经过修复和加工后满足国家、地方制定或行业通行的产品质量标准并且用于其原始用途的物质，不作为固体废物管理。我们了解到，“XEROX DOCU COLOR 252”在中国没有销售，如果在国内使用该型号设备，需进行加装变压器等装置，其他型号的设备也存在这一问题，货物明显需要在国内完成设备改装和大的维修工作才能使用。根据标准要求，鉴别货物仍需按照固体废物管理。

（2）根据环境保护部、商务部、发展改革委、海关总署、国家质检总局2009年发布的第36号公告中《禁止进口固体废物目录》第十一部分为废弃机电产品和设备及其未经分拣处理的零部件、拆散件、破碎件、砸碎件，序号68为“8469—8473废打印机，复印机，传真机，打字机，计算机器，计算机等废自动数据处理设备及其他办公室用电器电子产品”，建议将鉴别货物归于该类废物，因而鉴别货物属于我国禁止进口的固体废物。

# 61. 废弃电子产品设备及其拆散件

## 1 背景

2015 年 11 月，中华人民共和国连云港海关缉私分局委托中国环科院固体所对其查扣的一票进口“以回收铜为主的废五金电器”货物进行固体废物属性鉴别，需要确定是否属于国家禁止进口的固体废物。

## 2 货物特征及特性分析

参照《进口可用作原料的废物检验检疫规程　第 6 部分：废五金电器》（SN/T 1791.6—2006）检验要求，从存放在连云港出口加工区二期海关罚没仓库的货物和连云港东鸿集装箱有限公司的货物中分别随机抽取吨袋货物进行拆包查看。

（1）存放在连云港出口加工区二期海关罚没仓库的货物

随机抽取 63 个吨袋货物，大多数货物包装袋口用电脑机箱金属板覆盖，货物主要为废弃的各种电子废物，部分货物外观状况见图 1～图 8。

图1　库房内货物

图2　搬到库房外的货物

图3 线路板等杂件

图4 线路板等电子器件和设备

图5 电子设备电源线

图6 未拆下线路板的电子设备

图7 成袋的电子设备中连接线、电线

图8 各种线路板

① 45袋为多种废电子产品部件及其拆解件，如有废功放机、DVD机、交换机、散热片、笔记本或台式电脑电源、遥控产品或USB适配器、电表、电脑硬盘、风扇、光驱、音响、笔记本电脑显示屏、投影仪、通讯设备、汽车上的通讯器件等；这些电子设备部件破损、生锈、压扁、脏污、变形，有的壳体分离，有的部分壳破碎从而其中的电子元器件外露，有的连接线或电线断裂，有的连接部位断裂；即使同一个袋中的同一种类电子设备，其型号、规格、品牌也都不同；有的袋中有连接线和电线。明显可见很多部件没有拆除线路板。

② 12袋为不同规格、不同大小、破损、脏污的废线路板，并且很多带有电子元器件。

③ 6袋为不同种类、破损、脏污的电子部件，如有RoHS（欧盟关于限制在电子电器设备中使用某些有害成分的指令）标识的电子部件或其底部黑色部分电子部件等。

（2）存放在连云港东鸿集装箱有限公司的货物

货物露天堆放在货场，用帆布遮盖；货物均用吨袋盛装，分上下两层堆放；随机抽取边缘及上层的43袋货物，主要为废弃的各种电子废物，部分货物外观状况见图9～图15。

图9 掀开帆布盖布

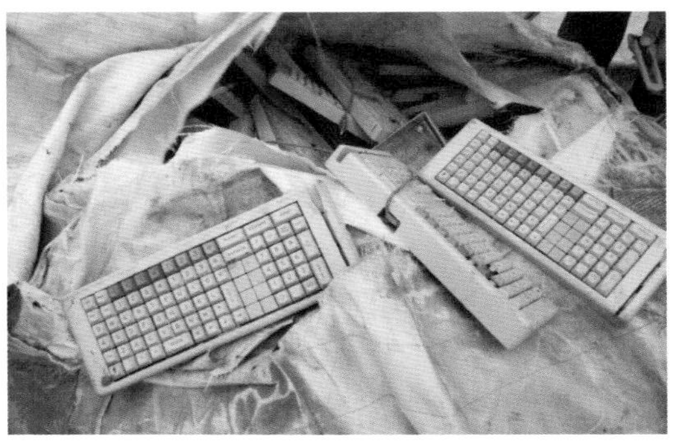

图10 电脑键盘

图11 各种电线

图12 电脑光驱

图13 电话线等电子产品部件

图14 细电线等

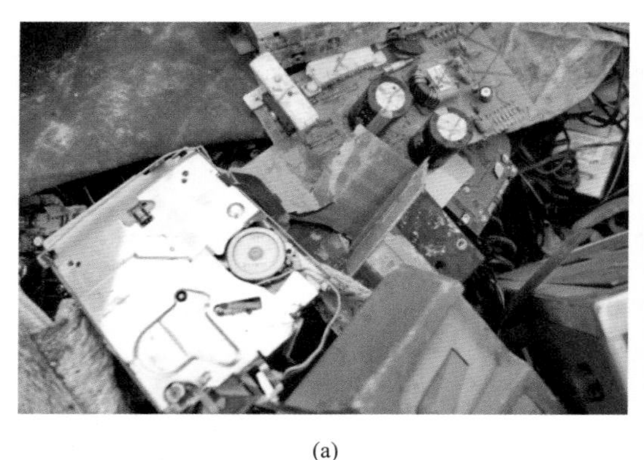

(a)

(b)

图15　线路板等

① 25 袋为多种废电子产品部件及其拆解件，如有废投影仪、音响、鼠标、键盘、打印机、功放机、DVD 机、移动硬盘、移动硬盘盘芯、光驱、交换机、充电器、电脑风扇、散热片、笔记本电脑电源、网络转换器、电脑硬盘、笔记本电脑显示屏、通讯设备等。这些电子设备及其配件破损、生锈、压扁、脏污、变形，有的壳体分离，有的部分壳破碎从而其中的电子元器件外露，有的连接线或电线断裂；有的袋中有电线、线路板。

② 15 袋为不同规格、不同大小、破损、脏污的废线路板，大多数带有电子元器件；其中有 13 袋全部为废线路板，其余 2 个袋中主要为废线路板，也有废键盘、电线、鼠标、电话机、多种电子元器件。

③ 2 袋主要为老化发黄、破损的电话机，有的话筒线被剪断，有的话筒或机身破损，还有多种粗细和长短不同的电线以及各种笔记本电脑电源线。

④ 1 袋中为带很细电线的不同颜色、不同规格、生锈的电子元件，袋口为黄色、红色、绿色、白色等不同颜色，且带有金属内芯、塑料外壳、被剪断的很细电线。

## 3 产生来源分析

根据前述查看鉴别货物特征状况，货物不是以回收铜为主的废五金电器，主要是回收的各种废弃电子产品设备及其拆散件，明显具有破损、脏污、变形、混杂等特征。

## 4 固体废物属性分析

（1）鉴别货物主要是回收的各种废弃电子产品设备及其拆散件，不具有统一规格、规范商标、规范包装的正常商品特性，废弃特征明显，丧失了电子产品及其部件的原有使用价值和功能，可用于“金属和金属化合物的再循环和回收”，以及其他物质的无害化处置。根据固体废物的法律定义以及《固体废物鉴别导则（试行）》的原则，判断鉴别货物属于固体废物。

（2）环境保护部、商务部、发展改革委、海关总署、国家质检总局2014年12月发布的第80号公告中《禁止进口固体废物目录》第十一部分“废弃机电产品和设备及其未经分拣处理的零部件、拆散件、砸碎件”中列出了“8469～8473废打印机，复印机，传真机，打字机，计算机器，计算机等废自动数据处理设备及其他办公室用电器电子产品”“8517，8518废电话机，网络通信设备，传声器，扬声器等废通讯设备”“8519～8531废录音机，录像机，放像机及激光视盘机，摄像机、摄录一体机及数字相机，收音机，电视机，监视器、显示器，信号装置等废视听产品及广播电视设备和信号装置”“8532～8534，8540～8542废电容器，印刷电路，热电子管、显像管、阴极射线管或光阴极管，二极管、晶体管等废半导体器件，集成电路等废电器电子元器件”“84，85，90章其他废弃机电产品和设备（指海关《商品综合分类表》第84、85、90章下完整的废弃机电产品和设备，及以其他商品名义进口本项下废物的）”，建议将鉴别货物归于这些废物类别，因而鉴别货物属于我国禁止进口的固体废物。

（3）《危险废物鉴别标准　通则》（GB 5085.7—2007）中5.1条规定“具有毒性（包括浸出毒性、急性毒性及其他毒性）和感染性等一种或一种以上危险特性的危险废物与其他固体废物混合，混合后的废物属于危险废物”；废线路板（废电路板）明确属于《国家危险废物名录》中的具有毒性（T）的危险废物，随机拆包鉴别货物中废线路板抽样份数占到总抽查包数的25.5%，符合《危险废物鉴别技术规范》（HJ/T 298—2007）的判定要求。因此，判断鉴别货物属于具有毒性（T）的危险废物。

# 62. 废铅酸蓄电池

## 1 背景

2017 年 8 月，中华人民共和国孟连海关委托中国环科院固体所对其查扣的一票进口“废旧电池”货物进行固体废物属性鉴别，需要确定是否属于国家禁止进口的固体废物。

## 2 货物特征及特性分析

鉴别货物存放于海关罚没财物仓库 4 号库房，为各种铅酸蓄电池，特征如下：

① 有中外生产的各种品牌蓄电池，如长江、中国台湾汤浅显（YUASA）、巡航、ACDelco、韩国 FORGO、NewEarth、云蓄、松下、骆驼、AK、埃森德、三冠、久远、Unistar、FB、万里、沙漠之龙、德胜、云南高原等；蓄电池颜色杂，如有绿色、灰色、黑色、蓝色、黄色、白色等颜色；蓄电池大小、电压规格不同。

② 蓄电池脏污、锈蚀和破损均很严重。

部分货物外观状况见图 1～图 13。

图1　各种蓄电池

图2　云蓄牌蓄电池

## 3 产生来源分析

鉴别货物属于使用之后回收的各种铅酸蓄电池。

图3　长江牌蓄电池

图4　YUASA牌蓄电池

(a)

(b)

图5　巡航牌蓄电池

图6　ACDelco牌蓄电池

图7　日本某品牌蓄电池

图8　韩国FORGO牌蓄电池

图9　New Earth牌蓄电池

图10　松下牌蓄电池

图11　骆驼牌蓄电池

图12　Unistar牌蓄电池

图13　FB牌蓄电池

## 4 固体废物属性分析

（1）回收铅酸蓄电池不具有统一规格、规范商标、规范包装的正常产品特性，废弃特征明显，丧失了蓄电池原有的使用价值和功能，可用于金属的再循环和回收，以及其他物质的无害化处置。根据固体废物的法律定义以及《固体废物鉴别导则（试行）》的原则，判断鉴别货物属于固体废物。

（2）环境保护部、商务部、发展改革委、海关总署、国家质检总局2014年12月发布的第80号公告中《禁止进口固体废物目录》列出了“8548100000电池废碎料及废电池［指原电池（组）和蓄电池的废碎料，废原电池（组）及废蓄电池］”，这部分鉴别货物应归于这类废物，属于我国禁止进口的固体废物。

《固体废物污染环境防治法》定义危险废物“是指列入国家危险废物名录或者根据国家规定的危险废物鉴别标准和鉴别方法认定的具有危险特性的固体废物”；在《国家危险废物名录》“HW49其他废物”中列出了铅酸电池（危险特性为毒性T）；根据《废电池污染防治技术政策》，废氧化汞电池、废镍镉电池、废铅酸蓄电池属于危险废物。因此，判断鉴别货物属于《国家危险废物名录》中具有毒性（T）的危险废物。

《固体废物进口管理办法》第8条规定“禁止进口危险废物”，因此鉴别货物属于我国禁止进口的危险废物。

# 第四篇

# 鉴别为废橡胶、废塑料、废纸的典型案例

# 63. 轮胎生产中的副产废料

## 1 背景

2017 年 7 月，中华人民共和国南通海关委托中国环科院固体所对其查扣的一票进口“复合橡胶”货物进行固体废物属性鉴别，需要确定是否属于固体废物。

## 2 货物特征及特性分析

货物共两个集装箱，现场查看时均已开箱，其中一个集装箱中的货物已被全部掏出，并堆放在集装箱前的空地上，橡胶货物杂乱地黏结在一起，有黑色成卷的带有帘子线的橡胶块，可见裁切痕迹；有裁切后的带帘子线的条状、片状、带状橡胶料；还有与橡胶缠绕在一起的杂乱的钢丝、尼龙帘子线；各种橡胶碎块等；有的货物表面沾有尘土、淤泥物质。另一个集装箱货物未掏出，与前述掏出的货物情况基本一致。

部分货物状态见图 1和图 2。

## 3 产生来源分析

根据鉴别货物特征和经验，判断货物均来自橡胶制品（主要是轮胎）生产中回收的未硫化橡胶的边角料、残次品，也明显有已经硫化的橡胶边角料、残次品。

## 4 固体废物属性分析

（1）鉴别货物为回收的硫化或未硫化橡胶，是橡胶制品（主要是轮胎）生产过程中的边角料、残次品等，根据《固体废物鉴别导则（试行）》的原则以及 2017 年 10 月实施的《固体废物鉴别标准　通则》（GB 34330—2017）的准则，判断鉴别货物属于固体废物，为废橡胶。

(a) 货物　(b) 货物

(c) 货物　(d) 货物

图1　第一箱货物状态

图2　第二箱货物状态

（2）2014 年 12 月 30 日，环境保护部、商务部、发展改革委、海关总署、国家质检总局发布的第 80 号公告《禁止进口固体废物目录》中列出“4004000020 硫化橡胶废碎料及下脚料及其粉粒（硬质橡胶的除外）不包括符合 GB/T 19208 标准的硫化橡胶粉产品”；2017 年 1 月 13 日，环境保护部、发展改革委、商务部等五部委联合发布的第 3 号公告中，将“4004000090 未硫化橡胶废碎料、下脚料及其粉、粒”从《限制进口类可用作原料的固体废物目录》调入《禁止进口固体废物目录》。因此，鉴别货物属于我国禁止进口的固体废物。

# 64. 废轮胎

## 1 背景

2015年10月，中华人民共和国大窑湾海关缉私分局委托中国环科院固体所对其查扣的一票进口“轮胎”货物进行固体废物属性鉴别，需要确定是否属于固体废物。

## 2 货物特征及特性分析

货物主要为轮胎，特征如下：

① 轮胎种类多、品牌杂，如有Firestone、Mitl、General、Micheline、Continental、Yokohama、Brawler、Bergougnan、Supermax、Good Year、Kumho、Toyo Hyparadial、Wanli、Linglong、Bridgestone、Sumitomo、Triangle、Samson、Dunlop、MRF等品牌；轮胎的大小规格不同，现场测量有55cm、62cm、66cm、70cm、95cm、137cm、230cm、296cm等不同直径，有18cm、20cm、23cm、28cm、35cm、37cm、90cm等不同胎面宽，偶见直径约25cm的卡丁车轮胎。

② 有的轮胎胎侧有标识，有的却没有标识。

③ 有20捆用铁丝捆扎的轮胎胎体严重变形，有的钢丝、帘线外露且断裂。

④ 有相当数量的轮胎胎面磨光没有花纹，有的帘线、钢丝暴露且断裂，有的胎面有局部磨损、贯穿性的裂带、凹陷。

⑤ 有的轮胎胎侧破裂，甚至有的帘线、钢丝外露且断裂。

⑥ 轮胎脏污，大多数沾染泥土，有的扎入钢钉和石块等物质。

⑦ 可见10多个剥离的轮胎胎面，直径为296cm，其中有的可见约100cm的贯穿性裂带。

⑧ 有极少数轮胎可见其内胎。

部分货物状态见图1～图8。

## 3 产生来源分析

在《轿车翻新轮胎》（GB 14646—2007）和《载重汽车翻新轮胎》（GB 7037—2007）中指出“用于翻新的胎体，其胎侧标识应有速度符号（或最高行驶速度）和负

图1　货物

图2　胎面破损且伤及缓冲层的轮胎

图3　剥离出的轮胎胎面

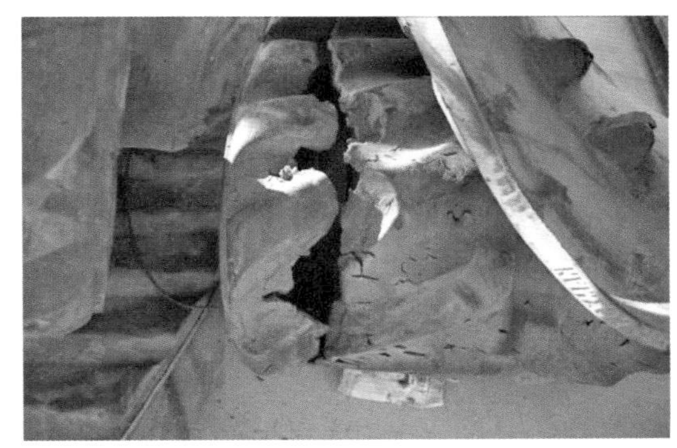

图4　贯穿性裂带的剥离轮胎胎面

图5　用铁丝打捆严重变形的轮胎

图6　帘线和钢丝外露且断裂的轮胎

图7　帘线外露且断裂的轮胎

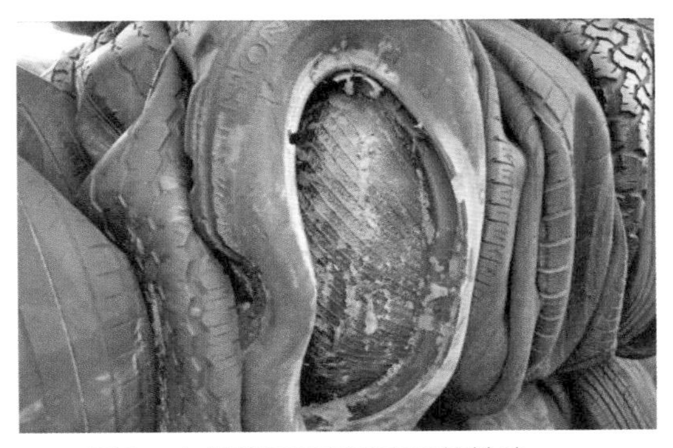

图8　内部脏污且严重变形的轮胎

荷指数（或最大负荷能力或层级）”，鉴别轮胎品种杂，明显有相当数量的非轿车轮胎，有的轮胎胎侧没有标识；这两个标准中还指出“凡有下列情况之一的胎体不应用于翻新，包括由于超负荷或缺气造成明显损坏、胎体破裂或胎体异常变形、胎面磨光且帘线暴露、胎侧磨损及帘线外露、任何部位脱层、胎面虽有剩余花纹但局部磨损不均匀且伤及缓冲层或带束层等”，在鉴别轮胎中，有相当数量的轮胎胎体严重扭曲变形，有的胎体破裂，有的胎面磨光且帘线和钢丝暴露，有的胎侧破裂及帘线和钢丝外露且断裂，有的胎面没有花纹，有的胎面局部破损不均匀且伤及缓冲层。因此，鉴别轮胎中的轿车轮胎和载重汽车轮胎不能用于翻新。

在《工程机械翻新轮胎》（HG/T 3979—2007）中指出“用于翻新的胎体，其胎侧标识应有轮胎规格、商标、厂名（或产地）、负荷指数（或最大负荷能力或层级）”，并且指出胎侧允许有轻微老化裂纹，不得深及钢丝帘布或胎侧胶厚度的1/3以上。在鉴别轮胎中也有一些工程机械轮胎破损严重，有的钢丝帘布外露且断裂，明显不符合该标准中再翻新的要求，不能用于翻新。

鉴别货物是不同品牌、不同规格的混合轮胎以及剥离出的轮胎胎面，明显具有脏污、破损、磨损等特征，属于使用之后回收的轮胎及轮胎胎面。

## 4 固体废物属性分析

（1）在《废轮胎加工处理》（GB/T 26731—2011）中对废轮胎的定义为“失去了原有的使用价值，且不能翻修继续使用的轮胎”。鉴别货物是回收的轮胎及其胎面，不具有统一规格、规范商标、规范包装的正常商品特性，废弃特征明显，丧失了轮胎原有的使用价值和功能，符合该标准中废轮胎的定义。根据固体废物的定义和《固体废物鉴别导则（试行）》的原则，判断鉴别货物属于固体废物，为废轮胎。

（2）环境保护部、商务部、发展改革委、海关总署、国家质检总局2014年12月发布的第80号公告中《禁止进口固体废物目录》列出了“4004000010 废轮胎及其切块”，建议将鉴别货物归于这类废物，因而鉴别货物属于我国禁止进口的固体废物。

# 65. 废橡胶密封条

## 1 背景

2013 年 6 月，中华人民共和国北仑海关委托中国环科院固体所对其查扣的一票进口“废聚丙烯（PP）产品料（非膜）”货物样品进行固体废物属性鉴别，需要确定是否属于国家禁止进口的固体废物。

## 2 样品特征及特性分析

（1）样品为长短不同、粗细不同的橡胶条，表面沾有尘土污渍。较粗橡胶条断面可见中间夹有金属骨架和纤维线，部分橡胶为海绵蜂窝状，有的断口已经生锈。样品外观状况见图 1。

图 1　样品外观

（2）采用红外光谱仪分析样品材质的基本成分，结果见表 1。

表 1　样品成分定性分析结果

| 样品 | 1 | 2 | 3 | 4 |
| --- | --- | --- | --- | --- |
| 外观特征 | 细长橡胶条 | 海绵状无骨架胶条 | 压瘪的有金属骨架的胶条 | 形状规则的带有金属骨架的胶条 |
| 成分定性结果 | （三元）乙丙橡胶 | | | |

## 3 产生来源分析

（1）样品具有很好的弹性，拉伸性能强、韧性好，不具有塑性，表明样品为硫化橡胶。因此样品不是聚丙烯废料。

（2）汽车密封条。乙丙橡胶是以乙烯和丙烯为主要单体的合成橡胶，大量用作汽车的风雨胶条、水箱胶管、加热器胶管、车盖和车篷，以及机车齿轮箱、门窗、保温板等的密封材料。绝大部分汽车密封条是利用挤出设备生产的断面一致、长度无限长的制品（使用时根据所需长度截取），有少部分是利用硫化模具生产的不规则制品。挤出类产品的加工过程为：配料—橡胶混炼—多种材料（包括硬胶、软胶、海绵胶、彩胶、金属骨架、加强线等）复合挤出—加热硫化（如热空气硫化、硫化罐硫化、微波硫化、玻璃微珠沸腾床硫化、盐浴硫化等）—后加工（如裁断、硫化接头、静电植绒、表面泛涂、黏结等）[1]。

鉴别样品主要成分为乙丙橡胶，且具有明显的凹槽等特殊形状，断面处可见金属骨架、纤维线、海绵胶，这些特点与汽车密封条的特征相符。样品是收集的各种报废汽车拆解下来的不同部位的密封条，如前挡风密封条、后窗密封条、门上防尘密封条、行李箱密封条、车门密封条等。

## 4 固体废物属性分析

（1）报废汽车拆解下来的密封条丧失了原有的利用价值，根据《固体废物鉴别导则（试行）》的原则，判断鉴别样品属于固体废物。

（2）2009 年 8 月 1 日，环境保护部、商务部、发展改革委、海关总署、国家质检总局发布的第 36 号公告的《禁止进口固体废物目录》中列出了“4004000020 硫化橡胶废碎料及下脚料”，建议将鉴别样品归于该类废物，因而鉴别样品属于我国禁止进口的固体废物。

## 参考文献

[1] 李帮山. 三元乙丙橡胶在汽车用橡胶制品中的应用[J]. 中国橡胶，2011，27（13）：36-38.

# 66. 废橡胶管

## 1 背景

2018 年 1 月，中华人民共和国黄岛海关查验处委托中国环科院固体所对其查扣的一票进口“未硫化橡胶管”货物进行固体废物属性鉴别，需要确定是否属于国家禁止进口的固体废物。

## 2 货物特征及特性分析

查看集装箱，货物置于吨袋中，袋外面无标识、无唛头（商标、标识）。袋内货物均为长短不一、管径大小不同、管壁厚度亦不同的橡胶管；有的橡胶管带有尼龙加强线，有的橡胶管表面沾有白色物质，有的橡胶管已被压瘪，有的橡胶管断面整齐，是经过裁切；橡胶管具有弹性而没有塑性，应是硫化过的橡胶，但不排除有未硫化的橡胶管。

部分货物外观状况见图 1。

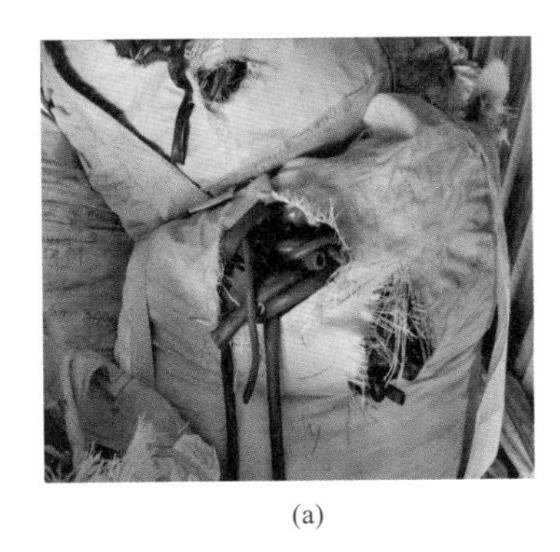

(a)

(b)

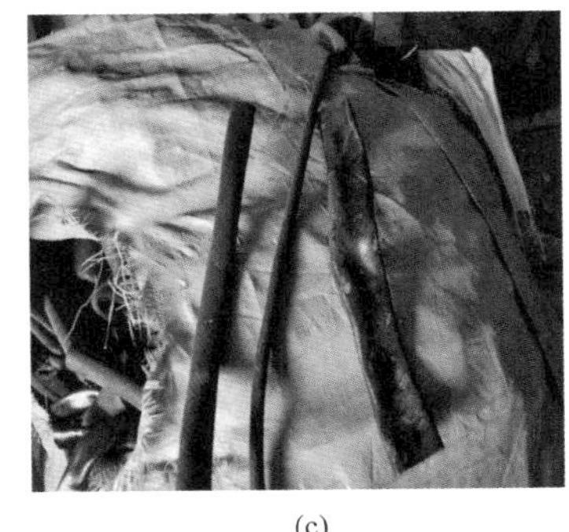

(c)

图 1　样品外观

## 3 产生来源分析

鉴别货物为回收的硫化橡胶，是橡胶管生产过程中裁切下来的边角料或下脚料。

## 4 固体废物属性分析

（1）鉴别货物为回收的硫化或未硫化橡胶，是橡胶管生产过程中产生的边角料或下脚料。根据《固体废物鉴别导则（试行）》和 2017 年 10 月 1 日实施的《固体废物鉴别标准　通则》（GB 34330—2017）的准则，判断鉴别货物属于固体废物，为废橡胶。

（2）2017 年 8 月 10 日，环境保护部、商务部、发展改革委、海关总署、国家质检总局发布的第 39 号公告《禁止进口固体废物目录》中列出“4004000020 硫化橡胶废碎料及下脚料及其粉粒（硬质橡胶的除外）不包括符合 GB/T 19208 标准的硫化橡胶粉产品”“4004000090 未硫化橡胶废碎料、下脚料及其粉、粒”。建议将鉴别货物归于该两类货物品名之一，因而鉴别货物属于我国禁止进口的固体废物。

# 67. 未硫化橡胶废料

## 1 背景

2018 年 9 月，中华人民共和国天津东疆保税港区海关缉私分局委托中国环科院固体所对其查扣的一票进口“再生橡胶”的货物进行固体废物属性鉴别，需要确定是否属于国家禁止进口的固体废物。

## 2 货物特征及特性分析

（1）集装箱中货物为黑色不规则状橡胶，多呈扭曲状态，部分为层层堆叠放置；货物形状不同、大小不一、薄厚不均、状态各异，可见粗糙块状橡胶、长条带状橡胶、不规则脏污大块橡胶、裁切下的橡胶胎碎料以及印有字母的片状橡胶等；货物未经整理及分类、摆放杂乱，气味明显、表面脏污，有的块状刻印字迹标识或笔迹类标识。

部分货物状态见图 1～图 6。

图1　箱内货物

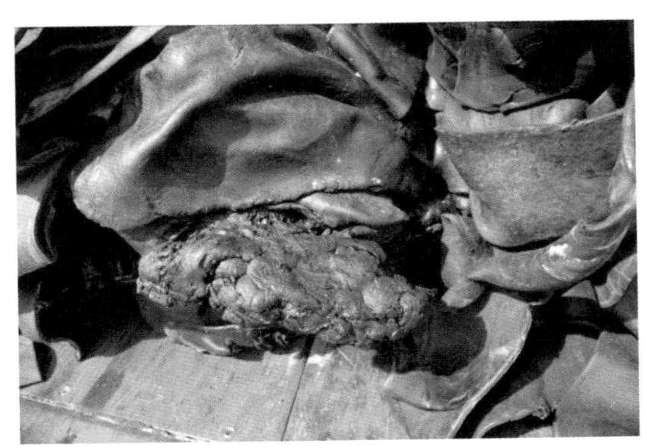

图2　各种不规则扭曲的橡胶块

（2）按照《橡胶　裂解气相色谱分析法　第 1 部分：聚合物（单一及并用）的鉴定》（GB/T 29613.1—2013）标准，对现场所取两个橡胶块状样品（见图 7、图 8）进行成分定性分析，结果均为天然橡胶 / 顺丁橡胶并用。按照《硫化橡胶溶胀指数测定方法》（HG/T 3870—2008）标准，测定样品的溶胀指数，结果为两个样品经过溶剂浸泡后，出现掉块和部分溶解现象。

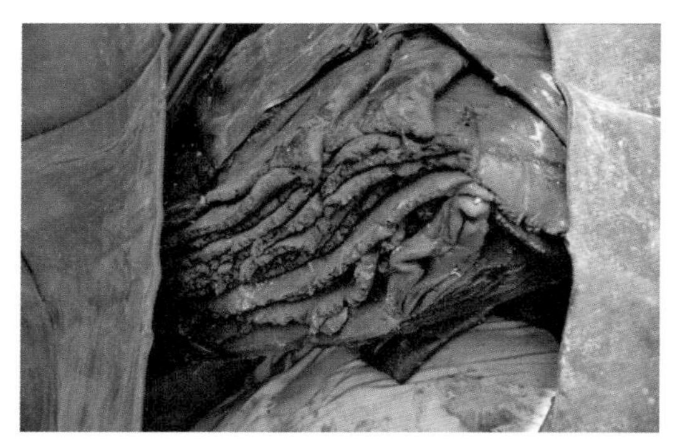

图3　粗糙的橡胶块

图4　不规则橡胶下脚料

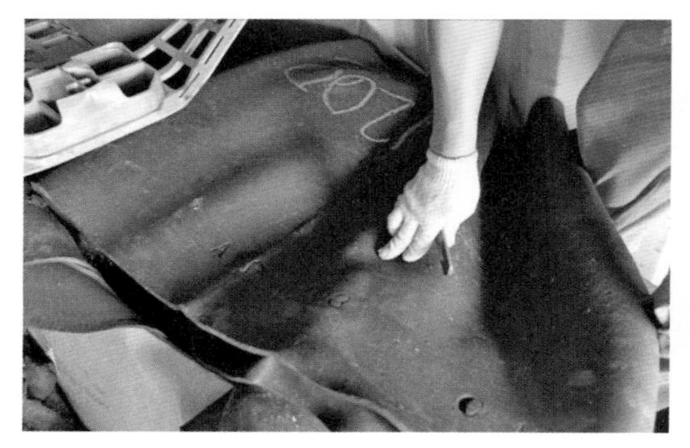

图5　有字母标识的橡胶片

图6　橡胶胎、带

图7　1号样品

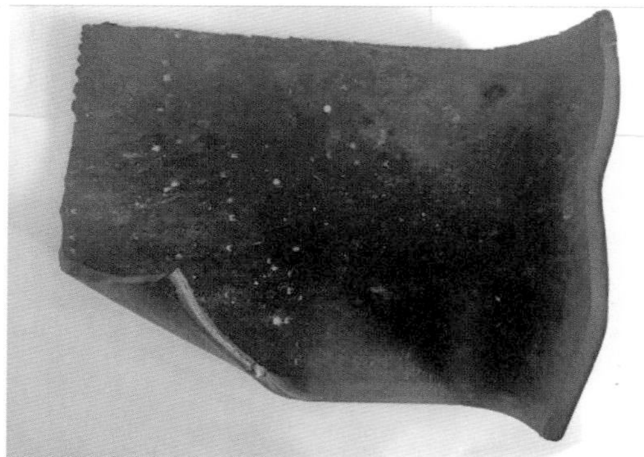

图8　2号样品

按照《橡胶　用无转子硫化仪测定硫化特性》（GB/T 16584—1996）标准，测试样品的硫化特性，结果见表1，硫化曲线见图9和图10。

表1　样品的硫化特性

| 样品 | 硫化特性/145℃ | $T_{10}$ | $T_{50}$ | $T_{90}$ | ML/（N·m） | MH/（N·m） |
|---|---|---|---|---|---|---|
| 1号 | 硫化特性/145℃ | 4min02s | 5min41s | 13min47s | 2.070 | 3.265 |
| 2号 |  | 4min26s | 5min58s | 12min45s | 2.175 | 5.615 |

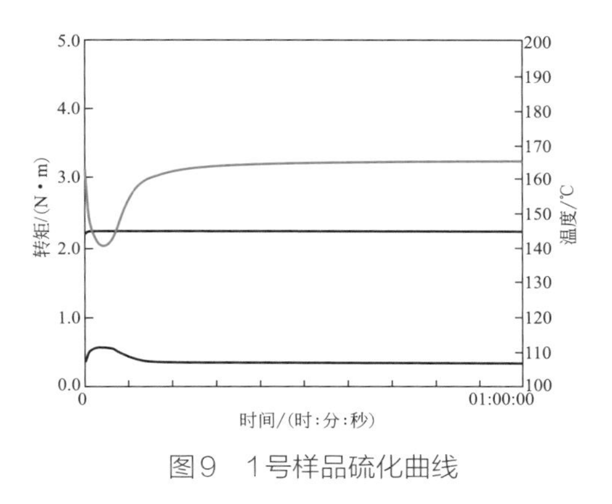


图9　1号样品硫化曲线

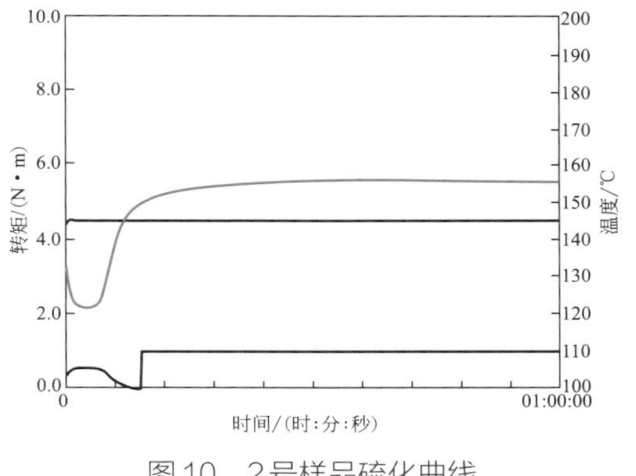


图10　2号样品硫化曲线

## 3 产生来源分析

2个样品经过溶剂浸泡后发生溶胀，硫化曲线先下降再逐渐升至平坦区，说明样品在热硫化后有交联键产生，样品均为未硫化的混炼胶。据此判断鉴别货物为回收的未硫化橡胶混炼胶，是橡胶制品生产过程中硫化工序前各工序的边角碎料、报废料。

## 4 固体废物属性分析

（1）鉴别货物为回收的未硫化橡胶混炼胶，是橡胶制品生产过程中硫化工序之前各工序的边角料、下脚料、报废料。根据《固体废物鉴别标准　通则》（GB 34330—2017）的准则，判断鉴别货物属于固体废物，为废橡胶。

（2）2017年8月10日，环境保护部、商务部、发展改革委、海关总署、国家质检总局发布的第39号公告《禁止进口固体废物目录》中列出“4004000090 未硫化橡胶废碎料、下脚料及其粉、粒”，建议将鉴别货物归于该类废物，因而鉴别货物属于我国禁止进口的固体废物。

# 68. 顺丁橡胶生产中的下脚料

## 1 背景

2018 年 9 月，中华人民共和国马尾海关缉私分局委托中国环科院固体所对其查扣的一票进口“顺丁橡胶（副牌）”货物样品进行固体废物属性鉴别，需要确定是否属于固体废物。

## 2 样品特征及特性分析

（1）将 4 包样品分别编为 1～4 号，1 号样品为潮湿白色胶粒状聚合体不规则块，有刺鼻气味；2 号样品为棕黄色大块，分为上下两层，其中上层质硬，为棕黄色小颗粒状物料聚集压实而成；3 号样品为一白色大块，样品中间有黑色分层，可掰开，内部为脏污的胶粒；4 号样品为一白色半透明不规则块状物料，有一表面明显脏污。

样品外观状态见图 1～图 6。

图1　4包样品

图2　1号样品外观

（2）按照《橡胶　裂解气相色谱分析法　第 1 部分：聚合物（单一及并用）的鉴定》（GB/T 29613.1—2013）标准，对样品主要成分进行定性，结果显示 4 个样品均为顺丁橡胶。

（3）参照《丁二烯橡胶（BR）9000》（GB/T 8659—2008）的要求进行测试，结果见表 1。

图3　2号样品外观

图4　3号样品外观（一）

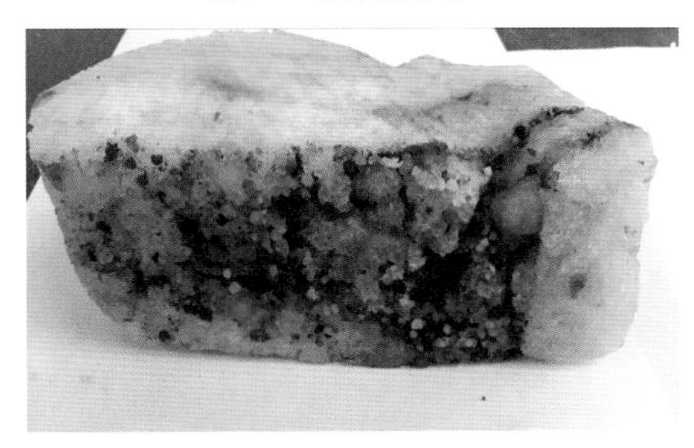

图5　3号样品外观（二）

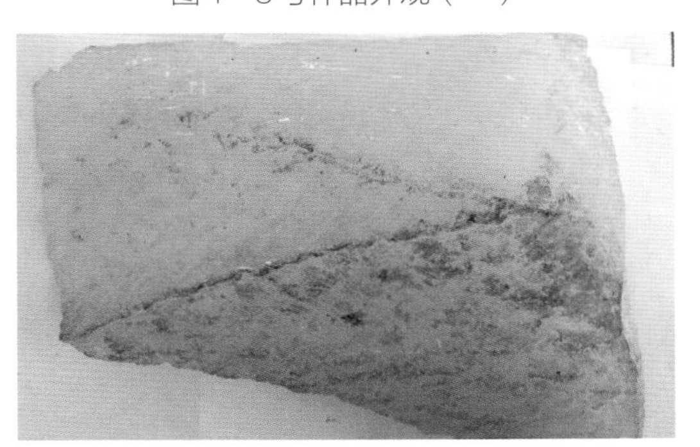

图6　4号样品外观

表1　标准要求及样品测试结果

| 项　目 | | 标准要求 | 样品实测 | | | |
| --- | --- | --- | --- | --- | --- | --- |
| | | 合格品 | 1号 | 2号 | 3号 | 4号 |
| 挥发分 /% | | ≤1.10 | ≤4.98 | 无法测试 | ≤0.28 | ≤0.12 |
| 灰分 /% | | ≤0.20 | ≤0.31 | 无法测试 | ≤0.42 | ≤0.45 |
| 生胶门尼黏度（ML 1+4，100℃） | | 45±7 | 28 | 172 | 42 | 39 |
| 混炼胶门尼黏度（ML 1+4，100℃） | | ≤70 | ≤64 | — | ≤62 | ≤65 |
| 300% 定伸应力 /MPa | 25min | 7.0～12.0 | 9.39 | 该样品无法混炼成型，无法测试 | 8.63 | 9.25 |
| | 35min | 8.0～13.0 | 9.09 | | 8.46 | 9.79 |
| | 50min | 8.0～13.0 | 8.51 | | 8.29 | 9.43 |
| 拉伸强度 /MPa | 35min | ≥13.2 | ≥15.1 | | ≥15.0 | ≥15.2 |
| 扯断伸长率 /% | 35min | ≥330 | ≥429 | | ≥445 | ≥413 |

## 3 产生来源分析

顺式 -1,4- 聚丁二烯橡胶简称顺丁橡胶，代号 BR，国内牌号为 BR9000。按照聚合方式分为溶液聚合、乳液聚合和本体聚合三大类。按催化体系不同可分为钴系、镍系、钛系和锂系四种。炭黑填充高顺丁橡胶胶料的硫化速度介于天然橡胶与丁苯橡胶之间。在硫化体系上一般均采用硫黄 / 促进剂体系，也可使用含硫化合物和过氧化物等硫化体系。顺丁橡胶除主要用于制造轮胎外，也可制造运输带、传动带、胶布、鞋底、胶靴、海绵胶以及模压制品等[1]。

不同催化体系顺丁橡胶的生产工艺各有特点，但大体相似，以连续溶液聚合为主，主要工序包括：催化剂、终止剂和防老剂的配制和计量，丁二烯的聚合；胶液的凝聚；后处理、橡胶的脱水和干燥；单体、溶剂的回收和精制。国内 BR9000 采用镍系溶液聚合技术以 1,3- 丁二烯为单体原料，正己烷为溶剂，以环烷酸镍、三异丁基铝和三氟化硼乙醚络合物为催化剂进行溶液聚合。工艺流程为丁二烯与溶剂按照一定比例混合后，再与铝镍陈化液配合，作为首釜的进料由釜底进入聚合釜，烯硼由釜的下部或侧面单独加入。物料经过三釜连续聚合，末釜顶部出料与防老剂溶液汇合进入静态混合器，充分混合后送至凝聚单元胶液贮罐内。胶液用水蒸气凝聚后，橡胶成颗粒状与水一起输送到脱水、干燥工序，干燥后的生胶包装后去成品仓库，在凝聚工序用水蒸气蒸出的溶剂油和丁二烯经回收精制后循环使用。我国《丁二烯橡胶（BR）9000》（GB/T 8659—2008）标准中明确顺丁橡胶外观特征为浅色半透明块状，不含焦化颗粒、机械杂质及油污。

样品的主要成分均为顺丁橡胶，根据样品外观特征判断样品不是再生橡胶，不是正常的顺丁橡胶产品，根据表 1 测试结果及鉴别经验，样品应是来自顺丁橡胶生产过程中不同工段环节产生的物料。其中 1 号样品为粉状团粒块状，挥发分、灰分、生胶门尼黏度均不满足产品标准（GB/T 8659—2008）要求，可能是来自干燥工段沸腾床或振动烘箱清理出的壁挂物；2 号样为棕黄色颗粒压实块，生胶门尼黏度远远高于标准要求，其他指标无法测试，判断为膨胀机头因过热产生的老化废料或者胶液过滤器清理出的带有残余催化剂杂质的凝胶滤出物；3 号样品为中间夹杂有各种脏污颗粒物质的胶块，样品的灰分不满足标准要求，应为各工段落地料收集后的压块；4 号样品表面明显脏污，灰分指标超出《丁二烯橡胶（BR）9000》（GB/T 8659—2008）标准要求，外观接近顺丁橡胶成品，可能为成品车间的不合格品或掉落地上后染尘的不合格品。

总之，4 个样品应是来自合成橡胶厂生产顺丁橡胶过程中不同环节产生的壁挂物、老化废料或凝胶滤出物、落地料、不合格品等，属于未硫化橡胶废碎料及下脚料。

## 4 固体废物属性分析

（1）样品是来自合成橡胶厂生产顺丁橡胶过程中不同环节产生的壁挂物、老化废料或凝胶滤出物、落地料、不合格品等，属于生产过程中产生的副产的下脚料、残余物质以及不合格品。根据《固体废物鉴别标准　通则》（GB 34330—2017）的第 4.1a）条、第 4.2a）条准则，判断鉴别样品均属于固体废物。

（2）2017 年 8 月 10 日，环境保护部、商务部、发展改革委、海关总署、国家质检总局发布的第 39 号公告《禁止进口固体废物目录》中明确列出了“4004000090 未硫化橡胶废碎料、下脚料及其粉、粒”，建议将鉴别样品归于此类废物，因而鉴别样品属于我国禁止进口的固体废物。

## 参考文献

[1]　于清溪，橡胶原材料手册[M]. 北京：化学工业出版社，2006，42-51.

# 69. 氯化丁基橡胶废料

## 1 背景

2017 年 8 月，中华人民共和国连云港海关委托中国环科院固体所对其查扣的一票进口“丁基再生胶”货物样品进行固体废物属性鉴别，需要确定是否属于国家禁止进口的固体废物。

## 2 样品特征及特性分析

（1）样品为两块黑色橡胶块，可见层状结构，外表有白色粉末，有黏性，有橡胶气味。样品外观状况见图 1。

图 1　样品外观

（2）按照《再生橡胶　通用规范》（GB/T 13460—2016）的要求进行测试，结果见表 1。

表 1　标准要求及样品测试结果

| 项目 | 标准指标 | 样品测试结果 |
| --- | --- | --- |
| 胶种 | 再生丁基橡胶 | 样品成分定性分析为氯化丁基橡胶 |
| 灰分 /% | ≤10 | ≤3.22 |
| 丙酮抽出物 /% | ≤16 | ≤4.47 |
| 门尼黏度（ML 1+4，100℃） | ≤70 | ≤97 |
| 密度 /（$mg/m^3$） | ≤1.24 | ≤1.15 |

续表

| 项目 | | 标准指标 | 样品测试结果 |
| --- | --- | --- | --- |
| 拉伸强度 /MPa | 40min | ≥6.8 | ≥2.06 |
| | 50min | | ≥2.98 |
| | 60min | | ≥4.42 |
| 拉断伸长率 /% | 40min | ≥460 | ≥421 |
| | 50min | | ≥480 |
| | 60min | | ≥554 |

## 3 产生来源分析

根据测试结果，样品为氯化丁基橡胶；氯化丁基橡胶产品为白色到浅琥珀色的胶块，样品为黑色胶块，由此推断样品不是合成氯化丁基橡胶产品，应是再生胶；根据表1各项指标测试结果，样品的门尼黏度、拉伸强度、拉断伸长率（40min）不满足《再生橡胶　通用规范》（GB/T 13460—2016）的要求。因此，样品是不符合《再生橡胶　通用规范》（GB/T 13460—2016）要求的再生橡胶，也不排除是橡胶制品生产中未硫化工序的回收胶块。

## 4 固体废物属性分析

（1）样品是不符合《再生橡胶　通用规范》（GB/T 13460—2016）要求的再生橡胶，也不排除是橡胶制品生产中未硫化工序的回收胶块。根据《固体废物鉴别导则（试行）》以及2017年10月1日实施的《固体废物鉴别标准　通则》（GB 34330—2017）的准则，判断鉴别样品属于固体废物。

（2）2014年12月30日，环境保护部、商务部、发展改革委、海关总署、国家质检总局发布的第80号公告《禁止进口固体废物目录》中列出“4004000020 硫化橡胶废碎料及下脚料及其粉粒（硬质橡胶的除外）不包括符合GB/T 19208标准的硫化橡胶粉产品”；2017年1月13日，环境保护部、发展改革委、商务部等五部委联合发布的第3号公告中，将“4004000090 未硫化橡胶废碎料、下脚料及其粉、粒”从《限制进口类可用作原料的固体废物目录》调入《禁止进口固体废物目录》。因此，判断鉴别样品属于我国禁止进口的固体废物。

# 70. 乳胶下脚料

## 1 背景

2017 年 10 月，中华人民共和国扬州海关委托中国环科院固体所对其查扣的一票进口“乳胶碎料”货物样品进行固体废物属性鉴别，需要确定是否属于固体废物。

## 2 样品特征及特性分析

（1）样品为形状不规则的乳黄色弹性片状物（似海绵），其一面平整光滑，另一面具有排列规则的圆形凹点，边缘光滑，无明显裁切痕迹，中间大两头小。样品外观状态见图 1。

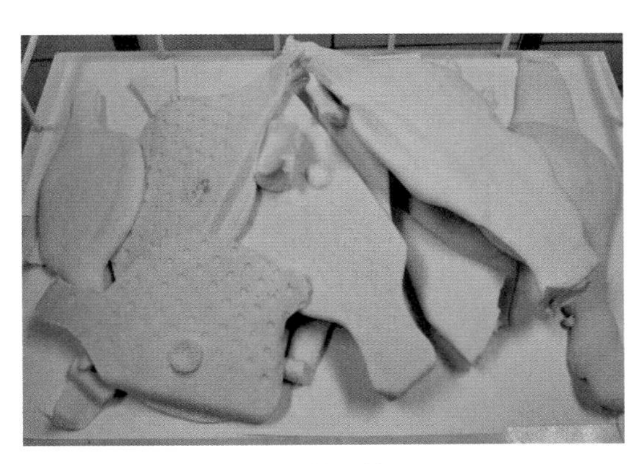

图 1　样品外观

（2）对样品进行成分定性分析，主要成分为聚异戊二烯。

## 3 产生来源分析

制造乳胶制品的主要原料为天然胶乳。天然胶乳是从橡胶树直接流出的乳白色液体，主要成分为顺式 -1,4- 聚异戊二烯。天然胶乳的主要优点表现在成膜性能好，湿凝胶强度高，易于硫化，所得制品具有优良的弹性、较高的强度，较大的伸长率和较小的蠕变，适宜制备各种乳胶制品[1]。

样品的主要成分为聚异戊二烯，且具有很好的弹性，应是来自乳胶制品。在互联网上搜索时并未检索到与样品外观特征相似的产品，但在搜索“乳胶枕头生产线”“乳胶枕头设备”等时，发现图2所示乳胶枕生产线上具有一种白色物质，这种白色物质的外观与样品相似。经了解，乳胶生产中在注入造型模具时，为使模具充满，生产线上往往会溢出一些多余的胶乳，此时溢出的胶乳便会形成片状覆盖于模具表面，待加热成型后，模具上方覆盖的片状乳胶业已成型，乳胶枕出模前需将片状乳胶清除。结合样品外观特征进一步判断是回收的来自乳胶枕生产过程产生的溢出片状乳胶。

图2　乳胶枕生产线

## 4 固体废物属性分析

（1）样品是回收的来自乳胶枕生产过程产生的片状乳胶，这种片状乳胶在成分组成上与乳胶枕并无差别，但这种片状乳胶并不是目标产物，是生产过程中产生的残余物，无质量控制，不具有产品质量标准，其利用属于有机物质的回收。由于样品货物进口时间为2017年6月，因此依据《固体废物鉴别导则（试行）》的原则，判断鉴别样品属于固体废物。

（2）2014年12月30日，环境保护部、商务部、发展改革委、海关总署、国家质检总局发布第80号公告中《限制进口类可用作原料的固体废物目录》《自动许可进口类可用作原料的固体废物目录》中均没有列出“片状乳胶回收料”，而在《禁止进口固体废物目录》中列出了“4004000020 硫化橡胶废碎料及下脚料及其粉粒（硬质橡胶的除外）”，建议将鉴别样品归于该类废物，因而鉴别样品属于我国禁止进口的固体废物。

## 参考文献

[1] 刘通，李普旺，李思东，等. 天然乳胶制品性能的影响因素研究进展[J]. 材料导报，2016，30（28）：353-356.

# 71. 不合格的卤化丁基再生橡胶

## 1 背景

2018 年 8 月，中华人民共和国重庆海关委托中国环科院固体所对其查扣的两票进口“丁基再生胶”“再生橡胶”货物样品进行固体废物属性鉴别，需要确定是否属于固体废物。

## 2 样品特征及特性分析

（1）样品为有两块橡胶，1 号样品为黑色立方块状，橡胶气味较大，裁切断面粗糙；2 号样品为灰色，不规则立方体，橡胶气味较大。样品外观状况见图 1 和图 2。

图1　1号样品（丁基再生胶）

图2　2号样品（再生橡胶）

（2）按照《硫化橡胶溶胀指数测定方法》（HG/T 3870—2008）的要求，测试样品溶胀指数，1 号样品为 2.76，2 号样品为 3.16。按照《橡胶　用无转子硫化仪测定硫化特性》（GB/T 16584—1996）标准，测试样品的硫化特性，结果见表 1，硫化曲线见图 3。

（3）按照《再生橡胶　通用规范》（GB/T 13460—2016）的要求进行测试，结果见表 2。

表1　样品的硫化特性

| 样品 | 硫化特性（160℃） | $T_{10}$ ① | $T_{50}$ | $T_{90}$ ② | ML/（N·m）③ | MH/（N·m）④ |
|---|---|---|---|---|---|---|
| 1号 | | 2min00s | 2min00s | 2min00s | 1.870 | 1.870 |
| 2号 | | 1min52s | 1min52s | 1min52s | 1.855 | 1.855 |

① 焦烧时间T10—胶料在硫化温度下加热出现烧焦的时间。

② 正硫化时间（最宜硫化时间）$T_{90}$代表胶料达到最佳性能状态时的硫化时间。

③ ML为最小转矩值，反应未硫化橡胶在一定温度下的流动性。

④ MH为最大转矩值，反应硫化胶最大交联度。

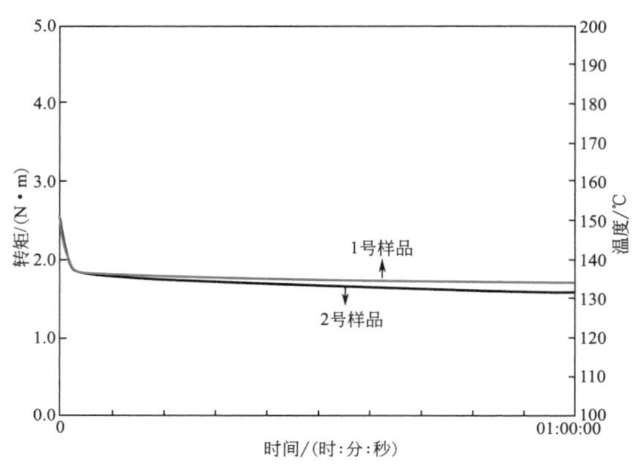


图3　两个样品的硫化曲线

表2　标准要求及样品测试结果

| 项目 | | 性能指标 | 1号样 | 2号样 |
|---|---|---|---|---|
| 胶种 | | R-IIR | 卤化丁基橡胶与天然橡胶并用 | 卤化丁基橡胶与天然橡胶并用 |
| 灰分 /% | | ≤10 | ≤43.98 | ≤46.10 |
| 丙酮抽出物 /% | | ≤16 | ≤2.88 | ≤0.90 |
| 门尼黏度（ML 1+4，100℃） | | ≤70 | ≤90 | ≤83 |
| 密度 /（$mg/m^3$） | | ≤1.35 | ≤1.27 | ≤1.36 |
| 拉伸强度 /MPa | 40min | ≥7.5 | 2个样品经过混炼硫化处理后不成型，无法测定 | |
| | 50min | | | |
| | 60min | | | |
| 拉断伸长率 /% | 40min | ≥280 | | |
| | 50min | | | |
| | 60min | | | |

## 3 产生来源分析

卤化丁基橡胶是丁基橡胶的改性产品，卤化后提高了丁基橡胶的活性，使之与其他不饱和橡胶产生相容性，提高共混并用时的自黏性和互黏性，且可以增大彼此共硫

化交联能力，同时保持了丁基橡胶的原有特性[1]。卤化丁基橡胶包括氯化丁基橡胶和溴化丁基橡胶。

2个样品外观特征基本一致，均为卤化丁基橡胶与天然橡胶并用，且以卤化丁基橡胶为主，样品应为同一产生来源。样品经有机溶剂浸泡后均发生溶胀，1号样品的溶胀指数为2.76，2号样品的溶胀指数为3.16，表明2个样品中含有硫化交联键；通过化学分析，发现样品中含有配合剂，且样品硫化曲线符合再生橡胶硫化曲线的特征。综上所述，2个样品不是混炼胶，是对硫化交联键进行断裂后的产物，是再生橡胶。

按照《再生橡胶　通用规范》（GB/T 13460—2016）的要求对样品进行测试，表2结果显示2个样品的灰分含量、门尼黏度、拉伸强度、拉断伸长率等实验结果严重不符合《再生橡胶　通用规范》（GB/T 13460—2016）中R-IIR（再生丁基橡胶）的性能指标要求。

综上所述，判断鉴别样品是回收废橡胶经简单加工后的产物，是再生橡胶。

## 4 固体废物属性分析

（1）鉴别样品是回收废橡胶经一定脱硫再生加工后的产物，是再生橡胶，但不满足《再生橡胶　通用规范》（GB/T 13460—2016）的要求。根据《固体废物鉴别标准　通则》（GB 34330—2017）第5.2条的准则，判断鉴别样品属于固体废物。

（2）2017年8月10日，环境保护部、商务部、发展改革委、海关总署、国家质检总局发布的第39号公告《禁止进口固体废物目录》中列出“4004000020 硫化橡胶废碎料及下脚料及其粉粒（硬质橡胶的除外），不包括符合GB/T 19208标准的硫化橡胶粉产品”“其他未列名固体废物”，建议将鉴别样品归于这两类废物之一，因而鉴别样品属于我国禁止进口的固体废物。

## 参考文献

[1] 于清溪，橡胶原材料手册[M]. 北京：化学工业出版社，2006，124-125.

# 72. 不符合要求的彩色硫化胶粉

## 1 背景

2017 年 3 月，中华人民共和国九江海关缉私分局委托中国环科院固体所对其查扣的一票进口“再生橡胶粉”货物样品进行固体废物属性鉴别，需要确定是否属于国家禁止进口的固体废物。

## 2 样品特征及特性分析

（1）样品为颜色混杂的橡胶颗粒，有红色、黄色、蓝色、白色、青绿色、橙色、紫红色等，粒径不均匀，有的约 2mm，有的则呈细粉末状。样品外观状况见图 1。

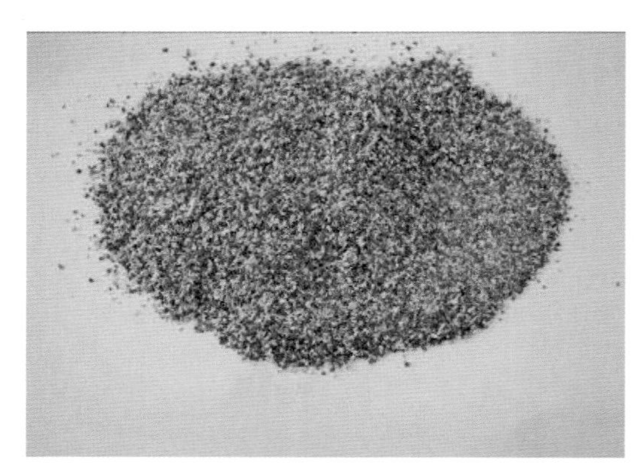

图 1　样品外观

（2）测定样品 550℃灼烧后的烧失率为 63.7%，采用 X 射线荧光光谱仪对灼烧残渣进行成分分析，结果见表 1。

表 1　样品灼烧后残渣的成分及含量（除 Cl 以外，其他元素均以氧化物表示）　单位：%

| 成分 | $SiO_2$ | CaO | $TiO_2$ | $SO_3$ | ZnO | Cl | $Al_2O_3$ | MgO | $Fe_2O_3$ | $P_2O_5$ | $K_2O$ | CuO |
|---|---|---|---|---|---|---|---|---|---|---|---|---|
| 含量 | 60.16 | 21.08 | 9.74 | 4.13 | 2.97 | 0.68 | 0.65 | 0.36 | 0.11 | 0.06 | 0.04 | 0.02 |

（3）按照《橡胶裂解气相色谱分析法　第1部分：聚合物（单一及并用）的鉴定》（GB/T 29613.1—2013）、《硫化橡胶溶胀指数测定方法》（HG/T 3870—2008）、《橡胶　用无转子硫化仪测定硫化特性》（GB/T 16584—1996）标准要求分别对样品的主要成分、溶胀指数、硫化特性进行测试，结果见表2，硫化曲线见图2。

表2　样品主要成分、溶胀指数、硫化特性测试结果

| 测试项目 | 主要成分 | 溶胀指数 | 硫化特性（150℃）（硫化仪） | | | | |
|---|---|---|---|---|---|---|---|
| | | | $T_{10}$ | $T_{50}$ | $T_{90}$ | $F_L$/（N·m） | $F_{max}$/（N·m） |
| 结果 | 天然橡胶/顺丁橡胶/丁苯橡胶并用① | 3.12 | 0min13s | 0min23s | 0min41s | 2.115 | 2.230 |

① 样品中白色颗粒、红色颗粒、蓝色颗粒均为天然橡胶/顺丁橡胶/丁苯橡胶并用，但胶比各不同。

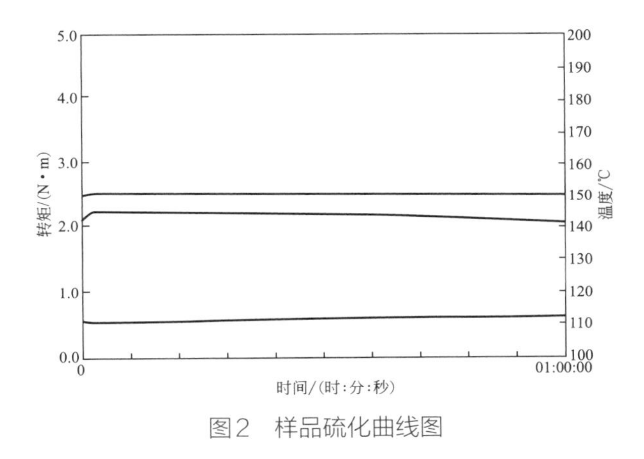

图2　样品硫化曲线图

（4）参照标准《硫化橡胶粉》（GB/T 19208—2008），对样品加热减量、灰分、铁含量、粒径进行测试，热减量为0.5%，灰分含量33.9%，铁含量为0，8目筛网的零筛孔筛余物为0.1%，10目筛网的筛余物为3.5%。

## 3 产生来源分析

（1）再生橡胶粉。《再生橡胶》（GB/T 13460—2008）中定义“再生橡胶”或“再生胶”为“经热、机械和/或化学作用塑化的硫化橡胶，主要用作橡胶稀释剂、增量剂或加工助剂”。该标准规定“再生橡胶应质地均匀，不得含有金属片、木片、砂粒及细小纤维等杂质”。

《橡胶品种与性能手册》[1] 对“再生胶”的解释为：再生胶就是由废橡胶制品转化为塑性橡胶的再生材料，它可以单独作为生胶使用也可与其他橡胶并用。因此，再生胶就是一种用废品或废胶制成的再生产品，如果废胶经过脱硫处理，就比较容易转化为塑性橡胶。塑性橡胶像天然橡胶一样可以进行混炼、加工和硫化，在大多数情况下它通常与其他生胶并用以补偿加工性和物理性能。

再生胶的生产工艺大致可以分为粉碎、再生（脱硫）、精炼三个环节[2]，工艺流程简图见图3。

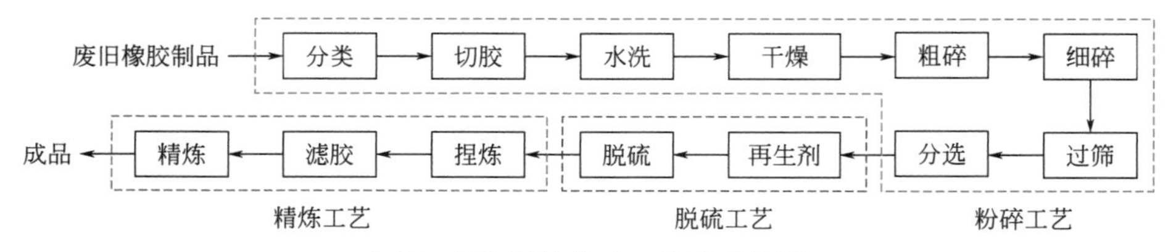


图3　再生胶的生产工艺流程简图

发生交联的硫化橡胶经溶剂浸泡后会发生溶胀，未硫化橡胶则会完全溶解于溶剂中。ML表示最小转矩值，反映未硫化橡胶在一定温度下的流动性；MH表示最大转矩值，反映硫化橡胶最大交联程度。较少时间 $T_{10}$ 表示胶料在硫化温度下加热至出现焦烧的时间，正硫化时间（最宜硫化时间）$T_{90}$ 代表胶料达到最佳性能状态时的硫化时间。样品经溶剂浸泡后发生溶胀，溶胀指数为3.12；从硫化曲线来看，在热硫化阶段中，最小转矩与最大转矩差别不大，该样品已没有流动性，曲线缓慢下降，表明样品已经发生交联。

综上所述，样品是硫化橡胶，不是再生橡胶，不是再生橡胶粉。

（2）硫化橡胶粉。《硫化橡胶粉》（GB/T 19208—2008）中定义“硫化橡胶经各种不同粉碎方法、筛分并去除非橡胶组分所制取的不同粒径的颗粒物。”该标准中列出了胶粉标称产品标号分别在10目至200目不等，目数越大说明胶粉产品粒径越细，所有胶粉产品的零筛孔筛余物要求≤0，也就是说按照GB/T 19208—2008第6.2.1条筛余物测定的要求，样品应全部通过零筛孔的标准筛，否则为不合格；标准还规定了胶粉性能的技术指标，具体指标见表3。此外，标准要求硫化橡胶粉应质地均匀，不应含有非橡胶组分的杂质。

表3　硫化橡胶粉技术指标（部分）

| 项目 | 轮胎类 | | 非轮胎类 | | | | 公路改性沥青 | | |
|---|---|---|---|---|---|---|---|---|---|
| | $A_1$ | $A_2$ | $B_1$ | $B_2$ | $B_3$ | $B_4$ | $C_1$ | $C_2$ | $C_3$ |
| 加热减量/% | ≤1.0 | ≤1.0 | ≤1.2 | ≤1.2 | ≤1.2 | ≤1.0 | ≤1.0 | ≤1.0 | ≤1.0 |
| 灰分/% | 8 | ≤8 | ≤12 | ≤28 | ≤18 | ≤15 | ≤15 | ≤6 | ≤7 |
| Fe/% | 0.03 | ≤0.02 | ≤0.05 | ≤0.05 | ≤0.08 | ≤0.03 | ≤0.03 | ≤0.03 | ≤0.02 |

样品颜色混杂且粒度不均匀，用孔径8目标准筛筛分样品的筛余物为0.1%；样品的灰分为33.9%，比标准中灰分指标的最高值还高，因此样品是不满足标准要求的硫化橡胶粉。

## 4 固体废物属性分析

（1）样品是不满足标准要求的硫化橡胶粉，根据《固体废物鉴别导则（试行）》的

原则，判断鉴别样品属于固体废物。

（2）2014 年 12 月 30 日，环境保护部、商务部、发展改革委、海关总署、国家质检总局发布的第 80 号公告《禁止进口固体废物目录》中列出“4004000020 硫化橡胶废碎料及下脚料及其粉粒（硬质橡胶的除外），不包括符合 GB/T 19208 标准的硫化橡胶粉产品”，建议将鉴别样品归于“废硫化橡胶”，因而鉴别样品属于我国禁止进口的固体废物。

## 参考文献

[1] 张玉龙，孙敏. 橡胶品种与性能手册[M]. 北京：化学工业出版社，2008，373.
[2] 于清溪，橡胶原材料手册[M]. 北京：化学工业出版社，2006，816.

# 73. 回收的各类混杂废塑料

## 1 背景

2017 年 6 月，中华人民共和国连云港海关委托中国环科院固体所对其查扣的进口“废聚丙烯（PP）杂色硬杂料，PE 杂色打捆膜及散膜”货物进行鉴别，需要确定是否属于国家禁止进口的固体废物。

## 2 货物特征及特性分析

（1）现场查看前两个货物集装箱均已打开，且大部分货物已经掏出。两个集装箱内盛装货物不同，第一个集装箱中所装货物或用铁丝缠绕打包成捆，或装于袋内；货物种类繁杂，有货物托盘破碎料；有不同规格、外表面脏污粘有泥土的硬质塑料管，有的塑料管内可见多股电线；有不同颜色的塑料粒子、塑料碎屑混杂料、不同形状的塑料块；有表面沾有灰尘的成卷的蓝色塑料膜；有回收的各种塑料装饰物、塑料垫、打碎的警示桶、表面沾有油污的黄色塑料容器等。第二个集装箱中所装货物以成捆的塑料膜、编织袋为主，表面脏污严重，有些成捆的货物有明显切割痕迹。

（2）从两箱货物中各随机抽取 5 捆 / 包货物，进行拆包查看。第一个集装箱的货物主要为塑料破碎料、塑料粒子、回收塑料制品、写有文字标记的表面皿（疑似实验室使用）；第二个集装箱的货物为脏污的塑料膜以及打捆的吨袋，每个袋内装塑料膜，塑料膜内含有被包装物，脏污非常严重并伴有臭气。

部分货物外观状况见图 1～图 16。

## 3 产生来源分析

一个集装箱内货物为回收的种类繁杂的废塑料，另一个集装箱内的货物为回收的塑料膜和聚丙烯吨袋，均为脏污严重的混杂废塑料。

图1　箱内剩余塑料管

图2　箱内剩余脏污的塑料膜

图3　掏出的货物

图4　掏出的塑料

图5　各种颜色的塑料碎屑混杂料

图6　脏污的塑料容器打碎料和塑料垫

图7　塑料装饰物

图8　明显有油污的黄色塑料容器

图9　断面明显切割、脏污的成捆塑料膜

图10　编织袋内白色薄膜

图11　编织袋内脏污货物

图12　编织袋内脏污的塑料膜

图13　塑料袋中包裹的塑料皿

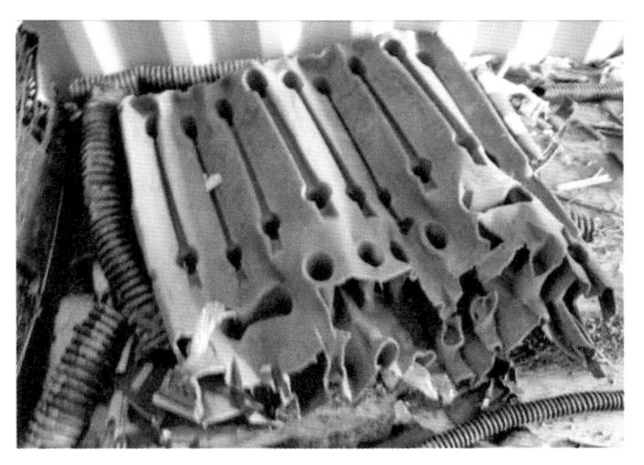

图14　脏污的塑料隔离栏

图15　塑料周转箱（框）

图16　明显脏污的硬塑料管（管内可见电线）

## 4 固体废物属性分析

一个集装箱内的塑料货物种类混杂、明显脏污，另一个集装箱内的货物主要为回收的塑料膜、聚丙烯袋，货物脏污严重并散发臭气，两箱货物均是回收使用过的废塑料，其中聚丙烯吨袋属于《禁止进口固体废物目录》中的废物。两个集装箱内的货物均未清洗干净，明显不符合《进口可用作原料的固体废物环境保护控制标准　废塑料》（GB 16487.12—2005）的要求。《固体废物污染环境防治法》第25条规定“进口的固体废物必须符合国家环境保护标准”，《固体废物进口管理办法》第14条规定“不符合进口可用作原料的固体废物环境保护控制标准或者相关技术规范等强制性要求的固体废物，不得进口”，因此，判断鉴别货物均属于我国不得进口的固体废物。

# 74. 聚对苯二甲酸丁二醇酯不合格再生颗粒

## 1 背景

2018 年 3 月，中华人民共和国连云港海关委托中国环科院固体所对其查扣的一票进口“PE 再生颗粒”货物进行固体废物属性鉴别，需要确定是否属于国家禁止进口的固体废物。

## 2 样品特征及特性分析

整批货物共两个集装箱，参照《进口可用作原料的废物检验检疫规程　第 1 部分：废塑料》（SN/T 1791.1—2006）的要求，对仓库内货物进行抽样查看，总体特征如下：

① 货物包装不同，有的装于小包装袋内，有的则装入吨袋内；

② 货物颜色不同，同一包内货物的颜色有混杂的也有单一的；

③ 颜色混杂的货物有黄白混杂、黑绿混杂、黑白黄混杂、黑白橙混杂、白紫绿混杂、黄灰黑等；

④ 单一颜色的货物有黑色、蓝色、绿色的、灰色的；

⑤ 货物形状不同，有形状较统一的圆柱状颗粒，也有形状不规则的颗粒和破碎料。

部分货物外观状况见图 1～图 6。

图1　黄色塑料颗粒

图2　黑色塑料颗粒

图3　黑色和绿色塑料颗粒

图4　蓝色塑料颗粒

图5　绿色塑料颗粒

图6　不规则黑色塑料颗粒

采用红外光谱仪对现场随机抽取的3个样品进行成分定性分析（见图7～图9），在550℃下灼烧样品的烧失率，参照《塑料　拉伸性能的测定　第2部分：模塑和挤塑塑料的试验条件的技术》（GB/T 1040.2—2006）对样品制取的拉条进行拉伸性能的测试，测试结果见表1。

图7　1号样品

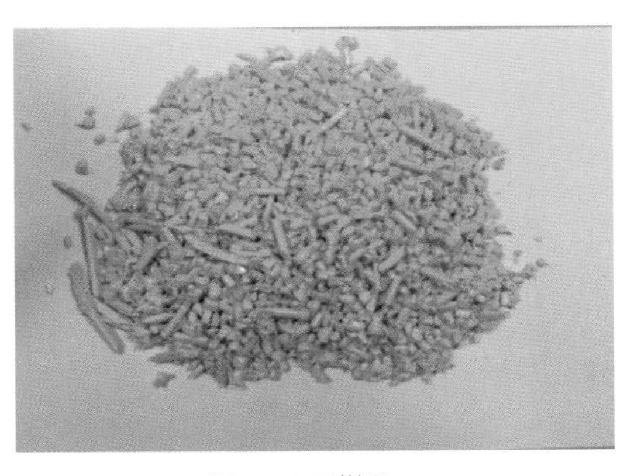

图8　2号样品

图9　3号样品

表1　测试结果

| 样品 | 外观 | 550℃下烧失率/% | 主要成分 | 拉伸强度/MPa | 拉伸断裂标称应变/% |
|---|---|---|---|---|---|
| 1号 | 黑色圆柱状 | 98.67 | 聚对苯二甲酸丁二醇酯（PBT） | 54.0 | 7.1 |
| 2号 | 黄白相间圆柱状 | 96.46 | | 57.0 | 7.7 |
| 3号 | 灰色片状 | 99.75 | | 42.4 | 5.8 |

## 3 产生来源分析

根据样品的成分定性结果，鉴别货物的主体成分是聚对苯二甲酸丁二醇酯（PBT）。

PBT产品外观呈乳白色或淡黄色，从现场查看货物情况来看，鉴别货物颜色混杂，不同包装袋内货物颜色不同，同一包装袋内货物颜色也不同；货物无明显杂质，整体为颗粒状，但颗粒的大小、形状差别较大，有的为圆柱状、有的为碎片状、有的类似圆柱状粒子的破碎料；样品灼烧残留灰分比例高低不同；3个样品拉伸性能测试结果差异明显，同时3号样品的拉伸强度及拉伸断裂标称应变与1号、2号样品差异明显，且不满足PBT拉伸强度为50～60MPa[1]的基本性能要求。根据上述现场查看情况及样品灰分、拉伸性能测试结果，判断鉴别货物是回收的来自塑料颗粒加工过程中不同牌号切换时产生的机头机尾料、落地料、不合格塑料颗粒的混合物，为来自回收废塑料加工的再生塑料颗粒。

## 4 固体废物属性分析

（1）鉴别货物是回收的来自塑料颗粒加工过程中不同牌号切换时产生的机头机尾料、落地料、不合格塑料颗粒的混合物，为来自回收废塑料加工的再生塑料颗粒，外观和性能均存在明显差异，有的货物的性能指标不能满足所替代原料产品质量标准。根据《固体废物鉴别标准　通则》（GB 34330—2017）第4.1a）条、第5.2条的准则，

综合判断该批鉴别货物属于固体废物。

（2）鉴别货物外观整体干净，没有发现夹杂物，不是生活来源的回收废塑料，符合《进口可用作原料的固体废物环境保护控制标准　废塑料》（GB 16487.12—2005）标准的要求。2014 年 12 月 30 日，环境保护部、商务部、发展改革委、海关总署、国家质检总局发布的第 80 号公告《限制进口类可用作原料的固体废物目录》中列出“3915909000 其他塑料的废碎料及下脚料”；2017 年 8 月，环境保护部、商务部、发展改革委、海关总署、国家质检总局联合公告 2017 年第 39 号《限制进口类可用作原料的固体废物目录》中亦明确列出“3915909000 其他塑料的废碎料及下脚料”，建议将鉴别货物归于此类废物，因而鉴别货物属于我国限制进口类的固体废物。

## 参考文献

[1] 廖明义，陈平. 高分子合成材料学（下）[M]. 北京：化学工业出版社，2005.

# 75. 灰黑色聚乙烯再生颗粒

## 1 背景

2019 年 6 月，中华人民共和国外高桥海关委托中国环科院固体所对其查扣的一票进口“低密度聚乙烯再生粒子”货物样品进行固体废物属性鉴别，需要确定是否属于固体废物。

## 2 样品特征及特性分析

（1）样品为浅灰色、黑色掺杂的圆柱状颗粒，无特殊气味；样品中浅灰色较多且颗粒尺寸较大，黑色较少且颗粒尺寸较小，其中还夹杂一些同一颗粒上半粒为深灰下半粒为浅灰的粒子。随机抽选 100g 样品，按颗粒颜色分类，重量占比分别为浅灰色 60%、黑色 30%、混合色 10%。测定样品在 600℃下灼烧后的残余灰分含量，浅灰色颗粒样品为 7.2%、黑色颗粒样品为 5.0%、混合色颗粒为 3.9%。样品外观状况见图 1 和图 2。

图1 样品外观

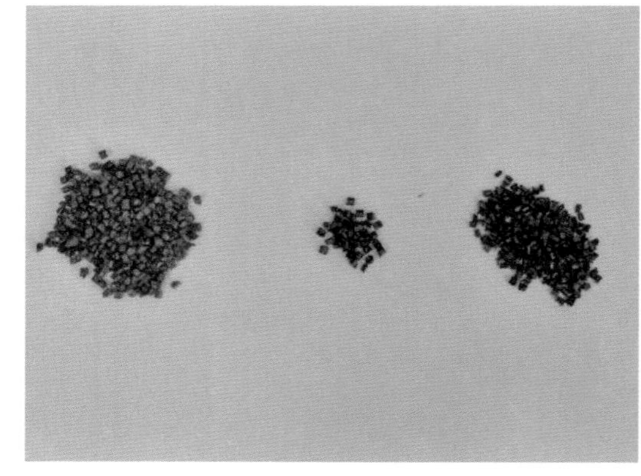

图2 样品中的浅灰色、混合色、黑色颗粒

（2）利用傅里叶变换红外光谱仪（FTIR）及差示扫描量热分析仪（DSC）对样品进行成分定性分析，主要成分及 DSC 熔点见表 1，红外光谱图见图 3～图 5，DSC 图见图 6～图 8。

表1　样品主要成分及DSC熔点

| 颗粒样品 | 熔点 | 主要成分 |
|---|---|---|
| 浅灰色 | 约127℃，约115℃，约109℃ | 聚乙烯（高密度、线性低密度，低密度混合）和少量无机物（可能是$TiO_2$等） |
| 黑色 | 约123℃，约117℃，约107℃ | |
| 混合色 | 约124℃，约118℃，约108℃ | |

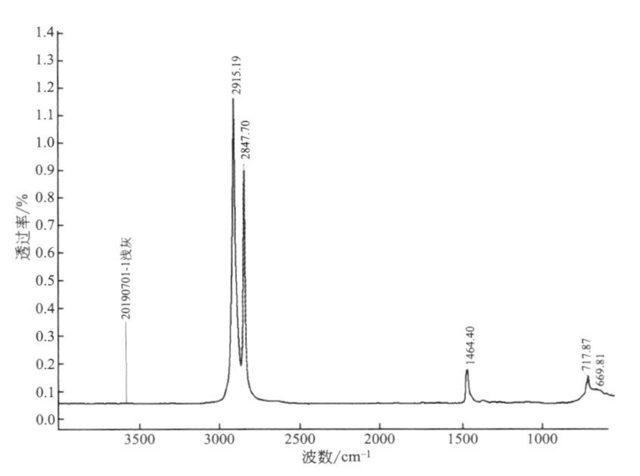


图3　浅灰色颗粒红外光谱图

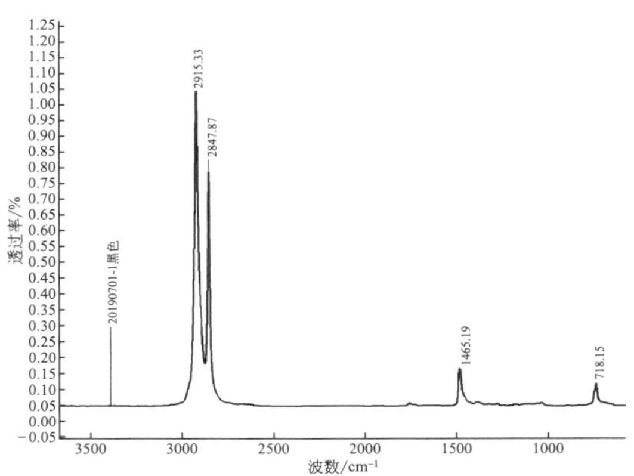


图4　黑色颗粒红外光谱图

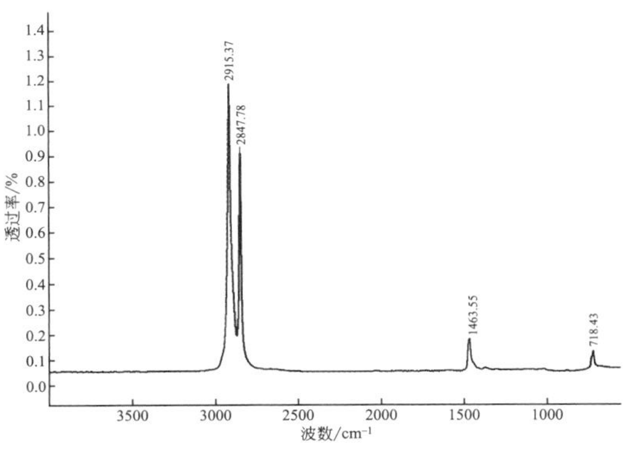


图5　混合色样品红外光谱图

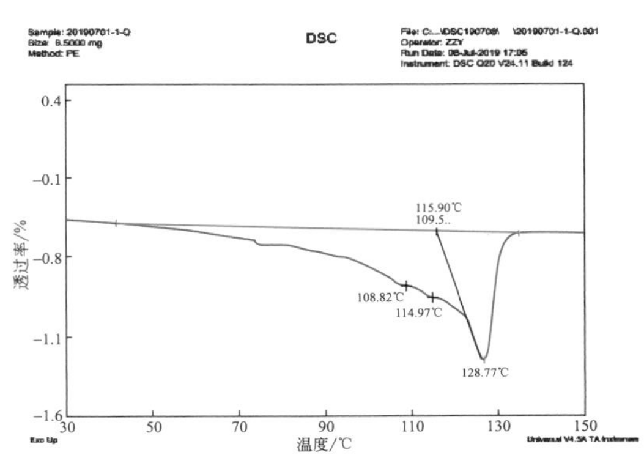


图6　浅灰色样品DSC曲线图

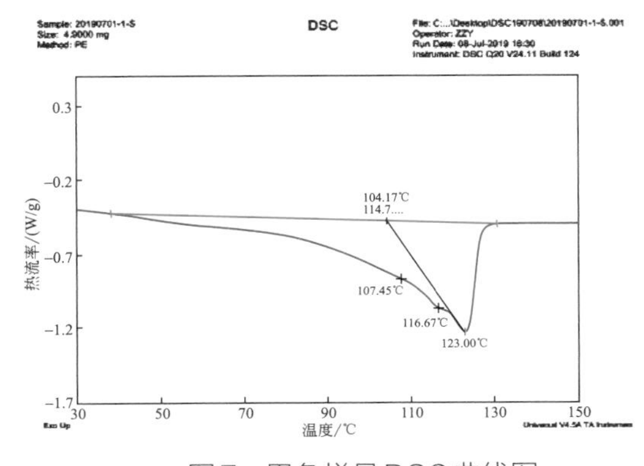


图7　黑色样品DSC曲线图

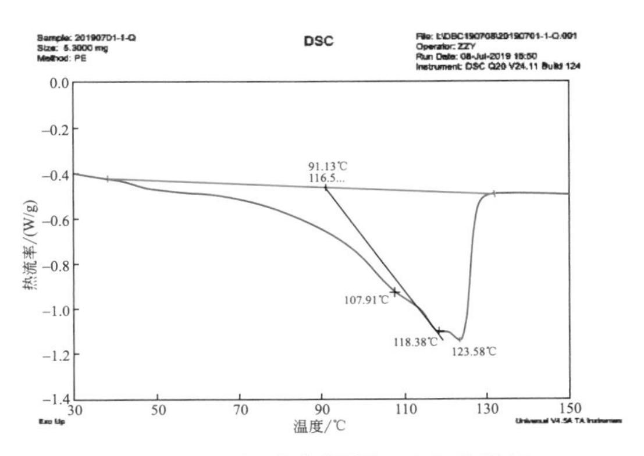


图8　混合色样品DSC曲线图

（3）样品主体成分为聚乙烯，参照《聚乙烯（PE）树脂》（GB/T 1115—2009）中规定的分析方法对制备的样条进行主要指标实验分析，实验结果见表 2。

表2　样品性能测试结果

| 序号 | 项目 | 样品结果 | 检测方法 | 标准要求[①]<br>（PE，F，21D003[②]） | 单项判定 |
|---|---|---|---|---|---|
| 1 | 熔体质量流动速率（190℃，2.16kg）/（g/10min） | 0.436 | GB/T 3682—2000 | 0.3±0.1 | 不符合 |
| 2 | 拉伸屈服应力 /MPa | 15.97 | GB/T 1040—2006 | — | — |
| 3 | 拉伸断裂应力 /MPa | 15.14 | | ≥9.0 | 符合 |
| 4 | 拉伸断裂标称应变 /% | 629.31 | | ≥150 | 符合 |
| 5 | 密度 /（$g/cm^3$） | 0.963 | GB/T 1033—2008 | 0.920±0.003 | 不符合 |

① 选择《聚乙烯（PE）树脂》（GB/T 1115—2009）标准中熔体流动速率与样品 MFR 相近的树脂类型进行比较。

② 代表《聚乙烯（PE）树脂》（GB/T 1115—2009）中挤出薄膜类聚乙烯（PE）树脂。

## 3 产生来源分析

聚乙烯（PE）[1]，是以乙烯为单体经多种工艺方法生产的一类具有多种结构和性能的通用热塑性树脂。PE 的工业化生产是从低密度聚乙烯（LDPE）开始的，其密度为 0.910～0.925$g/cm^3$，分子中存在许多短支链结构，具有良好的柔软性、延伸性、耐低温、耐化学药品性、低透水性、加工性和优异的电性能，耐热性能不如高密度聚乙烯（HDPE）。高密度聚乙烯（HDPE）是通用树脂中最重要的品种之一，密度为 0.940～0.965$g/cm^3$，分子链为线形结构，具有良好的耐热、耐寒、介电、加工性，化学性质稳定、低透水性，机械性能、耐热等性能优于 LDPE。为了减少资源浪费，提高塑料原料的利用率，解决原料稀缺的问题，各种废旧塑料制品基本都可以造粒再生。正常合成的 PE 手感较滑腻，未着色时呈半透明状、乳白色，柔而韧[2]。根据对国内废塑料回收利用工厂的调研，再生塑料粒子与原生合成塑料颗粒的最明显的区别是颜色，利用回收塑料生产的塑料粒子的颜色往往较深，因为大多数情况下添加了色素成分（掩盖回收塑料的不均匀，也有美观作用）和其他物质，即便不加色素，回收的单一白色 PE 薄膜造的塑料粒子也呈浅灰色。

回收废塑料再造粒基本原理是废塑料经分拣、破碎后送入熔融装置，废塑料在其熔化温度范围内被熔化，经挤压造粒、冷却、切粒即获得再生颗粒，有 3 种颗粒加工方式：a. 拉条切粒的圆柱形颗粒；b. 磨面热切椭圆柱形、扁圆形颗粒；c. 水下切粒的椭圆柱形、椭圆形、球形颗粒。

样品外观颜色不均匀，有浅灰色颗粒、黑色颗粒及一半为浅灰色另一半为黑色的混色颗粒；粒子尺寸上浅灰色颗粒大于黑色颗粒；3 种颜色粒子灰分含量分别为 7.2%、5.0%、3.9%，表现出明显差异；样品主要颜色为浅灰色，其他颜色（黑色及混合色）粒子重量占比为 40%，不符合海关总署 2019 年 3 月 7 日发布的《进口再生塑料颗粒固

体废物属性现场快速筛查检验方法（试行）》中不同性状颗粒（与样品主色系不一致的再生塑料颗粒）总含量不大于5%的要求；样品成分为聚乙烯（高密度、线性低密度，低密度混合）另含少量无机物（$TiO_2$等），由此可见样品来源复杂，混杂有不同种类的聚乙烯及其他无机物；样品熔体质量流动速率及密度均高于《聚乙烯（PE）树脂》（GB/T 11115—2009）中挤出薄膜类聚乙烯（PE）树脂技术要求的相应范围。

总之，样品从外观、成分上均表现出较大的不均匀性，且不符合相关标准要求，判断样品是回收的多种类聚乙烯经过清洗、破碎、混匀、共熔、拉丝、切粒而形成的混合物，属于废塑料制成的再生料。

## 4 固体废物属性分析

（1）样品是由废塑料加工而成的再生塑料颗粒，由于其外观、成分及粒子尺寸上均表现出较大的不均匀性且不符合《进口再生塑料颗粒固体废物属性现场快速筛查检验方法（试行）》《聚乙烯（PE）树脂》（GB/T 11115—2009）有关指标要求，是不满足所替代原料产品的质量标准要求的物质。根据《固体废物鉴别标准　通则》（GB 34330—2017）第5.2a）条准则，综合判断鉴别样品属于固体废物。

（2）鉴别样品进口时间为2019年1月27日，根据2018年4月环境保护部、商务部、发展改革委、海关总署联合公告2018年第6号《关于调整〈进口废物管理目录〉的公告》中明确列出的“3915100000 乙烯聚合物的废碎料及下脚料”，建议将鉴别样品归于此类废物，因而鉴别样品属于我国禁止进口的固体废物。

## 参考文献

[1]　廖明义，陈平. 高分子合成材料学（下）[M]. 北京：化学工业出版社，2005.
[2]　陈占勋. 废旧高分子材料资源及综合利用[M]. 北京：化学工业出版社，1997.

# 76. 具有刺鼻异味的黑色聚乙烯再生颗粒

## 1 背景

2018 年 9 月，中华人民共和国黄埔老港海关委托中国环科院固体所对其查扣的一票进口“聚乙烯再生胶粒”货物样品进行固体废物属性鉴别，需要确定是否属于固体废物。

## 2 样品特征及特性分析

（1）样品共 4 袋，均为扁圆形颗粒，具有刺鼻异味，将其分别编为 1～4 号；其中 1～3 号样品为黑色，4 号样品为藏蓝色，大小薄厚较一致。测定样品在 600℃下灼烧后的残余灰分含量分别为 0.21%、0.10%、0.19%、0.29%。样品外观状况见图 1～图 4。

图1　1号样品外观

图2　2号样品外观

（2）利用傅里叶变换红外光谱仪（FTIR）对样品进行成分定性分析，主要成分均为聚乙烯，红外光谱图见图 5～图 8。

（3）参照《塑料　拉伸性能的测定　第 2 部分：模塑和挤塑塑料的试验条件的技术》（GB/T 1040.2—2006），对样品进行性能测试，实验结果见表 1。

图3　3号样品外观

图4　4号样品外观

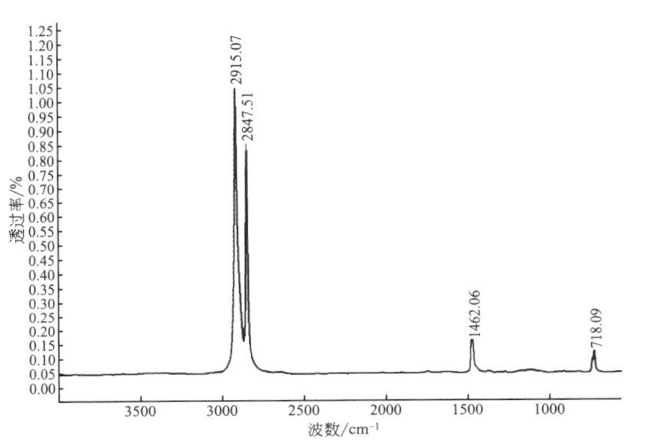


图5　1号样品红外光谱图

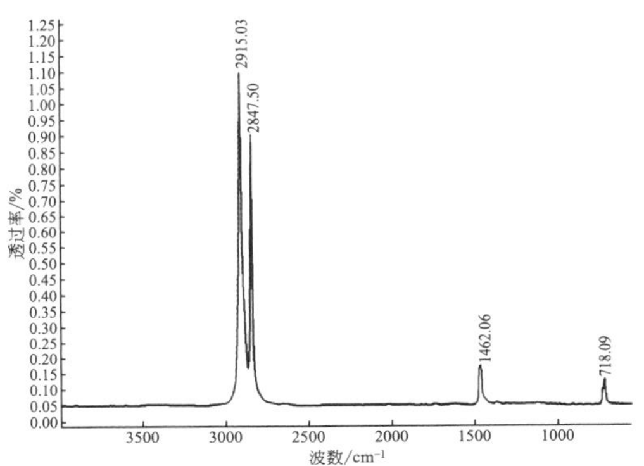


图6　2号样品红外光谱图

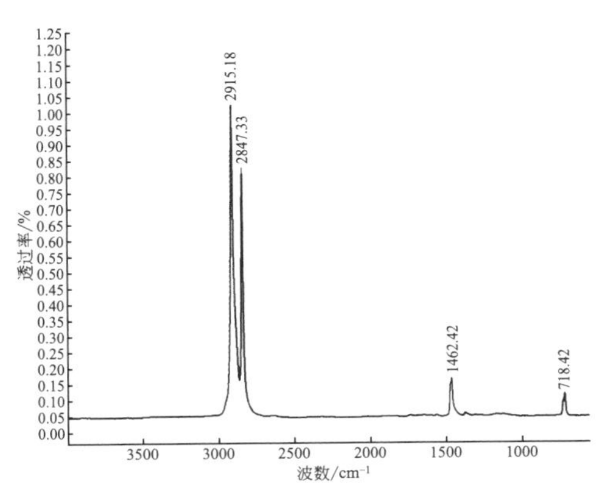


图7　3号样品红外光谱图

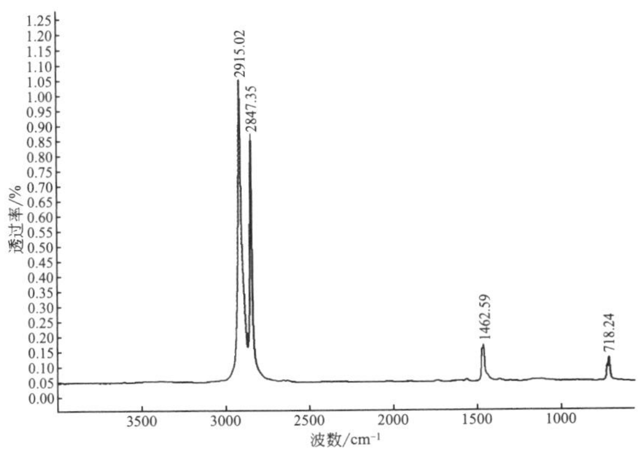


图8　4号样品红外光谱图

表1　4个样品实验结果及标准要求

| 项目 | 样品测试值 | | | | 标准要求① |
|---|---|---|---|---|---|
| | 1号 | 2号 | 3号 | 4号 | PE，EA，49D001② |
| 密度 /（g/cm³） | 0.9478 | 0.9470 | 0.9413 | 0.9477 | 0.949±0.003 |
| 熔体流动速率（MFR）/（g/10min） | 0.05 | 0.07 | 0.11 | 0.05 | 0.11±0.03 |
| 拉伸屈服应力 /MPa | 22.6 | 22.0 | 22.7 | 22.6 | ≥17.0 |
| 拉伸断裂标称应变 /% | 242/257/115/483/316 | 422/181/237/577/52 | 20 | 154/121/81/419/140 | ≥350 |

① 选择《聚乙烯（PE）树脂》（GB/T 1115—2009）标准中熔体流动速率与样品MFR相近的树脂类型进行比较，未选择的说明标准中的MFR值与样品的MFR值相差较大。

② 代表《聚乙烯（PE）树脂》（GB/T 1115—2009）中挤出管材类聚乙烯（PE）树脂。

（4）使用GC-MS定性分析样品中的挥发性有机物，结果显示4个样品均有多种挥发性有机物，明显含有多种苯系物组分，见表2～表5。

表2　1号样品中挥发性有机物定性结果

| 序号 | 成分定性 | 序号 | 成分定性 | 序号 | 成分定性 |
|---|---|---|---|---|---|
| 1 | 环己烷 | 19 | 1-乙基-3-甲基苯 | 37 | 2-乙基-1,4-二甲基苯 |
| 2 | 正庚烷 | 20 | 1,3,5-三甲基苯 | 38 | 1,2,3,5-四甲基苯 |
| 3 | 2,4,4-三甲基-1-戊烯 | 21 | 1,2,4-三甲基苯 | 39 | 1,2,4,5-四甲基苯 |
| 4 | 甲基环己烷 | 22 | 1,2,3-三甲基苯 | 40 | 2,3-二氢-5-甲基-1H-茚 |
| 5 | 2,4,4-三甲基-2-戊烯 | 23 | 癸烷 | 41 | 2,3-二氢-4-甲基-1H-茚 |
| 6 | 甲苯 | 24 | 1-乙基-2-甲基苯 | 42 | 1-甲基-2-（1-甲基乙基）苯 |
| 7 | *cis*-1,4-二甲基环己烷 | 25 | 1-甲基-3-（1-甲基乙基）苯 | 43 | 萘 |
| 8 | 辛烷 | 26 | 右旋柠檬烯 | 44 | 十二烯 |
| 9 | 1,3,5-三甲基环己烷 | 27 | 二氢化茚 | 45 | 1,3-二甲基-5-（1-甲基乙基）苯 |
| 10 | 乙苯 | 28 | 1-甲基-3-丙基苯 | 46 | 十二烷 |
| 11 | 对二甲苯 | 29 | 1,4-二乙基苯 | 47 | 1-甲基萘 |
| 12 | 苯乙烯 | 30 | 1-甲基-4-丙基苯 | 48 | 十三烷 |
| 13 | 邻二甲苯 | 31 | 1-乙基-3,5-二甲基苯 | 49 | 2-甲基萘 |
| 14 | 壬烷 | 32 | 4-甲基癸烷 | 50 | 十四烯 |
| 15 | 丙基环己烷 | 33 | 1-乙基-2,4-二甲基苯 | 51 | 十四烷 |
| 16 | *α*-蒎烯 | 34 | 1-甲基-4-（1-甲基乙基）苯 | 52 | 2,6-*bis*（1,1-二甲基乙基）酚 |
| 17 | 莰烯 | 35 | 1-甲基-3-（1-甲基乙基）苯 | 53 | 2,5-*bis*（1,1-二甲基乙基）酚 |
| 18 | 丙基苯 | 36 | 十一烷 | | |

表3 2号样品中挥发性有机物定性结果

| 序号 | 成分定性 | 序号 | 成分定性 | 序号 | 成分定性 |
|---|---|---|---|---|---|
| 1 | 环己烷 | 18 | 1- 乙基 -3- 甲基苯 | 35 | 2- 乙基 -1,4- 二甲基苯 |
| 2 | 正庚烷 | 19 | 1- 乙基 -2- 甲基苯 | 36 | 1,2,3,5- 四甲基苯 |
| 3 | 2,4,4- 三甲基 -1- 戊烯 | 20 | 1,3,5- 三甲基苯 | 37 | 1,2,4,5- 四甲基苯 |
| 4 | 甲基环己烷 | 21 | 1- 乙基 -4- 甲基苯 | 38 | 3- 苯基 -1- 烯 |
| 5 | 2,4,4- 三甲基 -2- 戊烯 | 22 | 1,2,4- 三甲基苯 | 39 | 1- 乙基 -3,5- 二甲基苯 |
| 6 | 甲苯 | 23 | 癸烷 | 40 | 萘 |
| 7 | 氯苯 | 24 | 1,2,3- 三甲基苯 | 41 | 十二烯 |
| 8 | 乙苯 | 25 | 1- 甲基 -2-（1- 甲基乙基）苯 | 42 | 十二烷 |
| 9 | 对二甲苯 | 26 | 柠檬烯 | 43 | 1- 甲基萘 |
| 10 | 苯乙烯 | 27 | 二氢化茚 | 44 | 十三烷 |
| 11 | 邻二甲苯 | 28 | 1,4- 二乙基苯 | 45 | 2- 甲基萘 |
| 12 | 壬烷 | 29 | 1- 甲基 -4- 丙基苯 | 46 | 十四烯 |
| 13 | 1- 甲基乙基 - 苯 | 30 | 1- 甲基 -3- 丙基苯 | 47 | 十四烷 |
| 14 | 丙基环己烷 | 31 | 1- 甲基 -2- 丙基苯 | 48 | 2,4-*bis*（1,1- 二甲基乙基）酚 |
| 15 | 1s-*α*- 蒎烯 | 32 | 1- 甲基 -3-（1- 甲基乙基）苯 | 49 | 3,5- 二特丁基 -4- 羟基苯甲醛 |
| 16 | 莰烯 | 33 | 1- 乙基 -2,4- 二甲基苯 | | |
| 17 | 丙基苯 | 34 | 十一烷 | | |

表4 3号样品中挥发性有机物定性结果

| 序号 | 成分定性 | 序号 | 成分定性 | 序号 | 成分定性 |
|---|---|---|---|---|---|
| 1 | 环己烷 | 17 | 1- 乙基 -4- 甲基苯 | 33 | 1- 乙基 -2,4- 二甲基苯 |
| 2 | 3- 甲基己烷 | 18 | 1R-*α*- 蒎烯 | 34 | 十一烷 |
| 3 | 2,4,4- 三甲基 -1- 戊烯 | 19 | 7,7- 二甲基 -2- 亚甲基二环 [2.2.1] 庚烷 | 35 | 1- 乙基 -2,3- 二甲基苯 |
| 4 | 甲基环己烷 | 20 | 1- 乙基 -3- 甲基苯 | 36 | 1,2,3,5- 四甲基苯 |
| 5 | 2,3,4- 三甲基 -2- 戊烯 | 21 | 1- 乙基 -2- 甲基苯 | 37 | 1,2,4,5- 四甲基苯 |
| 6 | 2,4,4- 三甲基戊烯 | 22 | 1,3,5- 三甲基苯 | 38 | 萘 |
| 7 | 甲苯 | 23 | 1,2,4- 三甲基苯 | 39 | 十二烯 |
| 8 | *cis*-1,4- 二甲基 - 环己烷 | 24 | 1,2,3- 三甲基苯 | 40 | 十二烷 |
| 9 | 辛烷 | 25 | 癸烷 | 41 | 1- 甲基萘 |
| 10 | 丁酸乙酯 | 26 | 1- 乙基 -3- 甲基苯 | 42 | 十三烷 |
| 11 | 乙苯 | 27 | 1- 甲基 -4-（1- 甲基乙基）苯 | 43 | 十四烷 |
| 12 | 对二甲苯 | 28 | 右旋柠檬烯 | 44 | 十五烷 |
| 13 | *trans*-1- 乙基 -4 甲基环己烷 | 29 | 1,3- 二乙基苯 | 45 | 3,5-*bis*（1,1- 二甲基乙基）酚 |
| 14 | 苯乙烯 | 30 | 1- 甲基 -3- 丙基苯 | 46 | 十六烷 |
| 15 | 邻二甲苯 | 31 | 1- 乙基 -3,5- 二甲基苯 | 47 | 3,5- 二特丁基 -4- 羟基苯甲醛 |
| 16 | 壬烷 | 32 | 2- 乙基 -1,4- 二甲基苯 | | |

表5　4号样品中挥发性有机物定性结果

| 序号 | 成分定性 | 序号 | 成分定性 | 序号 | 成分定性 |
|---|---|---|---|---|---|
| 1 | 环己烷 | 18 | 1R-α- 蒎烯 | 35 | 4- 乙基 -1,2- 二甲基苯 |
| 2 | 3- 甲基己烷 | 19 | 莰烯 | 36 | 十一烷 |
| 3 | 2,4,4- 三甲基 -1- 戊烯 | 20 | 1- 乙基 -4- 甲基苯 | 37 | 1,2,3,5- 四甲基苯 |
| 4 | 甲基环己烷 | 21 | 1- 乙基 -3- 甲基苯 | 38 | 1,2,4,5- 四甲基苯 |
| 5 | 2,4,4- 三甲基戊烯 | 22 | 1,3,5- 三甲基苯 | 39 | 2,3- 二氢 -4- 甲基 -1H- 茚 |
| 6 | 甲苯 | 23 | β- 蒎烯 | 40 | 2,3- 二氢 -5- 甲基 -1H- 茚 |
| 7 | 辛烷 | 24 | 1- 乙基 -2- 甲基苯 | 41 | 1,2,3,4- 四甲基苯 |
| 8 | 丁酸乙酯 | 25 | 1,2,4- 三甲基苯 | 42 | 萘 |
| 9 | 2,4- 二甲基 -1- 戊烯 | 26 | 癸烷 | 43 | 十二烯 |
| 10 | 乙苯 | 27 | 1s-α- 蒎烯 | 44 | 十二烷 |
| 11 | 对二甲苯 | 28 | 1,2,3- 三甲基苯 | 45 | 1- 甲基萘 |
| 12 | 1- 乙基 -4- 甲基环己烷 | 29 | 1- 甲基 -3-（1- 甲基乙基）苯 | 46 | 十三烷 |
| 13 | 苯乙烯 | 30 | 柠檬烯 | 47 | 1,2,3,5- 四氯苯 |
| 14 | 邻二甲苯 | 31 | 1,4- 二乙基苯 | 48 | （E）-2- 十四烯 |
| 15 | 壬烷 | 32 | 1- 甲基 -3- 丙基苯 | 49 | 2,5-*bis*（1,1- 二甲基乙基）酚 |
| 16 | *cis*-1- 乙基 -3- 甲基环己烷 | 33 | 1- 甲基 -4-（1- 甲基乙基）苯 | 50 | 3,5- 二特丁基 -4- 羟基苯甲醛 |
| 17 | 丙基环己烷 | 34 | 1- 甲基 -2-（1- 甲基乙基）苯 | — | — |

## 3 产生来源分析

各样品外观特征、成分、性能测试结果、含有的挥发性有机物等方面具有高度相似性，判断4个样品应来自同一产生来源，以下统称为“样品”。

样品外观为深色扁圆状颗粒，颜色不满足合成塑料产品的特点，符合再生塑料粒子颜色特征；样品主要成分为聚乙烯，600℃灼烧后残留有少量灰分，证明样品中含有添加剂，也说明样品为聚乙烯再生塑料粒子。样品的熔体流动速率（MFR）在0.05～0.11g/10min，表明样品流动性不好，后续不容易加工成型；测试拉伸断裂标称应变结果显示，样品非常不均匀，即使同一个样品制备的标准样条的测试结果差异仍然很大，且大多数测试结果亦不满足相关塑料材料的标准要求；样品具有刺鼻异味，含有各种苯系物成分，可能是由于回收的废塑料沾染或盛装过含有上述污染物的物质，在未经清洗或清洗不净的情形下直接作为原料进行造粒。总之，样品是再生聚乙烯塑料颗粒，但加工性能指标有好有坏，不符合《聚乙烯（PE）树脂》（GB/T 11115—2008）标准要求，也不符合中国塑料加工工业协会2018年10月17日发布，11月1日实施的《再生塑料颗粒通则》（T/CPPIA 0001—2018）标准中4.6条a）再生塑料颗粒应无明显的刺激性异味的要求。

## 4 固体废物属性分析

（1）样品是聚乙烯再生塑料颗粒，加工性能指标有好有坏，总体上不符合《聚乙烯（PE）树脂》（GB/T 11115—2008）标准要求，也不符合《再生塑料颗粒　通则》（T/CPPIA 0001—2018）标准中对再生塑料气味的要求。样品具有刺鼻异味，可能是由于回收的废塑料沾染或盛装过含有上述污染物的物质，在未经清洗或清洗不净的情形下直接作为原料进行造粒得到的产物。根据《固体废物鉴别标准　通则》（GB 34330—2017）第5.2条准则，判断鉴别样品属于固体废物。

（2）鉴别样品的货物进口时间为2018年6月5日，根据2017年环境保护部、商务部、发展改革委、海关总署、国家质检总局发布的39号公告《限制进口类可用作原料的固体废物目录》，该目录中列出了“3915100000乙烯聚合物的废碎料及下脚料”，建议将鉴别样品归于该类废物，因而鉴别样品属于进口时我国限制进口类固体废物。

# 77. 黄绿色聚乙烯再生颗粒

## 1 背景

2018 年 9 月，宁波出入境检验检疫技术中心委托中国环科院固体所对一票进口“LDPE 再生粒子”货物样品进行固体废物属性鉴别，需要确定是否属于国家禁止进口的固体废物。

## 2 样品特征及特性分析

（1）样品为浅黄绿色扁圆形颗粒，外观颜色明显不均，散发出刺激性异味。测定样品在 600℃下灼烧后的灰分含量为 9.38%。样品外观状况见图 1。

图1　样品外观

（2）采用红外光谱仪分析样品主要成分，主要成分为聚乙烯，还有少量 $CaCO_3$ 等无机物。

（3）样品散发出一定的异味，采用气相色谱 - 质谱仪（GC-MS）分析样品的挥发性有机物，含有 2,4,4- 三甲基 -1- 戊烯、乙苯、对二甲苯、1,3,5,7- 环辛四烯、1,2,3- 三甲基苯、柠檬烯、2,5- 双（1,1- 二甲基乙烯）- 苯酚、3,5- 二叔丁基苯甲酸。

（4）参照《塑料　拉伸性能的测定　第 2 部分：模塑和挤塑塑料的试验条件的技术》（GB/T 1040.2—2006），对样品进行拉伸性能的测试，实验结果见表 1。

表 1 样品的实验结果与参考标准值的对比

| 项目 | | 熔体质量流动速率（190℃，2.16kg）/（g/10min） | 拉伸屈服应力 /MPa | 拉伸断裂应力 /MPa | 拉伸断裂标称应变 /% | 密度 /（$g/cm^3$） |
|---|---|---|---|---|---|---|
| 样品实测 | | 0.495 | 11.73 | 11.24 | 169.98 | 0.996 |
| 标准要求① | 1 | 0.35±0.15 | ≥24 | — | ≥350 | 0.960±0.005 |
| | 2 | 0.70±0.30 | ≥15 | — | ≥50 | 0.945±0.004 |

① 选择《聚乙烯（PE）树脂》（GB/T 1115—2009）标准中熔体流动速率与样品MFR相近的树脂类型进行比较，未选择的说明标准中的MFR值与样品的MFR值相差较大；1为吹塑类聚乙烯PE，BA，62D003，2为电线电缆绝缘类聚乙烯PE，JA，45D007。

## 3 产生来源分析

样品外观为浅黄绿色扁圆形颗粒、颜色不均，不符合通常合成塑料颗粒鲜亮透明的特点，符合再生塑料粒子颜色特征；样品主要成分为聚乙烯，还含有少量的 $CaCO_3$，600℃灼烧后残留有 9.38% 的灰分，表明样品中含有添加剂，也说明样品为聚乙烯再生塑料粒子。样品的熔体流动速率、拉伸屈服应力、拉伸断裂标称应变均不能完全满足《聚乙烯（PE）树脂》（GB/T 11115—2008）标准要求；样品散发出异味，经分析确认样品中含有乙苯、对二甲苯、1,3,5,7- 环辛四烯等有害物质，可能是由于回收的废塑料沾染或盛装过含有上述污染物的物质，在未经清洗或清洗不净的情形下直接作为原料进行造粒。总之，样品是再生聚乙烯塑料颗粒，但加工性能指标有好有坏，总体上不符合《聚乙烯（PE）树脂》（GB/T 11115—2008）标准要求，也不符合中国塑料加工工业协会 2018 年 10 月 17 日发布，11 月 1 日实施的《再生塑料颗粒通则》（T/CPPIA 0001—2018）标准中 4.6 条 a）再生塑料颗粒应无明显的刺激性异味的要求。

## 4 固体废物属性分析

（1）样品是聚乙烯再生塑料颗粒，但加工性能指标有的好、有的不好，总体上不符合《聚乙烯（PE）树脂》（GB/T 11115—2008）标准要求，也不符合《再生塑料颗粒通则》（T/CPPIA 0001—2018）标准中对再生塑料气味的要求。样品散发出异味，可能是由于回收的废塑料沾染或盛装过含有上述污染物的物质，在未经清洗或清洗不净的情形下直接作为原料进行造粒得到的产物。根据《固体废物鉴别标准 通则》（GB 34330—2017）第 5.2 条准则，判断样品属于固体废物。

（2）根据 2017 年环境保护部、商务部、发展改革委、海关总署、国家质检总局发布的 39 号公告《限制进口类可用作原料的固体废物目录》，该目录中列出了“3915100000 乙烯聚合物的废碎料及下脚料”。建议将鉴别样品归于此类废物，因而鉴别样品属于货物进口当时我国限制进口类固体废物。

# 78. 废塑料卷膜

## 1 背景

2017 年 7 月，中华人民共和国太仓海关委托中国环科院固体所对其查扣的一票进口“聚乙烯醇薄膜”货物进行固体废物属性鉴别，需要确定是否属于固体废物。

## 2 货物特征及特性分析

（1）货物整体情况。所有货物已从集装箱内掏出，货物装于吨袋内，堆放在太仓港口岸集中查验中心固废场地。从裸露在外面的货物看，货物为带卷芯的塑料卷膜，基本没有使用过，卷的大小有差别，有的扭曲变形，两端和表面明显脏污。

（2）货物拆包情况。随机抽取 13 包货物进行拆包查看，大部分货物是带有纸芯的塑料卷膜，拆包查看的最后一个袋内货物为压实的塑料膜块状料；袋内货物杂乱摆放，有的已经变形；同时袋内的塑料卷膜厚度不同、透明度不同、长短规格也不同；此外，有的货物表面脏污，有的霉变发黑，有的发黄似粘有油污；还有的外层卷膜已经出现老化现象，变得凹凸不平，不再平整光滑。

部分货物状况见图 1～图 8。

图1　吨袋装的货物

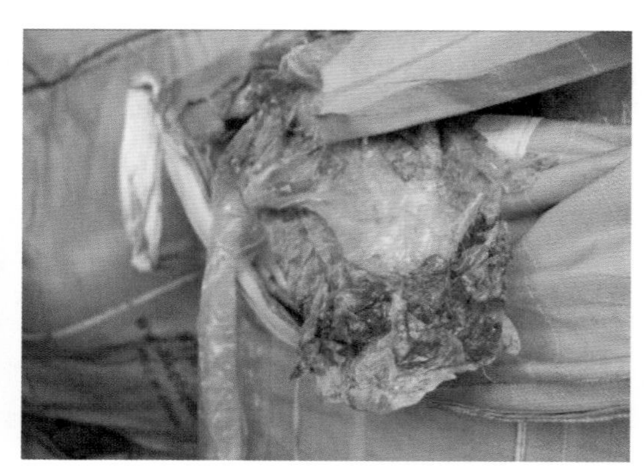

图2　脏污货物

图3 扭曲变形的货物

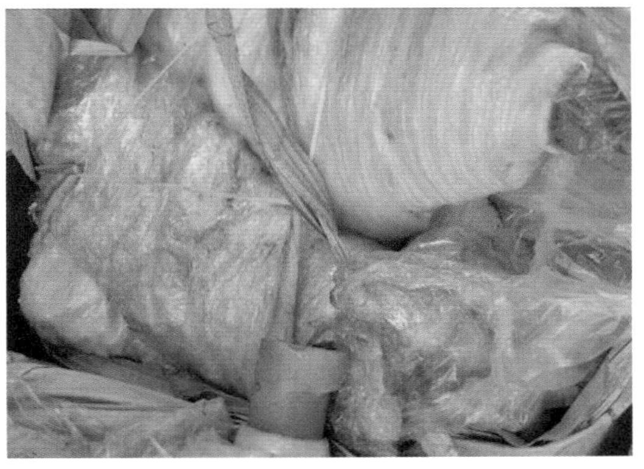

图4 有老化现象的货物

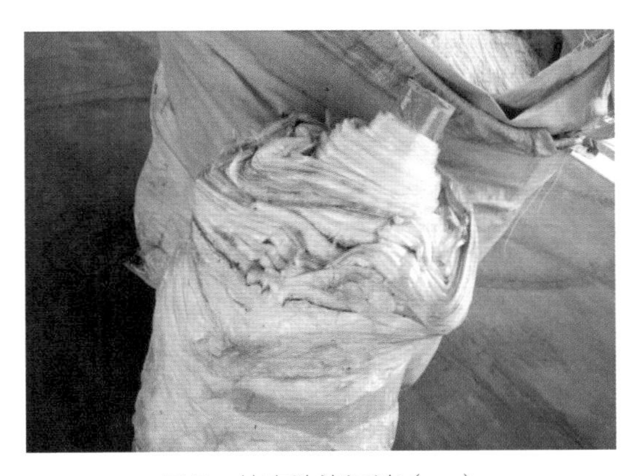

图5 外表沾染污渍（一）

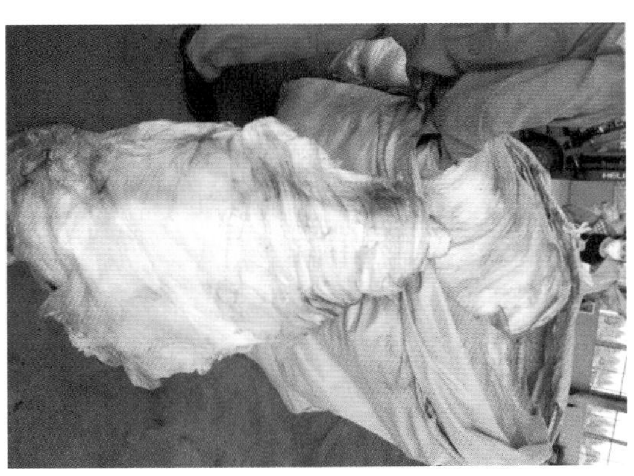

图6 外表沾染污渍（二）

图7 外表沾染污渍（三）

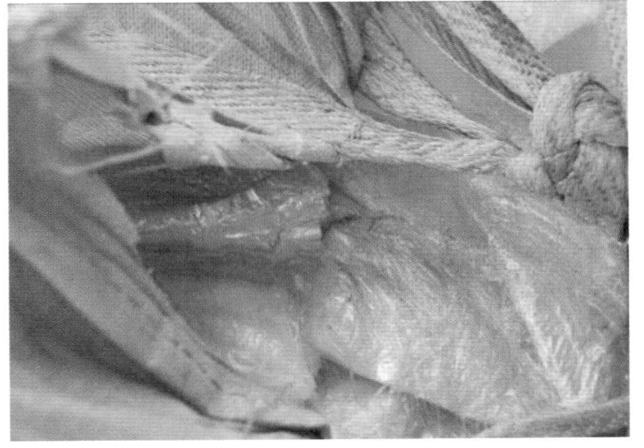

图8 压成块的塑料膜

## 3 产生来源分析

根据货物特征判断鉴别货物是回收的塑料（卷）膜生产厂的库存积压品，这些库存塑料（卷）膜由于长时间堆存，有的表面已经发生变形、老化、受潮霉变、沾染污物等现象。

## 4 固体废物属性分析

（1）鉴别货物是回收的塑料卷膜生产厂的库存积压品，有的表面已经发生变形、老化、受潮霉变、沾染脏污等现象，是不符合质量标准或规范的产品，属于被抛弃或放弃的物质，根据固体废物法律的定义以及《固体废物鉴别导则（试行）》的原则，判断鉴别货物属于固体废物。

（2）虽然鉴别货物表面有些脏污沾染，但没有明显外来夹杂物，干净里层占货物的绝大部分，因此判断鉴别货物总体上符合《进口可用作原料的固体废物环境保护控制标准　废塑料》（GB 16487.12—2005）的要求，属于《限制进口类可用作原料的固体废物目录》中的废塑料，建议将鉴别货物归于“3915100000 乙烯聚合物的废碎料及下脚料”。

# 79. 黑白相间的废塑料薄膜

## 1 背景

2015 年 12 月，中华人民共和国连云港海关委托中国环科院固体所对其查扣的一票进口“PE 塑料膜”货物进行固体废物属性鉴别，需要确定是否属于国家禁止进口的固体废物。

## 2 货物特征及特性分析

按照《进口可用作原料的废物检验检疫规程　第 1 部分：废塑料》（SN/T 1791.1—2006）进行集装箱开箱查看、掏箱查看、拆捆查看，结果如下：

① 对 3 个集装箱货物全部开箱查看，主要为回收的黑色和白色混杂超薄塑料膜，外用白色薄膜和铁丝或绳捆扎，塑料膜明显有不同程度的破损、撕裂或撕碎，捆的外部脏污。

② 对 3 个集装箱全部进行掏箱，其中 1 个全部掏出，另外 2 个货柜掏出 1/3 货物，掏箱货物情况与开箱货物一致，为黑色和白色混杂超薄塑料膜。这些塑料膜呈不规则的破损块状、长条状，也可见少量的蓝色等杂色塑料膜和很少量塑料片、食品包装等。

③ 随机选取 3 捆货物进行拆包查看，货物潮湿和脏污，主要为不规则的破损块状、长条状黑白相间的超薄塑料膜。

部分货物外观状况见图 1～图 8。

图1　现场掏箱

图2　未拆捆货物

图3　拆捆

图4　叉车打散货物

图5　塑料膜碎料

图6　脏污塑料膜

图7　杂色塑料碎料

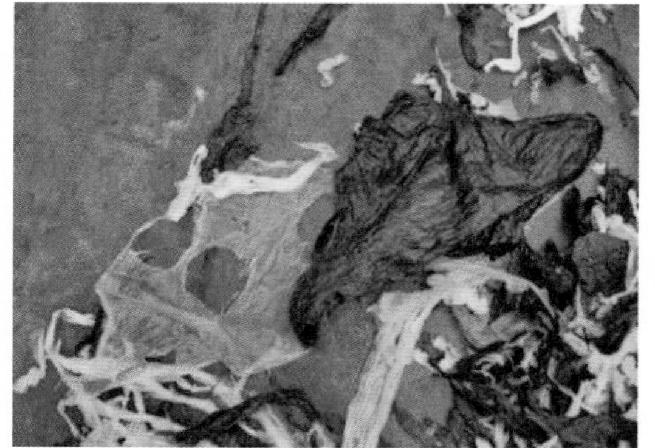

图8　黑白相间塑料膜

## 3 产生来源分析

文献资料中的黑白相间地膜图片见图 9，黑白间色塑料膜综合了黑白两种纯色地膜的长处，既保持了白色地膜的透光性又继承了黑色地膜良好的除草效果，具有明显的增温、灭草、保墒、环保等功效，在农业生产中的使用效果非常好，是现在农业生产中应用非常普遍的地膜 [1]。

(a)

(b)

图9　黑白相间地膜应用的资料图片

鉴别货物主要是破损的、不规则长条状黑白相间超薄塑料膜碎块，同时混杂很少量的略厚塑料片、食品等塑料包装袋碎片、其他颜色超薄塑料膜，货物明显潮湿和脏污。因此，判断进口货物主要是回收的废农用黑白相间塑料薄膜（如覆盖地膜），虽经简单破碎和清洗处理，但并不干净、脏污明显。

## 4 固体废物属性分析

（1）进口货物本身申报名称为废塑料。虽然经过简单的清洗和破碎处理，鉴别货物依然不符合相关产品质量要求，根据固体废物法律定义以及《固体废物鉴别导则（试行）》的原则，鉴别货物依然属于固体废物。

（2）《中华人民共和国固体废物污染环境防治法》第 25 条规定“进口的固体废物必须符合国家环境保护标准”。进口废塑料薄膜内外均明显脏污，不符合《进口可用作原料的固体废物环境保护控制标准　废塑料》（GB 16487.12—2005）标准中“经加工清洗干净”的要求。

《固体废物进口管理办法》第 14 条规定“不符合进口可用作原料的固体废物环境保护控制标准或者相关技术规范等强制性要求的固体废物，不得进口”。

2014 年 12 月 30 日，环境保护部、商务部、发展改革委、海关总署、国家质检总局发布的第 80 号公告《禁止进口固体废物目录》中明确列出“从居民家收集的或从生活垃圾中分拣出的已使用过的塑料袋、膜、网，以及已使用过的农用塑料膜和已使用过的农用塑料软管”，建议将鉴别货物归于此类废物。

总之，综合判断鉴别货物属于我国禁止进口的固体废物。

## 参考文献

[1] 陈远兰，罗小荣，刘发云，等. 黑白间色膜在农业生产中的应用效果[J]. 新疆农业科技，2005，1：44.

# 80. 脏污农膜

## 1 背景

2013 年 11 月，中华人民共和国厦门海关驻海沧办事处缉私分局委托中国环科院固体所对其查扣的一票进口“废塑料”货物进行固体废物属性鉴别，需要确定是否属于国家禁止进口的固体废物。

## 2 货物特征及特性分析

按照《进口可用作原料的废物检验检疫规程　第 1 部分：废塑料》（SN/T 1791.1—2006）进行集装箱开箱查看、掏箱查看、拆捆查看，结果如下。

① 对两个集装箱开箱后均散发恶臭气味；集装箱内货物未满，仍有一些空间，货物为成捆包裹的大塑料膜，大部分塑料膜一面为灰白色、另一面为黑色；货物潮湿，门口有渗滤液；塑料包裹表面明显脏污、有农作物藤茎和黏附泥土；另有少量黑色塑料空心长软带。

② 对两个集装箱均掏出约 2/3 的货物，货物特征与开箱货物特征一致，恶臭明显，大塑料膜裹挟大量泥土和农作物藤茎，潮湿，还有一些黑色塑料长软带，箱内有明显泥土和深色渗滤液。

③ 随机抽取货物用叉车打散和人工打散，主要为潮湿的成团长塑料膜，难以完全打散，明显可见塑料膜内裹挟大量泥土和农作物藤茎，散发臭味。

部分货物外观见图 1～图 5。

图1　箱内货物

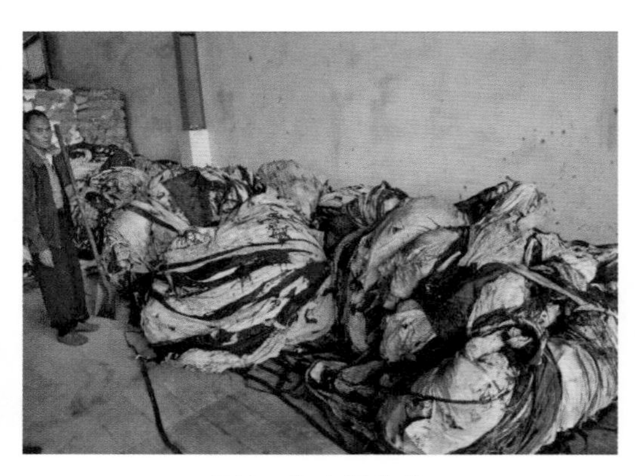

图2　掏出的货物

(a)

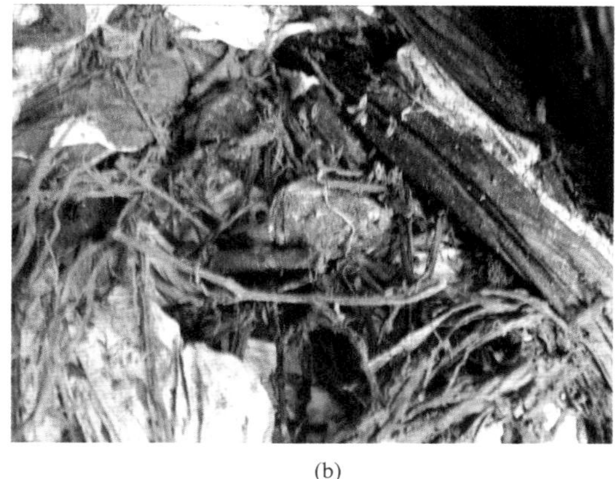

(b)

图3 塑料膜上黏附的泥土和作物藤茎

图4 携带大量泥沙

图5 塑料空心软带

## 3 产生来源分析

货物主要为破损、脏污的成捆成卷的塑料膜，是来自农作物生产过程中使用过的塑料膜，并夹带有非常明显的泥土和农作物藤茎，还有少量用于灌溉用的黑色塑料空心软带。

## 4 固体废物属性分析

鉴别货物为废弃农用塑料薄膜，不符合《进口可用作原料的固体废物环境保护控制标准—废塑料》（GB 16487.12—2005）标准的要求；2009 年 8 月环境保护部等部门发布的第 36 号公告的《禁止进口固体废物目录》中明确列出了“已使用过的农用塑料膜”；《进出境动植物检疫法》第五条明确规定禁止进口土壤。因此，鉴别货物属于我国禁止进口的固体废物。

# 81. 聚碳酸酯边皮料

## 1 背景

2018 年 3 月，中华人民共和国连云港海关委托中国环科院固体所对其查扣的一票进口“PC 塑料板材”货物进行固体废物属性鉴别，需要确定是否属于固体废物。

## 2 货物特征及特性分析

（1）按照《进口可用作原料的废物检验检疫规程　第 1 部分：废塑料》（SN/T 1791.1—2006）对集装箱 BMOU6496899 进行开箱、掏箱查看，结果如下。

① 开箱货物为不同颜色、不同规格、不同尺寸、不同厚度的塑料片，打捆叠放，外裹塑料薄膜，薄膜外贴着印有“PP OFF GRADE PLANK MADE IN JAPAN”纸质标签。

② 掏箱货物整体情况与开箱货物基本一致，箱内部分货物盖纸盒后打捆，货物是不同颜色、不同规格、不同尺寸、不同厚度塑料片。

③ 从托盘侧面可见褐色、黑色、墨绿色、白色等多种颜色塑料片横竖叠放，大部分塑料片由表面膜 - 塑料片 - 表面膜三层组合而成；也有小部分塑料片外层未贴有表面膜。大部分塑料片出现弯曲、划痕、表面膜掀起或破损等情况。

部分货物外观状况见图 1～图 3。

图1　开箱货物状况

图2　箱内货物标签

(a)

(b)

图3　掏箱货物

（2）对随机抽取的样品进行成分分析，7个样品基板材质及表面膜材质成分见表1，样品状态见图4、图5。

表1　样品形态、基板材质及表面膜材质

<table>
<tr><th>样品</th><th>样品形态</th><th>基板材质</th><th>表面膜材质</th></tr>
<tr><td>1</td><td>淡蓝色板：淡蓝色基板、无色表面膜</td><td rowspan="7">聚碳酸酯（PC）</td><td rowspan="2">聚乙烯（PE）</td></tr>
<tr><td>2</td><td>湖蓝色板：无色基板、湖蓝色表面膜</td></tr>
<tr><td>3</td><td>茶紫色板</td><td>表面无覆膜</td></tr>
<tr><td>4</td><td>微蓝色板：微蓝色基板、无色表面膜</td><td rowspan="4">聚丙烯（PP）及少量聚乙烯（PE）</td></tr>
<tr><td>5</td><td>淡绿色板：淡绿色基板、无色表面膜</td></tr>
<tr><td>6</td><td>短灰色板：灰色基板、无色表面膜</td></tr>
<tr><td>7</td><td>长灰色板：灰色基板、无色表面膜</td></tr>
</table>

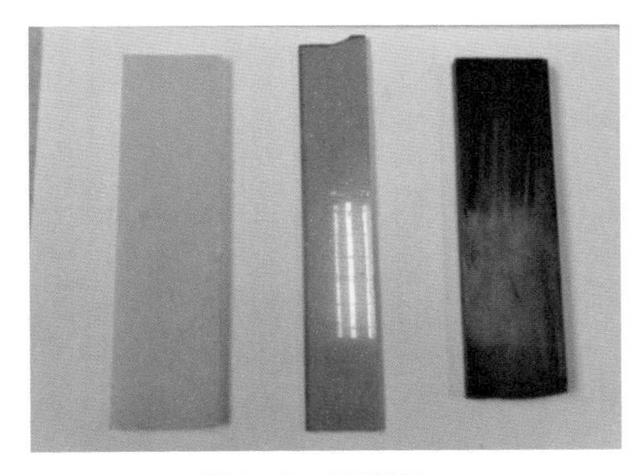

图4　1~3号样品

图5　4~7号样品

## 3《 产生来源分析

根据鉴别货物的外观特征和对样品的成分分析结果，判断该批货物是聚碳酸酯（PC）塑料板材及其制品在生产加工过程中产生的不同颜色、不同尺寸、不同厚度的裁切产生的边角料、下脚料等，不具备产品基本要求。

## 4 固体废物属性分析

（1）鉴别货物是回收的塑料制品厂在生产加工过程中产生的不同颜色、不同规格、不同尺寸、不同厚度的边角料、下脚料，并且大部分塑料片出现弯曲、严重划痕、表面膜掀起或破损等情况，根据《固体废物鉴别标准 通则》（GB 34330—2017）第 4.2 条的准则，判断鉴别货物属于固体废物。

（2）鉴别货物为聚碳酸酯（PC）塑料片，外观整体干净，没有发现夹杂物，不是生活来源的回收废塑料，符合《进口可用作原料的固体废物环境保护控制标准 废塑料》（GB 16487.12—2005）标准的要求。

2017 年 8 月 10 日，环境保护部、商务部、发展改革委、海关总署、国家质检总局联合发布第 39 号公告中的《限制进口类可用作原料的固体废物目录》中明确列出了“3915909000 其他塑料的废碎料及下脚料”，建议将鉴别货物归于此类废物，因而鉴别货物进口当时属于我国限制进口类的固体废物。

# 82. 聚对苯二甲酸乙二醇酯泡泡料

## 1 背景

2017年11月，中华人民共和国江阴海关监管科委托中国环科院固体所对其查扣的一票进口“PET粒子”货物样品进行固体废物属性鉴别，需要确定是否属于固体废物。

## 2 样品特征及特性分析

（1）样品为干燥的米黄色颗粒，外观毛糙且形状不规则（似不均小爆米花），粒度大小不均匀。测定样品550℃灼烧后的烧失率为99.52%。样品外观状况见图1。

图1 样品外观

（2）利用傅里叶变换红外光谱仪（FTIR）对样品进行成分定性分析，主要为聚对苯二甲酸乙二醇酯（PET），红外谱图见图2。

（3）利用X射线荧光光谱仪分析样品灼烧残余物的成分，主要成分见表1。

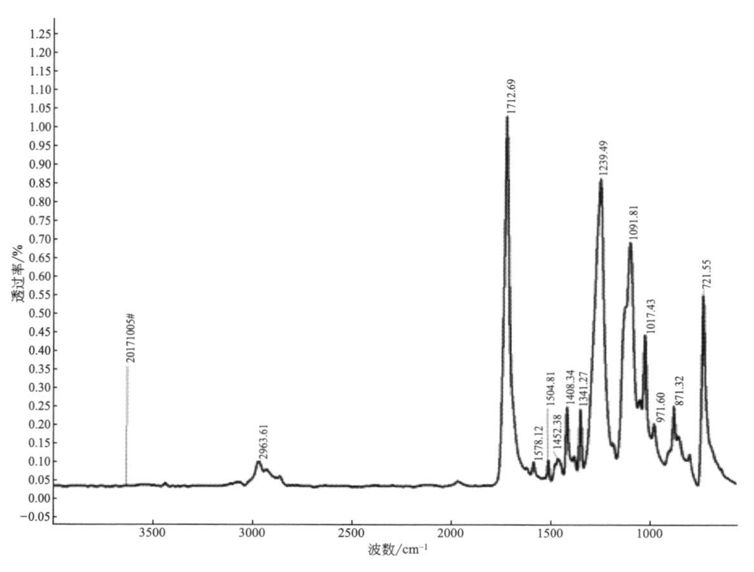


图2 样品的红外光谱图

表1 550℃灼烧残余物主要成分及含量（除Cl以外，其他元素均以氧化物表示） 单位：%

| 成分 | $TiO_2$ | $SiO_2$ | $Sb_2O_3$ | $Na_2O$ | $Fe_2O_3$ | CaO | $Al_2O_3$ | $P_2O_5$ | $K_2O$ |
|---|---|---|---|---|---|---|---|---|---|
| 含量 | 74.99 | 7.35 | 5.43 | 3.78 | 2.50 | 2.39 | 0.91 | 0.60 | 0.57 |
| 成分 | $SO_3$ | MgO | ZnO | PbO | Cl | CuO | MnO | $Nb_2O_5$ | — |
| 含量 | 0.54 | 0.40 | 0.22 | 0.11 | 0.06 | 0.06 | 0.05 | 0.03 | — |

## 3 产生来源分析

样品的主要成分为聚对苯二甲酸乙二醇酯（PET），样品与从互联网搜索的再生PET泡泡料图片类似，见图3，因此判断鉴别样品为PET再生泡泡料。

(a)

(b)

图3 再生PET泡泡料

没有查找到PET再生泡泡料生产工艺的专门文献，只找到了简单的定性描述，即将废旧聚酯纺织品通过摩擦成形工艺制成颗粒大约为2～5mm的泡泡料[1]。对江苏某泡泡料生产企业调研了解到，生产泡泡料的原料是回收的各类PET织物，直接投入到热熔化炉中，出料时搅拌成不规则疙瘩颗粒并用水冷却，因此PET泡泡料属于回收PET纺织材料的简单加工产物。

## 4 固体废物属性分析

（1）样品是PET再生泡泡料，生产过程无质量控制，不具有产品质量标准，其利用属于有机物质的回收；调研了解到，以往我国企业进口PET泡泡料是作为废塑料原料来进口，需要获得环保部门的进口许可证。由于样品进口时间在2017年10月之前，因此，根据《固体废物鉴别导则（试行）》的原则和该类物料的进口管理实践，综合判断鉴别样品属于固体废物。

（2）2014年12月30日，环境保护部、商务部、发展改革委、海关总署、国家质检总局发布第80号公告中《限制进口类可用作原料的固体废物目录》中列出“3915901000聚对苯二甲酸乙二酯废碎料及下脚料”，建议将鉴别样品归于该类废物，因而鉴别样品在进口当时属于我国限制进口类的固体废物。

## 参考文献

[1] 王爽，废旧聚酯纺织品的乙二醇醇解技术研究[D]，上海：东华大学，2017.

# 83. 聚酯复合纤维废丝

## 1 背景

2018 年 11 月，中华人民共和国泉州海关委托中国环科院固体所对其查扣的一票进口“聚酯长丝丝束”货物进行固体废物属性鉴别，需要确定是否属于国家禁止进口的固体废物。

## 2 货物特征及特性分析

（1）鉴别货物共有 4 个集装箱，货物均置于白色编织袋内，为白色丝束化纤，随机抽取 4 个样品，货物和取样状况见表 1，样品的外观和现场部分货物外观状况见图 1～图 8。

表 1　货物及取样情况

| 货箱序号 | 货物描述 | 取样情况 |
| --- | --- | --- |
| 1 | 货物堆放整齐，袋内货物为白色不透明长丝束，手感松软，上有弯曲褶皱，成丝束状，单丝纤度均匀，丝条上没有明显疵点，用手难以扯断 | 抽取 1 号样品 |
| 2 | 箱门口货物已被拆包、散落堆置，拆包货物为潮湿压紧的束条货物，与箱内底部接触丝束脏污，箱内大部分货物整齐堆放。货物有3种状态：a. 与1号样品货物状态一致，占货物的绝大部分；b. 白色不透明杂乱成团的单丝状态，丝条手感僵硬，长度和纤度不均，手扯强度和伸长率较低，丝条中有大量僵丝存在；c. 白色不透明绒状丝束，潮湿，部分丝绒手感蓬松未见褶皱、部分有弯曲褶皱，丝条上没有明显疵点，用手可扯断 | 对状态 b. 和 c. 货物分别抽取 2 号和 3 号样品 |
| 3 | 货物堆放整齐，袋内货物为白色不透明长丝束，手感更为松软，较为蓬松，上有弯曲褶皱，明显成束，为股丝状态，单丝纤度均匀，丝条上没有明显疵点，存在油剂和水分，用手难以扯断 | 抽取 4 号样品 |
| 4 | 货物堆放整齐，与1号样品货物状态一致 | 未抽样 |

图1　1号样品外观

图2　2号样品外观

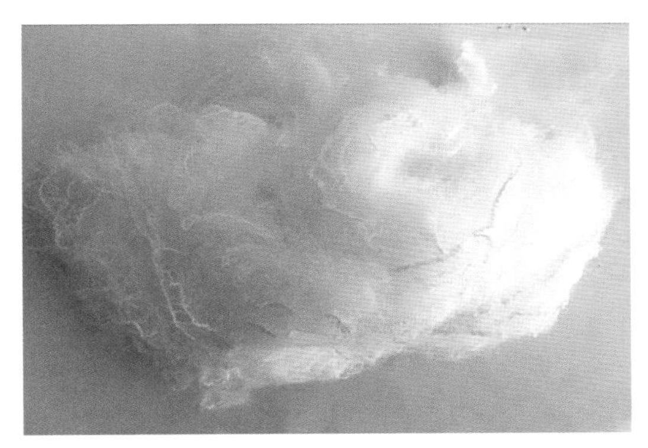

图3　3号样品外观

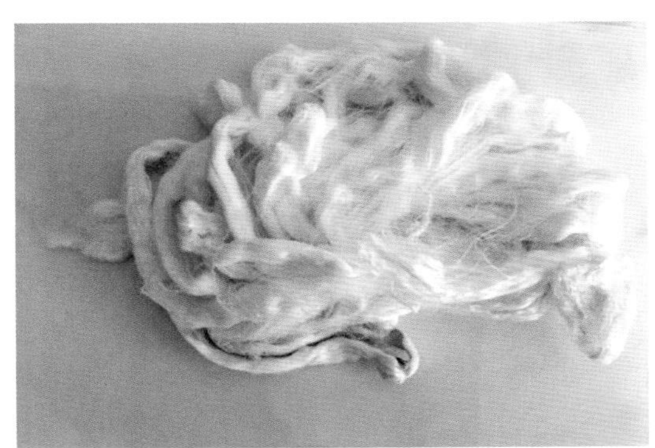

图4　4号样品外观

图5　箱内货物

图6　已拆包的长束条货物

（2）经差示扫描量热仪和红外光谱分析确定1～4号样品均为皮芯结构复合纤维，其中芯层为聚对苯二甲酸乙二醇酯（PET），皮层为聚乙烯（PE），样品的成分定性结果见表2。

（3）使用偏光显微镜500倍镜观察4个样品，透光性较好的1号、3号、4号样品可见明显的“皮芯”结构，2号样品由于透光性不高“皮芯”结构不明显，见图9～图12。

图7　现场扯开丝束

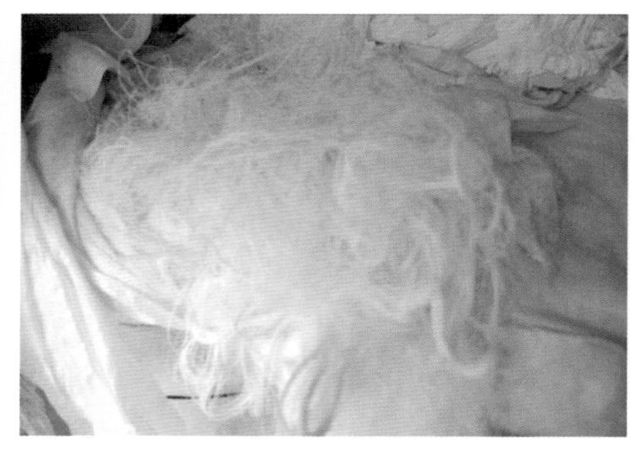

图8　丝状货物

表2　样品成分定性结果

| 样品 | PET/% | PE/% |
|---|---|---|
| 1号 | 34.2 | 65.8 |
| 2号 | 36.9 | 63.1 |
| 3号 | 35.4 | 64.6 |
| 4号 | 33.3 | 66.7 |

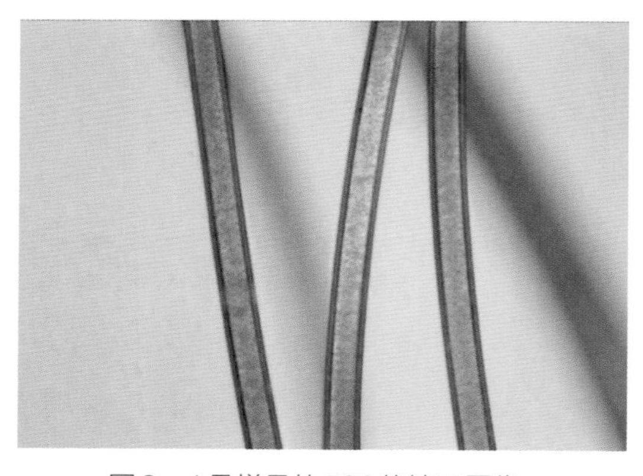

图9　1号样品的500倍镜下图像

图10　2号样品的500倍镜下图像

图11　3号样品的500倍镜下图像

图12　4号样品500倍镜下图像

（4）对 4 个样品进行纤维物理性能测试，结果见表 3。

表3　样品性能测试结果

| 样品 | 线密度 /dtex | 断裂强度 /（cN/dtex） | 断裂伸长率 /% | 疵点含量 /（mg/100g） |
|---|---|---|---|---|
| 1 号 | 7.22 | 断裂伸长率超出仪器范围，纤维未断裂，无法得出断裂强度 | 断裂伸长率＞200%，超出仪器范围 | 23 |
| 2 号 | 45.7 | 0.6 | 7 | 超出标准检测范围 |
| 3 号 | 7.89 | 断裂伸长率超出仪器范围，纤维未断裂，无法得出断裂强度 | 断裂伸长率＞200%，超出仪器范围 | 19 |
| 4 号 | 5.65 | 断裂伸长率超出仪器范围，纤维未断裂，无法得出断裂强度 | 断裂伸长率＞200%，超出仪器范围 | 69 |

## 3 产生来源分析

（1）聚酯长丝

聚酯纤维是由大分子链中的各链节通过酯基连成成纤聚合物纺制的合成纤维。我国对聚对苯二甲酸乙二酯含量大于 85% 以上的纤维简称为涤纶。

聚酯长丝包括普通长丝（复丝）、工业用长丝、弹力丝、空气变形丝等品种。在聚酯长丝纺丝工艺中常采用熔体纺丝法纺丝，基本过程包括熔体制备、熔体自喷丝孔挤出、熔体细流的拉长变细同时冷却固化以及纺出丝条的上油和卷绕。

聚酯长丝纺丝工艺特点如下。

① 对原材料的质量要求高，原料切片（或熔体）的质量和可纺性与产品品质密切相关，要求切片含水率低。

② 工艺控制要求严格，为保证纺丝的连续性和均一性，工艺参数需严格控制。

③ 高速度、大卷装：聚酯长丝的纺丝绕卷速率为 1000～8000m/min，不同绕卷速率下得到的卷绕丝具有不同的性能，随着纺丝速率的提高，长丝筒子的卷装重量越来越大，卷绕丝筒子的净重从 3～4kg 增至 15kg[1]。

（2）聚酯短纤维

聚酯纺制短纤维时，多根线条集合在一起，经给湿上油后落入盛丝桶；再经集束、拉伸、卷曲、热定形、切断等工序得到成品。如在拉伸后经过一次 180℃左右的紧张热定形，则可得到强度达到 6cN/dtex 以上、伸长率在 30% 以下的高强度、低伸长率短纤维。涤纶短纤维分为棉型短纤维（长度 38mm）和毛型短纤维（长度 56mm），分别用于棉花纤维和羊毛混纺[2]。

聚酯短纤维生产工艺流程见图 13。

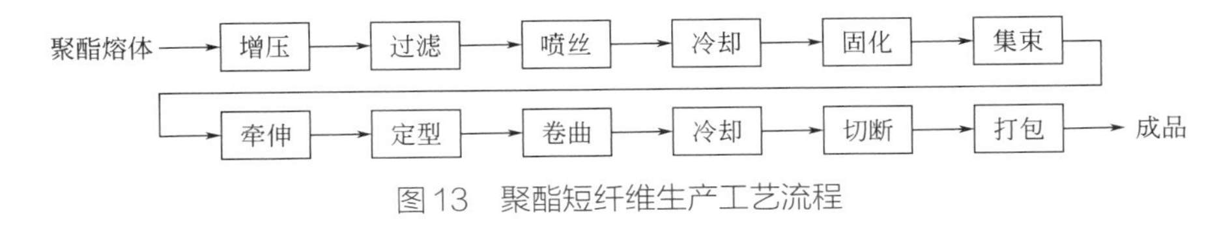


图 13　聚酯短纤维生产工艺流程

鉴别货物为白色丝束状化纤纤维，丝细且长，大部分上有弯曲褶皱，明显成束，为股丝状态，单丝纤度均匀，干净无异味无异物无杂质，手感柔软光滑，用手难以扯断；另有部分货物呈单丝杂乱团状，手感僵硬。现场货物外观与聚酯长丝产品外观差异较大，未出现聚酯长丝典型工艺—卷绕工序所使用的“筒子”，纤维断头多、毛丝多，未成筒包装。

4 个样品外皮均为聚乙烯（PE），内芯为聚酯（PET）的“皮芯”结构的复合纤维；1 号、3 号、4 号样品断裂伸长率＞200%，在仪器测试范围内纤维未断裂，推测样品是由于未经过牵伸工序（目的是为提高纤维的断裂强度，降低断裂伸长率，提高耐磨性和对各种形变的强度）而造成的断裂伸长率过大，明显不符合经过完整工序的正常化纤断裂伸长率为 10%～50% 的要求；1 号、3 号样品存在油剂和水分；2 号样品外观与聚酯短纤维产品有相似处，样品丝条僵硬，单丝杂乱成团，疵点含量超出标准检测范围。

综合判断 1 号、4 号样品为聚酯短纤维后纺过程中经过上油工序，还未经过完全牵伸、卷曲、热定型和切断工序的中段废丝；2 号样品为初纺过程中丝条剔除的僵丝，是纺丝喷丝过程中产生的纺丝废丝；3 号样品有卷曲存在，但没有形成均一的切断长度，表明是进入切断工序前产生的废丝。

## 4 固体废物属性分析

（1）鉴别货物为聚酯纤维生产过程中产生的不合格丝，是“生产过程中产生的不符合国家、地方制定或行业通行的产品标准且存在质量问题的物质”“生产过程产生的不合格品、残次品、废品”；样品由于性状较差、僵丝严重等原因，使用价值、范围、方式都受到了限制，不符合相关产品标准要求。因此，根据《固体废物鉴别标准 通则》（GB 34330—2017）第 4.1 条准则，判断鉴别样品属于固体废物。

（2）根据 2017 年 12 月环境保护部、商务部、发展改革委、海关总署、国家质检总局发布第 39 号公告的《禁止进口固体废物目录》第九部分为废纺织原料及制品，序号 76 为“合成纤维废料（包括落棉、废纱及回收纤维）”，建议将鉴别货物归于此类废物，因而鉴别货物属于我国禁止进口的固体废物。

## 参考文献

[1] 肖长发. 化学纤维概论[M]. 北京：中国纺织出版社，2015.

[2] https://baike.sogou.com/v250400.htm?fromTitle=聚酯纤维.

# 84. 聚苯硫醚废丝

## 1 背景

2018年10月，中华人民共和国连云港海关缉私分局委托中国环科院固体所对其查扣的一票进口“聚苯硫醚纤维”货物样品进行固体废物属性鉴别，需要确定是否属于国家禁止进口的固体废物。

## 2 样品特征及特性分析

（1）样品为杂乱无序一团丝，1号样为米白色半透明纤维，为单丝状态，丝条手感僵硬，长度和纤度不一，丝条上有明显疵点且伴随有块状僵丝；2号样为米白色半透明纤维，为复丝状态，丝条手感僵硬，长度和纤度不均，丝条中有大量僵丝存在。

样品外观状态见图1～图4。

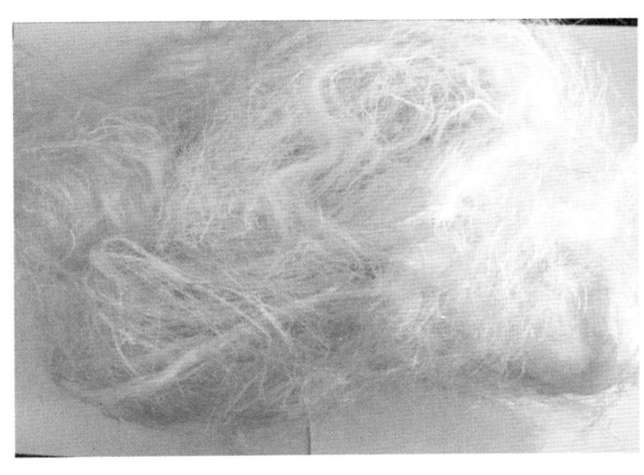

图1　1号样品外观

图2　1号样纤维杂乱，纤度不一

（2）采用红外光谱仪分析样品材质成分，为聚苯硫醚（PPS），红外光谱图见图5和图6。

（3）参照《聚苯硫醚牵伸丝》（FZ/T 54068—2013）对样品进行相关性能测试，1号样品无法进行性能测试，2号样品测试结果见表1。

图3　2号样品外观

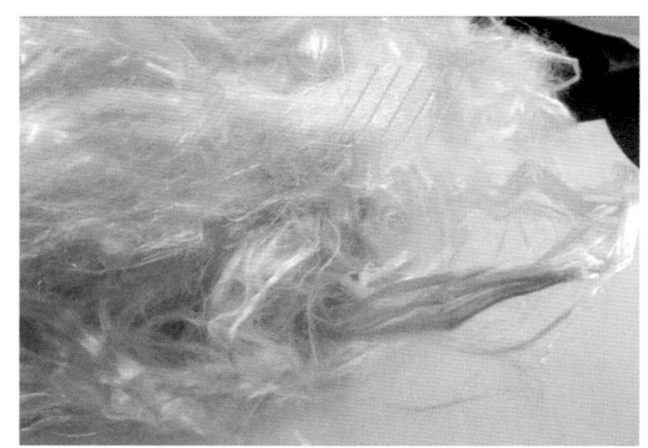

图4　2号样纤维杂乱，明显僵丝

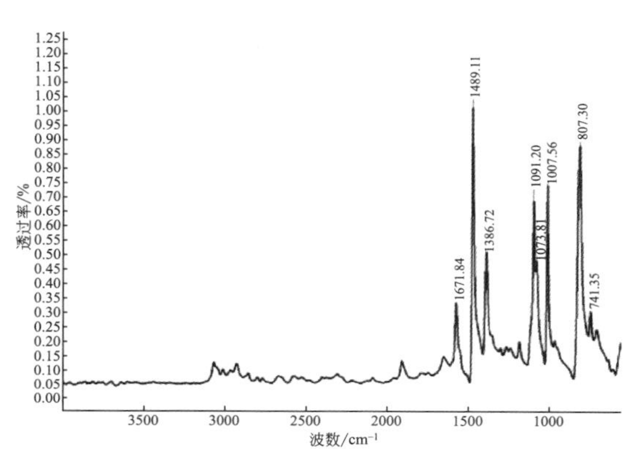


图5　1号样品的红外光谱图

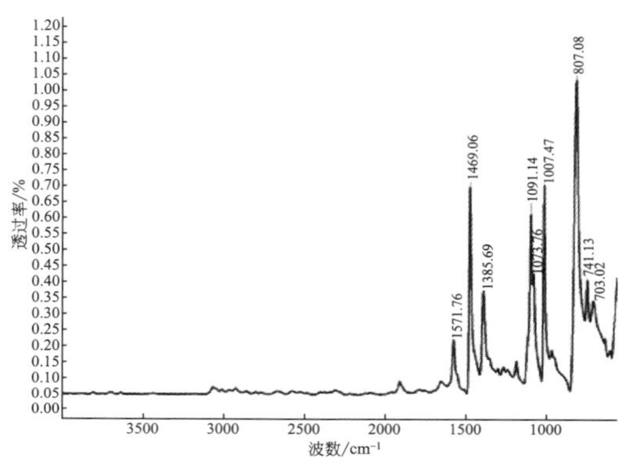


图6　2号样品的红外光谱图

表1　样品的性能测试结果

| 检测项目 | 线密度/dtex | 断裂强度/（cN/dtex） | 断裂伸长率/% | 疵点含量/（mg/100g） | 180℃干热收缩率/% |
|---|---|---|---|---|---|
| 实测值 | 30.6 | 断裂伸长率超出仪器范围，纤维未断裂，测不出断裂强度 | 断裂伸长率>200%，超出仪器范围 | $7.1\times10^4$ | 21.1 |
| 标准值 | 110.0～660.0 | ≥3.30 | 自定 | 自定 | 自定 |

## 3 产生来源分析

（1）聚苯硫醚纤维

聚苯硫醚（PPS）纤维的大分子由苯环和硫原子交替排列而成，是一种结构较为规整的半结晶高聚物，属于高性能纤维。PPS纤维基本性能有呈琥珀色，断裂强度3～4cN/dtex、断裂伸长率25%～35%、初始模量2.65～3.53N/tex等。该纤维还具有优良的耐化学试剂和水解性，以及阻燃性能，可用作阻燃织物、家庭装饰织物、烟道气过滤材料等[1]。

PPS树脂是热塑性材料，由于PPS在200℃以下几乎不溶于任何溶剂，难以进行

湿法纺丝，因此选择熔融纺丝的方法。纺丝工艺流程如图 7 所示 [2]。

图7　PPS生产工艺流程示意

① 预处理。PPS 树脂在熔融过程中会产生热解、氧化降解，导致大分子链断裂，甚至产生交联，影响纤维的成型，无法正常纺丝。降解反应与 PPS 切片的含水率高低有密切关系。因此 PPS 切片在纺丝前应进行干燥、预结晶处理。

② 纺丝条件。PPS 纤维纺丝温度和纺丝速度是影响其性能的主要参数。纺丝温度是根据 PPS 树脂的分子量和熔点来确定的。纺丝温度过高一方面 PPS 树脂更容易被氧化交联，另一方面 PPS 的分子链也容易发生断裂。此外，PPS 熔体黏度会很低，这样纺出的纤维容易出现毛丝、断头。纺丝温度过低，PPS 熔体黏度大，纺丝困难纤维均匀性也差。纺丝速度太低，PPS 纤维的拉伸倍数增大，丝条不匀，产量下降不利于后加工；纺丝速度太高，纺丝张力过大，断头多、毛丝多。PPS 熔体丝条固化形成纤维过程中，一般采用热风冷却的方法。

③ 热定型条件：PPS 纤维的热定形使纤维的结晶度和微晶尺寸晶格结构均发生变化。热定形温度可控制在 130～160℃之间，该温度下对 PPS 拉伸纤维进行热处理，可使结晶度增加到 60%～80%。

经咨询行业专家，PPS 废料的来源主要有 3 种：a. 纺丝喷丝过程中产生的纺丝废料，PPS 熔融过程中产生热解、氧化降解，导致大分子链断裂，甚至产生交联，影响纤维的成型，无法正常纺丝，其特点是丝质僵硬，单丝杂乱或熔融成块，出现毛丝、断头等，纺出的丝未经过取向及结晶，几乎没有断裂伸长率；b. 经过取向及结晶后未经过牵伸时产生的废丝，特点是具有较大的断裂伸长率，有明显的僵丝等；c. 牵伸过程中产生的牵伸废丝，其特点是丝粗细不均匀、性能不稳定及长短不一、杂乱脏污等。

（2）样品产生来源分析

1 号样品为米白色半透明纤维状，为单丝状，丝条手感僵硬，长度和纤度不一，丝条上有明显疵点且伴随有块状僵丝，并存在有毛丝、断头，应是 PPS 熔融过程中产生热解、氧化降解，导致大分子链断裂，甚至产生交联，致使熔体黏度过低造成。

2 号样品为米白色半透明纤维状，为复丝状，丝条手感僵硬，长度和纤度不均，丝条中有大量僵丝存在，应是 PPS 纺丝过程中设备参数不稳定、温度过高造成；其线密度为 30.6dtex，明显低于《聚苯硫醚牵伸丝》（FZ/T 54068—2013）中线密度 110.0～660.0dtex 的要求；断裂伸长率＞200%，超出仪器范围，明显不符合正常 PPS 纤维断裂伸长率为 25%～35% 的性能要求，断裂伸长率超出正常范围值应是由于样品未经牵伸造成；断裂强度由于纤维未断裂而导致无法测出，明显不符合正常 PPS 纤维断裂强度≥3.30cN/dtex 的性能要求；2 号样品的疵点含量为 $7.1\times10^4$mg/100g，相当于 100g 样品中有 71g 为疵点，不符合正常 PPS 纤维的性能要求。

两个样品纤维结晶度严重不足，导致呈半透明状；样品纤维性能与纺织纤维要求的性能严重不符，存在毛丝、断头、疵点和僵丝，也不能用于后期的纺织加工，无使用价值。判断 1 号样品为丝条中剔除的僵丝，是纺丝喷丝过程中产生的纺丝废料；2 号样品为 PPS 短纤维加工过程中喷丝后未经过牵伸及后续工艺的废料。

## 4 固体废物属性分析

（1）样品是“生产过程中产生的不符合国家、地方制定或行业通行的产品标准且存在质量问题的物质”“生产过程产生的不合格品、残次品、废品”。根据《固体废物鉴别标准　通则》（GB 34330—2017）第 4.1 条准则，判断样品属于固体废物，均为聚苯硫醚纤维生产过程中产生的废丝。

（2）根据 2017 年 12 月环境保护部、商务部、发展改革委、海关总署、国家质检总局发布第 39 号公告的《禁止进口固体废物目录》第九部分为废纺织原料及制品，序号 76 为“合成纤维废料（包括落棉、废纱及回收纤维）”，建议将样品归于此类废物，因而鉴别样品属于我国禁止进口的固体废物。

## 参考文献

[1] https：//baike. baidu. com/item/聚苯硫醚纤维/11042069.

[2] 马海燕，张浩，刘兆峰. 聚苯硫醚纤维的纺丝与改性 [J]. 纺织导报，2006（4）：77-80.

# 85. 人造纤维废丝

## 1 背景

2018 年 12 月，天津口岸检测分析开发服务有限公司委托中国环科院固体所对口岸海关查扣的“人造纤维”货物样品进行固体废物属性鉴别，需要确定是否属于国家禁止进口的固体废物。

## 2 样品特征及特性分析

（1）样品干净无异味、无可见杂质，为白色有光泽的蓬松丝状物，4 小包样品状态不同，详细描述见表 1，样品的外观状态见图 1～图 6。

表1 样品的外观状态

| 样品 | 外观描述 |
|---|---|
| 1（A）号 | 白色柔顺光滑长丝，可缕出成股等长度丝束，断面整齐，应为从筒子上剪裁剥下形成 |
| 1（B）号 | 白色细长丝，蓬松柔软，丝条混乱，相互缠绕 |
| 2（A）号 | 白色顺滑长丝，丝条成股，略感僵硬 |
| 2（B）号 | 白色长丝，蓬松柔软，丝条混乱，相互缠绕 |
| 3 号 | 白色成股长丝，丝条上有褶皱，丝条混乱，相互缠绕 |
| 4 号 | 白色蓬松散乱长丝，明显成块，成块部分可用手撕扯开；撕扯后可见其是由长丝反复有序折叠粘连而成，块与块之间由单丝相连 |

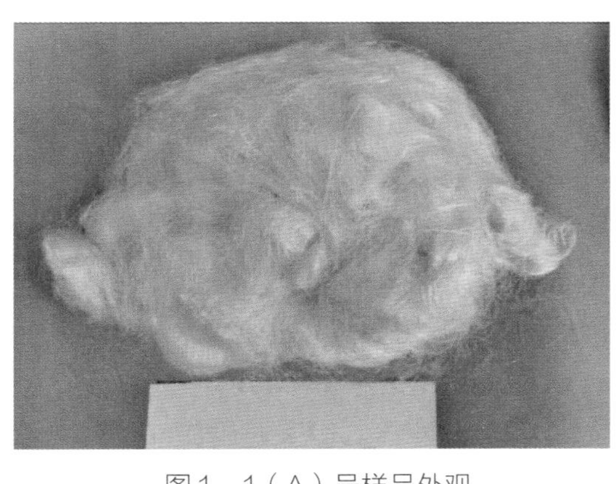

图1 1（A）号样品外观

图2 1（B）号样品外观

图3　2（A）号样品外观

图4　2（B）号样品外观

图5　3号样品

图6　4号样品

（2）采用红外光谱仪分析样品的成分，均为纤维素改性纤维，红外光谱图见图7～图12。

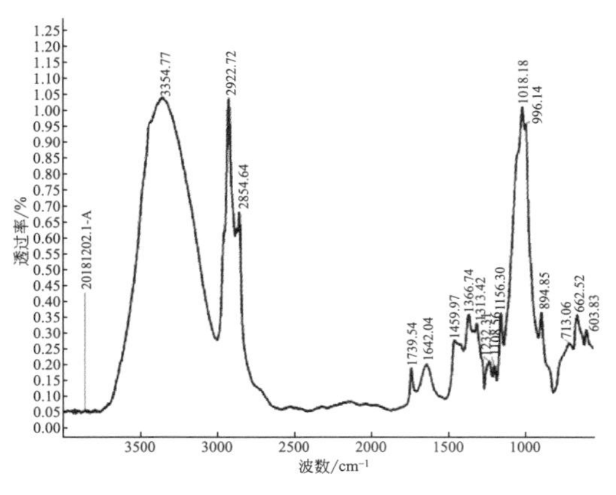


图7　1（A）号样品红外光谱图

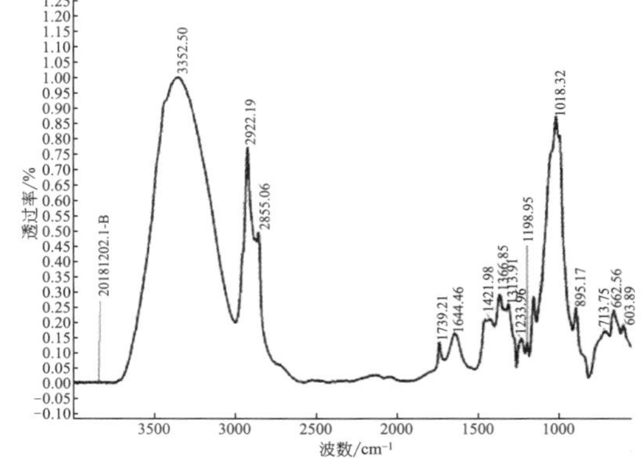


图8　1（B）号样品红外光谱图

（3）由于样品纤维散乱，是非常不规整的丝束，无法按照丝束对其进行性能测试，故测试时将其裁剪为短纤维进行相关性能测试。结果见表2。

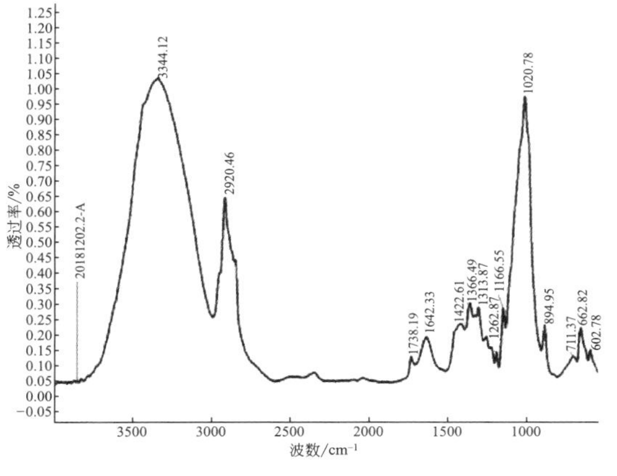


图9　2（A）号样品红外光谱图

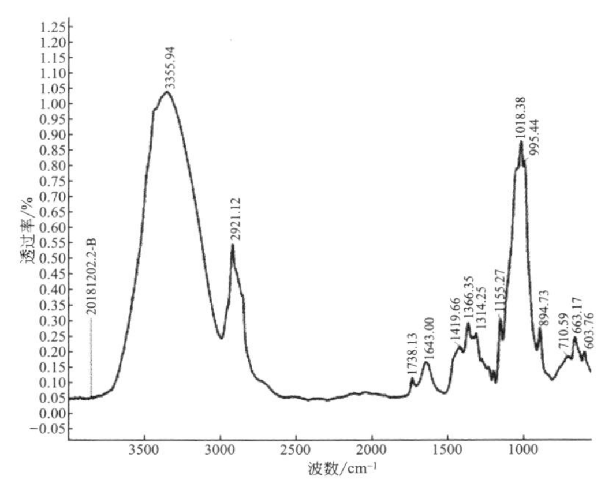


图10　2（B）号样品红外光谱图

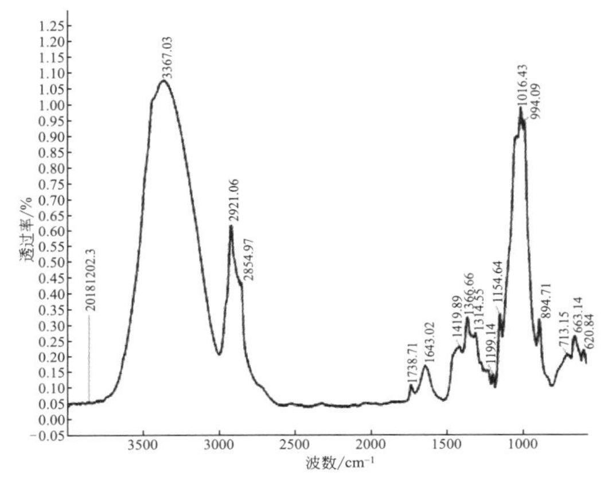


图11　3号样品红外光谱图

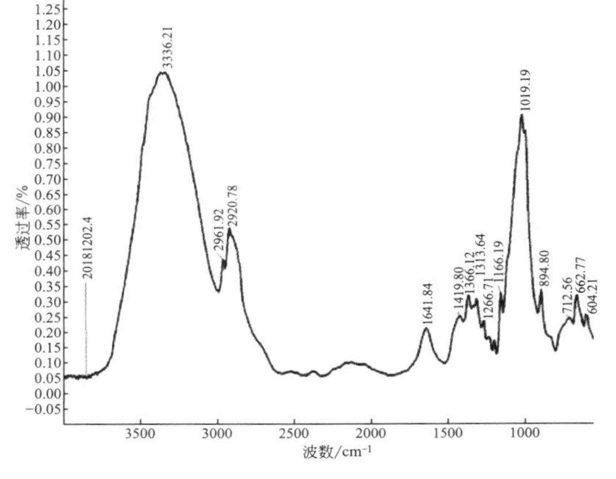


图12　4号样品红外光谱图

表2　样品性能测试结果

| 项目 | 线密度/dtex | 干断裂强度/（cN/dtex） | 干断裂伸长率/% | 湿断裂强度/（cN/dtex） | 湿断裂伸长率/% | 回潮率/% |
|---|---|---|---|---|---|---|
| 1（A）号 | 1.16 | 2.72 | 20.45 | 2.18 | 33.02 | 9.74 |
| 1（B）号 | 1.51 | 2.02 | 12.67 | 1.34 | 22.60 | 9.52 |
| 2（A）号 | 1.08 | 2.00 | 12.29 | 2.27 | 28.94 | 9.61 |
| 2（B）号 | 1.62 | 1.85 | 23.32 | 1.58 | 35.41 | 9.35 |
| 3号 | 1.16 | 2.54 | 14.73 | 2.18 | 25.33 | 9.68 |
| 4号 | 1.98 | 1.69 | 14.61 | 1.42 | 31.38 | 10.44 |
| 检验方法 | GB/T 14335—2008 | GB/T 14337—2008 | | | | GB/T 6503 |

## 3　产生来源分析

（1）人造纤维是化学纤维的两大类之一，竹子、木材、蔗渣、棉籽绒等都是制造人造纤维的原料。人造纤维分为人造丝、棉、毛三种，重要品种有粘胶纤维、醋酸纤维、铜氨纤维等。

① 粘胶纤维[1]，以“木”作为原材料，从天然木纤维素中提取并重塑纤维分子而得到的纤维素纤维。它是以天然纤维（木纤维，棉短绒）为原料，经碱化、老化、磺化等工序制成可溶性纤维素黄原酸酯，再溶于稀碱液制成粘胶，经湿法纺丝而制成。粘胶纤维具有棉的本质、丝的品质，是地道的植物纤维，源于天然而优于天然。

粘胶纤维的生产有粘胶长丝和粘胶短纤维。根据样品线密度范围，可参考《粘胶短纤维》（GB/T 14463—2008）中棉条型粘胶短纤维的物理特性（见表 3）。

表3　棉条型粘胶短纤维的物理特性

| 等级 | 干断裂强度 /（cN/dtex） | 干断裂伸长率 /% | 湿断裂强度 /（cN/dtex） | 线密度 /dtex |
|---|---|---|---|---|
| 优等品 | ≥2.15 | 17～21 | ≥1.20 | 1.10～2.20 |
| 一等品 | ≥2.00 | 16～22 | ≥1.10 | |
| 合格品 | ≥1.90 | 15～23 | ≥0.95 | |

② 醋酸纤维[2]，即纤维素醋酸酯。醋酸纤维是以醋酸和纤维素为原料经酯化反应制得的人造纤维，其结构式可表示为 $[(C_6H_7O_2)(OOCCH_3)_3]_n$。醋酯纤维分为二型醋酯纤维和三醋酯纤维两类。通常醋酯纤维即指二型醋酯纤维，一般用精制棉籽绒为原料制成三醋酸纤维素脂，溶解在二氯甲烷中成仿丝溶液而用干纺法成形，耐光性较好，染色性能较差，一般制成短纤维，可用作人造毛。

③ 铜氨纤维[3]，属于再生纤维素纤维。它是将棉短绒等天然纤维素原料溶解在氢氧化铜或碱性铜盐的浓氨溶液中配成纺丝液，经过滤和脱泡后，在水或稀碱溶液的纺丝浴中凝固成形，再在 2%～3% 浓硫酸溶液的第二浴液中使铜氨纤维素分子化合物发生分解再生出纤维素。

铜氨纤维截面近似圆形，强度高，颜色洁白，光泽柔和悦目，手感柔软；表面多孔，没有皮层，所以有优越的染色性能，吸湿、吸水；其纤维密度较真丝、涤纶等大，因此极具悬垂感；其回潮率较高，仅次于羊毛，与丝相等，而高于棉及其他化纤，因而吸湿效率高，使人们穿着更具舒适感。它分为长丝和短纤维两种，一般线密度在 1.32dtex 以下。铜氨纤维的物理特性如表 4 所列[4]。

表4　铜氨纤维的物理特性

| 纤维类型 | 线密度 /dtex | 干断裂强度 /（cN/dtex） | 干断裂伸长率 /% | 湿断裂强度 /（cN/dtex） | 湿断裂伸长率 /% | 回潮率 /% |
|---|---|---|---|---|---|---|
| 短纤 | ＜1.32 | 2.6～3.0 | 14～16 | 1.8～2.2 | 25～28 | 11～13 |
| 长丝 | ＜1.32 | 1.6～2.4 | 10～17 | 1.0～1.7 | 15～27 | 11～13 |

（2）样品产生来源分析

红外光谱分析确定 6 个样品均为纤维素改性纤维，推测其为铜氨纤维或粘胶纤维中的一种；将样品裁切为短纤维对其进行性能测试，6 个样品中只有 1（A）号样品完全满足《粘胶短纤维》（GB/T 14463—2008）中棉条型粘胶短纤维的性能要求，其余样品均不满足；同时实验数据表明，6 个样品均不满足铜氨短纤维的相关指标要求。

样品来源分析如下：

① 1（A）号样品可缕出成股等长度丝束，是卷绕在筒子上的铜氨长丝或粘胶长丝经剪裁剥下的丝条，丝条混乱相互缠绕，已无法按照正常产品进入下一步工序正常使用，应为回收的废丝。

② 1（B）号样品应是短纤维工艺中已完成前纺工艺、尚未进行切断工艺的产物，丝条混乱相互缠绕，无法按照正常切断工艺上机操作，多项指标不符合铜氨短纤维、粘胶短纤维一般性能指标要求，属于回收的废丝。

③ 2（A）号样品应是短纤维后纺工艺中某环节的产物，并非最终产品，样品丝条成股混乱缠绕，手感僵硬，无法再进行正常加工，多项指标不符合铜氨短纤维、粘胶短纤维一般性能指标要求，属于回收的废丝。

④ 2（B）号样品应是短纤维工艺中已完成前纺工艺、尚未进行切断工艺的产物，丝条混乱相互缠绕，无法按照正常切断工艺上机操作，多项指标不符合铜氨短纤维、粘胶短纤维一般性能指标要求，应为回收的废丝。

⑤ 3 号样品应是短纤维工艺后纺中的前部分工序产生的产物，丝条上有褶皱，已经过打褶工艺，但未切断，丝条混乱相互缠绕，多项指标不符合铜氨短纤维、粘胶短纤维一般性能指标要求，属于回收的废丝

⑥ 4 号样品属于短纤维后纺工序中的产物，由于其丝条反复折叠成块成串，推测是在后纺加工中出现异常，导致纤维发僵、粘连，样品已无法正常使用，多项指标不符合铜氨短纤维、粘胶短纤维的一般性能指标要求，属于回收的废丝。

## 4 固体废物属性分析

（1）样品是“生产过程中产生的不符合国家、地方制定或行业通行的产品标准且存在质量问题的物质”“生产过程产生的不合格品、残次品、废品”。根据《固体废物鉴别标准　通则》（GB 34330—2017）第 4.1 条准则，判断鉴别样品属于固体废物。

（2）根据 2017 年 12 月环境保护部、商务部、发展改革委、海关总署、国家质检总局发布第 39 号公告的《禁止进口固体废物目录》第九部分为废纺织原料及制品，序号 76 为“合成纤维废料（包括落棉、废纱及回收纤维）”，建议将鉴别样品归于此类废物。因而鉴别样品属于我国禁止进口的固体废物。

## 参考文献

[1] https://baike.sogou.com/v1061699.htm?fromTitle=粘胶纤维
[2] https://baike.sogou.com/v6383881.htm?fromTitle=醋酸纤维
[3] 张淑梅，庄军祥. 铜氨纤维的性能及纺纱工艺实践 [J]. 人造纤维，2008，47（3）：30-32.
[4] 刘晓姝，李红霞. 铜氨纤维及其应用 [J]. 毛纺科技，2015，43（3）：59-62.

# 86. 回收聚苯醚塑料制品的破碎料

## 1 背景

2016年11月，苏州海关驻吴中办事处委托中国环科院固体所对其查扣的一票进口“改性聚苯醚塑粒”货物样品进行固体废物属性鉴别，需要确定是否为废塑料，是否涉及固体废物进口许可证。

## 2 样品特征及特性分析

（1）样品主要为黑色塑料颗粒，颗粒大小不均匀、形状不规整，有粘手的细粉末。样品外观状态见图1。

图1　样品外观

（2）使用傅里叶变换红外光谱仪和热失重分析仪对样品中的黑色颗粒进行成分分析，样品中含有聚苯醚约60%、聚苯乙烯或其他聚合物小于5%、滑石粉约35%、炭黑小于1%，样品红外光谱图及热失重谱图见图2和图3。经热塑压片实验确定样品具有热塑性。

（3）利用X射线荧光光谱仪（XRF）分析样品在550℃灼烧后残渣的成分，结果见表1。

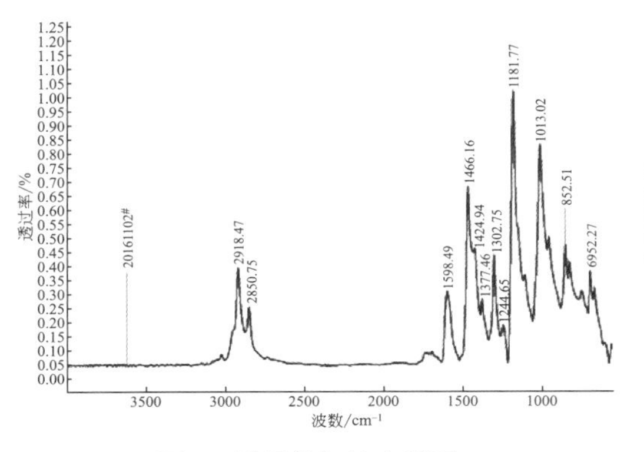


图2　样品的红外光谱图

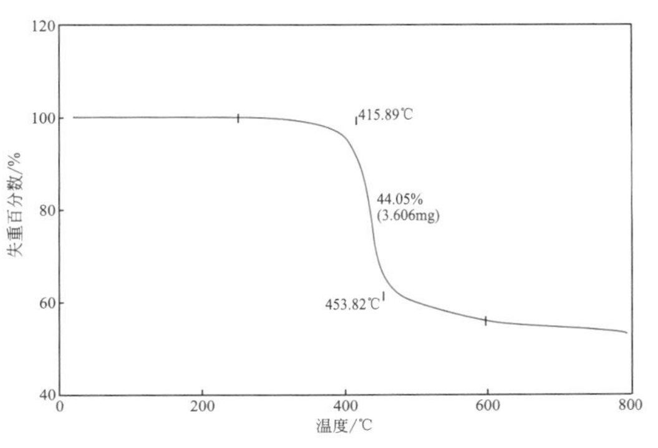


图3　样品的热失重谱图

表1　样品灼烧后残渣的成分及含量（除Cl以外，其他元素均以氧化物表示）　　单位：%

| 成分 | $SiO_2$ | CaO | MgO | $Al_2O_3$ | ZnO | $SO_3$ | $TiO_2$ | $Na_2O$ | $K_2O$ | $Fe_2O_3$ | SrO | $P_2O_5$ | $Cr_2O_3$ | Cl |
|---|---|---|---|---|---|---|---|---|---|---|---|---|---|---|
| 含量 | 52.78 | 15.72 | 15.32 | 7.47 | 2.26 | 1.92 | 1.14 | 1.00 | 0.97 | 0.97 | 0.24 | 0.16 | 0.03 | 0.02 |

## 3 产生来源分析

聚苯醚（PPO）具有良好的力学性能、电性能、尺寸稳定性和耐热性，但熔体黏度高，加工难，制品易产生应力开裂。因此，PPO基本不单独使用，都是与其他塑料共混，最常见是与聚苯乙烯（PS）共混，既保持了PPO树脂优良的电气、机械、耐热和尺寸稳定等性能，又改善了成型加工性和耐冲击性能[1]。工业应用的90%以上均为改性聚苯醚（MPPO）和热固性聚苯醚[2]。此外，为解决MPPO的易热氧降解、高温易变色，需加入抗氧剂如ZnS、ZnO等[3]。在制备阻燃PPO/HIPS（高抗冲聚苯乙烯）合金时，母料中会加入$CaCO_3$，然后将母料、PPO、HIPS、$TiO_2$（钛白粉）、抗氧剂等其他助剂混合造粒[4]。MPPO生产流程简图见图4，图5是从互联网上搜到的MPPO造粒产品，黑色是加入了炭黑，图6是MPPO注塑产品图片。

原料、助剂 → 高速预混 → 挤出 → 造粒 → 干燥 → 注塑成型 → 性能测试

图4　MPPO生产流程示意

图5　MPPO造粒产品

图6　MPPO产品

样品主要成分为聚苯醚，其中还有少量聚苯乙烯，应为改性聚苯醚；样品灰分中含有 Si、Ca、Mg、Al、Zn、S、Ti 等元素，应是来自各种助剂成分；与 MPPO 产品相比，样品为黑色，但外观形状不统一，大小各异，且有沾手的细小碎末，亦可见方形镂空小物料，似图 6 中的 MPPO 注塑产品的不合格品或次品或回收料的破碎后产物。此外，样品外观亦不满足《改性聚苯醚工程塑料》（HG/T 2232—1991）行业标准中第 4.1 条外观要求的规定，即“外观为圆柱状，直径为 2～4mm，长 2～7mm”。综合判断样品是属于回收的 MPPO 制品的破碎料。

## 4 固体废物属性分析

（1）样品是 MPPO 注塑产品的不合格品或次品或回收料的破碎料，生产过程中没有质量控制，外观特征不符合《改性聚苯醚工程塑料》（HG/T 2232—1991）标准的要求。根据《固体废物鉴别导则（试行）》的原则，判断鉴别样品属于固体废物。

（2）2014 年 12 月 30 日，环境保护部、商务部、发展改革委、海关总署、国家质检总局发布的第 80 号公告中，《限制进口类可用作原料的固体废物目录》列出“3915909000 其他塑料的废碎料及下脚料，不包括废光盘破碎料”，建议将鉴别样品归于此类废物，因而鉴别样品属于我国限制进口类的固体废物。

## 参考文献

[1] 廖明义，陈平. 高分子合成材料学（下）[M]. 北京：化学工业出版社，2005.

[2] 邢秋，张效礼，朱四来. 改型聚苯醚（MPPO）工程塑料国内发展现状[J]. 热固性树脂，2006，21（5）：49-53.

[3] 胡洋，冯威，高瑜，等. 聚苯醚合金的研究进展[J]. 中国塑料，1999，13（3）：7-11.

[4] 钱丹. 聚苯醚合金工程化[D]. 北京：北京化工大学，2008.

# 87. 废聚氯乙烯地板回收粉

## 1 背景

2016 年 6 月，中华人民共和国太仓海关委托中国环科院固体所对其查扣的一票进口“聚氯乙烯混合粉料”货物样品进行固体废物属性鉴别，需要确定是否属于固体废物。

## 2 样品特征及特性分析

（1）样品为灰绿色粉末状物料，干燥，可见白色、绿色小颗粒。测定样品含水率为 0.19%，550℃灼烧后的烧失率为 68.9%。样品外观状态见图 1。

图1　样品外观

（2）采用傅里叶变换红外光谱仪（FTIR）对样品的有机组分进行定性分析，主要为聚氯乙烯（PVC）树脂，见表 1。采用凝胶渗透色谱仪分析样品分子量，数均分子量为 10.5 万。样品红外光谱图和凝胶色谱图见图 2、图 3。

表1　样品的有机组分结果

| 项目 | 成　　分 | 重量百分含量/% |
|---|---|---|
| 1 | PVC树脂（及少量其他成分） | 约50 |
| 2 | 邻苯二甲酸酯类增塑剂（及少量其他成分），可能是邻苯二甲酸二异辛酯 | 约20 |
| 3 | $CaCO_3$和少量其他成分 | 约30 |

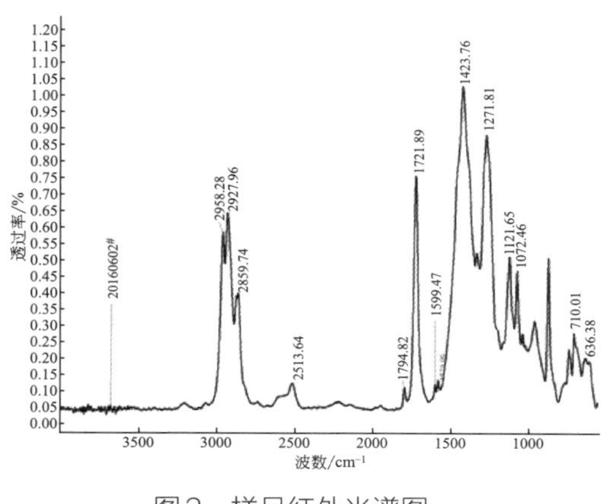


图2　样品红外光谱图

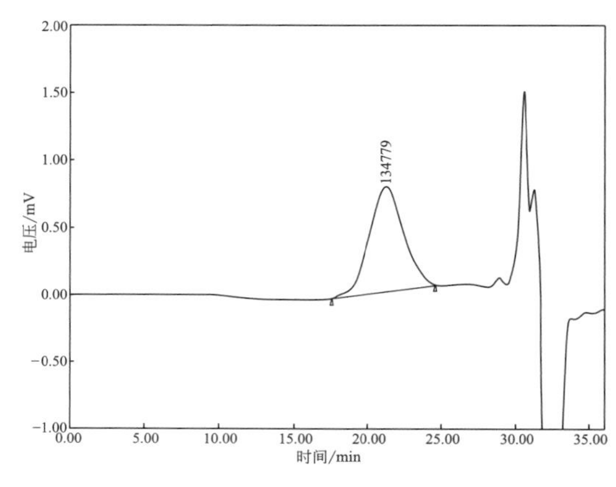


图3　凝胶色谱图

（3）采用X射线荧光光谱仪（XRF）分析样品550℃灼烧后的残渣成分，结果见表2。

表2　550℃灼烧后剩余残渣主要成分及含量（除Cl以外，其他元素均以氧化物表示）　单位：%

| 成分 | CaO | Cl | $SiO_2$ | $TiO_2$ | $Al_2O_3$ | MgO | ZnO |
|---|---|---|---|---|---|---|---|
| 含量 | 57.57 | 26.86 | 6.82 | 3.66 | 1.87 | 1.15 | 0.63 |
| 成分 | $Fe_2O_3$ | $Na_2O$ | $SO_3$ | $P_2O_5$ | PbO | MnO | NiO |
| 含量 | 0.59 | 0.36 | 0.23 | 0.15 | 0.06 | 0.03 | 0.02 |

（4）按照我国《悬浮法通用型聚氯乙烯树脂》（GB/T 5761—2006）中规定的分析方法对样品进行密度、筛余物质量分数的测定，结果见表3。筛上物可见少量纤维状物质。

表3　样品物理性能指标分析结果与标准值比较

| 指标项 | 样品结果 | 标准值 |
|---|---|---|
| 密度/（g/mL） | 0.57 | ≥0.50 |
| 250μm筛孔筛余物质量分数/% | 64.0 | ≤8.0 |

## 3　产生来源分析

（1）样品不是聚氯乙烯（PVC）树脂产品

PVC是以氯乙烯（VCM）为单体，经多种聚合方式生产的热塑性树脂，是五大热

塑性通用树脂中较早实现工业化生产的品种，其产量仅次于聚乙烯，位居世界第二位。工业生产上实施聚合的方法主要有悬浮法、乳液法、本体法、微悬浮法和溶液法，其中悬浮聚合工艺是生产 PVC 的主要工艺，世界 PVC 生产中约 90% 采用悬浮聚合工艺生产。悬浮聚合工艺由原材料的配制、聚合、单体回收、汽提、干燥和成品粉末颗粒包装等工序组成[1]。

《悬浮法通用型聚氯乙烯树脂》（GB/T 5761—2006）标准中要求悬浮法通用型聚氯乙烯产品外观为白色粉末，样品外观为灰绿色粉末，还可见白色、绿色小颗粒，明显不符合标准要求；样品的密度及 250μm 筛孔筛余物质量分数也明显不满足该标准要求，因此判断样品不是正常的聚氯乙烯树脂产品。

（2）聚氯乙烯树脂回收料的破碎料

PVC 制品五花八门，应用十分广泛，主要有以下领域：a. 建筑领域，这是 PVC 最主要的应用领域，约占 50%，主要应用于管材、板材等；b. 中空包装和薄膜；c. 电器和电气产品；d. 汽车工业；e. 日用品；f. 糊树脂[1]。

PVC 产品具有抗紫外线、耐酸碱腐蚀、防霉防蛀、阻燃性好、防静电、防滑等优点，但纯 PVC 却是非常不稳定的聚合物，只有在添加了稳定剂和其他添加剂以后其优点才能体现出来。以 PVC 地板为例，常用的稳定剂有有机锡、铅盐、金属皂类等；邻苯二甲酸酯是最重要的增塑剂，占增塑剂全部用量的 70%，此外常用的还有邻苯二甲酸二异辛酯和邻苯二甲酸二烯丙酯，当防火要求较高时常使用的是磷酸盐增塑剂；润滑剂有褐煤蜡、石蜡、矿物油、有机硅油等；常用的填充剂是 $CaCO_3$；通常采用炭黑（C）和钛白粉（$TiO_2$）为颜料；为提升地板的性能还会在配方中增加 $Al(OH)_3$、$Mg(OH)_2$、$Sb_2O_3$ 以及 $ZnHBO_3$（硼酸锌）。

表 4 是几种 PVC 地板的配方[2,3]。

表4　PVC地板典型配方

| 成分 | 配方，每100份树脂中添加剂的重量份数 | | | | |
|---|---|---|---|---|---|
| | A | B | C | D | E |
| PVC 树脂 | 100 | 100 | 100 | 100 | 100 |
| 增塑剂 | 30 | 60 | 30 | 35 | 40 |
| 环氧油 | 5 | 5 | 4 | 5 | — |
| 加工助剂 | — | — | — | — | 8 |
| 稳定剂 | 2.5 | 2 | 2 | 3 | 2 |
| 填充料或颜料 | — | 30 | 210 | 70 | 640 |
| 发泡剂 | — | 5 | — | — | — |

目前 PVC 产品回收与利用方式可以分为 3 种：第 1 种是裂解 PVC 回收化工原料；第 2 种是焚烧 PVC 利用热能和氯气；第 3 种是将废旧 PVC 产品废料经过清洗、破碎、塑化等工序加工成型或进行造粒，称为直接再生或机械法，此外还有溶剂法、改性再生等方法。适用于第 3 种方式的废物有 2 个来源：a. 从塑料成型加工中产生的边角料、

废品、废料等；b. 日常生活和工农业应用中报废的 PVC 制品，如管材、板材、塑料膜、矿泉水瓶等。可在新料中添加约 10% 再生料 [4-6]。

根据表 4 的配方估算 PVC 地板产品中主要物质为树脂 13%～73%、增塑剂 5%～30%、填充料 0～81%。测试结果显示，样品中主要成分是 PVC 树脂，约占 50%，$CaCO_3$ 约 30%，邻苯二甲酸酯类物质约 20%，均在 PVC 地板产品配方主要物质用量范围内，接近表 4 中 B、D 两种 PVC 地板的配方，因此判断样品来源于 PVC 产品；样品中含有一定量的 Ca、Si、Ti、Al、Mg、Zn、Pb 等元素，也符合前述资料中 PVC 产品中会加入稳定剂、增塑剂、润滑剂、填充剂和颜料的特点，进一步证明样品来源于 PVC 产品。综合判断鉴别样品是 PVC 产品回收后再经过破碎、筛分等工序过程得到的物料。

## 4 固体废物属性分析

（1）PVC 产品回收后经过破碎、筛分等工序后得到的回收料，生产过程中没有质量控制，不符合《悬浮法通用型聚氯乙烯树脂》（GB/T 5761—2006）标准的要求。因此，根据《固体废物鉴别导则（试行）》的原则，判断鉴别样品属于固体废物。

（2）2014 年 12 月 30 日，环境保护部、商务部、发展改革委、海关总署、国家质检总局发布的第 80 号公告中，《限制进口类可用作原料的固体废物目录》列出“3915300000 氯乙烯聚合物的废碎料及下脚料”，建议将鉴别样品归于该类废物，因而鉴别样品属于进口当时我国限制进口类的固体废物。

## 参考文献

[1] 廖明义，陈平. 高分子合成材料学（下）[M]. 北京：化学工业出版社，2005.
[2] 沈晓霞. PVC地板的配方研究 [J]. 新高科技，2007，35：6-7.
[3] 孙宝林，罗健. 阻燃、耐香烟灼烧PVC地板配方研究 [J]. 聚氯乙烯，2011，39（10）：22-24.
[4] 杨惠娣. 塑料回收与资源再利用 [M]. 北京：中国轻工业出版社，2010.
[5] 高全芹. 浅述我国废旧聚氯乙烯的回收与利用 [J]. 中国资源综合利用，2004（5）：15-18.
[6] 柯伟席，王澜. 废旧PVC塑料的回收利用 [J]. 塑料制造，2009，9：51-56.

# 88. 废酚醛树脂粉（插花泥）

## 1 背景

2018 年 5 月，中华人民共和国太平海关委托中国环科院固体所对其查扣的一票进口“插花泥”货物进行固体废物属性鉴别，需要确定是否属于固体废物。

## 2 货物特征及特性分析

由鉴别机构派人到安徽池州某企业的货物仓库进行现场查看被扣货物和随机抽样，仓库剩余的进口插花泥货物为在该企业粉碎后的绿色粉末（发泡），还有 150 包共 3t 左右的重量。现场货物外观状况见图 1 和图 2。

图1　货物外观

图2　绿色发泡粉末

现场采集的样品，测定其含水率为 5.3%，干基样品 550℃灼烧后烧失率为 99.0%。采用傅里叶变换红外光谱仪（FTIR）分析对样品进行成分分析，主体成分为酚醛树脂；另含其他少量成分，红外光谱图见图 3、图 4。样品属于热固性树脂。

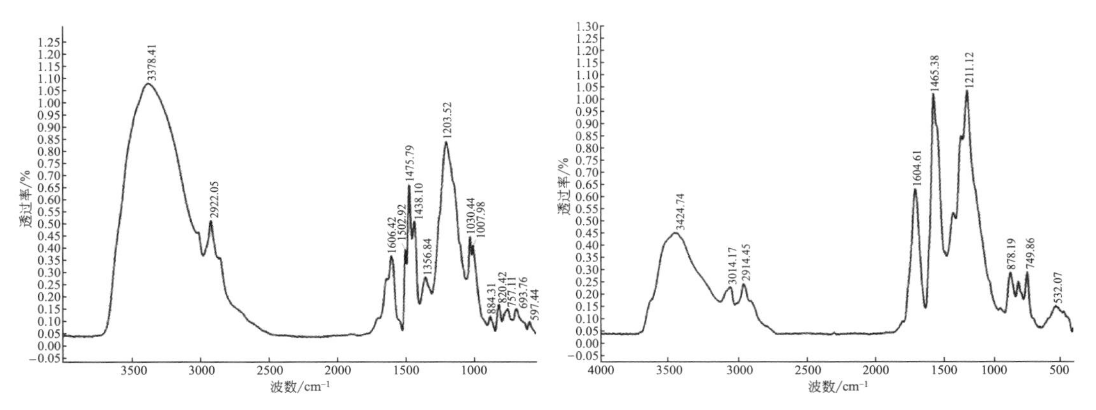


图3　现场取样分析的红外光谱图（一）　　图4　现场取样分析的红外光谱图（二）

## 3 产生来源分析

现场取样时了解到，整个仓库除了剩余很少量的粉碎后的插花泥粉末外，基本上堆满了来自国内收购的插花泥，大部分插花泥是压缩打包成块，颜色各异，也有不少粉末、碎屑和片状的。查看了公司的年产500t（二期）碳分子筛项目环境影响报告书，主要生产原料为酚醛树脂废料，主要产品是各种规格碳分子筛。现场部分插花泥货物见图5～图7。

图5　片状货物

图6　压缩的成捆插花泥货物

图7　插花泥碎片碎屑

随着人们生活水平的提高，鲜花的应用已逐渐从宾馆、饭店、会场等场所走进人们的日常生活。插花泥是一种广泛应用于插花创作的花材固定材料，为绿色的具有细密多孔的海绵状泡沫体，具有高吸水性、高保水性、质地松脆并具有一定的机械强度，起着延长鲜花保鲜期的作用，因此备受插花爱好者和鲜花经营者的喜爱。可用于制作插花泥的原料有酚醛（PF）树脂、脲醛（UF）树脂、聚氨酯（PU）树脂等，但由于聚氨酯树脂原料价格昂贵，脲醛树脂强度较高，花茎不易插入等原因，已极少采用。目前，市场上的插花泥主要是由酚醛树脂制成[1]。

根据现场调研、取样分析、资料比对等情况信息，判断此次鉴别货物为回收的插花泥，为了运输方便在国外经过了压缩处理，为了生产碳分子筛在国内工厂所剩的货

物已经进行了粉碎处理。

## 4 固体废物属性分析

（1）鉴别货物为回收的插花泥，丧失了插花泥的原有使用价值，属于在消费或使用过程中因使用寿命到期而不能按照原用途使用的物质，回收后再用于生产碳分子筛。依据固体废物的法律定义和《固体废物鉴别标准　通则》（GB 34330—2017）第 4.1 条的准则，判断鉴别货物属于固体废物。

（2）由于鉴别货物属于热固性树脂，不符合《进口可用作原料的固体废物环境保护控制标准　废塑料》（GB 16487.12—2017）的要求；根据 2017 年 12 月环境保护部、商务部、发展改革委、海关总署、国家质检总局发布第 39 号公告的《禁止进口固体废物目录》中列出了“3915909000 其他塑料的废碎料及下脚料”，建议将鉴别货物归于此类废物，因而鉴别货物属于我国禁止进口的固体废物。

## 参考文献

[1]　丁杰，李发达，杨一莹，等. 复合型可降解插花泥的制备 [J]. 化学工程师，2014，223（4）：23.

# 89. 废瓦楞纸板

## 1 背景

2017年8月，中华人民共和国黄岛海关委托中国环科院固体所对其查扣的一票进口“废旧瓦楞纸箱”货物进行固体废物属性鉴别，需要确定是否属于固体废物。

## 2 货物特征及特性分析

（1）现场查看货物。首先对17个集装箱全部开箱查看货物整体情况，货物为成包打捆的废瓦楞纸纸箱，整齐摆放在集装箱内，在第11个集装箱内可见拆散的货物；然后按照开箱顺序对第2个、第5个、第8个、第11个、第14个、第17个共6个集装箱实施掏箱查看，货物为打包成捆的废旧瓦楞纸箱。

（2）拆包分拣非纸夹杂物。从6个集装箱掏出货物中各随机抽取2包共计12包货物进行拆包查看，分拣出的夹杂物主要有压瘪的易拉罐、金属制品、破损的机械轴承、拖鞋、衣服、布料、各种塑料袋、塑料膜、饮料瓶、洗衣液瓶、塑料刷子、衣架、药瓶、木棍、海绵、工艺摆件等，分拣结果见表1。部分货物及分拣出的部分杂物见图1～图8。

表1 12包货物分拣结果

| 货箱序号 | 货物包重量/kg | 夹杂物重量/kg | 夹杂物重量占比/% | 夹杂物平均含量/% |
|---|---|---|---|---|
| 1 | 878 | 21.5 | 2.45 | 2.87 |
| | 940 | 24.09 | 2.56 | |
| 2 | 817 | 28.5 | 3.48 | |
| | 763 | 25.3 | 3.32 | |
| 3 | 731 | 6.1 | 0.83 | |
| | 803 | 28.9 | 3.60 | |
| 4 | 686 | 7.0 | 1.02 | |
| | 919 | 35.8 | 3.89 | |
| 5 | 839 | 29.4 | 3.50 | |
| | 1216 | 25.5 | 2.10 | |
| 6 | 833 | 27.7 | 3.33 | |
| | 758 | 33.2 | 4.38 | |

图1　集装箱开箱查看货物

图2　掏出的货物

图3　掏出的货物拆包

图4　夹杂塑料和废布

图5　夹杂的压瘪塑料瓶等杂物

图6　分拣出的废塑料、小鹿工艺品

## 3 产生来源分析

根据上述现场鉴别情况，货物主要为各种回收的废瓦楞纸箱，与进口申报品名相符。

图7　分拣出的废塑料

图8　分拣出的破损轴承

## 4 固体废物属性分析

（1）《进口可用作原料的固体废物环境保护控制标准　废纸或纸板》（GB 16487.4—2005）中规定“进口废纸中应限制其他夹杂物［包括木废料、废金属、废玻璃、废塑料、废橡胶、废吸附剂、墙（壁）纸、涂蜡纸、复写纸等废物］的混入，总重量不应超过进口废纸重量的 1.5%”。鉴别货物是回收的废瓦楞纸箱，其中含有的夹杂物平均值为 2.87%，不符合 GB 16487.4—2005 的限值要求。

（2）《固体废物进口管理办法》（12 号令）第 14 条规定“不符合进口可用作原料的固体废物环境保护控制标准或者相关技术规范等强制性要求的固体废物，不得进口”，因而判断鉴别货物属于当时我国不得进口的固体废物。

# 90. 废纸卷

## 1 背景

2018 年 1 月，中华人民共和国黄岛海关委托中国环科院固体所对其查扣的一票进口“卷筒牛皮纸”货物进行固体废物属性鉴别，需要确定是否属于固体废物。

## 2 货物特征及特性分析

对 3 个集装箱货柜全部开箱并取出每个柜前排货物进行查看，为各种不同的纸卷，杂乱摆放在集装箱内，货物大致有挂面牛卡纸、本色牛皮纸、白色牛皮纸、铜版纸、瓦楞纸等类别，成卷的货物具有各种规格、外层纸张有不同程度的损毁，少量带有外包装的裁切好的铜版纸堆放在货物上部。有的成卷的牛皮纸纸芯已被压变形，有的卷筒两端脏污、出现磨损或毛边状；有的标记时间为“2000 年 12 月 6 日”；也有裁切的成沓包装的纸张，有的小纸卷随意捆扎；无其他非纸的夹杂物。

部分货物外观特征见图 1～图 6。

图1　集装箱开箱查看货物

图2　箱内货物

## 3 产生来源分析

鉴别货物纸卷种类不同、大小尺寸不同，有的有包装，有的则没有包装，具有不

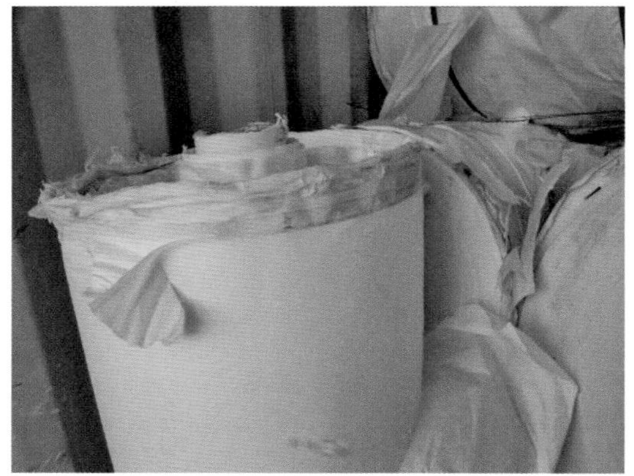
图3　白纸卷

图4　随意捆扎的各种纸卷

图5　外表脏污的纸卷

图6　掏出的纸卷

同程度的破损和表面脏污。判断鉴别货物是回收的库存积压货物，由于积压时间较长，脏污和破损明显，已不满足《牛皮纸》（GB/T 22865—2008）标准中产品外观的基本要求。

## 4 固体废物属性分析

（1）鉴别货物为回收的库存积压货物，属于被原所有者放弃的物质，符合固体废物法律定义的要求，依据《固体废物鉴别标准　通则》（GB 34330—2017）的准则，判断鉴别货物属于固体废物，是废纸。

（2）2017年8月10日，环境保护部、商务部、发展改革委、海关总署、国家质检总局发布的第39号公告《限制进口类可用作原料的固体废物》中列出“4707100000回收（废碎）的未漂白牛皮、瓦楞纸或纸板”，在以往的《限制进口类可用作原料的固体废物》中亦有“4707100000回收（废碎）的未漂白牛皮、瓦楞纸或纸板”，货物中没有纸之外的其他夹杂物，建议将鉴别货物归于此类废物，因而鉴别货物属于我国限制进口类的固体废物。

# 第五篇

# 鉴别为城市垃圾和放射性废物的典型案例

# 91. 城市垃圾

## 1 背景

2018 年 2 月，中华人民共和国中山海关缉私分局委托中国环科院固体所对其查扣的一票进口“‘1120’涉嫌走私废物”货物进行固体废物属性鉴别，需要确定是否属于国家禁止进口的固体废物。

## 2 货物特征及特性分析

（1）查扣的“粤中山货 6950”船货物重量 10.13t，分 3 处堆存：a. 拱北海关白石仓库内的货物混杂，包括回收破损的电视机、冰柜、洗衣机筒、塑料涂料桶、塑料容器、塑料托盘、废渔网、拆解废钢铁、塑料薄膜、电缆、工具、煤气罐等；b. 白石仓库露天堆放的货物简单，包括回收废钢铁杂件和废塑料杂件；c. 存放在珠海精润石化有限公司仓库的 18 个废铁桶盛装黏稠态油液，铁桶颜色不同、变形、锈迹明显、油污明显、写有“污水”等标记，随机开桶用玻璃管采取外观为黑色黏稠的油液。

现场部分货物外观状况见图 1～图 12。

图1　库房货物

图2　脏污、破损的电视机

图3　脏污、破损的冰柜

图4　破损的家电塑料外壳

图5　脏污的塑料桶

图6　脏污的塑料卡板（托盘）

图7　废渔网

图8　废旧气罐

（2）对随机从一个红色大铁桶和一个蓝色大铁桶中所取的油液样品进行必要的实验分析，两个桶中油液结果差异大，有机物重组分和杂质含量较高，轻组分油含量较少，应为回收的燃料油或渣油。结果见表1。

图9　废旧塑料薄膜

图10　露天堆放的货物

图11　脏污油桶

图12　桶上的“废油满”标记

表1　2个油液样品指标分析结果

| 分析项目 | 红桶中油样结果 | 蓝桶中油样结果 | 执行方法 |
|---|---|---|---|
| 密度（20℃，除水前）/（$g/cm^3$） | 0.903 | 0.872 | GB/T 1884 |
| 运动黏度（40℃，除水后）/cSt | 229.6 | 80.33 | GB/T 265 |
| 运动黏度（100℃，除水后）/cSt | 21.56 | 11.17 | GB/T 265 |
| 机械杂质（除水后）/% | 0.063 | 0.716 | GB/T 511 |
| 0～360℃收率/% | 0 | 5.92 | SH/T 9168 |
| 常压转换温度（360～540℃）收率/% | 80.00 | 83.08 | |
| 0～540℃收率/% | 80.00 | 89.0 | |
| 总回收率/% | 80.00 | 89.0 | |

## 3 产生来源分析

鉴别货物非常混杂，包括船舶运行时装载的多种报废物品、回收物、残余物等。

## 4 固体废物属性分析

（1）城市垃圾

除查扣的油液外，其他货物均为回收使用过的物品，种类杂、无统一规格，具有明显的破损、脏污、混杂特征，属于被抛弃或被放弃的物质。根据固体废物的法律定义以及《固体废物鉴别标准　通则》（GB 34330—2017）的原则，判断鉴别货物均属于固体废物。

海关商品注释中对“城市垃圾”的解释为“从家庭、宾馆、餐厅、医院、商店、办公室等收集来的废物、马路和人行道的垃圾以及建筑垃圾或拆建垃圾。城市垃圾通常含有大量各种各样的材料，例如，塑料、橡胶、木材、纸张、纺织品、玻璃、金属、食物、破烂家具和其他已损坏或被丢弃的物品”。这些鉴别货物符合“城市垃圾”的解释，因此建议将查扣货物归为城市垃圾。2017 年 8 月 10 日，环境保护部、商务部、发展改革委、海关总署、国家质检总局发布的第 39 号公告《禁止进口固体废物目录》中列出了“3825100000 城市垃圾城（包括未经分拣的混合生活垃圾）”，因此，判断鉴别货物属于我国禁止进口的固体废物。

（2）废油

从 2 个油液样品的外观和指标分析判断，废铁桶盛装黏稠态油液应是回收的燃料油或渣油，没有质量保证，属于生产中的废弃物质，根据固体废物的法律定义以及《固体废物鉴别标准　通则》（GB 34330—2017）的原则，判断这些回收油液也属于固体废物，为废油。

2017 年 8 月 10 日，环境保护部、商务部、发展改革委、海关总署、国家质检总局发布的第 39 号公告《禁止进口固体废物目录》中列出了“2710990000 其他废油”。因此，判断“粤中山货 6950”船上的油液属于我国禁止进口的固体废物。

# 92. 碎纸屑垃圾

## 1 背景

2019年9月，首都机场海关综合业务处委托中国环科院固体所对一票进口“塑胶块”货物进行固体废物属性鉴别，需要确定是否属于我国禁止进口固体废物。

## 2 货物特征及特性分析

货物来自首都机场海关查获的进境C类快件，共两个小纸箱。货物装于编织袋内，为混合脏污废纸碎屑，呈碎屑及粉末状，颜色混杂，组成包括纸、纸壳、塑料膜、泡沫塑料、木纤维、海绵、秸秆等。现场货物状况见图1、图2。

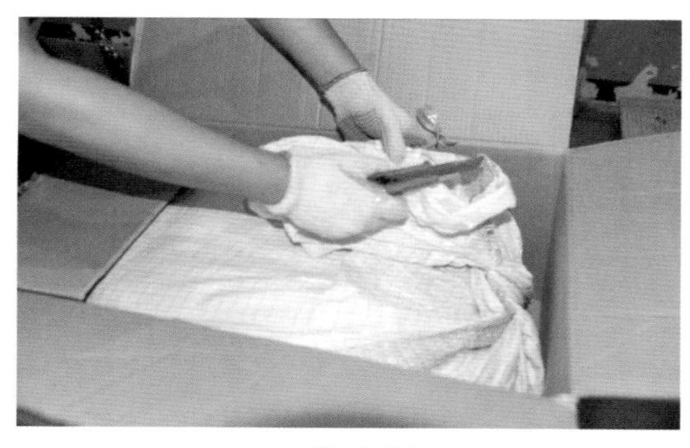

(a) 第1包货物

(b) 编织袋内货物

图1 第1包货物现场状况

(a) 第2包货物

(b) 编织袋内货物

图2 第2包货物现场状况

## 3 产生来源分析

鉴别货物为来自生产工艺中经水处理后的碎纸屑混合垃圾。

## 4 固体废物属性分析

（1）鉴别货物为回收的脏污的混合废纸碎屑（含有废塑料屑、废木屑等），是生产过程中产生的残余混合物，根据固体废物的法律定义以及《固体废物鉴别标准　通则》（GB 34330—2017）第4.1c）条和4.2a）条准则，判断鉴别货物属于固体废物，为纸屑垃圾。

（2）根据2017年12月环境保护部、商务部、海关总署等部门发布的第39号公告的《禁止进口固体废物目录》第八部分“回收（废碎）纸及纸板”，序号68条为“其他回收纸或纸板（包括未分选的废碎品）”，建议将鉴别货物归于此类废物，因而鉴别货物属于我国禁止进口的固体废物。

# 93. 废钢铁等的混杂物

## 1 背景

2017 年 12 月，黄埔海关缉私局海上缉私处委托中国环科院固体所对其查扣的入境"夹杂有废铜、废铁、废铝及泥土等的混杂物"进行固体废物属性鉴别，需要确定是否属于国家禁止进口的固体废物。

## 2 货物特征及特性分析

货物存放于"惠海运 398"船货舱及压载水舱。货物在货舱底随意堆积，其中两侧堆放货物类型基本一致，为不同长度、不同直径、不同规格的使用过的钢管、钢筋、铁条、铁块等；中部堆放货物含有各种生活用电器设备破损件，如废台灯、破损的微波炉、脏污破损的显示屏、钢筋、铁条、铁块，还有食品罐头盒、不锈钢盆、用过的涂料桶、破损的消防栓和液化气罐、脏污的制冷剂罐、各种塑料碎块、脏污的塑料瓶 / 塑料管，变形的晾衣架 / 杆，手机外壳等，这些物品与尘土、脏污的塑料膜、木棍、木块等混杂在一起。现场还从船侧壁压载水舱掏出了不同长度、不同形状且脏污生锈的工字钢、钢筋、钢管等钢材。在船尾生活区走廊堆放有回收拆解的废铜、废铝、沾有油污的风扇、各种电线等，这些物料经简单分类后分别装在塑料袋中。

委托单位提供的货物分类及重量结果见表 1，部分货物外观状况见图 1～图 12。

表 1　货物称重结果

单位：t

| 类别 | 废旧机件 | 废钢铁 | 含废旧金属、废塑料、废玻璃等的混合物 | 含碎金属、碎玻璃等的尘土、粉末、碎屑 |
|---|---|---|---|---|
| 重量 | 0.52 | 34.17 | 12.95 | 4.25 |

注：1. 废旧机件实为拆解产生的废铜和废铝；2. 委托单位要求对不同部分货物分别进行固体废物属性判断。

(a)

(b)

图1　废杂钢

图2　藏在船壁夹层中的废钢铁

图3　工人捆绑废钢

图4　尘土等混杂料

图5　尘土垃圾

(a)

(b)

图6　船底杂货

图7　铁皮等杂物

图8　零部件等杂物

图9　制冷剂罐等杂物

图10　电水壶等杂物

图11　废微波炉等杂物

(a) 废铝

(b) 废铜

(c) 废电线

(d) 其他废金属

图12　船尾生活区的废杂物

## 3 产生来源分析

根据货物总体特征判断，鉴别货物应是回收的来自生活、建筑行业、拆解操作等的废钢铁、废铜、废铝及其他金属的废旧件，其中舱底货物混杂了大量使用过的破损生活用品、废塑料、废木料、废玻璃、泥土、其他碎屑等。

## 4 固体废物属性分析

根据货物特征情况，虽然种类有所不同，但均具有明显的锈迹、破损、脏污、混杂特征，属于被抛弃或被放弃的物质，均为回收使用过的物品，根据固体废物的法律定义以及《固体废物鉴别标准　通则》（GB 34330—2017）的准则，判断鉴别货物均属于固体废物。

（1）表 1 中所列“废旧机件”以拆解回收的废铜、废铝为主，重量 0.52t，应归于 2014 年 12 月 30 日环境保护部、商务部、发展改革委、海关总署、国家质检总局发布的第 80 号公告《自动许可进口类可用作原料的固体废物目录》（即《非限制进口类可用作原料的固体废物目录》）中“7404000090 铜废碎料”“7602000090 铝废碎料”类废物，因此这部分货物属于我国非限制进口类固体废物。

（2）表 1 中所列“废钢铁”，重量 34.17t。应归于 2014 年 12 月 30 日环境保护部、商务部、发展改革委、海关总署、国家质检总局发布的第 80 号公告《自动许可进口类可用作原料的固体废物目录》（即《非限制进口类可用作原料的固体废物目录》）中“7204490090”类废物，因此，这部分货物属于我国非限制进口类固体废物。

（3）海关商品注释中对“城市垃圾”的解释为“从家庭、宾馆、餐厅、医院、商店、办公室等收集来的废物、马路和人行道的垃圾以及建筑垃圾或拆建垃圾。城市垃圾通常含有大量各种各样的材料，例如，塑料、橡胶、木材、纸张、纺织品、玻璃、金属、食物、破烂家具和其他已损坏或被丢弃的物品”。

表 1 中所列“含废旧金属、废塑料、废玻璃等的混合物”重量 12.95t，所列“含碎金属、碎玻璃等的泥土、粉末、碎屑”重量 4.25t，两类货物总重量 17.2t。查扣的这两类货物主要为各种生活垃圾（废物）、建筑垃圾（废物），如废台灯、破损的微波炉、脏污破损的显示屏、钢筋、铁条、铁块，还有食品罐头盒、不锈钢盆、用过的涂料桶、破损的消防栓和液化气罐、脏污的制冷剂罐、各种塑料碎块、脏污的塑料瓶 / 塑料管，变形的晾衣架 / 杆，手机外壳等，这些物品与尘土、脏污的塑料膜、木棍、木块等混杂在一起。这两类货物符合前述海关商品注释中对城市垃圾的解释，因此查扣的该两类货物应归为城市垃圾。2014 年 12 月 30 日环境保护部、商务部、发展改革委、海关总署、国家质检总局发布的第 80 号公告《禁止进口固体废物目录》中列出了“3825100000 城市垃圾城（包括未经分拣的混合生活垃圾）”，因此判断这两类鉴别货物均属于我国禁止进口的固体废物。

# 94. 回收的混杂垃圾

## 1 背景

2018 年 1 月，中华人民共和国中山海关缉私分局委托中国环科院固体所对查扣的涉嫌走私进口的货物进行固体废物属性鉴别，需要确定是否属于禁止进口固体废物。

## 2 货物特征及特性分析

鉴别货物的查扣地点、货物特征见表 1，部分货物外观照片见图 1～图 8。

表 1　货物特征

| 查扣地点 | 货物特征描述 | 重量/kg |
| --- | --- | --- |
| 中山市阜沙镇东和一街1号（阜沙仓库） | 共有4台电冰箱、2台电视机，电器表面均有明显污渍、灰尘、有的冰箱内还可见存储的食物，有电视机已无后盖。冰箱的品牌、型号也不同，有“MITSUBISHI”（三菱）、“日立”“SIEMENS”（西门子），其中电视机的型号为“TOSHIBA”（东芝） | 264 |
| 中山市阜港码头西400m非设关码头（阜沙码头） | 货物种类较杂，有电冰箱、洗衣机、电视机、电脑显示器、拆解下来的洗衣机内筒（胆）、脏污的塑料膜、塑料托盘、塑料容器切块等 | 2734 |
| “粤中山货6951”船 | 货物种类较杂乱，有回收的使用过的蓄电池，这些蓄电池品牌不同、型号不同、尺寸大小不同，有的已经破损脏污；还有回收的电视机、洗衣机，脏污、破损、有划痕，查看货物时洗衣机内还存有脏水；还有袋装的回收的各种铜管、废铁 | 分别为2127.3、120.2、4839.7 |
| “粤中山货6066”船 | 货物包括回收的各种铁架子、铁板、暖气片、压瘪的易拉罐、转椅等，还有3台老式电视机，以及不同品牌、不同型号的蓄电池 | 分别为2146.2、64.2、294.1 |

注：货物重量由委托方提供。

图1　库房中货物

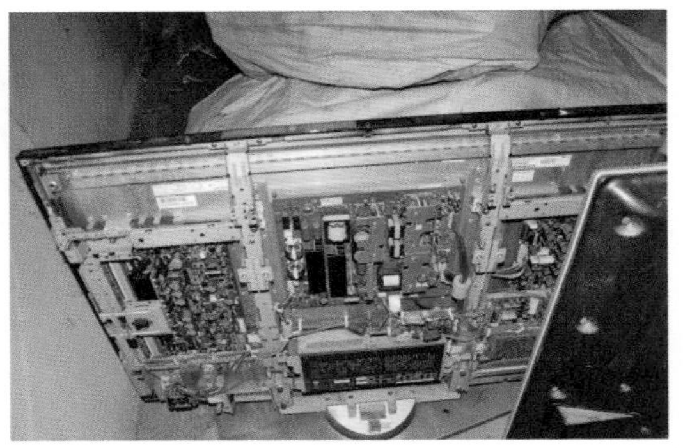

图2　破损的电视机

图3　废铅酸电池

图4　拆解下来的五金杂件

图5　破损洗衣机

图6　脏污的老式电视机

## 3 产生来源分析

根据查看货物情况，查扣货物均为回收使用过的、严重破损的各种杂乱物品。

图7　废旧冰箱、冰柜及塑料

图8　破损的洗衣机内筒

## 4 固体废物属性分析

（1）虽然货物种类有所不同，但均具有明显的破损、脏污、混杂特征，属于被抛弃或被放弃的物质，根据固体废物的法律定义以及《固体废物鉴别标准　通则》（GB 34330—2017）的原则，判断查扣4个地点的鉴别货物均属于固体废物。

（2）2017年8月10日，环境保护部、商务部、发展改革委、海关总署、国家质检总局发布的第39号公告《禁止进口固体废物目录》中“第六类　塑料废碎料及下脚料”中列出“3915909000其他塑料的废碎料及下脚料（非工业来源废塑料，包括生活来源废塑料）”；“第十二类废电池”中列出“8548100000电池废碎料及废电池［指原电池（组）和蓄电池的废碎料，废原电池（组）及废蓄电池］”；“第十三类　废弃机电产品和设备及其未经分拣处理的零部件、拆散件、破碎件、砸碎件，国家另有规定的除外”包括“8415，8418，8450，8508～8510，8516废空调，冰箱及其他制冷设备，洗衣机，洗盘机，微波炉，电饭锅，真空吸尘器，电热水器，地毯清扫器，电动刀，理发、吹发、刷牙、剃须、按摩器具和其他身体护理器具等废家用电器电子产品和身体护理器具”“8519～8531废录音机，录像机、放像机及激光视盘机，摄像机、摄录一体机及数字相机，收音机，电视机，监视器、显示器，信号装置等废视听产品及广播电视设备和信号装置”。鉴别货物整体上破损、混杂、脏污，其中电子电器产品废物、铅酸蓄电池、生活废塑料均明确属于禁止进口的固体废物。建议将鉴别货物整体上归于禁止进口的城市垃圾。

# 95. 放射性超标的氧化钴混合物

## 1 背景

2016 年 2 月，中华人民共和国连云港海关委托中国环科院固体所对一票进口“钴湿法冶炼中间品”货物样品进行固体废物属性鉴别，需要确定是否属于固体废物。

## 2 样品特征及特性分析

（1）样品为墨绿色的极细粉末，捻搓有细砂粒感，无肉眼可见杂质。测定样品的含水率为 8.85%，550℃灼烧后的烧失率为 16.38%，灼烧后颜色变为黑色。样品外观状况见图 1。

图 1　样品外观

（2）采用 X 射线荧光光谱仪（XRF）对样品进行成分分析，主要含有 Co、S、Mg、Mn、Si 等成分，结果见表 1。

表 1　样品的主要成分及含量（除 Cl 以外，其他元素均以氧化物表示）　单位：%

| 成分 | $Co_3O_4$ | $SO_3$ | MgO | MnO | $SiO_2$ | CuO | CaO | $Na_2O$ | NiO |
|---|---|---|---|---|---|---|---|---|---|
| 含量 | 67.87 | 17.48 | 6.22 | 3.04 | 2.86 | 0.79 | 0.63 | 0.30 | 0.23 |
| 成分 | ZnO | $Al_2O_3$ | $Fe_2O_3$ | Cl | $P_2O_5$ | $U_3O_8$ | $Cr_2O_3$ | $K_2O$ | — |
| 含量 | 0.16 | 0.12 | 0.11 | 0.05 | 0.04 | 0.03 | 0.03 | 0.02 | — |

（3）采用 X 射线衍射仪分析干基样品的物相组成，样品的衍射谱弥散度高，说明结晶程度较低，主要物相为 CoO、$CoSO_4$、$Mg_3Si_2O_5(OH)_4$、$Co_3(OH)_4Si_2O_5$。衍射分析谱图见图 2。

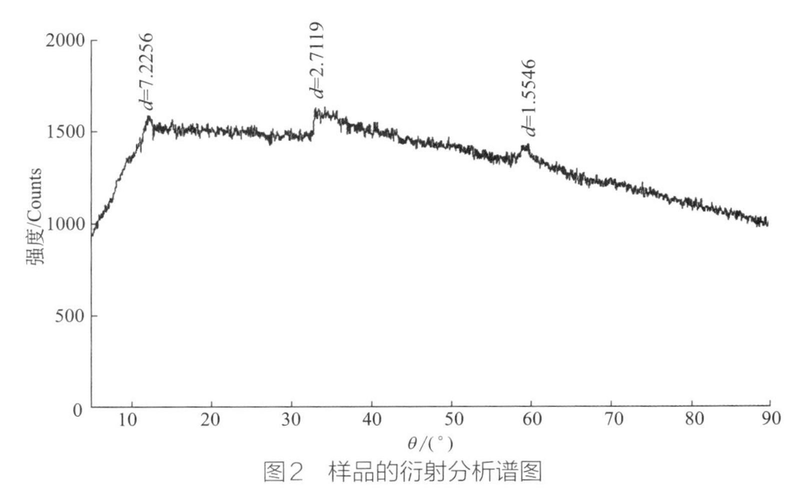


图2　样品的衍射分析谱图

（4）采用扫描电镜和 X 射线能谱仪进一步分析干基样品的组成，主要物相组成为 CoO，主要元素组分为 Co、S、Mg、Mn、Si。扫描电镜背散射图和 X 射线能谱图见图 3 和图 4。

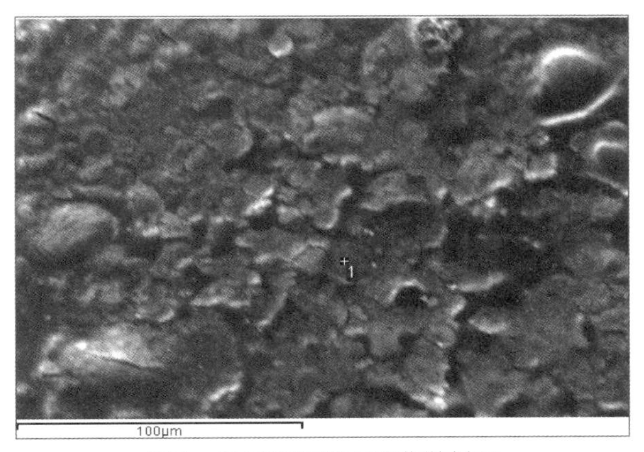


图3　样品的扫描电镜背散射图

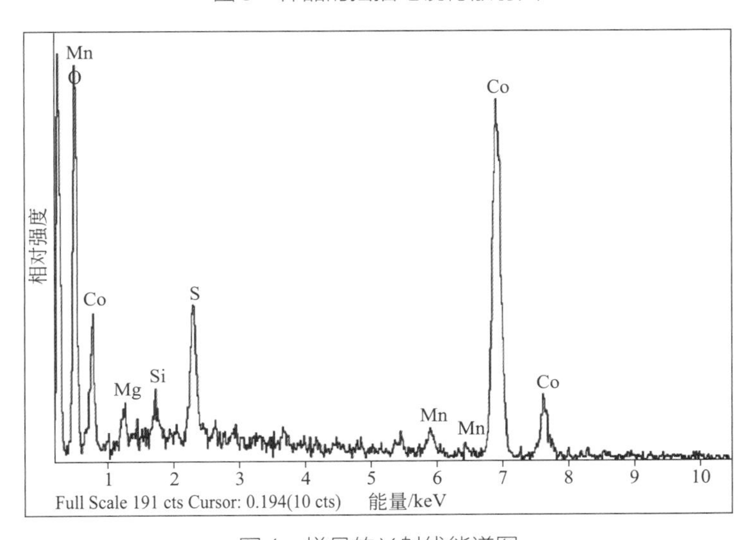


图4　样品的X射线能谱图

（5）利用高纯锗γ能谱仪对样品进行放射性γ核素比活度分析，结果见表2。

表2 样品的放射性γ核素比活度 单位：Bq/g

| γ核素 | $^{238}U$ | $^{232}Th$ | $^{226}Ra$ | $^{40}K$ |
|---|---|---|---|---|
| 比活度 | 1.636 | 0.0048 | 0.0297 | 0.0959 |

## 3 产生来源分析

（1）含钴矿物

含钴矿物主要有：

① 砷化物，如辉钴矿（CoAsS）、砷钴矿（$CoAs_2$）、方钴矿（$CoAs_3$）；

② 硫化物，如硫铜钴矿[$(Co, Cu, Ni)_2S_4$]、硫钴矿（$Co_3S_4$）、硫镍钴矿［$(Co, Ni)_3S_4$］、含钴黄铁矿［$(Fe, Co)S_2$］；

③ 氧化物，如钴华［$Co_3(AsO_4)_{2.8}H_2O$］、钴土矿［$m(Co, Ni)O\cdot MnO_2\cdot nH_2O$］、杂水钴矿［$CoO(OH)$］、球菱钴矿（$CoCO_3$）。

样品主要以氧化钴（CoO）和硫酸钴（$CoSO_4$）的形态存在，因此判断样品不是含钴矿物。

（2）氧化钴

生产氧化钴的原料有两种类型：一是钴矿或共生矿副产品，如钴土矿、硫钴精矿、镍铜矿共生钴，其生产的CoO约占85%～90%；二是含钴废料，如硫化铜镍矿渣、电镍含钴废渣、硬质合金、永磁合金和钴催化剂废料，其生产的CoO约占10%～15%。包括以下生产过程[1-3]：

① 磨料。将原料粉磨至200目以下。

② 浸出。将200目以下的粉料与$H_2SO_4$混合进行溶解，溶解后进行过滤，滤液进入下一道工序。

③ 除铁。在浸出液中加入黄钠铁矾除铁。

④ 除钙、镁和铜。在去除铁的浸出液中，先后加入NaF和（硫代硫酸钠$Na_2S_2O_3$）去除其中的钙、镁和铜。

⑤ $P_{204}$萃取深度除杂质。将化学法除杂后的浸出液利用$P_{204}$进行萃取，去除其中少量的Cu、Fe、Mn、Zn等杂质，进行深度净化。

⑥ $P_{507}$萃取分离钴和镍。将深度净化后的溶液经稀释后进入$P_{507}$萃取系统进行钴、镍分离，负载有机相用HCl反萃取得到纯净的$CoCl_2$溶液。

⑦ 沉钴。纯净的$CoCl_2$溶液用草酸铵作为沉淀剂进行沉淀，钴以$C_2H_4CoO_6$（二水合草酸钴）的形态沉淀。

⑧ 煅烧。将$C_2H_4CoO_6$进行煅烧，得到氧化钴（CoO）。

X射线荧光光谱和X射线能谱分析结果显示，样品的主要成分为Co、S、Mg、Mn、Si，其中钴和硫的含量分别为49.82%、6.99%；X射线衍射分析仪、扫描电镜等结果显示样品的主要物相成分为CoO和$CoSO_4$，结合X射线荧光光谱的分析结果，估算样品

中 74.2% 的钴以 CoO 的形态存在，25.8% 的钴以 $CoSO_4$ 的形态存在。样品中的有害元素少，含量低，判断样品来源于以钴矿或共生矿副产品为原料生产 CoO 的过程。

样品中除了镍（Ni）、铁（Fe）之外，其他元素的含量都不符合《氧化钴》（YS/T 256—2009）（见表 3）的要求，因此判断样品不是正常的 CoO 产品。

表3　样品成分含量与氧化钴产品化学成分含量的对比　　单位：%

| 样品成分 | Co | S | Mg | Mn | Si | Cu | Ca | Na | Ni | Zn | Fe |
|---|---|---|---|---|---|---|---|---|---|---|---|
| 样品含量 | 49.82 | 6.99 | 3.73 | 2.35 | 1.82 | 0.63 | 0.45 | 0.22 | 0.18 | 0.13 | 0.08 |
| 氧化钴产品 | ≥70.0 | ≤0.05 | ≤0.03 | ≤0.05 | ≤0.03 | ≤0.2 | ≤0.018 | ≤0.015 | ≤0.3 | ≤0.10 | ≤0.4 |

样品中的杂质含量明显高于 YS/T 256—2009 标准中杂质的含量，表明在样品产生过程中，只是经过了除 Fe、Ca、Mg、Cu 的过程，而没有经过 $P_{204}$ 的深度除杂过程；样品中硫的含量远大于氧化钴产品中硫的含量要求，样品中大约 25.8% 的钴以 $Co_2SO_4$ 的形态存在，表明部分样品来源过程中没有经过 $P_{507}$ 萃取分离钴镍、沉钴、煅烧等过程；样品的颜色为墨绿色，表明样品中的氧化钴主要为 CoO；样品在 550℃灼烧后变为黑色，表明 CoO 转变为 $Co_2O_3$ 和 $Co_3O_4$；样品在 550℃灼烧率为 16.38%，是由于样品中的钴盐失去结晶水所引起。因此，判断样品是来自 CoO 生产过程中的产物，但不是正常的氧化钴产品，是混合物。

## 4 固体废物属性分析

样品中含有约 0.025% 的铀，放射性 γ 核素比活度分析结果显示样品中 $^{238}U$ 的比活度为 1.636Bq/g，高于国际原子能机构安全标准《排除、豁免和解控概念的适用》中天然放射性核素 $^{238}U$ 比活度为 1Bq/g 的限值，也高于《进口可用作原料的固体废物环境保护控制标准》中 0.3Bq/g 的限值。依据《中华人民共和国放射性污染防治法》“放射性污染是指由于人类活动造成物料、人体、场所、环境介质表面或者内部出现超过国家标准的放射性物质或者射线”，因此，样品属于被放射性污染的物质。《中华人民共和国放射性污染防治法》第四十七条规定“禁止将放射性废物和被放射性污染的物品输入中华人民共和国境内或者经中华人民共和国境内转移”，因此，鉴别样品属于我国禁止进口的物质。

样品属于“被法律禁止使用的任何材料、物质或物品”和“被污染的材料”，该物质的使用会对人体健康和环境增加风险，判断鉴别样品属于禁止进口的固体废物。

## 参考文献

[1]　林河成. 从含钴催化剂废料中回收氧化钴的研究[J]. 四川有色金属，2006，1：12-15.

[2]　兰玮锋，米玺学. 从氧化钴矿石中提取钴的试验研究[J]. 湿法冶金，2008，27（4）：230-233.

[3]　秦玉楠. 电镍含钴废渣提取氧化钴新工艺[J]. 中国钼业，2001，25（1）：43-46.

# 96. 放射性超标的硫酸钴混合物

## 1 背景

2016 年 10 月，中华人民共和国赣州海关委托中国环科院固体所对其查扣的一票进口“钴湿法冶炼中间品”货物进行固体废物属性鉴别，需要确定是否属于固体废物。

## 2 样品特征及特性分析

（1）样品为潮湿有结块的粉末，黄褐色，无明显磁性。测定样品含水率为 57.87%，550℃灼烧后烧失率为 13.31%，灼烧后颜色变为黑色。样品外观状况见图 1。

图 1　样品外观

（2）采用 X 射线荧光光谱仪（XRF）对样品进行成分分析，主要含有 Co、S、Mg、Mn、Si 等成分，结果见表 1。

表 1　样品的主要成分及含量（除 Cl 以外，其他元素均以氧化物表示）　单位：%

| 成分 | $Co_3O_4$ | $SO_3$ | MgO | MnO | $SiO_2$ | CuO | CaO | NiO |
|---|---|---|---|---|---|---|---|---|
| 含量 | 68.22 | 17.97 | 6.64 | 2.92 | 1.92 | 0.73 | 0.61 | 0.28 |
| 成分 | $Al_2O_3$ | $Na_2O$ | ZnO | $Fe_2O_3$ | Cl | $U_3O_8$ | $K_2O$ | — |
| 含量 | 0.24 | 0.18 | 0.15 | 0.07 | 0.03 | 0.03 | 0.02 | — |

（3）采用X射线衍射仪分析干基样品的物相组成，样品的衍射分析谱弥散度高，说明结晶程度较低，主要物相为$CoSO_3·2H_2O$、$(MgO)_{0.43}(MnO)_{0.57}$、$CoMn_2O_4$。X射线衍射分析谱图见图2。

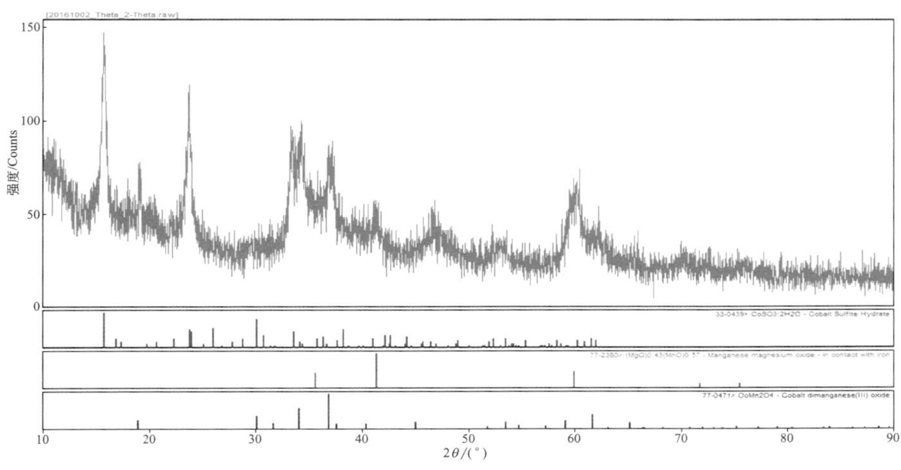


图2　样品的衍射分析谱图

（4）采用扫描电镜和X射线能谱仪分析干基样品的组成，主要为$CoSO_3·2H_2O$相，含有Si、Mg、Al等杂质元素；其次为$CoMnO_3$相和$SiO_2$相；此外，样品中还有少量的CaO相、$CuSO_4$相、白云母和钾长石等。扫描电镜背散射图和X射线能谱图见图3、图4。

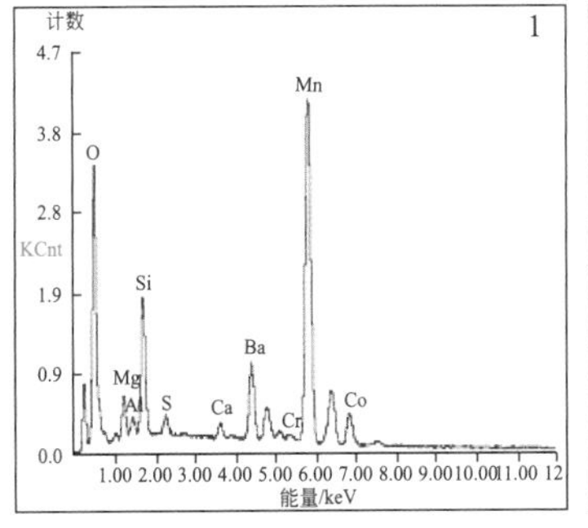


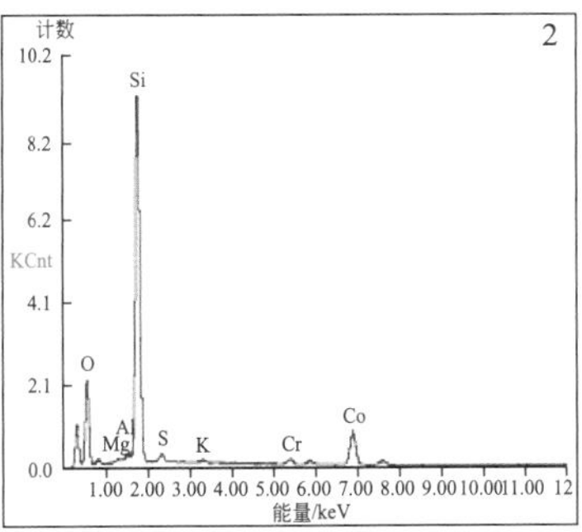


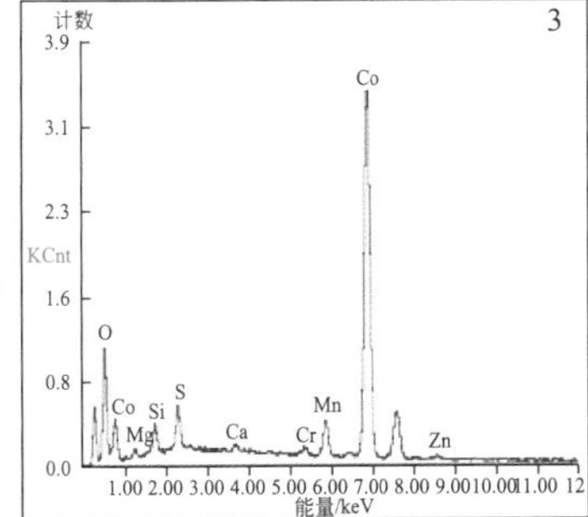


图3　样品的背散射电子图—$CoSO_3·2H_2O$相中夹杂的$CoMnO_3$相和$SiO_2$相

（点1—$CoMnO_3$相；点2—$SiO_2$相；点3—$CoSO_3·2H_2O$相）

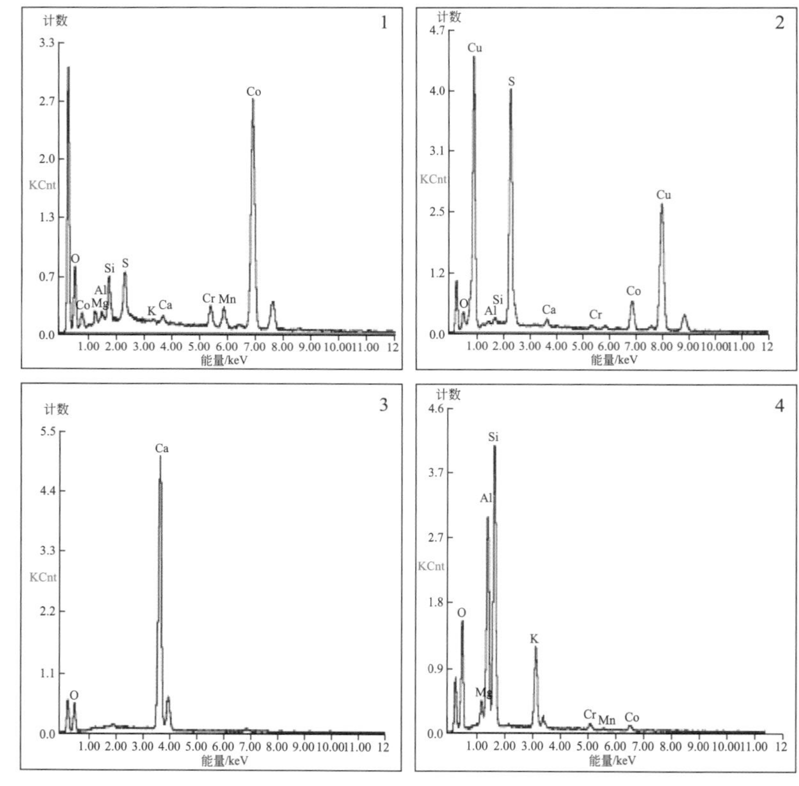

图4　样品的背散射电子图—$CoSO_3 \cdot 2H_2O$相中夹杂的$CuSO_4$相、CaO相和白云母

（点 1—$CoSO_3 \cdot 2H_2O$ 相；点 2—$CuSO_4$ 相；点 3—CaO 相；点 4—白云母）

（5）利用高纯锗γ能谱仪对样品进行放射性核素比活度分析，结果见表 2。

表2　样品的放射性核素比活度　　单位：Bq/g

| γ核素 | $^{238}U$ | $^{232}Th$ | $^{226}Ra$ | $^{40}K$ |
|---|---|---|---|---|
| 比活度 | 2.200 | 0.00215 | 0.0128 | 0.0097 |

## 3 产生来源分析

样品中的钴主要以 $CoSO_3 \cdot 2H_2O$ 的物相形态存在，不是含钴矿物的物相，因而判断样品不是含钴矿物。

X 射线荧光光谱和 X 射线能谱分析结果显示，样品主要成分为 Co、S、Mg、Mn、Si，其中 Co、S、Mn 的含量分别约为 50.10%、7.19%、2.26%，推算表明样品中除 $CoSO_3 \cdot 2H_2O$、$CoMnO_3$ 外，还有钴的氧化物；X 射线衍射分析仪、扫描电镜和反光显微镜结果未能显示出钴的氧化物，是由于样品结晶度不高所致；样品中的有害元素少，含量低，结合样品的主要成分和主要物相组成，综合判断样品来源于以钴矿或共生矿副产品为原料生产钴盐和氧化钴（CoO）的过程，但样品不是正常的产品，是混合物（详细来源分析可参考案例 95）。

## 4 固体废物属性分析

国际原子能机构安全标准《排除、豁免和解控概念的适用》中天然放射性核素 $^{238}U$ 比活度的限值为 1Bq/g，《进口可用作原料的固体废物环境保护控制标准》中规定 $^{238}U$ 比活度的限值为 0.3Bq/g。《中华人民共和国放射性污染防治法》“放射性污染是指由于人类活动造成物料、人体、场所、环境介质表面或者内部出现超过国家标准的放射性物质或者射线”。《中华人民共和国放射性污染防治法》第四十七条规定“禁止将放射性废物和被放射性污染的物品输入中华人民共和国境内或者经中华人民共和国境内转移”。

样品的天然放射性核素 $^{238}U$ 高于国际原子能机构安全标准《排除、豁免和解控概念的适用》中的限值，也高于《进口可用作原料的固体废物环境保护控制标准》（GB 16487）中的限值要求，属于被放射性污染的物质，根据《中华人民共和国放射性污染防治法》的规定，样品属于我国禁止进口的物质。样品属于“被法律禁止使用的任何材料、物质或物品”和“被污染的材料”，该物质的使用会对人体健康和环境增加风险，判断鉴别样品属于我国禁止进口的固体废物。

# 97. 放射性铯超标的物质

## 1 背景

2017年5月，中华人民共和国武汉海关缉私局委托中国环科院固体所对其查扣的一票进口“锌矿砂”货物进行固体废物属性鉴别，需要确定是否属于固体废物。

## 2 货物特征及特性分析

（1）货物封装于两个集装箱中的编织吨袋内，袋货物主要为灰黑色细粉末，也有袋中货物为较粗一些的颗粒和结块；有一股异味；摸到手上明显沾染黑色物质，不容易冲洗掉，明显含有炭黑；样品外观与正常锌矿不符。

（2）在集装箱开箱前用手持式多功能辐射检测仪（表面污染检测仪）测试两个集装箱外表面的辐射值，分别为0.533μSv/h、0.233μSv/h，其中0.533μSv/h超过仪器设定的报警值0.5μSv/h。将两个集装箱打开，用手持式多功能辐射检测仪，测试放在集装箱门口的货物包装表面的辐射值，分别是0.587μSv/h、0.593μSv/h，均超过仪器设定的报警值。从集装箱中各掏出8包货物，随机测定2包货物袋外表面辐射值，然后依次拆包进行查看外观特征并测定货物表面辐射值，测试结果见表1。

表1　掏出8包货物的表面辐射值　　单位：μSv/h

| 货物 | 吨袋外表面A | 吨袋外表面B | 第1包货物 | 第2包货物 | 第3包货物 | 第4包货物 | 第5包货物 | 第6包货物 | 第7包货物 | 第8包货物 |
|---|---|---|---|---|---|---|---|---|---|---|
| 辐射值 | 1.648 | 2.519 | 0.587 | 0.347 | 1.528 | 3.582 | 1.138 | 0.227 | 0.365 | 1.156 |

现场部分货物外观状况见图1～图5。

（3）此次现场鉴别前，湖北省核与辐射环境监测技术中心对该批货物进行了取样分析，发现所取5个样品中均含有高活度的人工放射性核素 $^{137}Cs$，测试结果见表2。

## 3 产生来源分析

根据货物外观特征和放射性核素铯超标状况，判断鉴别货物不是通常的锌矿砂，应是来源于境外工业生产中产生的被放射性污染的粉尘和颗粒物。

图1 箱门外表面测放射性水平

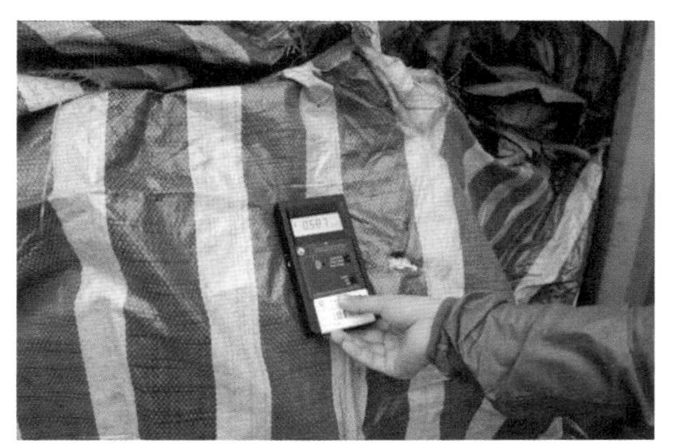

图2 箱内货物外表面放射性水平

图3 掏出8袋货物

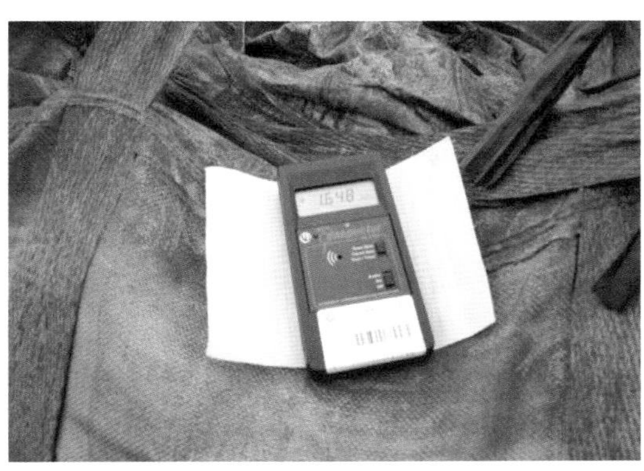


图4 测货物吨袋外表面放射性水平

(a)

(b)

图5 测货物的外表面放射性水平

表2 样品中 $^{137}Cs$ 比活度测试结果 单位：Bq/g

| 货包 | 1 | 2 | 3 | 4 | 5 |
|---|---|---|---|---|---|
| 人工放射性核素比活度 | 25.589 | 10.005 | 28.049 | 36.479 | 44.760 |

## 4 固体废物属性分析

《中华人民共和国放射性污染防治法》中定义“放射性废物，是指含有放射性核素或者被放射性核素污染，其浓度或者比活度大于国家确定的清洁解控水平，预期不再使用的废弃物”，清洁解控水平是区分是否是放射性废物的界限[1]。

目前，我国国家标准中规定了物料清洁解控的主要有《可免于辐射防护监管的物料中放射性核素活度浓度》（GB 27742—2011）、《核设施的钢铁铝、镍和铜再循环再利用的清洁解控水平》（GB 17567—2009）、《电离辐射防护与辐射源安全基本标准》（GB 18871—2002），表 3 列出了 3 个标准中规定的 $^{137}Cs$ 的核素活度浓度值[1]。《放射性废物的分类》（GB 9133—1995）中提出豁免废物，即“对公众成员照射所造成的年剂量值小于 0.01mSv，对公众的集体剂量不超过 1 人·Sv/a 的含极少放射性核素的废物”。

表3　$^{137}Cs$ 在不同标准中的解控水平　　单位：Bq/g

| $^{137}Cs$ | GB 27742 | GB 17567 | GB 18871 |
|---|---|---|---|
| 比活度 | 0.1 | 0.5 | 10 |

表 2 为湖北省核与辐射环境监测技术中心对该批货物取样进行放射性核素分析的结果，明显超出表 3 所列的 $^{137}Cs$ 在不同标准中的清洁解控水平；放射性核素 $^{137}Cs$ 的比活度也明显高于《进口可用作原料的固体废物环境保护控制标准》中 0.3Bq/g 的限值。《中华人民共和国放射性污染防治法》中定义“放射性污染，是指由于人类活动造成物料、人体、场所、环境介质表面或者内部出现超过国家标准的放射性物质或者射线”。因此，样品属于被放射性污染的物质。《中华人民共和国放射性污染防治法》第四十七条规定“禁止将放射性废物和被放射性污染的物品输入中华人民共和国境内或者经中华人民共和国境内转移”，因此鉴别货物属于我国禁止进口的物质。

鉴别货物属于“被法律禁止使用的任何材料、物质或物品”和“被污染的材料”，该物质的使用会对环境和人体健康具有危害，因此，依据《固体废物鉴别导则（试行）》的原则，判断鉴别货物属于我国禁止进口的固体废物。

## 参考文献

[1] 汪萍，廖运璇，魏国良，等. 放射性物料的清洁解控[J]. 核安全，2015，14（2）：6-11.

# 第六篇

# 鉴别为其他废物的典型案例

# 98. 羊毛皮边角碎料

## 1 背景

2018 年 1 月，中华人民共和国连云港海关委托中国环科院固体所对其查扣的一票进口“绵羊皮破碎块”货物样品进行固体废物属性鉴别，需要确定是否属于国家禁止进口的固体废物。

## 2 样品特征及特性分析

样品为长短不一、形状不规则的条带状毛皮物料，棕黄色或灰白色的浓密毛，明显可见裁剪痕迹，有的毛面破损等，为绵羊毛皮边角料。

样品的外观状况见图 1～图 4。

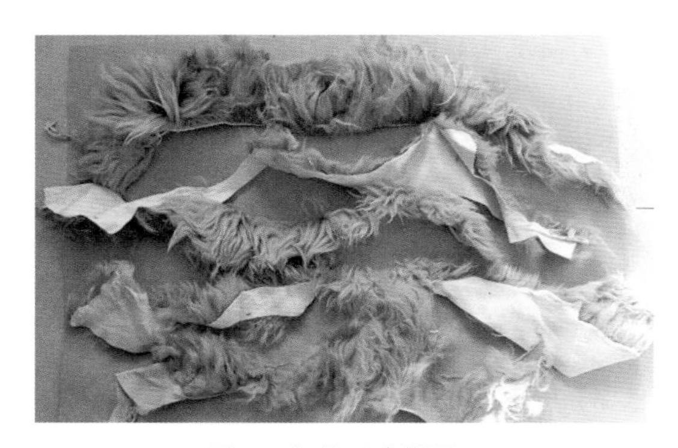

图1　条状毛皮样品

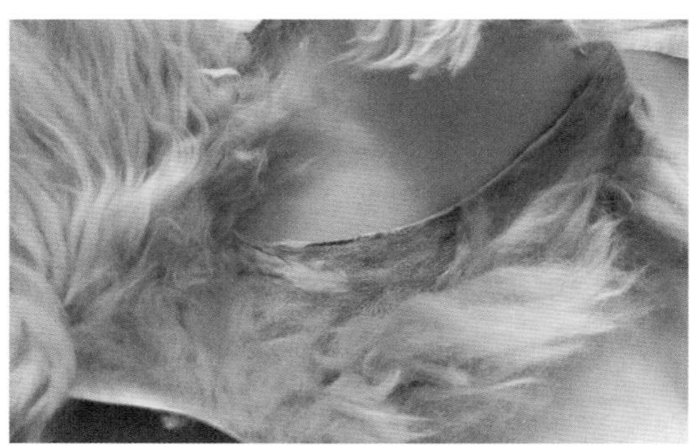

图2　破损毛皮样品

图3　有缺陷的毛皮样品

图4　毛皮上可见蓝色裁剪画线标记

## 3 产生来源分析

从外观特征判断，样品为绵羊毛皮边角料，应是来自毛皮制品加工厂回收的毛皮边角料、下脚料。

## 4 固体废物属性分析

（1）样品是绵羊毛皮边角料，是来自于毛皮制品加工厂回收的毛皮边角料、下脚料，属于“产品加工和制造过程中产生的下脚料、边角料”。根据《固体废物鉴别标准 通则》（GB 34330—2017）的准则，判断鉴别样品属于固体废物。

（2）环境保护部、商务部、发展改革委、海关总署、国家质检总局2017年8月发布的第39号公告中的《限制进口类可用作原料的固体废物目录》《非限制进口类可用作原料的固体废物目录》中均没有“毛皮边角料或下脚料”废物，而在《禁止进口固体废物目录》中列有“其他未列名固体废物”，建议将鉴别样品归于该类废物，因而鉴别样品属于我国禁止进口固体废物。

# 99. 狐狸毛皮碎料（假褥子）

## 1 背景

2019 年 6 月，中华人民共和国黑河海关委托中国环科院固体所对其查扣的一票进口“狐狸皮褥子”货物进行固体废物属性鉴别，需要确定是否属于固体废物。

## 2 货物特征及特性分析

（1）货物存放在黑河海关监管区仓库内，共计 201 包约 1000 件，随机抽取其中的 10 包进行拆包查看，抽取的 10 包货物均是由化纤布料缝制的长方形褥子状，每个长方形褥子沿短边方向被均分为 6～8 个缝制的窄套子，沿长边方向一侧缝有拉链，拉开拉链，可将窄套子内的填充物掏出。10 包货物拆开后，分别随机抽取 1 件对其填充物进行查看，发现掏出的 10 件货物的填充物均为未拼接的毛皮碎料，主要为狐狸毛皮碎料。

部分货物外观状况见图 1～图 8。

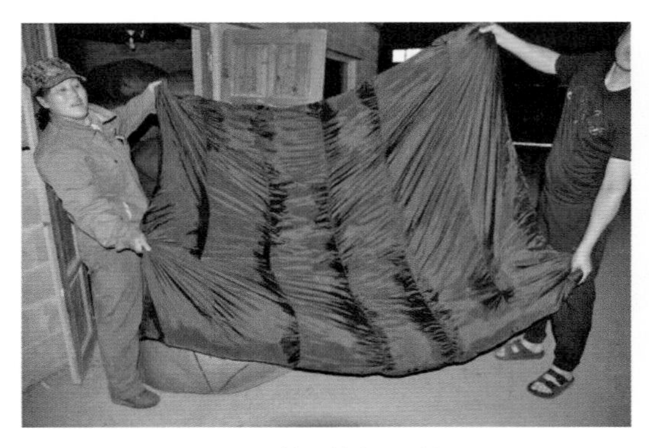

图1　第 1 块褥子外面

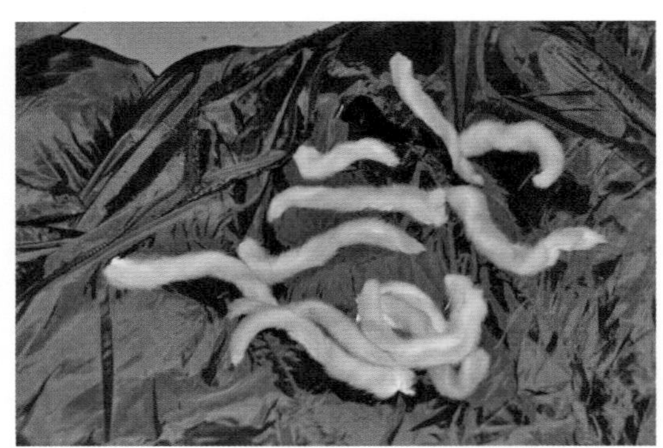

图2　从第 1 块褥子中掏出的水貂尾巴碎料

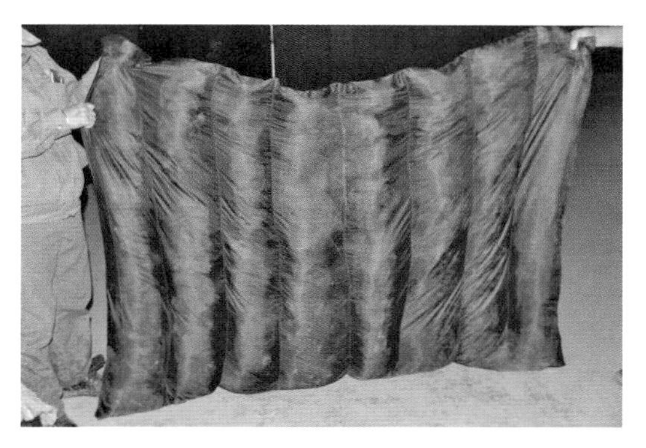

图3　第3块褥子外面

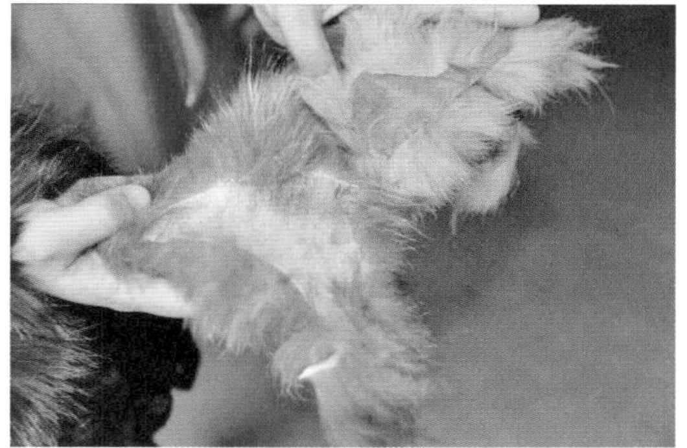

图4　从第3块褥子中掏出的大块毛皮

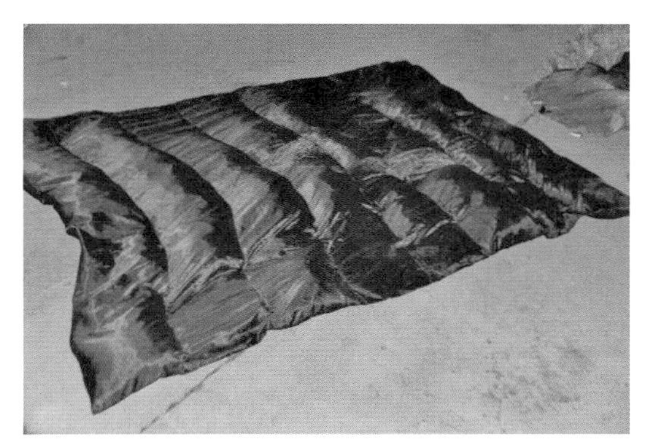

图5　第5块褥子外面

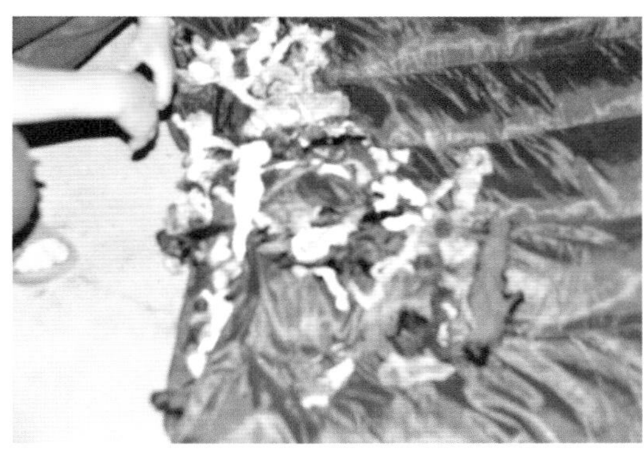

图6　从第5块褥子中掏出的碎毛皮

图7　从第7块褥子中掏出的碎毛皮

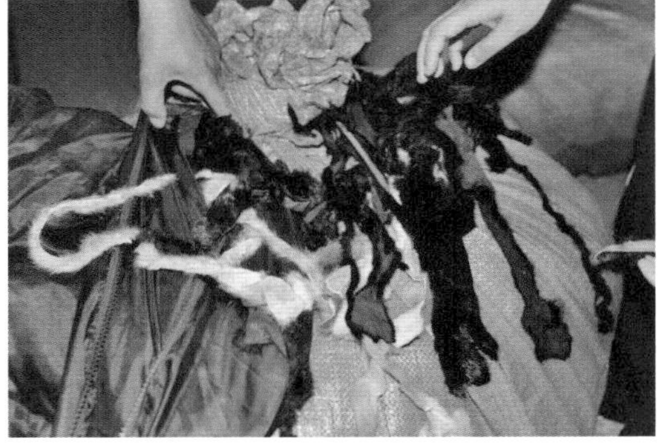

图8　从第9块褥子中掏出的碎毛皮

（2）委托单位寄送的1件“褥子”样品，外观与现场查看货物情形一致，打开后发现内部填装的为貉子毛皮碎料，有圈边碎料和头尾碎料，见图9、图10。

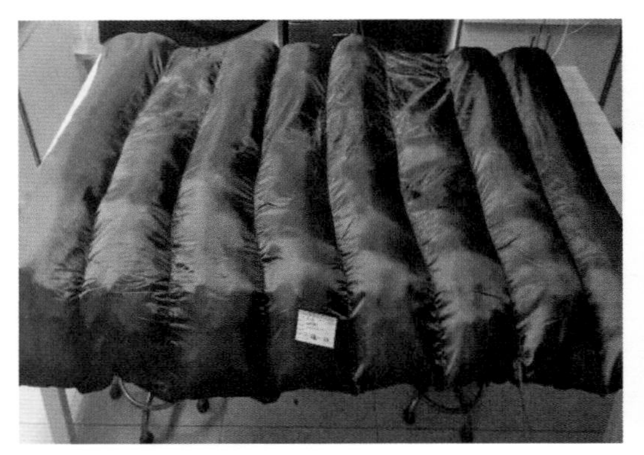

图9　褥子状布套

图10　从褥子中掏出的填充物

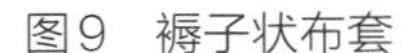

## 3 产生来源分析

货物为缝制的一种简易被罩式布套，且被分割成了大小基本相同的区域，填满填充物后的布套并不平整，与一般的毛皮褥子差异较大，货物不能称为毛皮褥子。套内填充物是未进行拼接的狐狸毛皮、水貂毛皮或貉子毛皮的边角碎料，也不能称之为毛皮褥子。总之，鉴别货物与申报的“狐狸皮褥子”不符，实为假褥子。

## 4 固体废物属性分析

（1）鉴别货物的内部填充物是来自于毛皮制品加工厂回收的毛皮边角料、下脚料，属于“产品加工和制造过程中产生的下脚料、边角料”。而盛装填充物的布套过于简易，在现有条件下只是一种盛装毛皮边角料的包装，未能起到约束内部填充物的作用。根据《固体废物鉴别标准　通则》（GB 34330—2017）中4.2条的准则，判断鉴别货物属于固体废物。

（2）环境保护部、商务部、发展改革委、海关总署、国家质检总局2017年12月发布的第39号公告中的《禁止进口固体废物目录》《限制进口类可用作原料的固体废物目录》《自动许可进口类可用作原料的固体废物目录》中均没有“毛皮边角料或下脚料”类废物，而在《禁止进口固体废物目录》中列有“其他未列名固体废物”，建议将鉴别货物归于该类废物，因而鉴别货物属于我国禁止进口的固体废物。

# 100．水貂毛皮边角碎料

## 1 背景

2017 年 12 月，中华人民共和国北京海关缉私局委托中国环科院固体所对其查扣的一票进口“水貂皮碎料”货物进行固体废物属性鉴别，需要确定是否属于固体废物。

## 2 货物特征及特性分析

查看现场共有 33 包货物，从中随机抽取 12 包进行拆包查看，均为水貂毛皮，针毛短且硬；毛皮的大小、颜色、形状各不相同，有的已经过了染色处理，有的有明显拼接缝合特征。

部分货物外观特征见图 1～图 6。

图1　第1包中的货物

图2　第3包中的货物

## 3 产生来源分析

根据查看货物特征判断鉴别货物是从整张或拼接缝合的大块毛皮（包括褥子）裁剪下来的边角碎料，即是来自于水貂毛皮制品加工厂回收的毛皮边角料、下脚料。

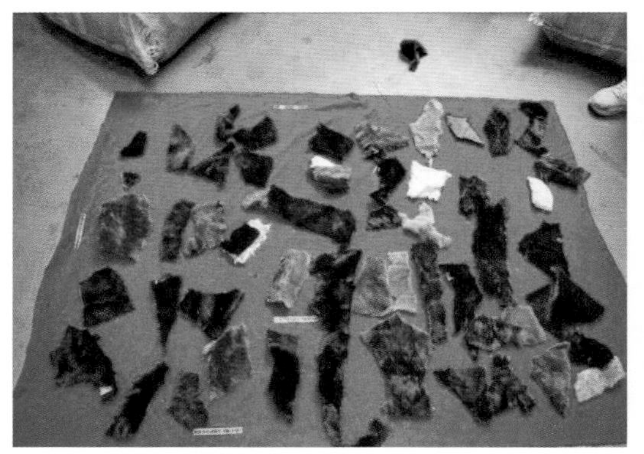

图3　第5包中的货物

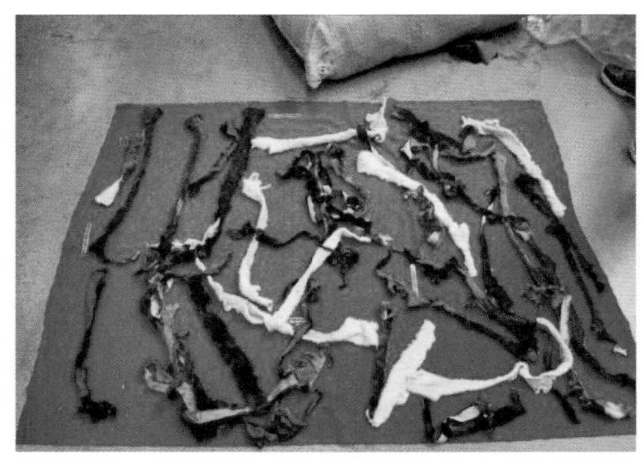

图4　第7包中的货物

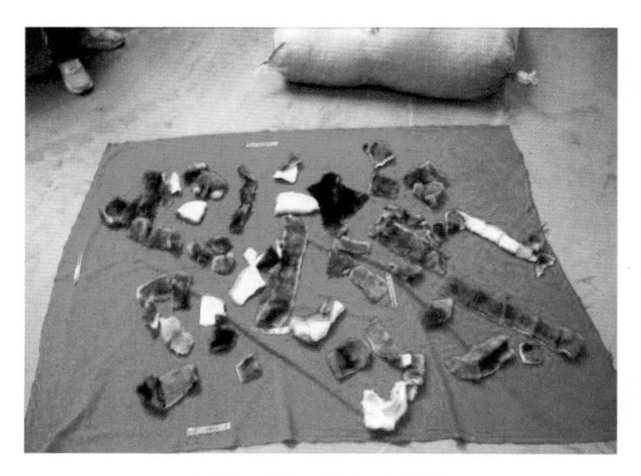

图5　第9包中的货物

图6　第11包中的货物

## 4 固体废物属性分析

（1）鉴别货物是从水貂毛皮制品加工过程中回收的边角料、下脚料，属于“产品加工和制造过程中产生的下脚料、边角料”，依据《固体废物鉴别标准　通则》（GB 34330—2017）的准则，判断鉴别货物属于固体废物。

（2）环境保护部、商务部等部门2014年12月发布的第80号公告中的《限制进口类可用作原料的固体废物目录》《自动许可进口类可用作原料的固体废物目录》中均没有“毛皮边角料或下脚料”类废物，而在《禁止进口固体废物目录》中列有“其他未列名固体废物”，建议将鉴别货物归于此类废物，因而鉴别货物属于我国禁止进口的固体废物。

# 101. 牛皮皮革边角碎料

## 1 背景

2017 年 6 月，中华人民共和国海沧海关缉私分局委托中国环科院固体所对其查扣的一票进口“粒面剖层非整张牛皮革”货物进行固体废物属性鉴别，需要确定是否属于国家禁止进口的固体废物。

## 2 货物特征及特性分析

现场鉴别货物特征如下：

① 包装简单，碎皮革散装在透明塑料袋内，重量不一；

② 颜色不一，有的同一包内有两种颜色的碎皮革；

③ 皮革种类上有头层修面皮（重涂饰、有粒面层）、二层皮（无粒面层），还有轻涂饰皮革（可见毛孔）；

④ 碎块大小不一、有宽有窄、有条状、有块状；

⑤ 裁剪痕迹明显，有的碎块表面可见裁剪划线标记，有的展开后明显就是一大块皮革被裁切掉需要部分后的剩余边角料，有的边角料边缘可见缝线。

货物外观状况见图 1～图 10。

图1　开箱内货物状况

图2　从箱内随机掏出的7小包货物

图3　第1包碎皮革

图4　第2包碎皮革

图5　第3包碎皮革

图6　第4包碎皮革

图7　第5包碎皮革

图8　第6包碎皮革

## 3 产生来源分析

鉴别货物是来自牛皮成品皮革制品加工生产中产生的不同颜色、不同种类的边角碎料。

图9　第7包碎皮革　　　　图10　皮革边角料

## 4 固体废物属性分析

（1）鉴别货物是回收的不同颜色、不同种类的牛皮皮革边角碎料，属于“虽未丧失利用价值但被抛弃或放弃的物质”，是“生产过程中产生的废弃物质”。根据固体废物的法律定义和《固体废物鉴别导则（试行）》的原则，判断鉴别货物属于固体废物。

（2）环境保护部、发展改革委、商务部、海关总署、国家质检总局五部门2017年发布的第3号公告中明确规定，将“4115200090成品皮革、皮革制品或再生皮革的边角料”从《限制进口类可用作原料的固体废物目录》调入《禁止进口固体废物目录》。因此，判断鉴别货物属于我国禁止进口的固体废物。

# 102. 蓝湿牛皮边角碎料

## 1 背景

2013 年 7 月，中华人民共和国南通海关委托中国环科院固体所对其查扣的一票进口“蓝湿牛皮”货物样品进行固体废物属性鉴别，需要确定是否属于国家禁止进口的固体废物。

## 2 样品特征及特性分析

样品为浅蓝色不规则块状皮，形状、大小、厚薄、皮纹均不一致，干燥、强硬、扭曲，明显有撕裂、破损、裁切的痕迹；皮面一面为毛绒状、另一面较光滑；样品明显脏污，但无明显异味；用火烧时具有动物皮烧焦气味，但不能持续燃烧。

样品外观状况见图 1。

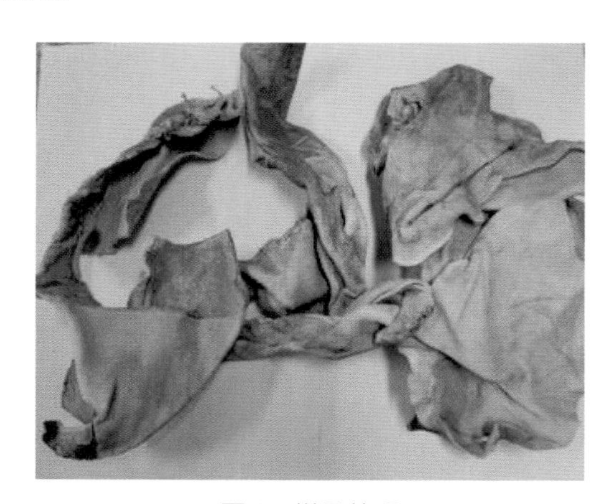

图1 样品外观

## 3 产生来源分析

样品材质为牛皮蓝湿皮，是来自牛皮加工过程中经铬鞣制后在制品进行圈边操作产生的边角料。

## 4 固体废物属性分析

（1）鉴别样品属于“生产过程中产生的废弃物质”或“生产过程中产生的残余物”。因此，依据《固体废物鉴别导则（试行）》的原则，判断鉴别样品属于固体废物。

（2）2009年8月1日，环境保护部、商务部、发展改革委、海关总署、国家质检总局发布的第36号公告中的《限制进口类可用作原料的固体废物目录》明确列出了“4115200090 皮革或再生皮革边角料”，并且要求“面积不小于200cm$^2$的皮革边角料，用于手套、配饰、玩具等的加工”。但样品是来自牛皮经铬鞣制后在制品进行圈边操作产生的边角料，不是最终牛皮革及皮革制品加工中产生的边角料，不能直接作为小件皮革制品的原材料，只能作为制造再生革或提取工业明胶的原料。上述第36号公告第一项规定“不符合《限制进口类可用作原料的固体废物目录》相应‘其他要求或注释’中规定的进口固体废物，按照禁止进口固体废物管理”；同时，2011年8月1日起施行的《固体废物进口管理办法》明确规定“禁止进口尚无适用国家环境保护控制标准或者相关技术规范等强制性要求的固体废物”。因此，判断鉴别样品属于我国禁止进口的固体废物。

# 103. 废骨头

## 1 背景

2019 年 12 月，中华人民共和国阿日哈沙特海关委托中国环科院固体所对其查扣的一票进口“高温骨粒”货物及其样品进行固体废物属性鉴别，需要确定是否属于固体废物。

## 2 货物特征及特性分析

（1）现场鉴别货物特征

委托方将查扣货物露天堆放在海关货场内，在 -25℃并且有风的情况下，现场随机拆开 4～5 袋货物进行查看，鉴别货物仍散发出一定羊膻气味，为各种状态的骨头，与海关同时查扣的另外三批货物相比相对新鲜，骨头上残留肉明显多一些，粉末和碎屑明显很少。

货物外观状态见图 1～图 5。

图1　露天堆放的货物（四周为积雪）

图2　现场拆袋

（2）委托方所送样品特征

2020 年 1 月 7 日，委托方送来货物样品用编织袋包装，样品与现场查看货物外观特征基本一致，仅是异味有所减弱。样品外观状况见图 6 和图 7。

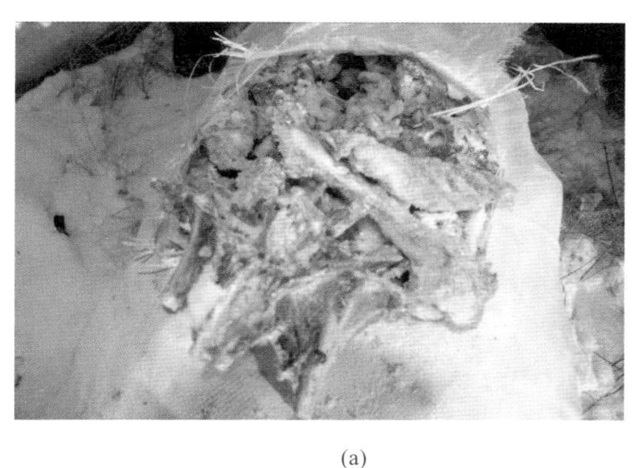
(a)

(b)

图3　带肉鲜骨头

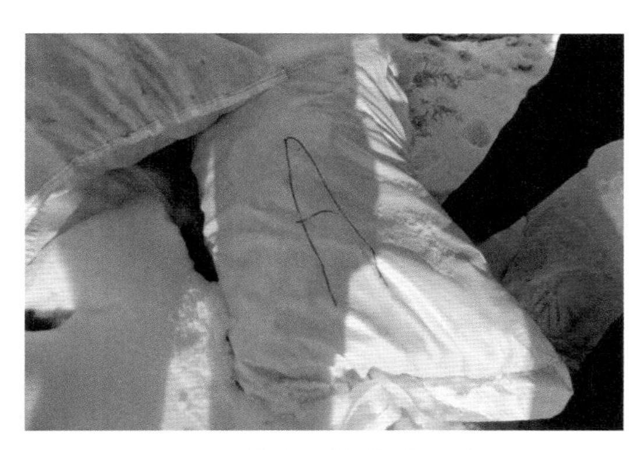
图4　包装袋上的“A”标志

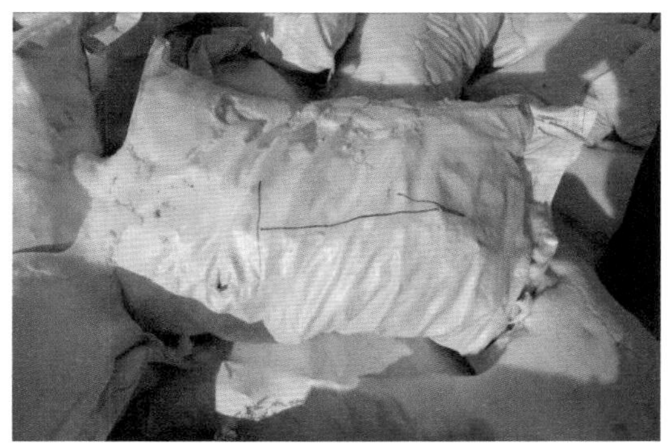
图5　包装袋上的“1”标志

图6　袋内货物

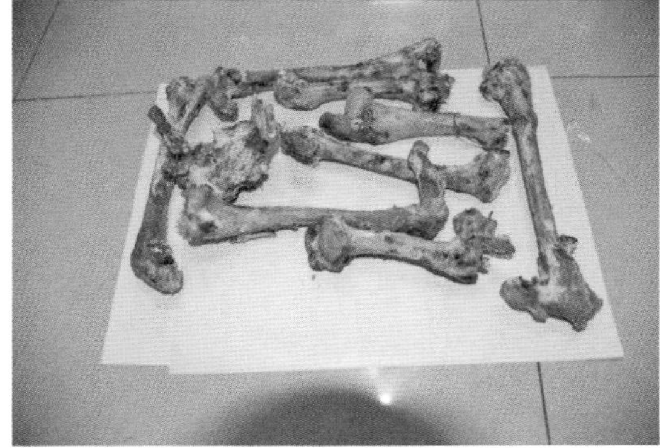
图7　骨头外观

## 3 产生来源分析

（1）不是脱脂骨粒产品

骨粒是生产骨明胶的优质原料。骨粒的加工工艺一般是将新鲜骨经砸骨、脱脂、烘干、分选等一系列加工程序，最终得到骨粒产品。正常脱脂骨粒产品见图8[1]。

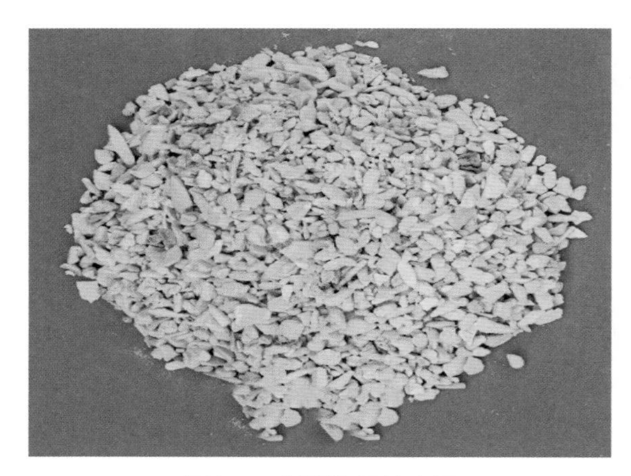

图8　正常脱脂骨粒产品

① 砸骨。砸骨是为了提高骨料的骨粒得率，是砸骨机选择的重要环节。为了提高得率，需要在粗砸后进行水煮，然后再进入其他对骨料损害较小的精砸机，可以提高骨粒得产率。骨粒加工尺寸要小于 20mm，所以有些骨粒精砸后还是大于规格要求，经干燥机干燥后还需把分选出来尺寸大于 20mm 的骨粒进行复砸。

② 脱脂。脱脂一般分为水力脱脂法、水煮法和挤压法。其中水煮法为精砸后的骨粒装入笼筐里，再把笼筐放入能加热的水槽中；将水槽里的水和骨粒一同加热到 90～95℃，时间 1～3h；然后吊出，迅速将骨粒放入离心机甩出骨粒上部分油水。熟骨粒的残油率能达到 3%～5%，但鲜骨用此方法残油率很高，需事先将骨料内的骨油煮出或重复一遍才行。此法蒸煮温度较高、时间较长，一定程度上破坏了骨胶原。

③ 干燥。干燥工具通常有滚筒干燥机、炒罐和烘床，根据生产规模的大小选择适当的干燥工具。生产规模较大时选用滚筒干燥机，这样干燥骨粒不但能实现连续化生产，还能灭菌，确保骨粒质量。为安全储存和运输，骨粒制造的安全水分含量应控制在 10% 以下。

④ 分选。分选分为两种：一种是粒度分选（5～8mm、8～12mm、12～18mm）或（5～10mm、10～15mm、15～20mm）；另一种是重力分选（8L 容器），容重≥6.0kg 为硬质骨，容重≥3.5kg 为轻质骨（实际要求由各厂采购的骨粒情况自定）。

⑤ 验收标准。常用骨粒验收标准指标包括：a. 胶原蛋白含量，鲜牛骨粒≥22%，熟牛骨粒≥17%；b. 残油率≤3%；c. 水分≤10%；d. 粒度，小于同规格的不得≥5%；大于同规格的不得≥5%；骨粉≤1%；筋腱≤1%；无脱胶，发黑，变质骨粒。

由鉴别货物的外观特征对比上述脱脂骨粒生产加工过程及基本要求可判断，鉴别货物从颜色、规格、灭菌、无变质、脱脂脱肉等方面均不满足脱脂骨粒产品要求，因而不是脱脂骨粒产品。

（2）鉴别货物（包括样品）为回收骨料

鉴别货物由各种形状和大小不一的骨头构成，有一定羊膻气味，可见骨头上带残余少许肉，综合判断主要是来自牛羊屠宰中回收的各种骨料，不属于经二次加工处理成的脱脂骨粒产品。

## 4 固体废物属性分析

（1）鉴别货物是来自牛羊屠宰中回收的各种骨料，不属于经二次加工处理成的脱脂骨粒产品。根据《固体废物鉴别标准　通则》（GB 34330—2017）第 4.1a）条和第 4.2a）条的准则，判断鉴别货物属于固体废物，为骨废料。

（2）根据 2017 年 12 月环境保护部、商务部、发展改革委、海关总署、国家质检总局发布第 39 号公告的《禁止进口固体废物目录》第一部分为废动植物产品，序号 05 为“含牛羊成分的骨废料（未经加工或只经脱脂加工的）”，建议将鉴别货物归于此类废物，因而鉴别货物属于我国禁止进口的固体废物。

## 参考文献

[1] 周士海. 浅谈骨粒加工工艺[J]. 明胶科学与技术，2014，34（1）：49-51.

# 104. 废骨粉

## 1 背景

2019 年 8 月，中华人民共和国二连海关委托中国环科院固体所对其查扣的一票进口“脱脂骨粒”货物样品进行固体废物属性鉴别，需要确定是否属于国家禁止进口的固体废物。

## 2 样品特征及特性分析

（1）样品由黄棕色骨粉及白、黄色骨粒组成，部分骨粉附着在骨粒上。骨粉呈碎屑状，含量较多，大约占 3/5；骨粒为碎渣状，大小不等，形状不规则。样品有明显的羊腥膻异味。样品外观状况见图 1。

图1　样品外观

（2）用孔径为 5mm 的样筛对样品进行筛分，筛分情况见表 1 及图 2；测定样品 105℃下的含水率及样品的残油率，测试结果见表 1。

表1　样品颗粒筛分重量比

| 项目 | 过 5mm 样筛 | | 水分 /% | 残油率 /% |
|---|---|---|---|---|
| | 筛上物重量占比 /% | 筛下物重量占比 /% | | |
| 测试结果 | 36.5 | 63.5 | 2.68 | 10.20 |

图2　样品过5mm样筛后的筛上物及筛下物

（3）使用X射线衍射仪对样品进行物相组成分析，主要成分为$Ca_5(PO_4)_3(OH)$、$SiO_2$、$Ca_2SiO_4$。X射线衍射分析谱图见图3。

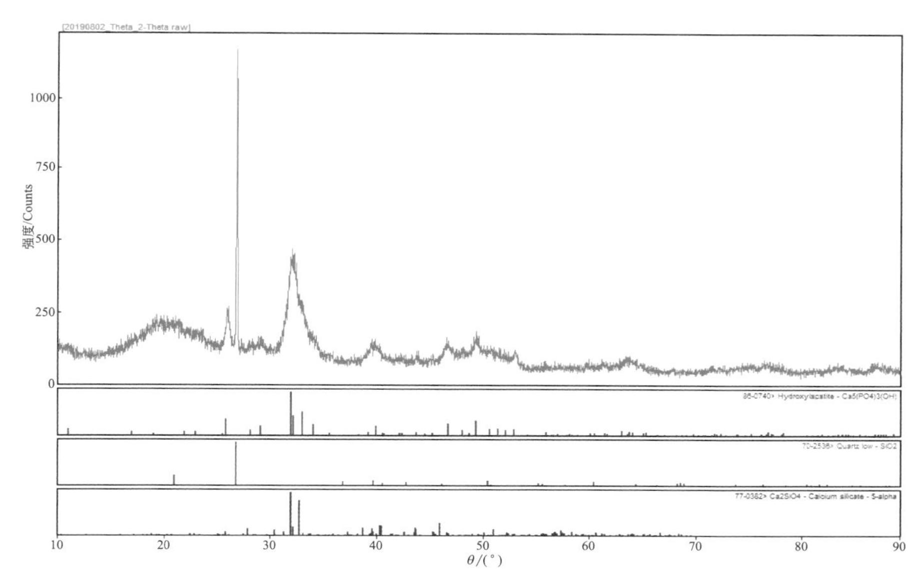


图3　样品的X射线衍射分析谱图

## 3 产生来源分析

样品的主要成分为$Ca_5(PO_4)_3(OH)$、$SiO_2$、$Ca_2SiO_4$，符合动物骨骼主要物质元素组成；样品大部分为黄棕色骨粉，小部分为形状尺寸不同的白、黄色骨粒，外观混杂，与正常脱脂骨粒产品外观不符；样品的粒度不均匀，小至粉末状骨粉、大至粒度在40mm及以上的骨碎片混杂在一起；样品中粒度在小于5mm的重量占比63.5%，筛下物几乎为骨粉，其骨粉含量远超出正常脱脂骨粒骨粉含量1%的要求；样品的残油率为10.20%，高于正常产品不超过3%的要求。判断鉴别样品是来自于骨料加工处理过程中的产物，但不符合正常脱脂骨粒产品要求，属于脱脂骨粒生产过程中产生的不合格混杂物料（包括生产过程中回收的残余物、下脚料）。

## 4 固体废物属性分析

（1）样品属于脱脂骨粒生产过程中产生的不合格混杂物料（包括生产过程中回收的残余物、下脚料），根据《固体废物鉴别标准　通则》（GB 34330—2017）第 4.1a）条和第 4.2a）条的准则，判断鉴别样品属于固体废物，为骨废料。

（2）根据 2017 年 12 月环境保护部、商务部、发展改革委、海关总署、国家质检总局发布第 39 号公告的《禁止进口固体废物目录》第一部分为废动植物产品，序号 05 为“含牛羊成分的骨废料（未经加工或只经脱脂加工的）”，建议将鉴别货物归于此类废物，因而鉴别样品属于我国禁止进口的固体废物。

# 105. 棕榈壳

## 1 背景

2013 年 12 月，中华人民共和国黄埔老港海关委托中国环科院固体所对其查扣的一票进口“棕榈壳”货物样品进行固体废物属性鉴别，需要确定是否属于固体废物。

## 2 样品特征及特性分析

（1）样品为棕黑色果壳，湿润，明显可见纤维质和少许果仁。样品外观状态图 1 和图 2。

图1 样品外观

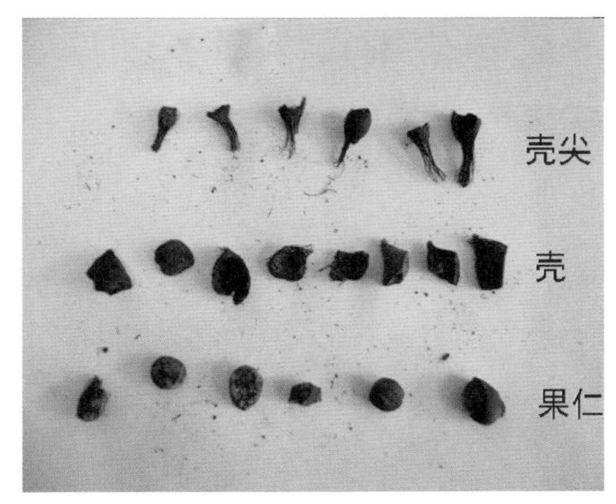


图2 样品中的壳尖、壳、果仁

（2）参照固体生物质燃料的测定方法，测定样品的水分为 20.8%，样品干基的灰分、S、C、H 的含量以及发热量，结果见表 1。

表1 样品干基的灰分、S、C、H、发热量 单位：%

| 测试项目 | 灰分 | 挥发分 | 固定C | 全S | H | C | 高位发热量/（kcal/kg） |
|---|---|---|---|---|---|---|---|
| 含量 | 2.96 | 75.57 | 21.48 | 0.04 | 5.48 | 51.94 | 5026.9 |

注：1cal=4.1868J，下同。

## 3 产生来源分析

棕榈油提炼过程中会先从果肉中抽取果核，然后将果核的外壳削去，削去的部分便是棕榈壳，主要作为燃料使用，质量高的棕榈壳热值可达到4600kcal/kg、灰分小于3%[1]；文献资料中对棕榈壳的分析结果为分析水5.73%、灰分2.21%、挥发分73.74%、固定C 18.37%、S 0.51%、H 7.2%[2]；从互联网上搜索的棕榈壳外观状况见图3～图5。将样品的外观和实验数据与上述棕榈壳文献和资料的信息进行对比分析，两者相似，判断样品为棕榈壳。

图3　棕色棕榈壳

图4　黑色棕榈壳（中间为硬币）

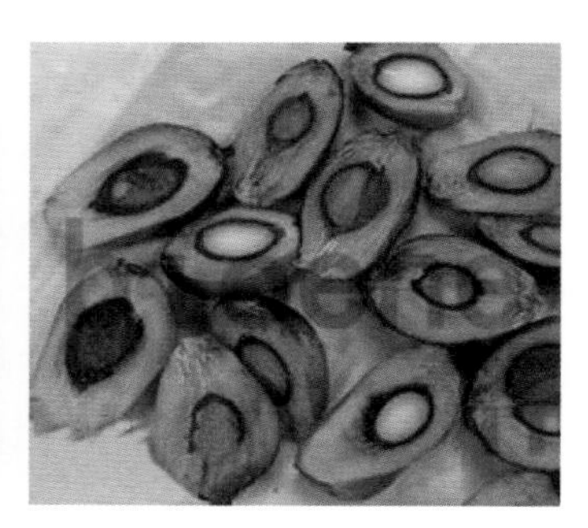

图5　棕榈果壳和果仁

## 4 固体废物属性分析

（1）样品为棕榈壳，它是棕榈油生产中将果实中果仁剥离后的剩余物，果仁去提炼棕榈油，是生产中有意获得的目标产物，而果壳为无意识生产的产物，是“生产过程中的残余物”，利用棕榈壳是“用作燃料，或以其他方式生产热能”，因此，根据《固体废物鉴别导则（试行）》的原则，判断鉴别样品属于固体废物。相关文献资料也将棕榈壳作为棕榈油产业的废弃物[3]。

（2）2009年8月1日，环境保护部、商务部、发展改革委、海关总署、国家质检总局发布的第36号公告，在该公告《自动许可进口类可用作原料的固体废物目录》和《限制进口类可用作原料的固体废物目录》均没有列出“棕榈废料”或“棕榈壳废料”，而在该公告《禁止进口固体废物目录》中列出了“其他未列名固体废物”，建议将鉴别样品归于该类废物，因而鉴别样品属于我国禁止进口的固体废物。

## 参考文献

[1] http：//baike.baidu.com/.

[2] 杨海平，陈汉平，陈应泉. 热解过程中棕榈壳焦的物化结构演变特性[J]. 中国机电工程学报，2008，28（32）：106-108.

[3] 王杰，王文举. 棕榈壳热解特性及动力学分析[J]. 中国科技论文，2013，8（9）：888-891.

# 106. 废枕木

## 1 背景

2019 年 1 月，中华人民共和国烟台海关委托中国环科院固体所对其查扣的一票进口枕木货物进行固体废物属性鉴别，需要确定是否属于固体废物。

## 2 货物特征及特性分析

（1）开箱查看 3 个集装箱货物，外观特征基本一致，均为每捆 25～30 根枕木，枕木长约 2m、宽约 0.23m、高约 0.11m，有少部分因断裂出现长短不一的情况，枕木上道钉穿透孔明显；不少枕木两端出现开裂、腐烂，表面粗糙，并出现裂纹、发霉、沾染脏污且外层脱落等情况。部分货物状态见图 1～图 5。

(a)

(b)

图 1　开箱货物

（2）随机选取一根枕木运送至某家具厂进行机械裁切，切割样品长 0.23m、宽 0.11m、高 0.05m，可见断面木质细密、结实、颜色发红，断面有明显的裂纹和边缘浸染黑渍，见图 6 和图 7。经专业鉴定，木材为红饱食桑。拉丁名为 *Brosimum* sp.，科别为桑科 Moraceae。

图2　枕木外表裂纹

图3　枕木道钉孔

图4　枕木长短不一

图5　枕木端已腐烂、粗糙外表

图6　挑选外观较好的一根枕木

图7　切割样品断面明显可见裂纹和浸染污渍

## 3　产生来源分析

铁路枕木，是用于铁路线路铺设的基础材料，是铁路上部建筑不可缺少的重要物资。枕木的使用寿命短，其失效原因很多，主要是腐朽、机械磨损和开裂。枕木由于易腐朽，在上道前要经过防腐处理，而未经防腐处理的木枕称为素枕。

红饱食桑大多数为乔木，少数灌木及草本，约53属、1400种。主要分布于热带、亚热带，少数温带。根据《中国主要进口木材名称》（GB/T 18513—2001），红饱食桑属于桑科，心材深红或浅红褐色，与边材区别明显，气干密度大于1.0g/cm$^3$。红饱食桑的红色明亮鲜艳，随着时间的推移颜色变深棕红色，如避免阳光直射，可以减少颜色的转变；物理性能上由于其结构略粗，木材重，干缩中，强度大，稳定性佳，抗虫蚀，干燥慢，表面硬化，耐腐性好。加工性能上由于木材重硬，加工困难。用途方面，红饱食桑在欧美是非常受欢迎的硬木，由于稳定性、硬度以及漂亮的颜色常用来制作家具和结构用材，也是制作工艺品和车削的材料[1]。

鉴别货物整体状态一致，均为具有一定长宽高的带有穿透孔洞的黄褐色长方体木质材料，外表面有破损、开裂、脏污、腐朽、发霉现象；现场取回样品断面特征与红饱食桑特征相符，经专业鉴定为红饱食桑材质；鉴别货物具有明显的使用痕迹，与新成品枕木外观存在巨大反差。总之，判断鉴别货物是更换下来的枕木，材质为红饱食桑，具有明显废弃的特征。

## 4 固体废物属性分析

（1）鉴别货物是更换下来的枕木，具有明显废弃的特征，是生产过程中产生的废弃物质、报废产品，属于被抛弃或放弃的物质，依据固体废物的法律定义以及《固体废物鉴别标准　通则》（GB 34330—2017）的原则，判断鉴别货物属于固体废物。

（2）根据2017年12月环境保护部、商务部、发展改革委、海关总署、国家质检总局发布第39号公告的《禁止进口固体废物目录》第十四部分为其他，序号124为“废枕木”，建议将鉴别货物归于此类废物，因而鉴别货物属于我国禁止进口的固体废物。

## 参考文献

[1] https://baike.baidu.com/item/红饱食桑木.

# 107. 木屑棒

## 1 背景

2017 年 5 月，武汉海关现场业务处委托中国环科院固体所对其查扣的一票进口“非针叶木木粒”货物样品进行固体废物属性鉴别，需要确定是否属于固体废物。

## 2 样品特征及特性分析

样品是长度在 0.5～2cm 之间、直径约 7mm 的圆柱状颗粒，表面较光滑，质轻，两端断面粗糙，明显为木屑压制而成，样品的外观状态见图 1。样品用水浸泡 10h 后，全部散开，明显为木料碎屑（含锯末），浸泡后的样品状态见图 2。

图1　样品外观

图2　浸泡后的样品状态

## 3 产生来源分析

木屑棒成型属于生物质成型中的热压成型，是国内外对生物质进行固化成型最为普及的工艺之一，其工艺流程见图 3[1]。

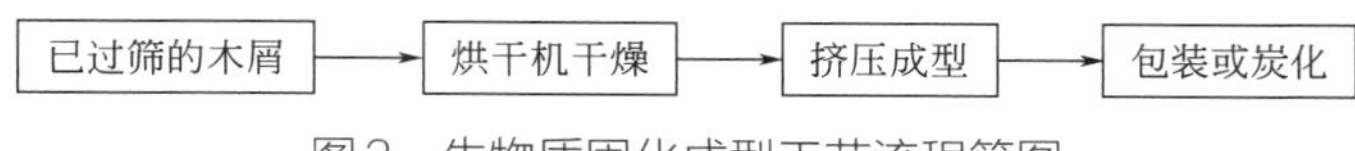


图3　生物质固化成型工艺流程简图

木屑棒的挤压成型是以温度、压力和物料在成型模具内的滞留时间为三要素。挤压成型的特点是木屑在套筒模具内被挤压的同时，利用发热管对套筒模具进行外部加热，钢制的套筒模具很容易将热量传递给木屑，木屑温度得以提高。植物细胞中的木质素是高分子化合物，当温度为70～110℃时软化，黏合力增加；达到140～180℃时就会塑化而富有黏性；在200～300℃时可熔融，从而成为一种高效黏结剂，可以将木屑黏结在一起，在压力的作用下、在一定时间内经过套筒模具就会成为条形的木屑棒。

样品外观特征，与在互联网上搜索的“木屑棒”图片（见图4）的外观特征类似。经咨询林木研究方面的专家，判断样品为木屑棒。

(a)

(b)

图4 国内企业生产的木屑棒

## 4 固体废物属性分析

（1）样品为木屑棒，已明确列入相关固体废物管理目录中。另外，生产过程没有质量控制，没有相应的标准和规范，根据《固体废物鉴别导则（试行）》的原则，判断鉴别样品属于固体废物。

（2）2014年12月30日，环境保护部、商务部、发展改革委、海关总署、国家质检总局发布的第80号公告《自动许可进口类可用作原料的固体废物目录》（2015年环境保护部等五部门的69号公告调整为《非限制进口类可用作原料的固体废物目录》）中，明确列出“4401310000 木屑棒”，样品中未见其他夹杂物，符合《进口可用作原料的固体废物环境保护控制标准——木、木制品废料》（GB 16487.3—2005）的要求，建议将鉴别样品归于该类废物，因而鉴别样品进口当时属于我国非限制进口类的固体废物。

## 参考文献

[1] 李瑞垞. 机制木炭机工作原理及木屑物料压缩空间变化分析[J]. 广东开放大学学报，2015（24），113: 109-112.

# 108. 无纺布边角碎料

## 1 背景

2019 年 4 月，中华人民共和国天津新港海关缉私分局委托中国环科院固体所对其查扣的一票进口“无纺布”货物进行固体废物属性鉴别，需要确定是否属于固体废物。

## 2 货物特征及特性分析

集装箱内货物用白色半透明塑料膜包覆，塑料膜内有铁丝进行捆扎。货物形状分为宽窄不同的条状、大小不同的块状、直径及宽窄不同的盘状、不规则的有明显裁剪痕迹的边带状等；尺寸由几厘米至十几米不等，多为多层成叠，少部分货物为单层；布上痕纹分为无痕纹、网格痕纹、人字痕纹等；材质状态分为无纺布状及棉絮纤维状。部分货物上沾有黄色、黑色印记及油渍；有的大块片状货物可见布面稀疏不齐，有不规则漏洞；有的带有彩色标记等。

随机抽选 6 个不同性状的样品进行成分测定，样品成分及比例见表 1 和图 1～图 6。现场部分货物状况见图 7～图 10。

表 1　样品的外观及成分构成

| 样品 | 外观描述 | 成分及其比例 |
|---|---|---|
| 1 号 | 棉絮纤维状：具有短纤维特征的打褶痕迹 | 聚烯烃纤维 100% |
| 2 号 | 无痕纹条状：单层较薄，多层成叠 | 再生纤维素纤维 48.4%，聚酯纤维 38.3%，聚乙烯纤维 13.3% |
| 3 号 | 人字痕纹块状：布层较厚，似多层叠压而成 | 再生纤维素纤维 100% |
| 4 号 | 网格痕纹条状：多层成叠 | 再生纤维素纤维 31.7%，聚酯纤维 68.3% |
| 5 号 | 无痕纹大块状：单层较薄，多层成叠；布面明显稀疏不齐、有不规则漏洞 | 再生纤维素纤维 100% |
| 6 号 | 无痕纹条状：单层较薄，多层成叠；不规则的有明显裁剪痕迹的边带状 | 再生纤维素纤维 48.4%，聚酯纤维 38.3%，聚乙烯纤维 13.3% |

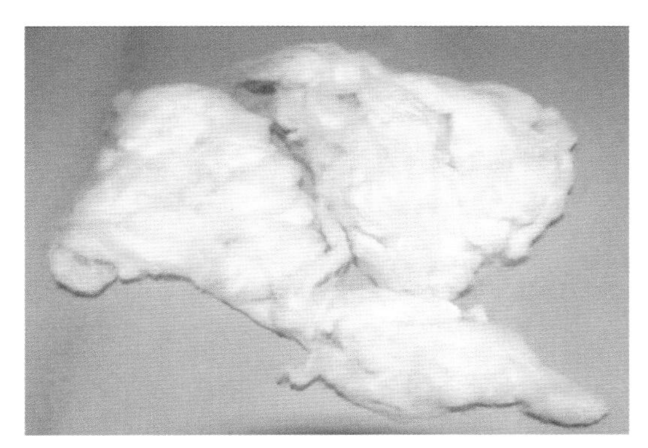
图1　1号棉絮纤维状样品

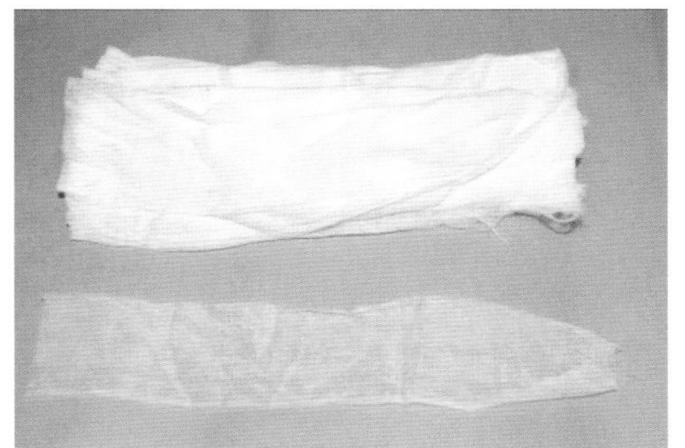
图2　2号无痕纹条状无纺布样品

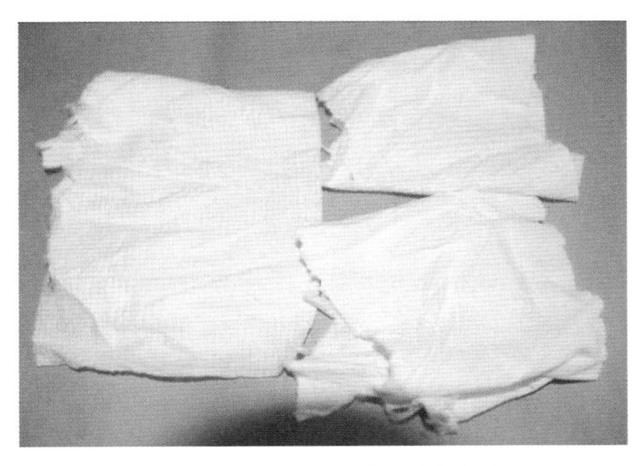
图3　3号人字痕纹块状无纺布样品

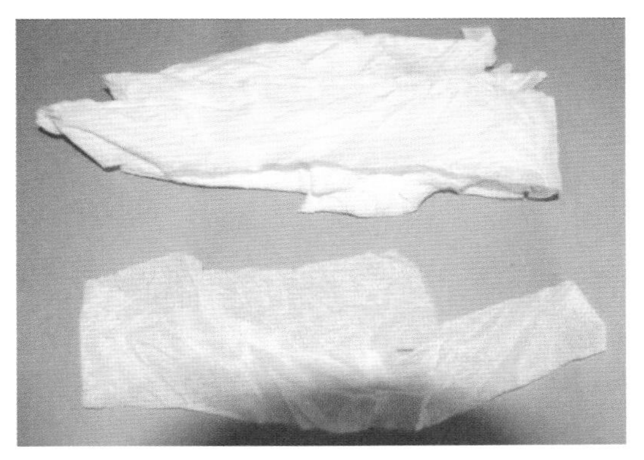
图4　4号网格痕纹条状无纺布样品

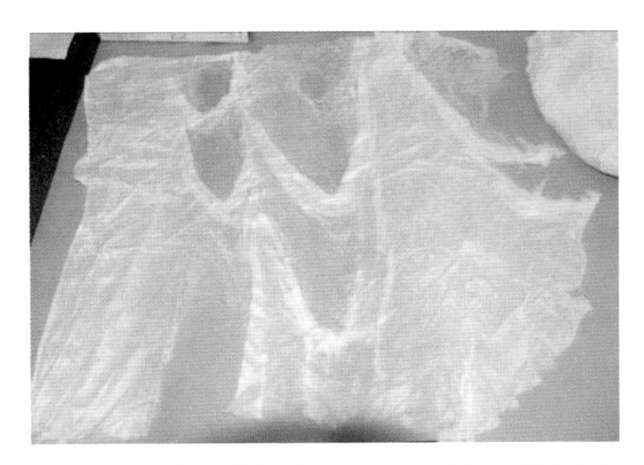
图5　5号样布面明显稀疏不齐、有不规则漏洞

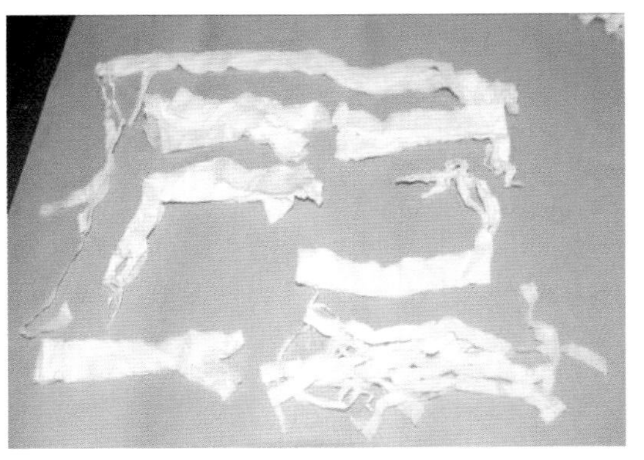
图6　6号样有明显裁剪痕迹的边带状

图7　挤压在一起的面积较大的货物

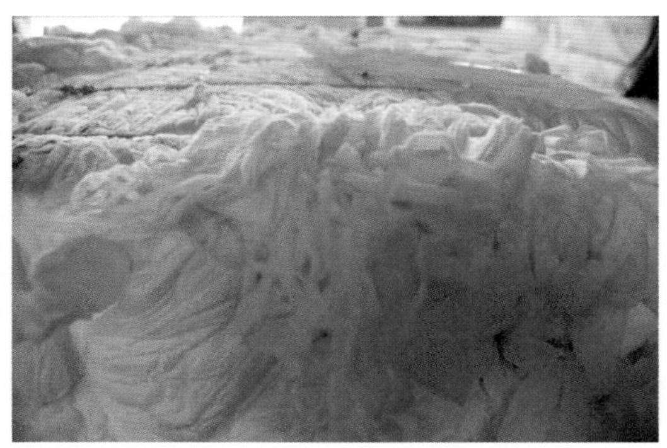

图8　宽窄不同的条带状货物

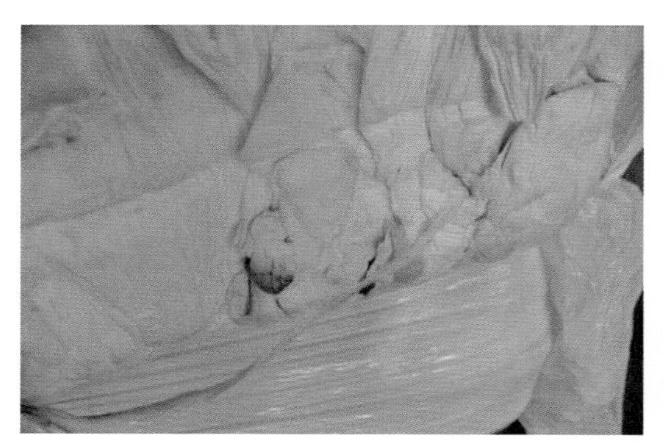

图9　货物中有红、绿、黄、黑等多色标记物

图10　带状、纤维状货物混在一起

## 3 产生来源分析

无纺布[1]，也称为非织造布，是由定向的或随机的纤维而构成，因具有布的外观和某些性能而称其为布，具有防潮、透气、柔韧、质轻等特点。无纺布制造基本上可分为3个步骤，即料片成形、料片黏结和料片的干燥整饰。经过干燥整饰后的料片才是无纺布成品。料片成形分干抄法、湿抄法和纤维成形法三种形式。干抄法的原料有天然纤维和人造纤维两大类：天然纤维为黄麻、棉花；人造纤维为丙烯酸、聚芳基醯胺、尼龙、聚乙烯、聚丙烯、聚酯或黏胶纤维等。湿抄法也称抄纸法，其生产过程基本与纸张抄造过程相似，设备有长网、圆网和斜网等形式。湿抄法的原料亦有天然纤维和人造纤维两大类：天然纤维为马尼拉麻、棉花、剑麻或木浆；人造纤维为玻璃、聚乙烯、聚丙烯、尼龙、聚酯或黏胶纤维。

鉴别货物表现出不同性状、形状、尺寸，且货物之间差异较大。根据样品性状、测试结果、查阅资料及咨询行业专家，我们认为：

① 鉴别货物外观为布，与无纺布相似，应来自无纺布生产过程；

② 货物中棉絮状的短纤维是利用梳理法进行无纺布生产的部分原料，由于其与其

他无纺布产物混合压缩挤压包装，多为无纺布生产企业的落地料、尾料；

③ 货物打包外部及拆包后的内部多次出现油渍、污迹，是沾染机器机油等污染物或运输过程中被污染等原因造成，被污染的货物为无纺布生产厂的废料；

④ 货物中出现大块布面稀疏不齐、有不规则漏洞，此为无纺布生产过程中的过渡料，是由于生产工艺的不稳定等原因形成的不合格品、残次品、废品；

⑤ 货物中出现的多颜色标记物一般为无纺布生产企业在连续生产时，产品出现瑕疵而标记疵点的方式；

⑥ 多层叠放的无纺布存放形式一般存在于无纺布加工利用企业，该类型企业为无纺布生产企业的下游企业，对无纺布进行加工、成品裁切等，会产生成沓的裁切后的边角碎料、残边，与货物中出现的不规则的有明显裁剪痕迹的边带状样品有较高的一致性；

⑦ 样品成分差异较大，包含聚烯烃纤维、再生纤维素纤维、聚酯纤维等多种纤维，且成分比例也有较大差距，不具有明显一致性特征。

综上所述，货物中既有无纺布生产过程中的落地原料（棉絮状短纤维），也有无纺布生产企业的不合格产物（各种形状、尺寸、沾染污迹的无纺布），同时还有无纺布加工利用企业产生的边角碎料（成沓剪裁的边带状无纺布碎料、残边），这些货物杂乱压缩打包在一起，未见明显分类，判断现场查看的货物为无纺布生产和加工利用中产生的边角碎料。

## 4 固体废物属性分析

（1）鉴别货物为无纺布废料及边角碎料，是“生产过程产生的不合格品、残次品、废品”以及“产品加工和制造过程中产生的下脚料、边角料、残余物质等”，根据《固体废物鉴别标准　通则》（GB 34330—2017）第 4.1a）条和 4.2a）条的准则，判断鉴别货物属于固体废物。

（2）2017 年 12 月环境保护部、商务部、发展改革委、海关总署、国家质检总局发布第 39 号公告中《禁止进口固体废物目录》中明确列出了“6310100010 纺织材料制碎织物”类废物，建议将鉴别货物归于此类废物，因而鉴别货物属于我国禁止进口的固体废物。

## 参考文献

[1]　曹邦威. 无纺布简介及对该术语译法和命名的商榷[J]. 纸和造纸，2003（3）：64-65.

# 109. 废绒毛浆

## 1 背景

2013 年 7 月，中华人民共和国黄岛海关委托中国环科院固体所对其查扣的一票进口“次级打包绒毛浆”货物样品进行固体废物属性鉴别，需要确定是否属于国家禁止进口的固体废物。

## 2 样品特征及特性分析

（1）样品为团状白色绒毛纤维，纤维短小，含有明显粉末，偶见不同颜色非常细小杂物，如纸、塑料、无纺布、橡皮筋、污点等，有刺激性酸味。样品的外观状态见图 1。

图 1　绒毛团样品

（2）用纤维分析仪分析纤维的平均长度、平均宽度及长度分布等。纤维长度分布如图 2 所示，纤维平均长度为 1.661mm，平均宽度为 34.8μm。普通针叶木商品浆的纤维平均长度为 3～5mm，平均宽度约 30～40μm，显然纤维浆样的平均长度较商品针叶木纤维长度偏低。

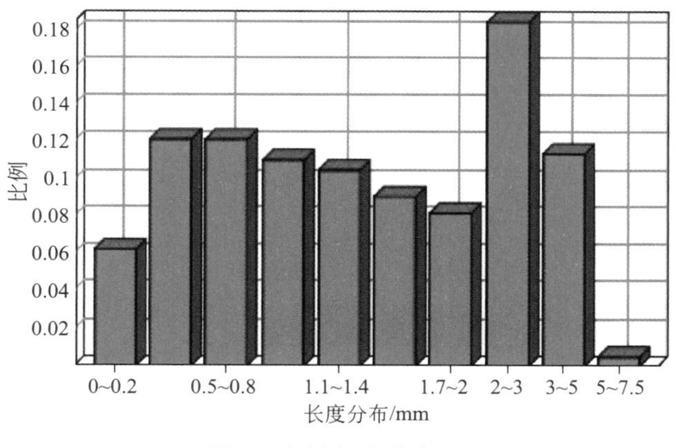


图2 纤维长度分布图

（3）用显微镜观察纤维形态，图 3（a）表明，较粗且长的呈浅蓝色的纤维为漂白针叶木浆，这些纤维中都具有纹孔，是针叶木浆的典型特征；较细且短还有导管的呈深蓝色的纤维为漂白阔叶木浆。图 3（b）中观察到存在部分染不上色且形状不规则的物质，可能为粉碎后的塑料。图 3（c）中观察到存在部分染不上色的纤维，可能为无纺布纤维。

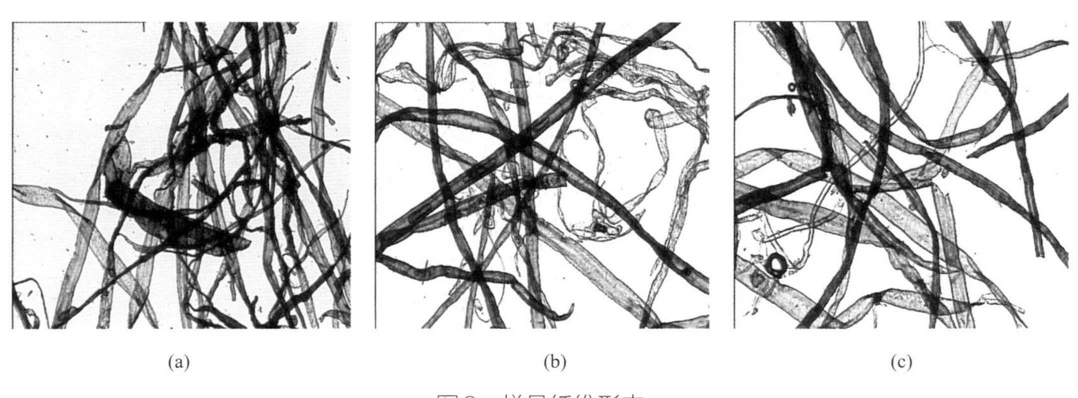

(a) (b) (c)

图3 样品纤维形态

（4）白色浆样与某品牌浆板进行抄造性能对比分析。先用标准疏解机疏解 1500 转，然后用自动纸页成型器抄纸，抄纸定量为 50g/m$^2$，对比分析纸张的紧度和抗张强度。紧度的测定方法参照《纸和纸板厚度的测定》（GB/T 451.3—2002）。抗张强度的测定方法参照《纸和纸板抗张强度的测定（恒速加荷法）》（GB/T 12914—2008）。

通过将浆样与商品漂白针叶木浆进行对比抄纸实验时发现，浆样中存在一定数量的透明且为球状的物质，吸水性好，为吸水树脂。另外，浆样在抄纸后干燥的过程中存在明显粘缸现象，即使是将干燥温度由 100℃降低到 60℃依然存在粘缸现象，只是粘缸程度略有减轻。初步分析认为这种粘缸现象是由吸水树脂造成的。粘缸后的纸张表面会出现很多透明点，影响外观和匀度。此外，浆样中还存在较多的塑料碎片，影响成纸的外观和匀度，同时较大块的塑料碎片还会破坏纤维间的结合强度，对成纸强度造成负面影响。因此，就该浆样的抄纸性能而言，如果能将吸水树脂和塑料碎片尽可能去除，余下的纤维部分应该能用于常规抄纸。表 1 中列出了两种浆样的成纸基本物理性能检测结果，结果表明，由于浆样的纤维平均长度明显低于商品针叶木浆，这是造成本浆样抄纸时成纸强度较低的主要原因。此外，存在塑料碎片以及吸水树脂导致的粘缸等都会对纸张强度造成负面影响。

表 1　两种浆样的成纸基本物理性能检测结果

| 浆料种类 | 定量 / （$g/m^2$） | 紧度 / （$g/cm^3$） | 抗张力 /N |
|---|---|---|---|
| 白色浆样 | 50.6 | 0.32 | 3.88 |
| 商品针叶木浆 | 50.8 | 0.43 | 8.19 |

## 3 产生来源分析

绒毛浆是一种用作妇女卫生巾、婴儿纸尿裤、产妇褥垫、手术垫等生活卫生用品的专用纸浆板[1]，用作吸水介质的纸浆。它的白度高、树脂类成分含量低、纤维长度分布均一，多以针叶木化学浆为主，有时也掺用部分针叶木机械浆或化学机械浆，其纤维长度一般为 3mm。我国对绒毛浆制定了相应的技术指标标准《绒毛浆》（GB/T 21331—2008），规定绒毛浆板不应有肉眼可见的金属杂质、砂粒等异物，无明显的纤维束和尘埃。具体指标见表 2。

表2　绒毛浆技术指标要求

| 指标项 | 单位 | 规定 | | | | | |
|---|---|---|---|---|---|---|---|
| | | 全处理浆 | | 半处理浆 | | 未处理浆 | |
| | | 优等品 | 合格品 | 优等品 | 合格品 | 优等品 | 合格品 |
| 定量偏差 | % | ±5 | | | | | |
| 紧度 | $g/cm^3$ | ≤0.60 | | | | | |
| 耐破指数 | $kPa·m^2/g$ | ≤0.85 | | ≤1.10 | | ≤1.50 | |
| 亮度 | % | ≥83.0 | ≥80.0 | ≥83.0 | ≥80.0 | ≥83.0 | ≥80.0 |
| 二氯甲烷抽出物 | % | ≤0.20 | ≤0.30 | ≤0.12 | ≤0.18 | ≤0.02 | ≤0.08 |
| 干蓬松度 | $cm^3/g$ | ≥19.0 | ≥17.0 | ≥20.0 | ≥18.0 | ≥22.0 | ≥20.0 |
| 吸水时间 | s | ≤6.0 | ≤9.5 | ≤5.0 | ≤7.5 | ≤3.0 | ≤4.0 |
| 吸水量 | g/g | ≥9.0 | ≥6.0 | ≥10.0 | ≥7.0 | ≥11.0 | ≥8.0 |
| 尘埃度： | $mm^2/500g$ | | | | | | |
| 0.3～1.0$mm^2$ 尘埃 | | ≤25 | | | | | |
| 1.0～5.0$mm^2$ 尘埃 | | ≤10 | | | | | |
| ＞5.0$mm^2$ 尘埃 | | 不应有 | | | | | |
| 交货水分 | % | 6～10 | | | | | |

以国内某品牌婴儿纸尿裤为例，婴儿纸尿裤是由许多层次构成的，材质包括内表面材料、吸收材料、防水材料、固定材料、伸缩材料、结合材料，其中内表面材料主

要是聚烯烃、聚酯无纺布，吸收材料主要是吸水纸、绒毛浆、高分子吸水材料（微珠）。因此，绒毛浆和无纺布是生产纸尿裤等卫生用品的主要原料。

样品绒毛的外观形态与我们从某品牌纸尿裤中分离出绒毛浆外观形态相似，样品中偶尔可见不同颜色非常细小杂物，如纸、塑料、无纺布、橡皮筋、污点等，表明样品与绒毛浆的产生来源相关。显微镜观察表明，样品主要材质为漂白针叶木浆和阔叶木浆，还有一些塑料、无纺布纤维，均可能来自一次性纸尿裤等产品生产过程中产生的边角料。

一次性卫生用品纸尿裤的生产过程中会有不合格品的产生，企业除了最大限度地避免不合格产品产生外，还采取再回收利用绒毛浆的措施[2]。样品纤维平均长度为1.661mm，与一次性纸尿裤用纤维平均3mm长度有差距；样品还含有大量粉末和少量杂物，甚至还有吸水树脂，有明显刺激性酸味。通过咨询行业专家，判断鉴别样品是回收的绒毛浆，经过了二次切割粉碎处理，品牌一次性卫生用纸尿裤企业不会使用该类产物。

## 4 固体废物属性分析

（1）样品不符合《绒毛浆》（GB/T 21331—2008）质量要求。样品属于回收的绒毛浆，在回收过程中经过了再次切割打碎，使纤维变得很短、很碎，分布不均，其质量不能与绒毛浆原浆纤维相比。样品仍是“不符合标准或规范的产品”，不能用作一次性卫生用品纸尿裤、卫生巾的原料；样品也不宜直接用作造纸的原料，属于不好使用的物质。依据《固体废物鉴别导则（试行）》的原则，判断鉴别样品属于固体废物，为绒毛浆废料。

（2）根据2009年环境保护部、商务部、发展改革委、海关总署、国家质检总局公布了第36号公告，该公告的《限制进口类可用作原料的固体废物目录》《自动许可进口类可用作原料的固体废物目录》中均没有包含样品类废物，而该公告《禁止进口固体废物目录》中包含“其他未列名固体废物”，建议将鉴别样品归于该类废物，因而鉴别样品属于我国禁止进口的固体废物。

## 参考文献

[1] 周仕强. 非木材纤维绒毛浆[J]. 四川造纸，1994（3）：107-114.
[2] 崔成乐. 卫生巾生产过程若干问题的探讨[J]. 北方造纸，1995（2）：33-34.

# 110. 废纸尿裤

## 1 背景

2018 年 3 月，中华人民共和国连云港海关委托中国环科院固体所对其查扣的一票“纸尿裤”货物样品进行固体废物属性鉴别，需要确定是否属于国家禁止进口的固体废物。

## 2 样品特征及特性分析

（1）样品为底衬淡蓝色的无纺布、内芯为白色绒棉状物质的成人纸尿裤，折叠摆放，相互挤压，按层叠放；样品均无独立外包装、无品牌、无生产厂家、无生产日期和保质期及执行标准等相关标志和信息。样品外观状态见图 1～图 3。

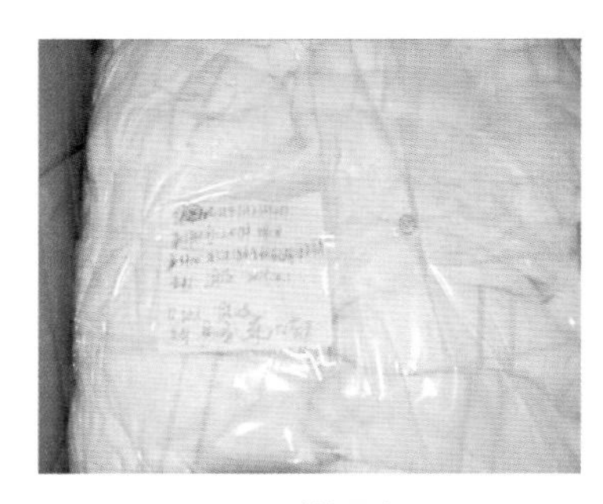

图1　样品包

图2　折叠的单个样品

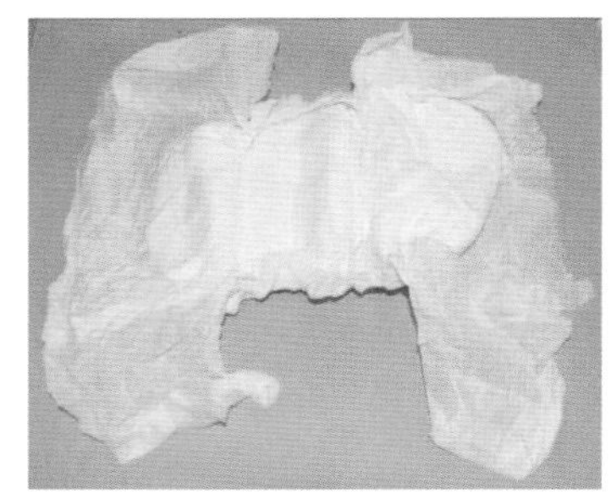

图3　展开的单个样品

（2）较多样品内芯部分出现溢棉、缺棉及蓄棉不均等情况，部分样品挤压变形、粘连等；将样品内芯撕开后，可见内部除固态状棉絮外，内芯有非常明显的细粉末，浸水后可见较多颗粒膨胀的吸水树脂。对两箱纸尿裤进行随机抽查，情况见表 1，部分缺陷见图 4～图 8。

表1　查看样品情况

| 纸箱 | 查看样品数量 | 样品外观描述 | 样品外观缺陷率 |
|---|---|---|---|
| 1 | 50 个（约占整箱个数的 2/3） | 每个纸尿裤样品均按照两折三叠方式折叠，查验样品中出现：5个样品的内芯棉绒不均；3个样品的内芯有大块棉绒；1个样品的内芯底部棉有大块缺失；4个样品边翼出现严重粘连；4个样品底衬蓝色无纺布部分有大块脏污痕迹；其余样品外观正常 | 34.0% |

续表

| 纸箱 | 查看样品数量 | 样品外观描述 | 样品外观缺陷率 |
|---|---|---|---|
| 2 | 32个（约占整箱个数的1/3） | 每个纸尿裤样品均按照两折三叠方式折叠，查验样品中出现：3个样品的内芯棉绒不均；2个样品的内芯底部有大块棉绒溢出；1个样品的内芯底部棉有大块缺失；2个样品边翼出现严重粘连；2个样品底衬蓝色无纺布部分有大块脏污痕迹；其余样品外观正常 | 31.3% |

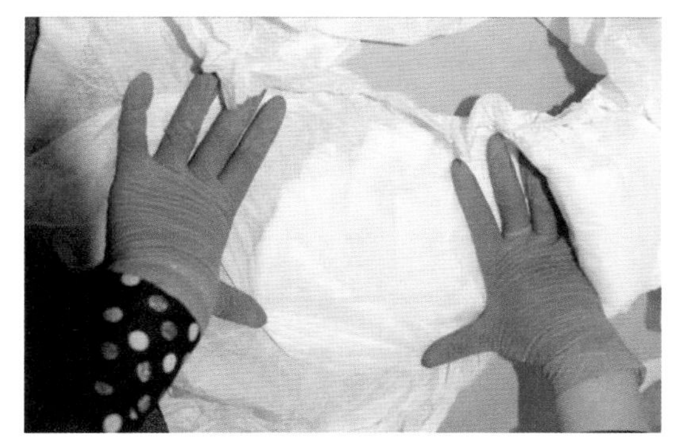

图4　内芯棉绒不均

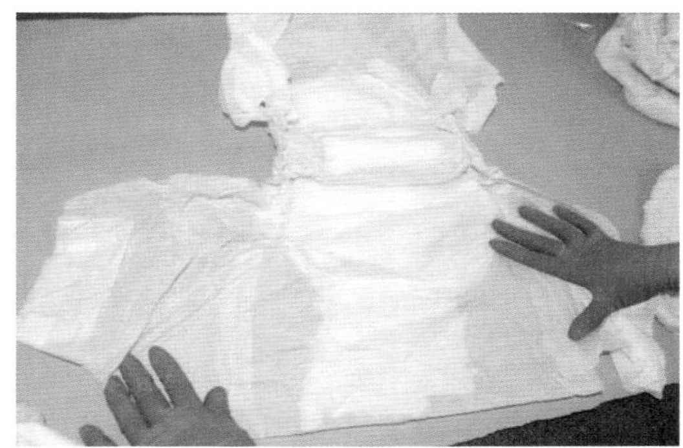

图5　内芯底部有大块棉绒溢出

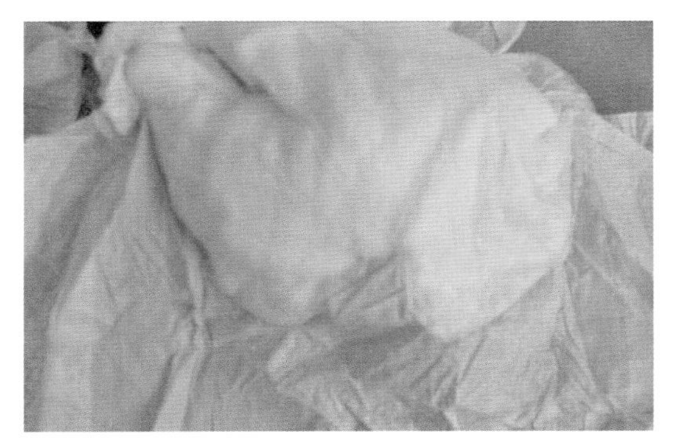

图6　内芯底部有大块缺失

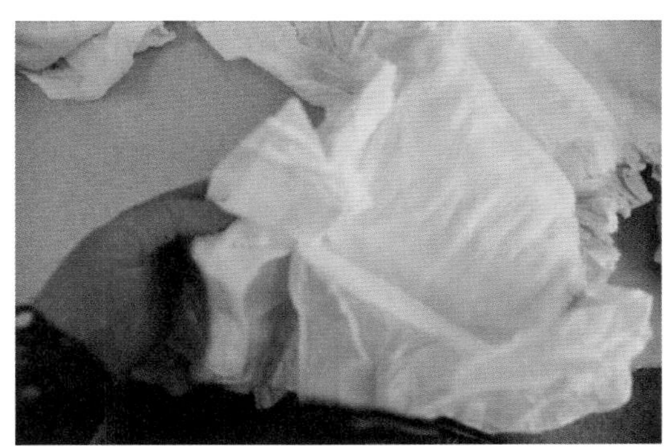

图7　边翼出现严重粘连

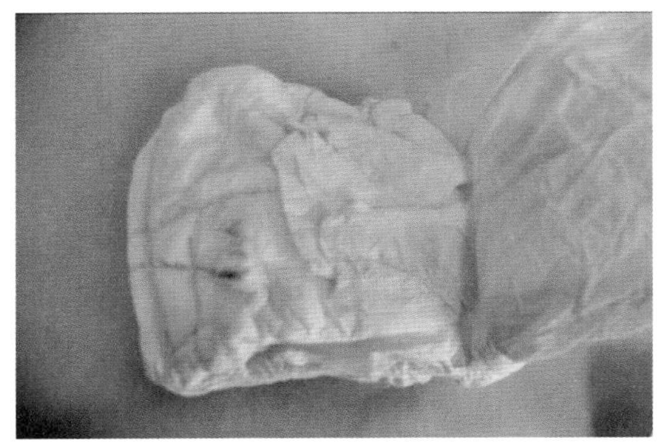

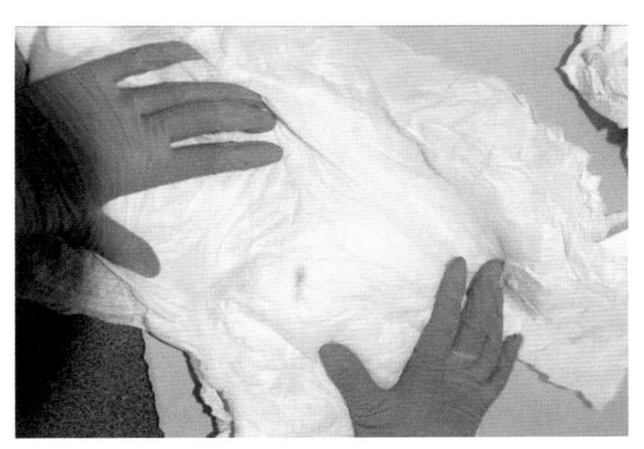

(a)　(b)

图8　底衬蓝色无纺布部分有脏污痕迹

（3）参照《纸尿裤（片、垫）》（GB/T 28004—2011）对样品进行相关性能测试，样品测试结果见表2。

表2　样品性能测试结果　　单位：%

| 检测项目 | 检测结果 | 指标要求 | 单项判定 |
| --- | --- | --- | --- |
| 全长偏差 | 正偏差为9，负偏差为7 | ±6 | 不符合 |
| 全宽偏差 | 正偏差为4，负偏差为7 | ±8 | 符合 |
| 条质量偏差 | 正偏差为22，负偏差为18 | ±10 | 不符合 |

## 3 产生来源分析

一次性卫生用品是指使用一次后即丢弃的、与人体直接或间接接触的、并为达到人体生理卫生或卫生保健（抗菌或抑菌）目的而使用的各种日常生活用品，产品性状可以是固体也可以是液体[1]。例如，一次性使用手套或指套（不包括医用手套或指套）、尿布等排泄物卫生用品（不包括皱纹卫生纸等厕所用纸）等。

成人纸尿裤是供成人使用的纸尿裤，是一次性卫生用品[2]。纸尿裤的主要原料有无纺布、绒毛浆、高吸收性树脂和卫生纸等。无纺布是一种非织造布，主要用作卫生巾和纸尿裤的面层材料。纸尿裤的生产基本就是加工成型过程，属于干法制造过程。绒毛浆、高吸收性树脂、卫生纸是纸尿裤的主要吸收性材料，这些材料的吸液能力直接影响卫生巾和纸尿裤最终产品的吸液能力。为了提高白度，绒毛浆和卫生纸中会添加荧光增白剂。常用的高吸收性树脂为聚丙烯酸类物质，而合成树脂的丙烯酸单体具有中等毒性，有严重腐蚀。

鉴别样品无生产厂家、无生产日期和保质期及执行标准等相关标志信息；样品裸露叠放、无独立包装、打包随意杂乱，查看样品外观缺陷率达到30%以上，较多样品内芯部分出现溢棉、缺棉及棉绒不均等情况，内芯有非常明显的细粉末，部分样品边翼沾染脏污等，其外观明显不符合《一次性使用卫生用品卫生标准》（GB 15979—2002）中4.1条款“外观必须整洁，符合该卫生用品固有性状，不得有异常气味与异物”，同时也不符合《纸尿裤（片、垫）》（GB/T 28004—2011）中5.2条款“纸尿裤、纸尿片和纸尿垫（护理垫）应洁净、不掉色，防漏底膜完好，无硬质块，无破损等，手感柔软，封口牢固；松紧带黏合均匀，固定贴位置符合使用要求”；对样品进行性能测试，可见样品全长偏差、条质量偏差均不符合《纸尿裤（片、垫）》（GB/T 28004—2011）中相应指标的要求。

综上所述，鉴别样品是来自于纸尿裤生产过程中的回收物，由于被污染、剪裁及其他质量问题等原因而不能在市场出售、流通或者不能按照原有用途使用的不合格品、残次品、废品。

## 4 固体废物属性分析

（1）样品为纸尿裤，是“生产过程中产生的不符合国家、地方制定或行业通行的产品标准且存在质量问题的物质”“生产过程产生的不合格品、残次品、废品”；样品由于被污染、剪裁及其他质量问题等原因，使用价值、范围、方式都受到了限制，不符合相关产品标准的质量要求。因此，根据《固体废物鉴别标准　通则》（GB 34330—2017）第4.1a）条准则，判断鉴别样品属于固体废物。

（2）根据2017年12月环境保护部、商务部、发展改革委、海关总署、国家质检总局发布第39号公告，以及2018年第6号《关于调整〈进口废物管理目录〉的公告》《限制进口类可用作原料的固体废物目录》《非限制进口类可用作原料的固体废物目录》《禁止进口固体废物目录》中均没有列出“废纸尿裤”类废物。《禁止进口固体废物目录》第十四部分其他，序号125为“其他未列明固体废物”，建议将鉴别样品归于此类废物，因而鉴别样品属于我国禁止进口的固体废物。

## 参考文献

[1] GB 15979—2002.
[2] 王玉峰，石葆莹. 卫生巾、纸尿裤等一次性卫生用品质量风险分析[J]. 纸和造纸，2014，33（10）：73-75.

# 111. 废纱线

## 1 背景

2019 年 3 月，天津口岸检测分析开发服务有限公司委托中国环科院固体所对一票进口“女式针织棉衫”货物进行固体废物属性鉴别，需要确定此批货物中纱线货物是否属于固体废物。

## 2 货物特征及特性分析

（1）现场共查看一个集装箱，随机查看 20 个纸箱装有纱线的货物，货物特点如下：

① 总体为缠绕的团结状，颜色混杂，断头较多，为纺织后拆线产物；少部分未纺织。

② 大部分纱线按颜色分装于透明塑料袋内，颜色有几种至十几种不等，纱线重量不同；少部分脏污、破损、量小、零散的纱线无包装，颜色混杂、相互缠结，堆置于纸箱底部。

③ 单根纱线不平整，有较多褶印，不同手感的单根纱线手扯伸长率明显不同。

④ 部分纱线货物中可见织品碎块，碎块尺寸、颜色、形状都不均一。

部分货物外观状况见图 1～图 6。

图 1　掏出的货物（有的纸箱已打开）

图 2　拆包查看（袋装的黑色纱线）

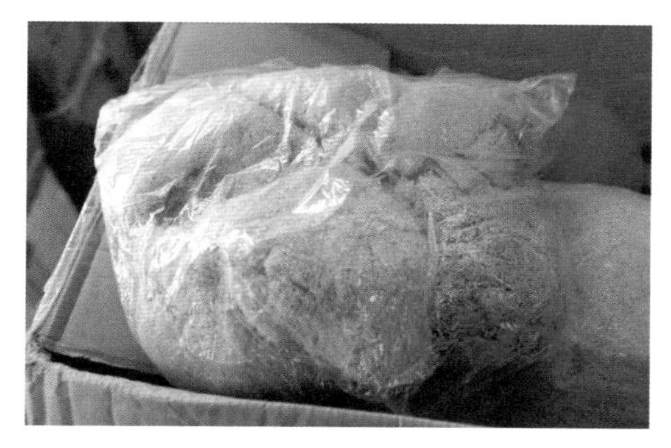

图3　拆包查看（袋装纱线）

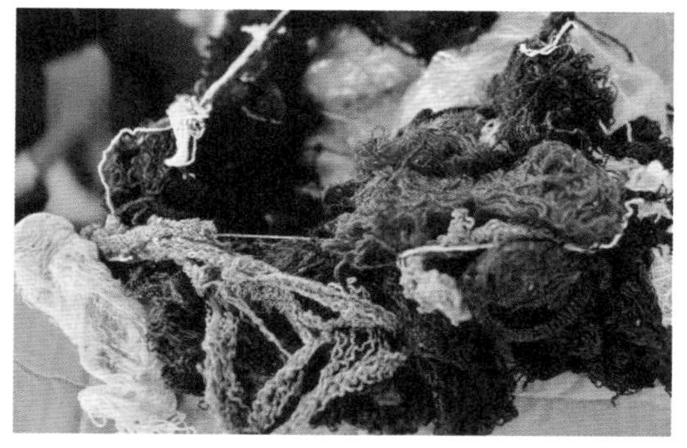

图4　拆包查看（掏出的杂色纱线）

图5　拆包查看（袋装及零散纱线）

图6　杂乱的纱线

（2）随机抽选 3 个样品进行成分测定，结果见表 1 和图 7～图 10。

表1　样品的外观及成分

| 样品 | 外观特征 | 成分及其比例/% |
| --- | --- | --- |
| 1号 | 灰色布块，边缘为白色、黑色线，线头较多，手扯线头可使布块拆解 | 绵羊毛17.0，山羊绒83.0 |
| 2号 | 粉红色纱线，单根纱线未有明显褶印，未见明显使用痕迹 | 绵羊毛10.4，山羊绒89.6 |
| 3号 | 灰色纱线，团结无序状，相互缠绕，单根褶印明显；手感绵软，手扯弹性较好 | 涤纶86.3，氨纶13.7 |

图7　抽取的样品

图8　1号灰色布块样品

图9　2号粉红色纱线样品

图10　3号灰色纱线样品

## 3 产生来源分析

纱线是用各种纺织纤维加工成一定细度的产品，用于织布、制绳、制线、针织和刺绣等，主要有混合纱、复合纱等[1]。

① 混合纱，两种或两种以上的纤维的混合纺纱，主要采用散纤维混合和条混的方式。通过原有纤维原料与其他具有高强力、高模量的纤维来增加整个纱线的强力。此类复合纱有传统的涤 / 棉、涤 / 粘、涤 / 毛等，还有涤 / 棉 /Tencel 纤维、涤纶 / 棉 / 羊绒等。

② 复合纱，两种不同的纤维以单纱或长丝交缠在一起形成类似股线结构，可在改造后的细纱机上纺出，也可以在空心锭子中纺出。

毛纺产品具有小批量，多品种，流行趋势变化快的特点。每一个品种无论批量大小，在结批后都会剩下一定数量的尾纱，品种越多，留下的批尾纱越多。尾纱产生原因主要有[2]：a. 每批产品整经后都会留下一定数量的批尾纱；b. 花色产品通常不容易把各色纱同时用完，其中一个颜色用完，其他纱也就成了批尾纱；c. 产品在生产过程中，因各种原因，改变工艺参数或修改设计方案，致使各种用纱比例失调，留下批尾纱；d. 正反捻产品，常常在生产环节调度失衡，留下批尾纱；e. 在产品中用量较少，无法外购的配纱、嵌线，为了能正常的染色、纺纱，“故意”多投，留下批尾纱。

通常意义上的纺织废料，主要包括纺织过程中由于化学作用和机械作用所产生的下脚短纤维，纺织生产过程中产生的废纱、回丝，以及服装裁剪过程中产生的边角料，还有居民生活或其他活动中丢弃的纺织纤维及其制品[3]。

鉴别货物为各种颜色纱线，包装不一致（分为散装及袋装）、颜色杂乱、团结无序、经纺织后拆解的及从纺轴筒上退下的未经纺织的纱线混杂在一起；织品碎块类货物尺寸各异，颜色不一，留有可拆解线头；零散纱线表面明显沾有脏污、油渍、土尘等，废旧特征明显；随机抽取的 3 个样品成分不一致，1 号和 2 号样品为天然纤维（羊毛、羊绒）制成的混合纱，3 号样品为化学纤维（涤纶、氨纶）制成的混合纱。根据鉴别货物及其样品性状并咨询行业专家，判断现场查看的从纺轴筒上退下的纱线属于纺织生产过程中产生的尾纱废纱，褶印明显的废纱属于织造后拆出来的废纱，织品碎块为已织成织物的碎块废品。

## 4 固体废物属性分析

（1）鉴别货物为纺织厂产生的尾纱、废纱、碎块，是“生产过程中产生的不符合国家、地方制定或行业通行的产品标准且存在质量问题的物质”“生产过程产生的不合格品、残次品、废品”；纱线类货物由于性状较差、脏污杂乱等原因，使用价值、范围、方式都受到了限制，不符合相关产品标准要求。因此，根据《固体废物鉴别标准 通则》（GB 34330—2017）第 4.1 条准则，判断鉴别货物属于固体废物，是废纱线。

（2）根据 2017 年 12 月环境保护部、商务部、发展改革委、海关总署、国家质检总局发布第 39 号公告的《禁止进口固体废物目录》第九部分为废纺织原料及制品，序号 70 为“其他动物细毛废料（包括废纱线，不包括回收纤维）”，序号 76 为“合成纤维废料（包括落棉、废纱及回收纤维）”，建议将鉴别货物归于这两类废物中的一类，因而鉴别货物属于我国禁止进口的固体废物。

## 参考文献

[1] https：//baike. sogou. com/v179774. htm? fromTitle
[2] 张志清，王建平. 批尾纱管理探讨[C]//工程质量学术交流会. 2012.
[3] 黄晓梅，严轶. 纺织废料的处理与生态问题［J］. 纺织科学研究，2000（3）：12-16.

# 112. 废棉

## 1 背景

2014 年 5 月，中华人民共和国黄岛海关委托中国环科院固体所对其查扣的一票“未梳的棉花（关税配额外）”货物样品进行固体废物属性鉴别，需要确定是否属于国家禁止进口的固体废物。

## 2 样品特征及特性分析

（1）样品为蓬松的棉绒纤维，有的已经发黄、发黑、结团，棉绒纤维中明显裹夹着大量的植物枝叶碎屑、粉末、脏物；分拣样品中非纤维杂物含量大于 3%，手工很难分拣干净，但未发现棉籽。样品外观状态见图 1 和图 2。

图1　样品包装

图2　棉纤维样品

（2）参照《棉花》（GB 1103—2012）标准进行有关实验，样品的实验结果和国内不同棉花指标结果比较，见表 1。

表 1 样品指标与国内棉花指标比较

| 编号 | 上半部平均长度 /mm | 整齐度指数 /% | 马克隆值 | 伸长率 /% | 反射率 /% | 黄度 | 纺纱均匀指数 | 断裂比强度 /（cN/tex） |
|---|---|---|---|---|---|---|---|---|
| 样品指标 | | | | | | | | |
| 1 | 24.90 | 76.7 | 3.12 | 5.8 | 68.0 | 10.5 | 81 | 22.05 |
| 2 | 24.54 | 75.8 | 3.15 | 5.3 | 67.7 | 10.3 | 70 | 19.99 |
| 3 | 24.10 | 76.8 | 3.26 | 5.4 | 68.5 | 10.4 | 70 | 19.01 |
| 国内几种棉花的指标① | | | | | | | | |
| 科棉 1 号 | 30.77 | 84.80 | 3.99 | 6.20 | 81.37 | 8.70 | 172 | 35.87 |
| 渝棉 1 号 | 29.73 | 86.10 | 4.48 | 6.63 | 80.50 | 7.73 | 168 | 35.10 |
| 新陆早 1 号 | 30.33 | 87.90 | 4.91 | 7.37 | 80.17 | 8.20 | 171 | 34.37 |
| 红鹤 1 号 | 31.25 | 86.84 | 4.38 | 5.99 | 76.32 | 8.48 | 170 | 33.97 |
| 冀棉 22 号 | 30.20 | 84.07 | 4.61 | 6.87 | 75.10 | 8.47 | 147 | 32.40 |
| 鲁棉 15 号 | 30.08 | 85.41 | 4.59 | 7.11 | 78.75 | 8.36 | 154 | 31.81 |

① 资料来自2003年3月农业部关于对47个主栽棉花品种的纤维品质测试结果的公告。

## 3 产生来源分析

样品明显具有棉花纤维外观特征，但表 1 中样品指标与《棉花》（GB 1103—2012）标准中指标相比较，所有指标均差于国内各产地的棉花。样品平均长度为 24.51mm，低于标准中 28mm 的长度标准级；样品整齐度指数为 76.4%，属于标准中“很低”一档（＜ 77%）；样品马克隆值为 3.18，相当于标准中 C1 级；样品断裂强度值为 20.35，相当于标准中“很差”一档（＜ 24%）。样品纺纱指数只有 73.7，指数＜ 100 实际不能用于纺纱，并且样品中含有大量枝叶碎屑和粉末。由此判断样品虽具有棉花特征但不是棉花的正常产品。

我国棉花加工厂生产模式大多是轧花 - 剥绒，产品是皮棉、短绒。所谓轧花就是利用轧花机将长纤维与棉籽分离的工艺过程。按工作原理来分，轧花机有两种类型：一是锯齿轧花机；二是皮辊轧花机。锯齿轧花机是棉花加工厂规模生产的必备机具；皮辊轧花机目前主要用作收购棉花的检验机具及加工长绒棉。所谓剥绒就是利用剥绒机将生着在棉籽上的短纤维与棉籽分离的工艺过程。棉花加工和棉纱生产过程中产生的几种废棉 [1]，包括梳车肚、清车肚、新疆清弹棉、清滤尘、棉短绒等；清车肚清棉机械车肚下的落棉，原棉经一系列机械的开松、除杂作用后，还含有一定数量的细小杂质和疵点，而且棉束较大，因此，清车肚所含杂质较多，多数为草屑、棉壳、棉结，还含有一些不孕籽、僵棉、虫屎、泥沙、枝叶等，清车肚的外观见图 3；梳车肚是梳棉机车肚下的落棉，梳车肚所含杂质较多，杂质面积较大，其中多为带纤维或黏附性较强的杂质，包括带纤维籽屑、棉结、破籽、软籽表皮等，另外还含有不少铃壳、草屑、枝叶、泥沙等，纤维长度较清车肚短，颜色白偏黄，梳车肚外观见图 4；还有其他废棉

（略）。将样品与资料中的废棉对比，具有较高的相似特征，纤维短，杂质含量高，通过调研，我们综合判断鉴别样品为棉花加工过程中（轧花 - 剥绒）的清理出的副产下脚料。

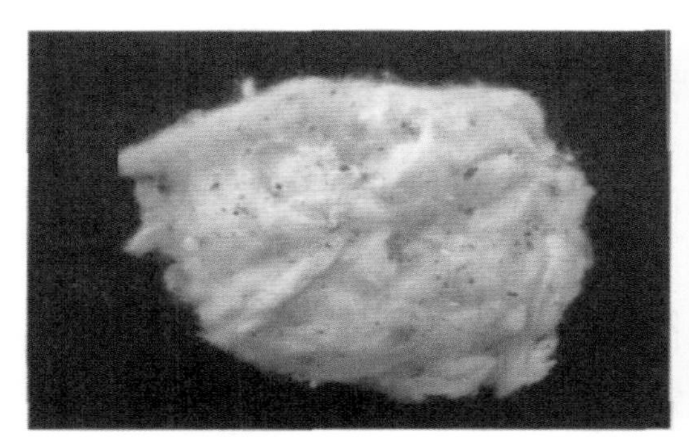

图3　清车肚

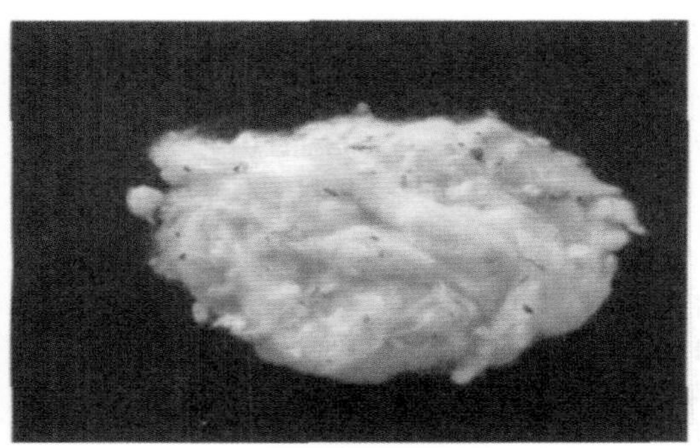

图4　梳车肚

## 4 固体废物属性分析

（1）样品具有棉花特征，是棉花加工过程中（轧花 - 剥绒）清理出的副产物料，不符合棉花产品标准要求，是“生产过程中的废弃物质”或“残余物”，其利用属于操作产生的残余物质的使用，根据《固体废物鉴别导则（试行）》的原则，判断样品属于固体废物，为废棉。

（2）2009 年 8 月 1 日，环境保护部、商务部、发展改革委、海关总署、国家质检总局发布的第 36 号公告中的《限制进口类可用作原料的固体废物目录》列出了“5202910000 棉的回收纤维”“5202990000 其他废棉”，建议将鉴别样品归于这两类废物中的一类，因而鉴别样品属于进口当时我国限制进口类的固体废物。

## 参考文献

[1]　王肖玲，陈国华. 几种废棉的外观和含杂分析[J]. 中国纤检. 2009（2）：69-71.

# 113. 咖啡渣

## 1 背景

2018 年 3 月，中华人民共和国连云港海关委托中国环科院固体所对其查扣的一票进口“咖啡渣”货物样品进行固体废物属性鉴别，需要确定是否属于国家禁止进口的固体废物。

## 2 样品特征及特性分析

（1）样品为深褐色粉末、渣状固体，潮湿，颗粒大小基本均匀，有酸腐气味，无可见其他杂质。测定样品的含水率为 48.38%，550℃灼烧后的烧失率为 8.32%。样品外观状态见图 1。

图1　样品外观

（2）测定干基样中有机元素 C、H、O、N 的含量，分别为 49.88%、6.35%、37.26%、3.20%。

（3）采用气相色谱 - 质谱联用分析方法（GC-MS）对样品进行组分分析，主要含棕榈酸、亚油酸、油酸，少量三氯甲烷、S- 丁二醇、R- 丁二醇等成分，结果见表 1。

表1 样品干基的主要成分

| 序号 | 保留时间/min | 化合物名称 | 峰面积百分比/% |
|---|---|---|---|
| 1 | 5.18 | 三氯甲烷 | 4.58 |
| 2 | 6.44 | 3-羟基-2-丁酮 | 0.19 |
| 3 | 7.85 | *S*-丁二醇 | 1.61 |
| 4 | 8.08 | *R*-丁二醇 | 1.12 |
| 5 | 10.34 | *L*-乳酸 | 0.39 |
| 6 | 22.79 | 十一碳炔酸 | 0.16 |
| 7 | 24.31 | 甲基八氢苯并环庚烯-2-酮 | 0.3 |
| 8 | 24.68 | 十六烷 | 0.63 |
| 9 | 24.97 | 二苯硫醚 | 0.89 |
| 10 | 28.52 | 咖啡因 | 0.64 |
| 11 | 29.09 | 棕榈酸甲酯 | 0.99 |
| 12 | 29.62 | 棕榈酸 | 35.9 |
| 13 | 31.68 | 亚油酸 | 15.7 |
| 14 | 31.93 | 油酸 | 10.37 |
| 合计 | | | 73.47 |

## 3 产生来源分析

咖啡渣为速溶咖啡在制作过程中的副产物。速溶咖啡生产的原则流程为：咖啡豆初加工—焙炒—磨碎—浸提—浓缩—干燥—分装，其中浸提过程产生的副产物即为咖啡渣，其含水率较高，久置容易发霉[1]。某咖啡渣中有机元素C、H、O、N含量分别为46.62%、8.87%、23.90%、5.64%[2]，主要成分为三甘油酯（包括棕榈酸、亚油酸、油酸），含有少量咖啡因、木质素等[3]。

样品为深褐色渣滓状固体，有酸腐气味，外观与咖啡渣相吻合；干基样品中的C、H、O、N含量分别为49.88%、6.35%、37.26%、3.20%，与资料中咖啡渣相关含量数值大体相符；样品的含水率高达48.38%，符合咖啡渣含水率高的特点；样品中含有咖啡因成分，并且其主要成分为棕榈酸、亚油酸、油酸，此三种物质均属于《食品安全国家标准 食品添加剂使用标准》（GB 2760—2014）中有关咖啡类饮料——可以适量使用的食品添加剂，是咖啡渣的主要组成成分。总之，综合判断样品为咖啡渣。

## 4 固体废物属性分析

（1）样品为速溶咖啡生产中浸提过程产生的咖啡渣副产物，是“在物质合成、裂解、分馏、蒸馏、溶解、沉淀以及其他过程中产生的残余物质”，根据《固体废物鉴别标准 通则》（GB 34330—2017）第4.2条的准则，判断鉴别样品属于固体废物。

（2）2017年环境保护部、商务部、发展改革委、海关总署、国家质检总局发布的第 39 号公告《禁止进口固体废物目录》《限制进口类可用作原料的固体废物目录》《非限制进口类可用作原料的固体废物目录》中均没有列出“咖啡渣”类废物，而《禁止进口固体废物目录》中列出了“其他未列名固体废物”，建议将鉴别样品归于此类废物，因而鉴别样品属于我国禁止进口的固体废物。

## 参考文献

[1] 宋美云. 速溶咖啡生产控制和质量改善的研究[J]. 食品工业科技，2002，23（7）：87-88.
[2] 陈楠纬，孙水裕，任杰，等. 咖啡渣燃烧特性及动力学研究[J]. 环境科学学报，2015，35（9）：2942-2947.
[3] 黄循精. 咖啡副产品的化学成分与综合利用[J]. 热带农业科学，1987（4）：68-70.

# 114. 动植物残余物发酵产物

## 1 背景

2015 年 11 月，中华人民共和国连云港海关缉私分局委托中国环科院固体所对其查扣的一票进口“酸性土壤调节剂”货物样品进行固体废物属性鉴别，需要确定是否属于国家禁止进口的固体废物。

## 2 样品特征及特性分析

（1）样品为土黄色土黄色粉末并夹有少量白色硬粒，其中含有少量的木屑或类似物，偶见塑料碎片，有腐殖质气味。测定样品的含水率为 20.4%，550℃灼烧后的烧失率为 68.7%。样品的外观状态见图 1。

图1　样品外观

（2）参照《有机肥料》（NY 525—2012）对样品干基中的 N、P、K 等肥效指标、重金属含量、pH 值进行分析，结果见表 1。

表1 样品指标分析

| 指标 | 肥效指标/% | | | 金属物质含量/（mg/kg） | | | | | | | | pH值 |
|---|---|---|---|---|---|---|---|---|---|---|---|---|
| | TN | $P_2O_5$ | $K_2O$ | As | Cd | Cr | Pb | Hg | Cu | Zn | Ni | |
| 样品 | 4.90 | 5.70 | 0.68 | 0.49 | 0.566 | 24.5 | 15.0 | 0.209 | 233 | 365 | 9.22 | 8.25 |

（3）采用X射线荧光光谱仪（XRF）对样品进行成分分析，主要含有P、S、Fe、Ca、Si、Al、Mg、K、Cl、Na，含有少量的Ti、Zn等元素。结果见表2。

表2 样品灼烧后的残渣成分及含量（除Cl、Br、I以外，其他元素均以氧化物表示） 单位：%

| 成分 | $P_2O_5$ | $SO_3$ | $Fe_2O_3$ | CaO | $SiO_2$ | $Al_2O_3$ | MgO | $K_2O$ | Cl | $Na_2O$ | $TiO_2$ |
|---|---|---|---|---|---|---|---|---|---|---|---|
| 含量 | 29.69 | 13.37 | 11.83 | 11.16 | 10.04 | 9.86 | 4.29 | 3.82 | 2.05 | 1.37 | 0.62 |
| 成分 | BaO | ZnO | CuO | MnO | Br | SrO | I | NiO | $Cr_2O_3$ | PbO | — |
| 含量 | 0.56 | 0.53 | 0.32 | 0.10 | 0.10 | 0.10 | 0.08 | 0.05 | 0.03 | 0.03 | — |

（4）采用X射线衍射仪（XRD）对样品进行物相组成分析，主要有$CaSO_4$、$CaSO_4(H_2O)_{0.67}$、$Al_2SiO_5$、$CaAl(PO_4)(OH)_2 \cdot H_2O$、$SiO_2$、$Fe^{3+}O(OH)$、$Mg_{10}Fe_3^{2+}(OH)_{24}(CO_3) \cdot 2H_2O$、$AlO(OH)$、$AlPO_4$、$Mg_5(CO_3)_4(OH)_2 \cdot 5H_2O$。

（5）用体积比为1∶1的二氯甲烷和正己烷混合溶液对样品进行前处理提取后，采用气相色谱-质谱（GC-MS）仪定性分析其中的有机组分，结果见表3。

表3 样品有机组分定性分析结果

| 序号 | 保留时间/min | 成分 | 分子式 | 峰面积百分比/% |
|---|---|---|---|---|
| 1 | 14.75 | 2,6-双（1,1-二甲基乙基）-苯酚 | $C_{14}H_{22}O$ | 0.25 |
| 2 | 19.66 | （1-戊烷基庚基）-苯 | $C_{18}H_{30}$ | 0.19 |
| 3 | 27.34 | *N*,*N*-双（*N*-癸基）-甲胺 | $C_{21}H_{45}N$ | 1.36 |
| 4 | 38.42 | （全反）-2,6,10,15,19,23-六甲基-2,6,10,14,18,22-二十四碳六烯（别名鱼肝油萜、角鲨烯） | $C_{30}H_{50}$ | 11.25 |
| 5 | 41.81 | 胆甾烷醇 | $C_{27}H_{48}O$ | 14.79 |
| 6 | 42.44 | 胆固醇 | $C_{27}H_{46}O$ | 17.14 |

## 3 产生来源分析

（1）样品不是钙镁磷肥、钙镁磷钾肥、磷矿粉肥

钙镁磷肥是一种含有磷酸根（$PO_4^{3-}$）的硅铝酸盐，无明确的分子式与分子量。钙镁磷肥不仅提供12%～18%的低浓度P，还能提供大量的Si、Ca、Mg等，它是磷矿石与含Mg、Si的矿石在高炉或电炉中经过高温熔融、水淬、干燥和磨细而成[1]。我国《钙镁磷肥》（GB 20412—2006）标准中规定钙镁磷肥外观呈灰色粉末，无机械杂质。相关指标要求见表4。

表4　钙镁磷肥指标要求

| 项目 | 优等品 | 一等品 | 合格品 |
|---|---|---|---|
| 有效磷（$P_2O_5$）含量 /% | ≥18.0 | ≥15.0 | ≥12.0 |
| 水分 /% | ≤0.5 | ≤0.5 | ≤0.5 |
| 碱分（以 CaO 计）含量 /% | ≥45.0 | — | |
| 可溶性硅（$SiO_2$）含量 /% | ≥20.0 | | |
| 有效镁（MgO）含量 /% | ≥12.0 | | |

钙镁磷钾肥是一种微碱性的、玻璃质、枸溶性肥料，有效 $P_2O_5$ 和有效 $K_2O$ 总含量为 13%～19%，属于可溶于弱酸的枸溶性肥料。枸溶性磷肥即肥料中含有的磷酸盐不溶于水，而能溶解于枸橼酸（即柠檬酸）等弱酸。我国《钙镁磷钾肥》（HG 2598—1994）标准适用于矿石、钾长石（或含钾矿石）、含镁矿石、硅的矿石在高炉或电炉中熔融、水淬、干燥、细磨所制得的钙镁磷钾肥，标准规定肥料外观呈灰白色、灰绿色或灰黑色粉末。技术指标见表 5。

表5　钙镁磷钾肥技术指标

| 项目 | 一等品 | 合格品 |
|---|---|---|
| 总养分（$P_2O_5$+$K_2O$）含量 /% | ≥15.0 | ≥13.0 |
| 有效钾（$K_2O$）含量 /% | ≥2.0 | ≥1.0 |
| 水分 /% | ≤0.5 | ≤0.5 |

样品成分主要有硫酸钙、硅酸盐、磷酸盐等物质组成，样品中有效 $P_2O_5$、CaO、$SiO_2$ 和 MgO 含量以及外观特征均不满足《钙镁磷肥》（GB 20412—2006）标准中的指标要求。样品水分、总养分、有效钾均不符合《钙镁磷钾肥》（HG 2598—1994）标准的要求，样品中还含有一定的氯和有机质，外观为土黄色粉末，这些特征与钙镁磷钾肥的特点不符。

磷矿粉肥是磷矿石经机械磨细，不经任何化学处理而成的一种迟效性磷肥，主要成分是 $Ca_3(PO_4)_2$[2]。我国几种磷矿粉的主要化学组成见表 6[3]。

表6　几种磷矿粉的主要化学组成　　单位：%

| 磷矿产地 | 全磷（$P_2O_5$） | 有效磷（$P_2O_5$） | 二氧化碳 |
|---|---|---|---|
| 河南商城 | 32.4 | 5.20 | 0.38 |
| 云南晋宁 | 26.8 | 6.30 | 0.48 |
| 甘肃酒泉 | 28.9 | 3.53 | 3.40 |
| 广西玉林 | 26.2 | 5.28 | 1.00 |
| 湖北钟祥 | 32.7 | 4.10 | 4.39 |
| 贵州开阳 | 35.9 | 6.60 | 1.91 |

样品的成分与表 6 磷矿粉肥的成分相差较大，且样品的物相结构以硫酸盐、硅酸盐和磷酸盐为主，不是天然矿产物，而肉眼还观察到木屑、塑料碎片等物质，所以样

品也不是磷矿粉肥。

总之，判断样品不是钙镁磷肥、钙镁磷钾肥、磷矿粉肥。

（2）样品是动植物残余物、下脚料等混合物发酵产物

样品具有腐殖质发酵气味，含有木屑或类似物，含有较高含量的有机组分和无机物，并且总养分含量、重金属含量、酸碱度等指标符合《有机肥料》（NY 525—2012）的指标及其要求，见表 7；样品外观与我们在互联网上搜到的有机发酵产物相似，见图 2、图 3。据此判断样品是来自国外有机物的发酵产物。

表7 《有机肥料》（NY 525—2012）的指标要求

| 项目 | 指标 | 项目 | 指标 |
|---|---|---|---|
| 有机质的质量分数（以烘干基计）/% | ≥45 | 总 As（以干基计）/(mg/kg) | ≤15 |
| 总养分（$N+P_2O_5+K_2O$）的质量分数（以烘干基计）/% | ≥5.0 | 总 Hg（以干基计）/(mg/kg) | ≤2 |
| | | 总 Pb（以干基计）/(mg/kg) | ≤50 |
| 水分（鲜样）的质量分数/% | ≤30 | 总 Cd（以干基计）/(mg/kg) | ≤3 |
| 酸碱度 | 5.5～8.5 | 总 Cr（以干基计）/(mg/kg) | ≤150 |

图2　发酵车间

图3　发酵产物

样品中锌（Zn）含量较高，达到了 365mg/kg，超出了全世界土壤中锌平均含量在 50～100mg/kg 的水平[4]；超出了一般植物含锌量为 10～100mg/kg 的水平[5]；超出了《食品中锌限量卫生标准》（GB 13106—91）最高 100mg/kg 的要求（肉类、豆类）；普遍高于我国主要畜禽粪便中锌的平均含量，其中牛粪 138.6mg/kg、羊粪 88.9mg/kg、鸡粪为 306.6mg/kg、猪粪 663.3mg/kg[6]；低于城市污泥中锌的含量，如我国（1994～2001 年的平均值）1450mg/kg、瑞典（1994 年）1570mg/kg、美国（1994 年）2200mg/kg、英国（1994 年）2847mg/kg，日本 K. city 污水厂（2005 年）6961mg/kg。显然样品中锌含量异常，不可能全是来自动植物的原料，不排除含有锌污泥，即在生产有机肥料原料中可能含有污泥，如城市污水处理厂污泥。

从表 4 样品定性结果可以看出，样品中含有一定量的有机物，其中（全反）-2，6，10，15，19，23- 六甲基 -2，6，10，14，18，22- 二十四碳六烯，别名鱼肝油萜、角鲨烯，广

泛存在于动植物体内；(3β,5β)-(3β,5β)-胆甾烷-3-醇，别名粪甾醇，是抗生素的一种，存在于人或食肉动物的粪便中；(3β)-胆固醇-5-烯-3-醇，别名胆固醇，广泛存在于动物体内，由此推断样品的生产原料中还包含有动植物原料本身及其加工产生的下脚料，以及动物粪便。同时样品中还检测出了少量的苯、苯酚、甲胺类物质，样品的生产原料中可能还含有工业生产的废物。

综上所述，判断样品是来自动植物本身及其下脚料、动物粪便、城市污水处理污泥及工业生产废物的混合物经发酵后得到的产物。

## 4 固体废物属性分析

（1）样品是以回收的动植物及其残余物、下脚料以及可能是城市污泥或其他工业废物的混合物生产的有机发酵产物，不完全满足《有机肥料》（NY 525—2012）的适用范围要求，即便作为土壤调理剂调节土壤酸碱度，其用途也是“有助于改善农业或生态环境的土地处理”。因此，根据《固体废物鉴别导则（试行）》的原则，判断鉴别样品属于固体废物。

此外，美国法规（40CFR 261）中对固体废物的定义为：如果一种废弃材料、污泥、具有危险性的副产物是“以处置的方式施用于或放置在土地上”或者“用于生产被施用于或放置在土地上的产品，或被包含在一种被施用于或放置在土地上的产品中”，那么，在这种情况下材料或产物本身也是固体废物。

（2）根据2014年12月30日，环境保护部、商务部、发展改革委、海关总署、国家质检总局发布的第80号公告以及2015年发布的第69号公告，《限制进口类可用作原料的固体废物目录》《非限制进口类可用作原料的固体废物目录》中均没有明确包含样品肥料类废物或发酵产物类废物，而在《禁止进口固体废物目录》中包含“其他未列名的固体废物”，建议将鉴别样品归于该类废物，因而鉴别样品属于我国禁止进口的固体废物。

## 参考文献

[1] http: //baike. baidu. com/view/1531936. htm.

[2] 曾召顺. 怎样使用磷矿粉[J]. 新农业，1972（9）：13-14.

[3] 时正元，蒋柏藩，吕美林[J]. 土壤，1981（5）：177-182.

[4] 陈同斌，郑国砥，高定，等. 关于《农用污泥中污染物控制标准》中锌限量值的讨论[J]. 环境科学学报，2007.

[5] 茹淑华，张国印，苏德纯，等. 禽粪有机肥对土壤锌积累特征及其生物有效性的影响[J]. 华北农学报，2011，26（2）：186-191.

[6] 李书田，刘荣乐，陕红. 我国主要畜禽粪便养分含量及变化分析[J]. 农业环境科学学报，2009，1：179-181.

# 115. 土壤改良颗粒

## 1 背景

2018 年 8 月，中华人民共和国连云港海关缉私分局委托中国环科院固体所对其查扣的一票进口“土壤改良颗粒”货物样品进行固体废物属性鉴别，需要确定是否属于固体废物。

## 2 样品特征及特性分析

（1）样品为土黄色颗粒状，有轻微甘甜气味，测定样品含水率为 0.52%、550℃灼烧后烧失率为 5.68%。样品外观状态见图 1。

图 1　样品外观

（2）参照《有机肥料》（NY 525—2012）对样品干基中的 N、P、K 等肥效指标进行分析，分析结果与标准指标比较见表 1，金属物质含量结果见表 2。样品的 pH 值为 7.58。

表 1　样品的肥效指标比较　　单位：%

| 指标 | 全 N | 磷（$P_2O_5$） | 钾（$K_2O$） | 有机质 | 水分 |
|---|---|---|---|---|---|
| 样品成分含量 | 1.02 | 0.14 | 0.90 | 10.0 | 0.20 |
| 标准要求 | 总养分（$N+P_2O_5+K_2O$）≥5.0 | | | ≥45 | ≤30 |

表2　样品中金属物质含量和标准要求限值对比　　单位：mg/kg

| 指标 | As | Cd | Cr | Pb | Hg | Cu | Zn | Ni |
|---|---|---|---|---|---|---|---|---|
| 样品 | 0.53 | 0.04 | 33.70 | 2.82 | 0.03 | 3.00 | 7.93 | 1.80 |
| 标准值 | ≤15 | ≤3 | ≤150 | ≤50 | ≤2 | — | — | — |

（3）采用X射线荧光光谱仪（XRF）对样品进行成分分析，主要含有Ca、Mg、Cl、Si、Fe、K、Al、Ni、Na、Ti，含有少量的Mn、P、Cu等元素，分析结果见表3。

表3　样品灼烧后的残渣成分及含量（除Cl以外，其他元素均以氧化物表示）　　单位：%

| 成分 | CaO | MgO | Cl | $SiO_2$ | $Fe_2O_3$ | $K_2O$ | $Al_2O_3$ |
|---|---|---|---|---|---|---|---|
| 含量 | 74.23 | 15.32 | 2.30 | 2.32 | 1.65 | 1.42 | 1.16 |
| 成分 | NiO | $Na_2O$ | $SO_3$ | $TiO_2$ | MnO | $P_2O_5$ | CuO |
| 含量 | 0.59 | 0.38 | 0.39 | 0.19 | 0.09 | 0.04 | 0.03 |

（4）采用X射线衍射仪（XRD）对样品进行物相组成分析，主要有$CaMg(CO_3)_2$、$Ca(Fe、Mg)Si_2O_6$、$Ca_3Si_2O_7Ca_2SiO_4$。

（5）使用气相色谱质谱联用仪定性分析样品中挥发和半挥发性有机物组分，结果见表4。

表4　样品有机组分定性分析结果

| 序号 | 保留时间/min | 化合物名称 | 峰面积百分比/% | 序号 | 保留时间/min | 化合物名称 | 峰面积百分比/% |
|---|---|---|---|---|---|---|---|
| 1 | 9.34 | 2-羟基-丁酸酮 | 0.10 | 31 | 31.85 | 十四酸 | 0.46 |
| 2 | 10.19 | 乙酰丙酸 | 2.65 | 32 | 32.89 | 对乙氧基苯胺 | 1.31 |
| 3 | 10.95 | 糠酸 | 0.36 | 33 | 33.13 | *n*C18 | 0.88 |
| 4 | 11.16 | 2-吡咯烷酮 | 1.06 | 34 | 33.47 | 苯基物（Ph） | 0.51 |
| 5 | 11.97 | 丁二酰亚胺 | 0.64 | 35 | 34.28 | 十五酸 | 0.55 |
| 6 | 12.79 | 苯甲酸 | 2.94 | 36 | 34.84 | 二甲氧基-5-羟基苯甲酸 | 2.39 |
| 7 | 12.91 | 羟基-丁内酯 | 0.83 | 37 | 35.64 | 邻苯二甲酸酯 | 1.65 |
| 8 | 13.37 | 羟甲基-呋喃酮 | 0.74 | 38 | 36.44 | *n*C19 | 0.27 |
| 9 | 13.60 | 羟甲基-呋喃酮 | 1.31 | 39 | 38.70 | 邻苯二甲酸酯 | 9.50 |
| 10 | 14.15 | 乙基-恶唑烷酮 | 0.09 | 40 | 38.90 | 十六酸 | 6.35 |
| 11 | 14.74 | 苯乙酸 | 0.45 | 41 | 39.65 | *n*C20 | 0.16 |
| 12 | 14.89 | 甲基-丙基吡嗪 | 0.11 | 42 | 42.69 | *n*C21 | 0.12 |
| 13 | 15.06 | 壬酸 | 0.22 | 43 | 44.30 | 油酸 | 10.79 |
| 14 | 15.49 | 甲瓦龙酸内酯 | 0.19 | 44 | 44.77 | 硬脂酸 | 0.64 |
| 15 | 16.22 | 水杨酸 | 0.40 | 45 | 45.34 | 十六碳酰胺 | 0.30 |
| 16 | 16.91 | 乙烯基-甲氧基苯酚 | 0.33 | 46 | 45.64 | *n*C22 | 0.12 |
| 17 | 17.97 | 二甲氧基苯酚 | 0.28 | 47 | 48.46 | *n*C23 | 0.22 |

注：表中*n*C18～*n*C23代表不同碳原子数组成的正烷烃。

## 3 产生来源分析

（1）根据测试结果，样品主要含 Ca、Mg、Cl、Si 等无机成分，含有较为复杂的有机组分，具有一种类似糖蜜的芳香气味，有机质质量分数为 10.0%、总养分质量分数为 2.06%，明显不符合《有机肥料》（NY 525—2012）中有机质需达到 45% 以上及总养分不得低于 5.0% 的要求，也不符合《复混肥料（复合肥料）》（GB 15063—2009）中总养分不得低于 25.0% 的要求。综合判断样品不是有机肥料、复合肥。

（2）土壤改良剂

土壤改良剂可在一定程度上缓解农业生产危机，它可以促进土壤团粒的形成、改良土壤结构、提高肥力、保护耕层土壤、改善土壤保水保肥性、提高粮食产量。按原料来源可将土壤改良剂分为天然改良剂、人工合成改良剂、天然 - 合成共聚物改良剂和生物改良剂。天然改良剂按照原料性质分成无机物料和有机物料：无机物料主要包括天然矿物（石灰石、膨润石、石膏、蛭石、珍珠岩等）和无机固体废弃物（粉煤灰等）；有机物料主要包括有机固体废弃物（造纸污泥、城市污水污泥、城市生活垃圾、作物秸秆、豆科绿肥和畜禽粪便等）、天然提取高分子化合物（多糖、纤维素、树脂胶、单宁酸、腐殖酸、木质素等）和有机质物料（泥炭、炭等）[1]。

图 2 是在互联网上搜索土壤改良剂的图片[2]，鉴别样品在外观特征上与之相似。样品干基在 550℃灼烧后烧失率为 5.68%，结合前述表 4 样品的有机物定性分析结果，样品中有机物成分总含量不高但非常复杂；样品中主要含有 Ca、Mg、Cl、Si 等无机元素，推测样品是由无机物（如白云石、碱渣）和工业来源有机废物混合后造粒形成的属于土壤改良剂范畴的物质。

图2　互联网上搜索的土壤改良剂

## 4 固体废物属性分析

（1）样品由废物加工而成，属于土壤改良剂范畴的物质，其应用属于以土壤改良

为利用方式直接施用于土地，根据《固体废物鉴别标准 通则》（GB 34330—2017）第5.1条的准则，判断样品属于固体废物。

此外，美国法规（40CFR 261）中对固体废物的定义为：如果一种废弃材料、污泥、具有危险性的副产物是“以处置的方式施用于或放置在土地上”或者“用于生产被施用于或放置在土地上的产品，或被包含在一种被施用于或放置在土地上的产品中”，那么在这种情况下材料或产物本身也属于固体废物。

（2）2017年环境保护部、商务部、发展改革委、海关总署、国家质检总局发布的第39号公告中《禁止进口固体废物名录》《限制进口类可用作原料的固体废物名录》《非限制进口可用作原料的固体废物名录》中均没有列出“土壤改良剂”类废物，而《禁止进口固体废物目录》中列出了“其他未列名固体废物”，建议将鉴别样品归于此类废物，因而鉴别样品属于我国禁止进口的固体废物。

## 参考文献

[1] 杨丽丽，董肖杰，郑伟. 土壤改良剂的研究利用现状[J]. 河北林业科技，2012（2）：27-30.

[2] http：//shop.99114.com/48917619/pd84939894.html.

# 后　记

2020年春节是个不平凡的节日，由于湖北爆发新冠肺炎传染病并波及全国，国家果断采取措施打一场全民抗疫阻击战，绝大多数国人自觉居家不外出、不远行……正是在这样的情景下，我利用40多天的时间一个人在办公室高效率地整理2013年以来的固体废物鉴别案例；之后经过反复修改定稿，既是对以往案例温故知新的再学习，也是对我国固体废物鉴别管理的再思考。

第一，通过固体废物鉴别发现了各种来源的固体废物，意味着进口废物非常复杂，必须切实执行国家固体废物进口管理方针政策，固体废物属性鉴别是阻止洋垃圾入境的重要技术措施，根本目的是保护环境和人民身体健康。

第二，固体废物鉴别的风险和责任很大，鉴别报告之所以被执法机关采用，是因为国家赋予了鉴别机构的职责；鉴别报告之所以被广泛认可，是因为鉴别报告具有科学严谨、客观公正性。所以，我们要心怀敬畏、不辱使命地做好这项工作。

第三，尽管持续20年鉴别工作了，但依然要不断加强学习，对未知来源的鉴别样品无疑需要我们不断攻坚克难，去发现认识其产生来源和废弃原因。鉴别是一个不断积累知识和经验的过程，这项工作于己也是一件有益的事，丰富了固体废物的知识。

第四，当前我国固体废物鉴别管理依然存在短板，口岸鉴别矛盾和纠纷突出，需要不断改进。例如，固体废物概念包含的范围非常宽泛，物质的废物属性、资源属性、产品属性、危害特性如何合理兼顾，转化为合理的可行的政策并不是一件简单的事，固体废物承载了各方期待；又如，当前固体废物鉴别标准通则虽然发挥着不可替代的作用，但还存在针对性不强的问题；再如，大多数初级加工原材料缺乏简明的区分标准，而利用境外某些高品质再生原料产品是合理选择，国家政策应引导废物向加工产品方向发展，鉴别过程也应更多地考虑废物加工产物的合理性。

多年来，我的工作主要集中在进口废物领域，通过完成的相关研究项目、1000多个鉴别报告、10多项国家标准的编制任务，积累了很多知识和经验，也解决了口岸大量查扣货物的废物属性认定问题，总结之后还出版了《固体废物属性鉴别案例手册》（2010年）、《固体废物特性分析和属性鉴别案例精选》（2012年）、《金属废物的再生利用与环境保护》（2013年）、《固体废物鉴别原理与方法》（2016年）、《固体废物管理与行业发展》（2017年）、《阻止洋垃圾入境仍在征途》（2019年），今年又将2013～2020年期间鉴别判断为固体废物的典型案例汇集成册，希望持续产生积极的社会影响，有利于广大从业人员对各类固体废物特性的认识，有利于海关系统打击洋垃圾入境行动，有利于促进国内再生资源产业的健康发展。

周炳炎

2020年10月